计 算 机 三 维 设 计 师

3ds Max

教学应用实例

■ 蔡飞龙 周 艳 编著

清华大学出版社
北 京

图书在版编目（CIP）数据

计算机三维设计师——3ds Max教学应用实例/蔡飞龙，周艳编著.—北京：清华大学出版社，2008
ISBN 978-7-302-18127-9

Ⅰ．计…　Ⅱ．①蔡…　②周…　Ⅲ．三维－动画－图形软件，3DS MAX　Ⅳ．TP391.41

中国版本图书馆CIP数据核字（2008）第102971号

责任编辑：甘　莉　宋丹青
责任校对：王荣静
责任印制：孟凡玉
出版发行：清华大学出版社　　**地　址**：北京清华大学学研大厦 A 座
http://www.tup.com.cn　　**邮　编**：100084
社　总　机：010-62770175　　**邮　购**：010-62786544
投稿与读者服务：010-62776969，c-service@tup.tsinghua.edu.cn
质　量　反　馈：010-62772015，zhiliang@tup.tsinghua.edu.cn
印　装　者：北京嘉实印刷有限公司
经　销：全国新华书店
开　本：185×260　**印　张**：14.5　**字　数**：341 千字
附光盘 1 张
版　次：2008 年 10 月第 1 版　**印　次**：2008 年 10 月第1 次印刷
印　数：1～5000
定　价：29.00 元

本书如存在文字不清、漏印、缺页、倒页、脱页等印装质量问题，请与清华大学出版社出版部联系调换。联系电话：(010)62770177 转 3103　　产品编号：026196-01

目　录 Contents

目 录 Contents

目　录 Contents

目　录 Contents

目　录 Contents

目 录 Contents

第1章 3ds Max 的界面

3ds Max 是由 Discreet 公司开发的三维动画设计软件，也是世界上最流行的三维设计软件之一。它提供了一个非常易用的用户界面（如图 1–1 所示）。

图 1–1

学习要点：

熟悉 3ds Max 的界面；
调整视图大小和布局；
使用命令面板；
定制用户界面。

1.1 用户界面

启动 3ds Max 后，进入它的主界面。3ds Max 是一个庞大的软件，只有在显示器分辨率为 1280×1024 下才能显示完整界面，不然只能通过手形工具移动。

1.1.1 视图

3ds Max 界面的最大区域被分割成 4 个相等的矩形区域，称之为“视图区”。视图区是主要工作区域，每个视图的左上角都有一个标签，启动 3ds Max 后默认的 4 个视图的标签是顶视图、前视图、左视图和透视图。

每个视图都包含垂直和水平线，这些线组成了 3ds Max 的主栅格。主栅格包含黑色垂直线和黑色水平线，这两条线在三维空间的中心相交，交点的坐标是 X=0、Y=0 和 Z=0。其余栅格都为灰色显示。

顶视图、前视图和左视图显示的场景没有透视效果，这就意味着在这些视图中同一方向的栅格线总是平行的，不能相交（如图 1-2 所示）。透视图类似于人的眼睛和摄像机观察时看到的效果，视图中的栅格线是可以相交的。

图 1-2

1.1.2 菜单栏

菜单栏位于主窗口的标题栏下面（如图 1–3 所示）。每个菜单的标题表明该菜单上命令的用途。每个菜单均使用标准 Microsoft Windows 约定。单击菜单名时，菜单名下面列出了很多命令。每一个菜单名都包含一个带下划线的字符，按下 Alt 键的同时按该字符键可以打开菜单。“打开”菜单上的命令通常也拥有一个带有下划线的字符。当菜单打开时，按该字符键可调用命令。命令名称后的省略号（…）表明将出现一个对话框。

文件(F) 编辑(E) 工具(T) 组(G) 视图(V) 创建(C) 修改器(O) 角色(H) reactor 动画(A) 图表编辑器(D) 渲染(R) 自定义(U) MAXScript(M) 帮助(H)

图 1–3

1.1.3 主工具栏

菜单栏下面是主工具栏（如图 1–4 所示）。主工具栏中包含一些使用频率较高的工具，通过主工具栏可以快速访问 3ds Max 中很多常见任务的工具和对话框。

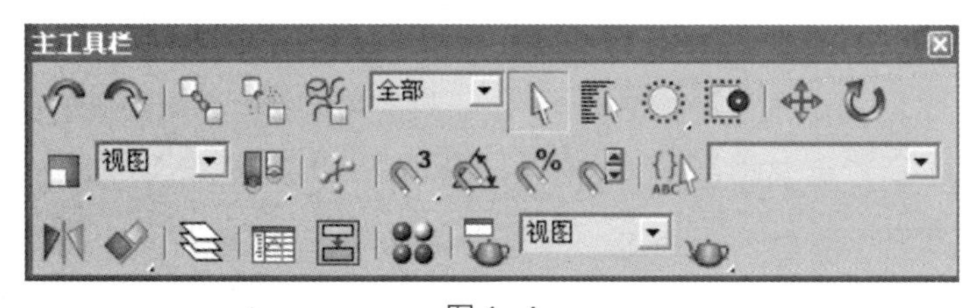

图 1–4

注：右击移动、旋转或缩放按钮可打开相应的变换输入对话框。

1.1.4 命令面板

用户界面的右边是命令面板（如图 1–5 所示），命令面板由 6 个用户界面面板组成，使用这些面板可以访问 3ds Max 的大多数建模功能，以及一些动画功能、显示选择和其他工具。每次只有一个面板可见。要显示不同的面板，单击命令面板顶部的选项卡即可。例如创建命令面板包含创建各种不同对象（例如标准几何体、复合对象和粒子系统等）的工具。而修改命令面板包含修改对象的特殊工具（如图 1–6 所示）。

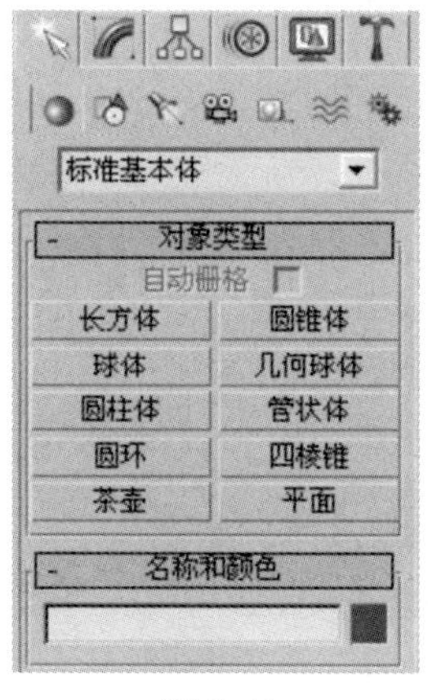

图 1–5

图 1–6

1.1.5 视图导航控制按钮

用户界面的右下角包含视图的导航控制按钮（如图 1–7 所示）。使用这个区域的按钮可以调整各种缩放选项，控制视图中的对象显示。

1.1.6 时间控制按钮

视图导航控制按钮的左边是时间控制按钮（如图 1–8 所示），也称“动画控制”按钮。它们的功能和外形类似于媒体播放机里的按钮。单击 按钮可以用来播放动画，单击 或 按钮每次前进或者后退一帧。在设置动画时，按下“自动关键点”按钮，它将变红，表明处于动画记录模式，这也意味着在当前帧进行的任何修改操作将被记录成动画。

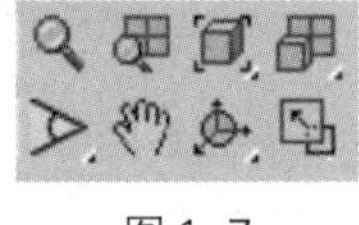

图 1–7

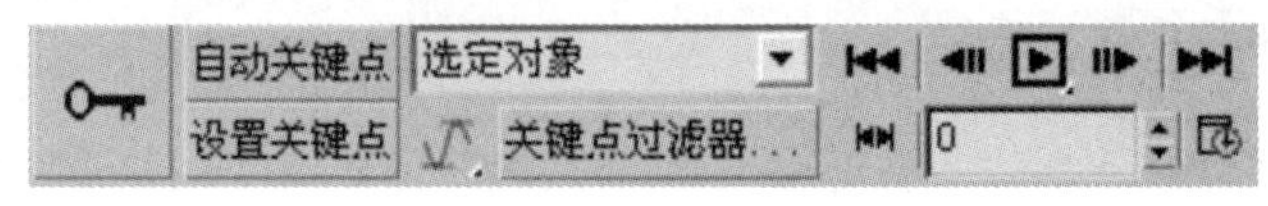

图 1–8

1.1.7 状态栏和提示行

时间控制按钮的左边是状态栏和提示行（如图 1–9 所示）。状态栏有许多用于帮助用户创建和处理对象的参数显示区，这在本章还要做详细解释。

图 1–9

1.2 熟悉3ds Max的用户界面

在了解了组成 3ds Max 用户界面的各个部分的名称后，下面将通过在三维空间中创建并移动对象的实际操作，来帮助读者熟悉 3ds Max 的用户界面。

1.2.1 使用菜单栏和命令面板

1. 在菜单栏中选取“文件” / “重置” 命令。如果事先在场景中创建了对象或者进行过其他修改，那么将显示如图 1–10 所示的对话框，否则直接显示如图 1–11 所示的确认对话框。

2. 在图 1–10 所示的对话框中单击“否” 按钮，将显示如图 1–11 所示的确认对话框。

3. 在确认对话框中单击“是” 按钮，屏幕将返回到刚刚进入 3ds Max 时的外观。

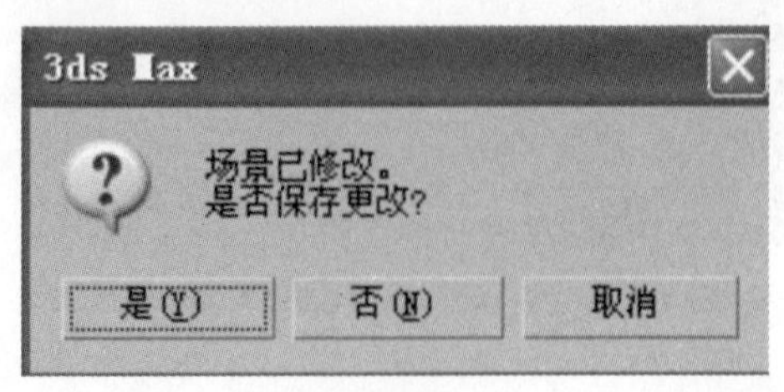

图 1–10

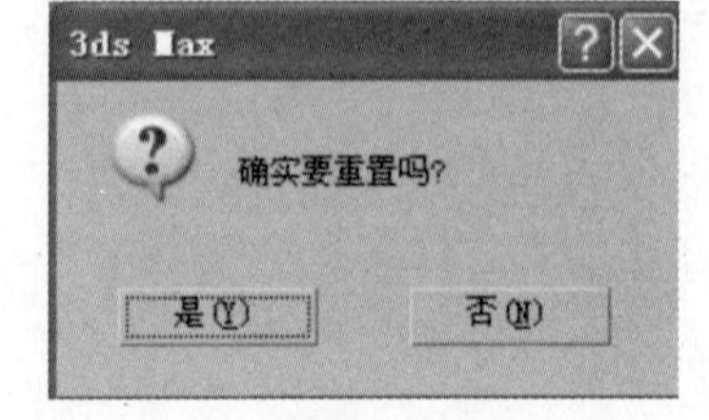

图 1–11

4. 在默认的情况下，进入 3ds Max 后选择的是创建面板 。
5. 在创建命令面板单击“球体”按钮（如图 1–12 所示）。
6. 在顶视图的中心单击并拖曳创建一个与视图大小接近的球（如图 1–13 所示）。

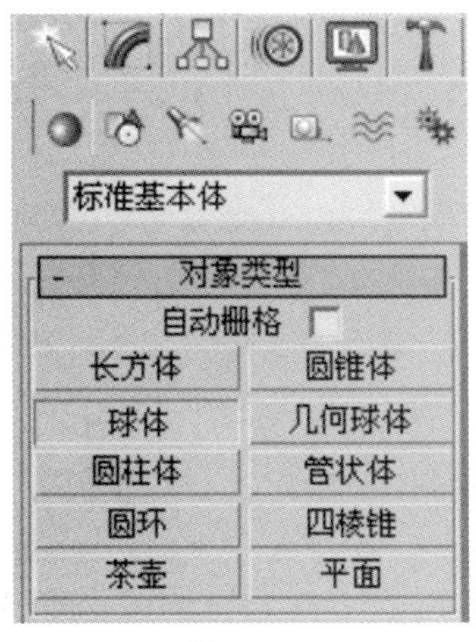

图 1–12

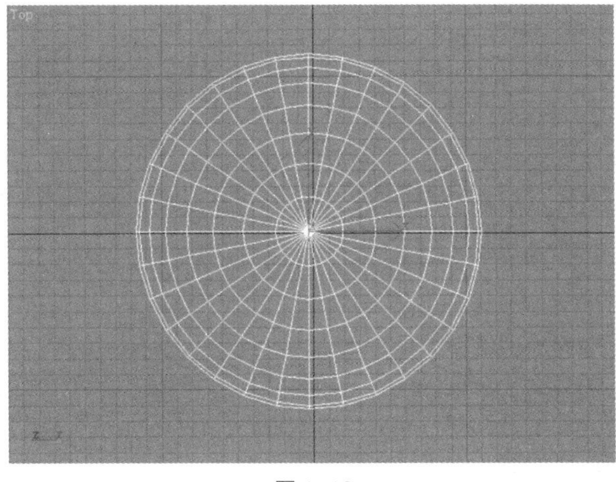

图 1–13

球出现在 4 个视图中。在 3 个视图中它用一系列线（一般称做“线框”）来表示。在透视视图中，球是按明暗方式来显示的（如图 1–14 所示）。

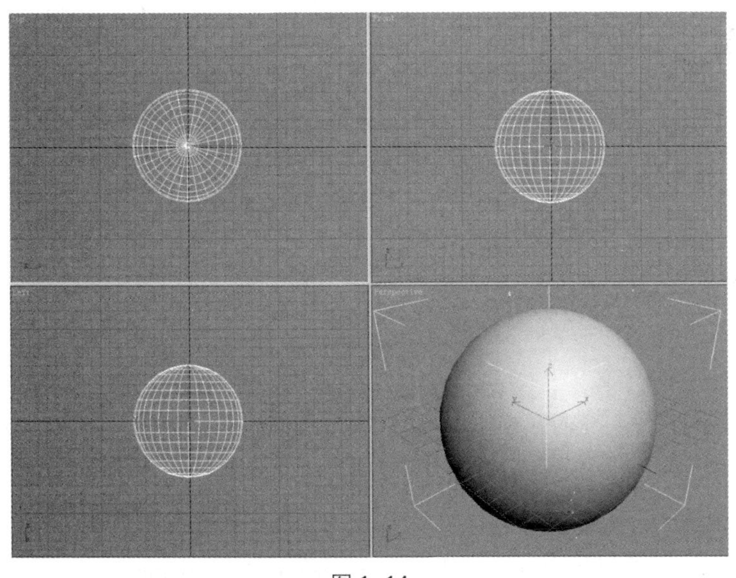

图 1–14

注：球的大小没有改变，它只是按尽可能大的显示方式使物体充满视图。

7. 在视图导航控制按钮区域单击“所有视图最大化显示”按钮，球充满 4 个视图。
8. 单击主工具栏上的 “选择并移动”按钮 。
9. 在顶视图单击并拖曳球，以便移动它。
10. 将文件保存为 ch01.max，以便后面使用。

1.2.2 单击左键和右键

通常，在 3ds Max 中，单击左键和单击右键的含义不同。单击左键用来选取和执行命令，单击右键会弹出一个菜单，还可以用来取消命令。

1.3 视图大小、布局和显示方式

由于在 3ds Max 中进行的大部分工作都是在视图中单击和拖曳，因此有一个容易使用的视图布局是非常重要的。许多用户发现，默认的视图布局可以满足他们的大部分需要，但是有时还需要对视图的布局、大小或者显示方式做些改动。这一节就讨论与视图相关的一些问题。

1.3.1 改变视图的大小

可以有多种方法改变视图的大小和显示方式，在默认的状态下，4 个视图的大小是相等的。我们可以改变某个视图的大小，但是，无论如何缩放，所有视图使用的总空间保持不变。下面介绍使用移动光标改变视图的大小的方法。

1. 继续前面的练习，或者打开保存的文件。将光标移动到透视视图和前视图的中间（如图 1–15 所示），这时出现一个双箭头光标。

2. 单击并向上拖曳光标（如图 1–16 所示）。

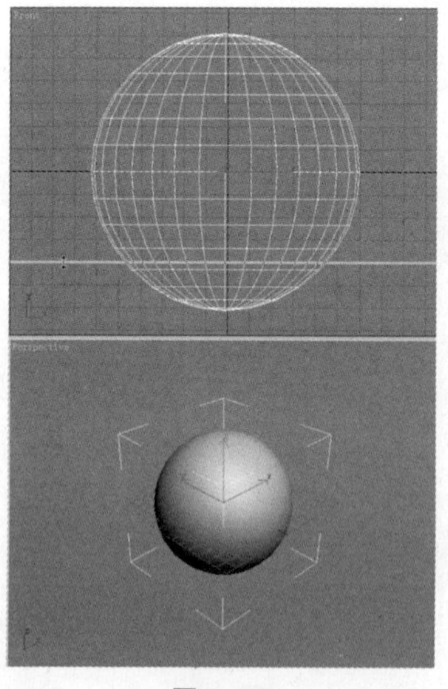

图 1–15

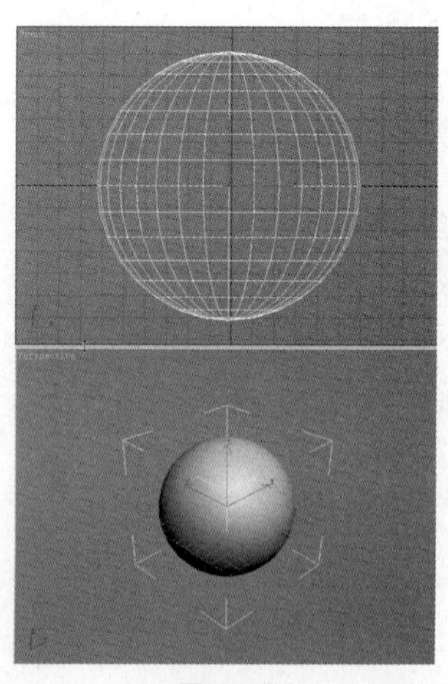

图 1–16

3. 释放鼠标，观察改变了大小的视图，如图 1–17 所示。

4. 在缩放视图的地方右击，出现一个右键菜单。

5. 在弹出的右键菜单上选取“重置布局”命令，视图恢复到初始状态。

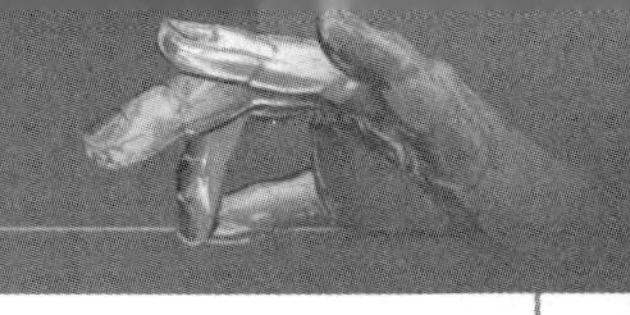

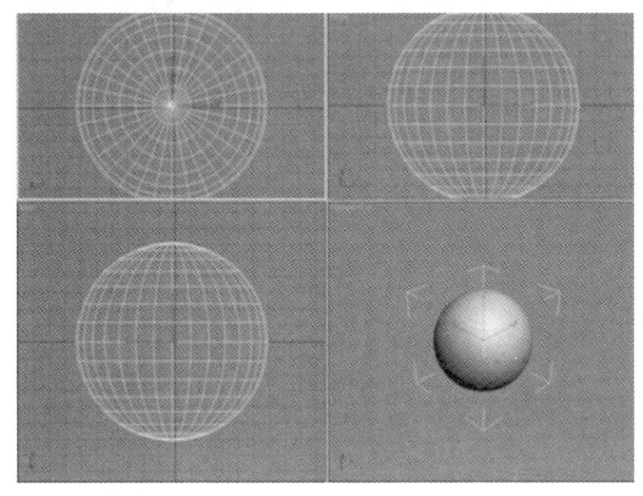

图 1–17

1.3.2 改变视图的布局

尽管改变视图的大小是一个非常有用的功能，但是它不能改变视图的布局。假设希望屏幕右侧有三个垂直排列的视图，剩余的区域被第 4 个大视图占据，仅仅通过移动视图分割线是不行的，但是可以通过改变视图的布局来得到这种结果。

下面我们就来改变视图的布局：

1. 在菜单栏中选取“自定义”/“视口配置”命令，弹出“视口配置”对话框。在“视口配置”对话框中选择“布局”选项卡（如图 1–18 所示）。

2. 在“布局”选项卡中选取第 2 行第 4 个布局，然后单击“确定”按钮。

3. 将光标移动到第 4 个视图和其他三个视图的分割线，用拖曳的方法改变视图的大小（如图 1–19 所示）。

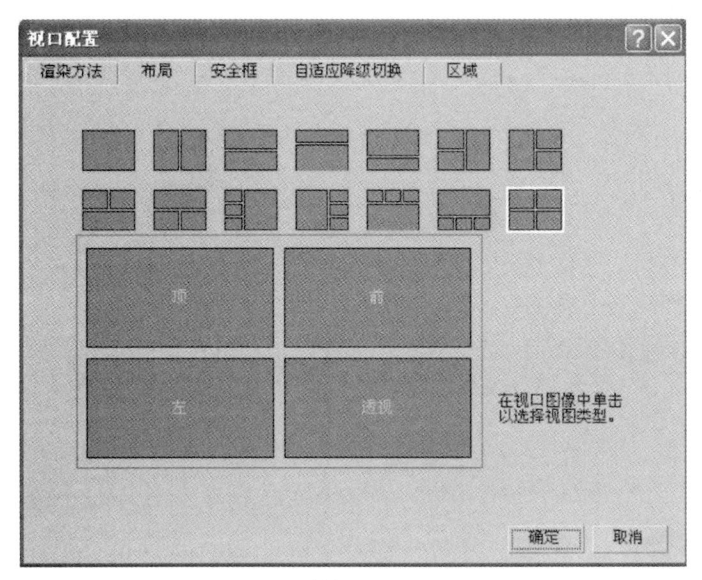

图 1–18

注：在视图导航控制区域的任何地方右击也可以访问“视口配置”对话框。

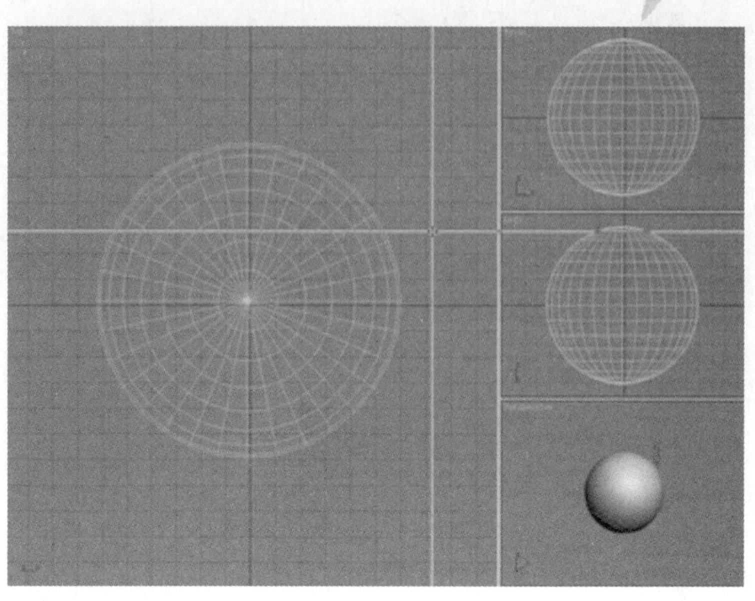

图 1-19

1.3.3 改变视图

用视图右键菜单改变视图

每个视图左上角都有一个标签。通过在视图标签上右击可以访问视图菜单（如图 1-20 所示），这个菜单可以改变场景中对象的明暗类型，访问“视口配置”对话框，将当前视图改变成其他视图等。

要改变成不同的视图，可以在视图标签上单击鼠标右键，然后从弹出的右键菜单上选取“视图”选项（如图 1-21 所示）。用户可以在出现的子菜单上选取新的视图。

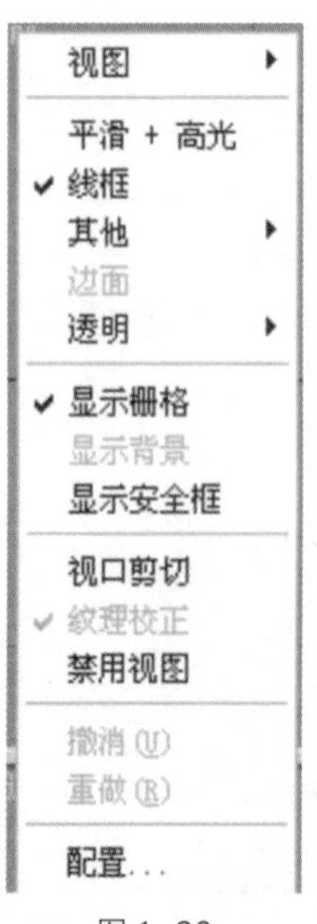

图 1-20

图 1-21

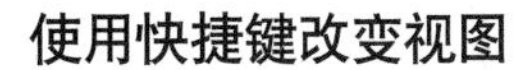

使用快捷键改变视图

使用快捷键也可以改变当前视图。要使用快捷键改变视图，先在要改变的视图上右击来激活它，然后再按快捷键。工作时可快速更改任一视图中的视图。例如，可以从前视图切换到后视图。可以使用以下两种方法中的任意一种：菜单或键盘快捷键。

右击希望更改的视图标签，然后选择“视图”选项。再选择所需的视图类型。

单击希望更改的视图，然后按下表中的某个键盘快捷键。

键	视图类型
T	顶视图
B	底视图
F	前视图
L	左视图
C	摄影机视图。如果您所在的场景只有一台摄影机，或在使用该键盘快捷键前已选择摄影机，那么摄影机提供该视图。如果您所在的场景拥有多台摄影机，并且未选择任何摄影机，屏幕将显示摄影机列表
P	透视视图。保留前一视图的查看角度
U	用户（三向投影）视图。保留前一视图的查看角度
无	右视图。使用视图右键单击菜单
无	图形视图。使用视图右键单击菜单。将视图与选定的图形范围和其局部 XY 轴自动对齐

1.3.4 视图的明暗显示

视图菜单上的明暗显示选项是非常重要的，所定义的明暗选项将决定观察三维场景的方式。透视视图的默认设置是平滑 + 高光，这将在场景中增加灯光并使观察对象上的高光变得非常容易。在默认情况下，正交视图的明暗选项设置为线框，这对节省系统资源非常重要。

注：此选项和其他着色视图选项都支持自发光材质和 32 种光源（取决于显示模式和图形卡）。

平滑 + 高光：显示对象的平滑度和亮度（如图 1–22 所示），还可以在对象的表面上显示贴图。贴图只显示在拥有贴图坐标的对象上，而且还必须在“材质编辑器”中分别为每个贴图启用“在视图中显示贴图”。

线框：只将对象显示作为边，就好像是通过线框组成的一样（如图 1–23 所示）。线框颜色由对象的颜色决定（默认情况下）。

其他：显示其他着色模式的级联菜单。其中包括：

平滑——显示平滑，但是不显示高光。

面 + 高光——显示高光，但是不显示平滑。

面——对面进行着色，但是不显示平滑或高光。

平面——渲染采用原样、未着色漫反射颜色的每个多边形，而不用考虑环境光或光源。当显示每个多边形的形状比其着色情况更重要时，这种渲染方法非常有用。它还是检查渲染到纹理创建的位图结果的好方法。

亮线框——将边显示为线框，并且显示照明。

边界框——将对象只显示为边界框。

边面：只有在当前视图处于着色模式时才可以使用该选项（如图 1–24 所示）。显示对象的线框边缘以及着色表面。这对于以着色显示编辑网格非常有用。 边是使用对象线框颜色显示的，而表面则是使用材质颜色（如果指定）。可以创建着色表面和线框边之间的对比色。可以在“显示颜色”卷展栏中切换这些指定内容。

透明：设置选定视图中透明度显示的质量，“透明度”设置只影响视图显示，但是不会影响渲染。

图 1–22

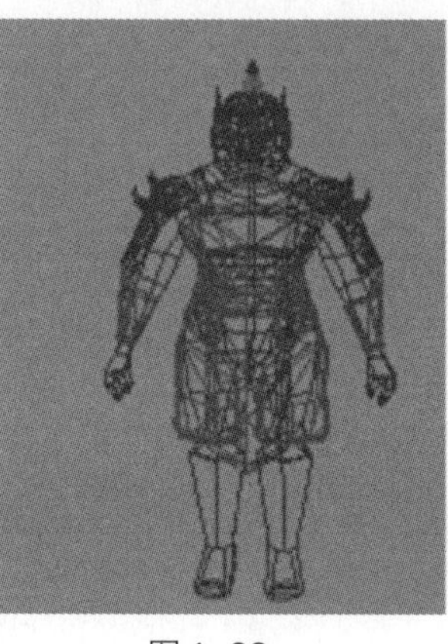

图 1–23

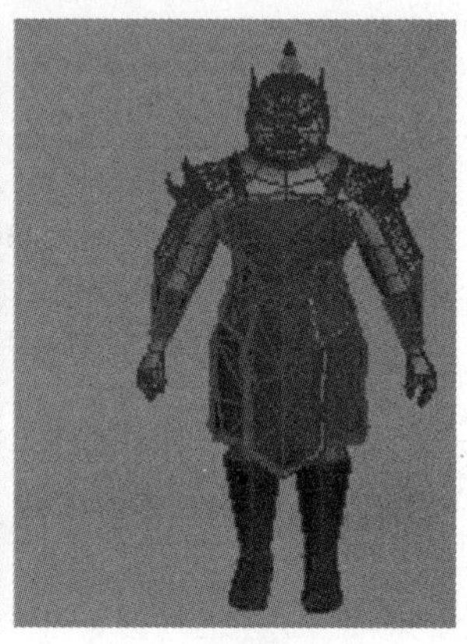

图 1–24

1.4 命令面板

命令面板中包含创建和编辑对象的所有命令，使用菜单栏也可以访问命令面板的大部分命令。命令面板包含创建 、修改 、层次 、运动 、显示 和工具 六大面板。

当使用命令面板选择一个命令后，就显示该命令的选项。例如当单击 球体 按钮创建球的时候，半径、分段和半球等参数将显示在命令面板上。

有些命令有很多参数和选项。所有这些选项将显示在卷展栏上。卷展栏是一个有标题的特定参数组。在卷展栏标题的左侧有加号（+）或者减号（–）。当显示减号的时候，可以单击卷展栏标题来卷起卷展栏，以便给命令面板留出更多空间。当显示加号的时候，可以单击标题栏来展开卷展栏，以显示卷展栏中的参数。

在某些情况下，当卷起一个卷展栏的时候，会发现下面有更多的卷展栏。在命令面板中灵活使用卷展栏并访问卷展栏中的工具是十分重要的。在命令面板中导航的一种方法是将鼠标放置在卷展栏的空白处，待光标变成手形状的时候，就可以上下移动卷展栏了。

1.4.1 创建命令面板

创建面板是 3ds Max 启动后系统所默认的面板，用来创建标准基本体、样条线、标准灯光等二级面板（如图 1–25 所示）。

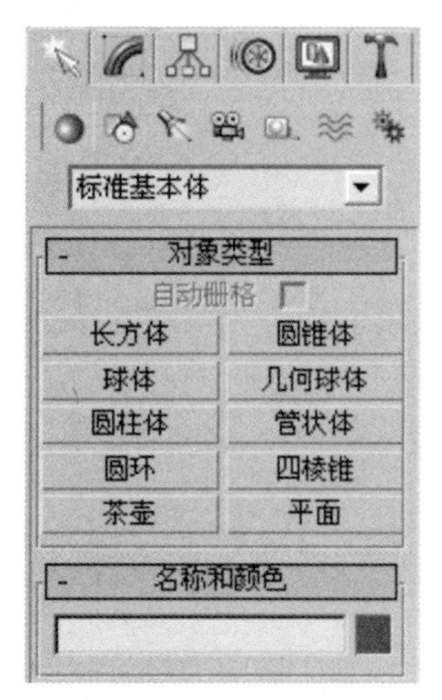

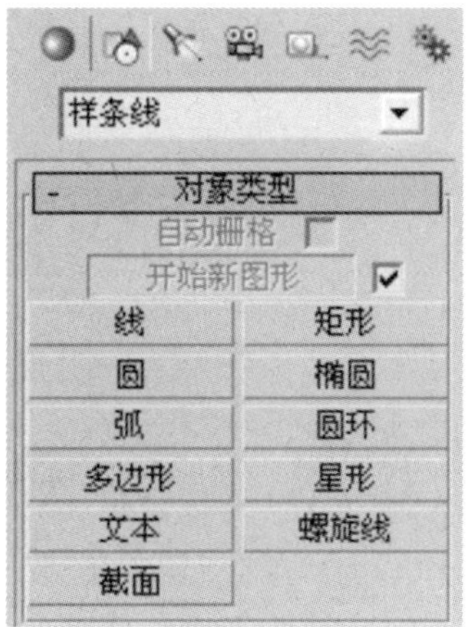

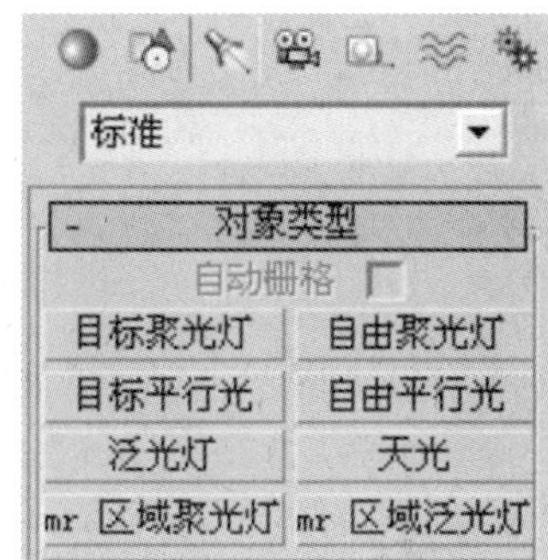

图 1–25

1.4.2 修改命令面板

修改命令面板可以对对象的名称、颜色、参数设置等进行修改。修改命令（修改器）面板上的修改命令还可以对造型的形态、表面特性、贴图坐标等进行修改调整。这些修改器集成并隐藏在修改器列表的下拉列表中（如图 1–26 所示）。

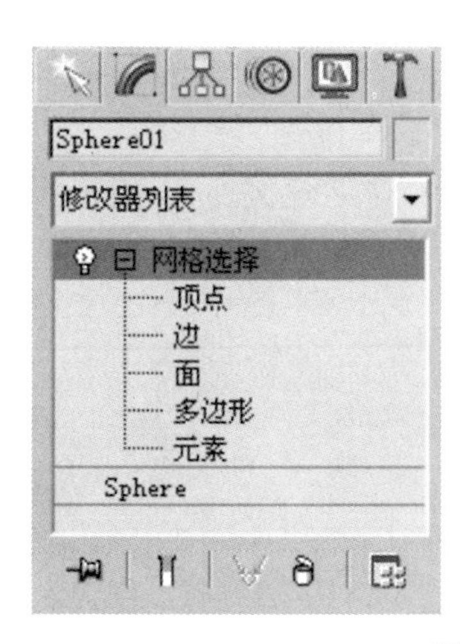

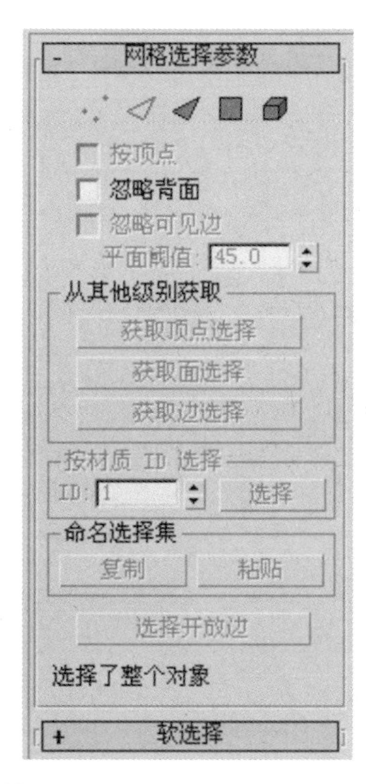

图 1–26

1.4.3 层次命令面板

层次命令面板中的命令多用于动画制作，可以调整方向动力学和链接信息等。层次命令面板的结构如图 1–27 所示。

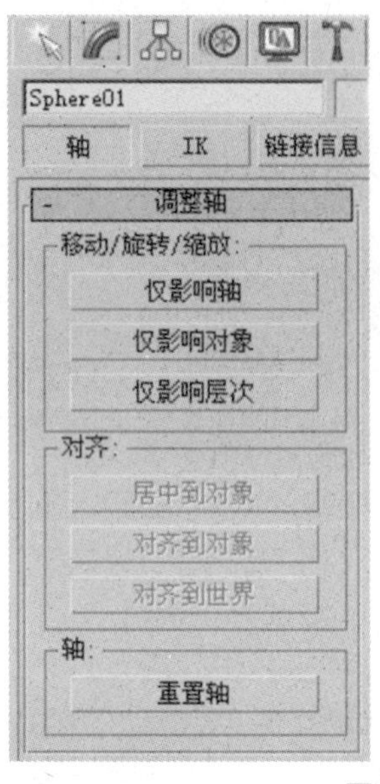

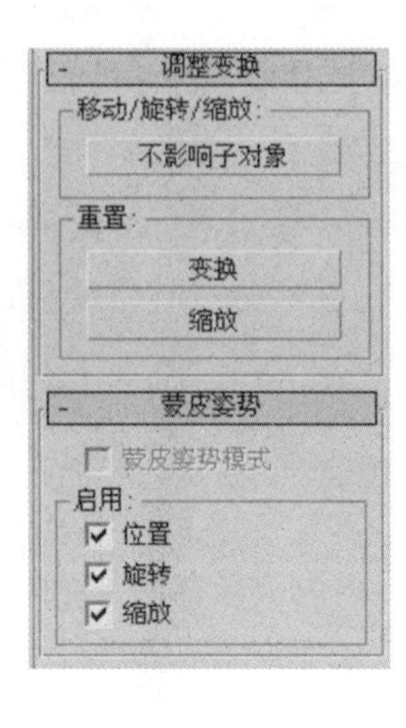

图 1–27

1.4.4 运动命令面板

运动命令面板中的命令主要用于动画制作，可以调节参数、轨迹和指定动画的各种控制器等。运动命令面板的结构如图 1–28 所示。

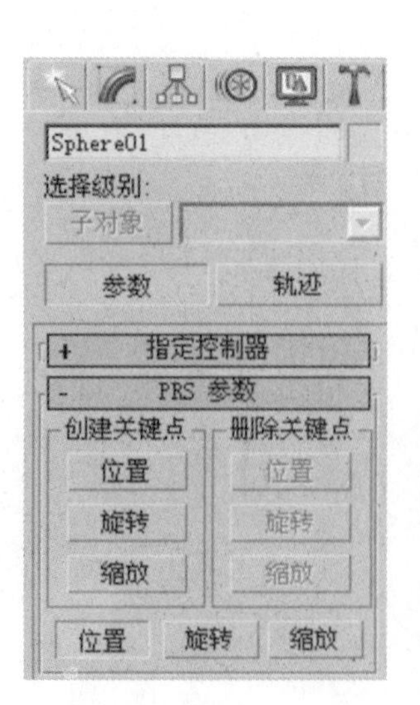

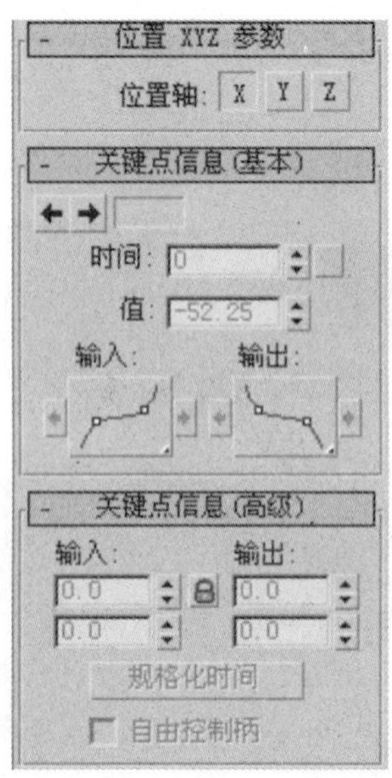

图 1–28

1.4.5 显示命令面板

显示命令面板中的命令主要用于显示或隐藏物体，冻结或解冻物体等操作。该命令面板的结构如图 1–29 所示。

1.4.6 工具命令面板

工具命令面板中的命令的主要作用是通过 3ds Max 的外挂程序来完成一些特殊的操作，其命令面板的结构如图 1–30 所示。

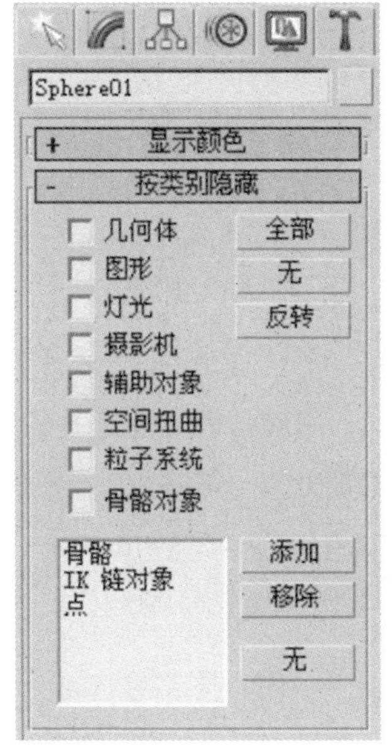

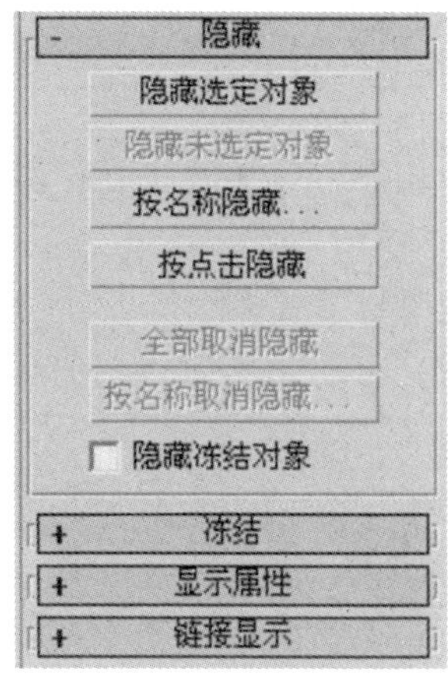

图 1–29

1.5 对话框

在 3ds Max 中，根据选取的命令不同，可能显示不同的对话框，例如有复选框、单选按钮或者微调器的对话框。主工具栏有许多按钮（例如镜像和阵列等），通过选择这些按钮可以访问一个个对话框，图 1–31 是“克隆选项”对话框，图 1–32 是“移动变换输入”对话框，它们是两类不同的对话框，如图 1–31 所示的对话框是模式对话框，而图 1–32 所示的对话框是非模式对话框。

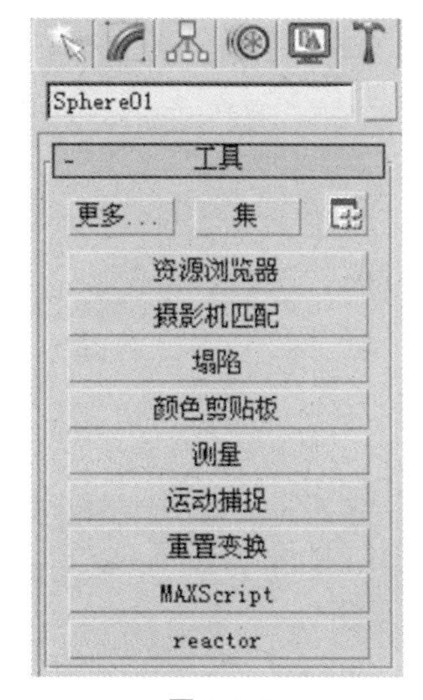

图 1–30

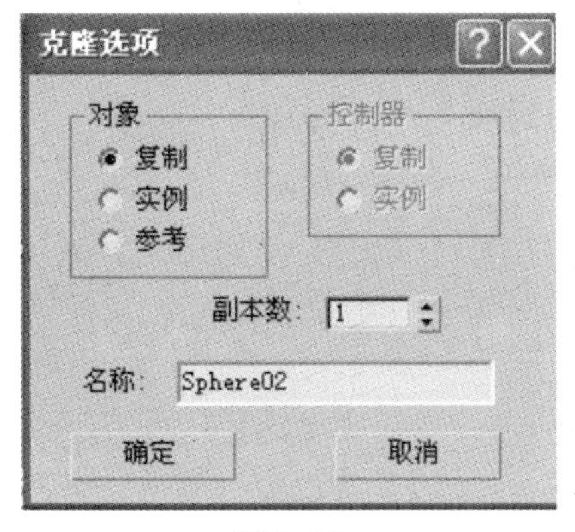

图 1–31

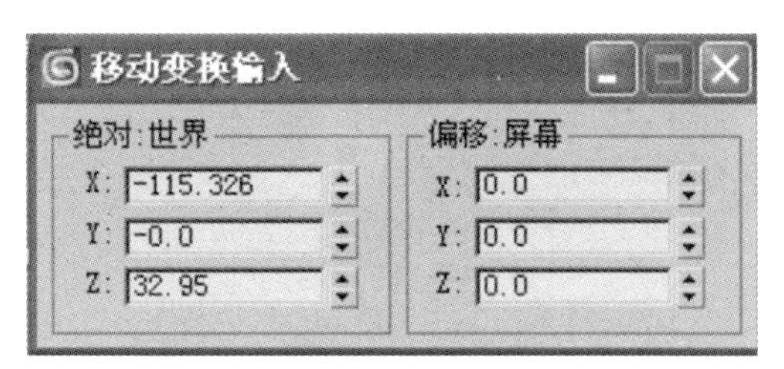

图 1–32

模式对话框要求在使用其他工具之前关闭该对话框。在使用其他工具的时候，非模式对话框可以保留在屏幕上。当参数改变的时候，它立即起作用。非模式对话框也可能有取消按钮、确定按钮、关闭按钮或者选择按钮，但是单击右上角的关闭按钮就可以关闭某些非模式对话框。

1.6 右键四元菜单

当在活动视图中右击时，将在鼠标光标所在的位置上显示一个四元菜单（如图 1-33 所示）。可以在“自定义用户界面”对话框中定义“四元菜单”面板。

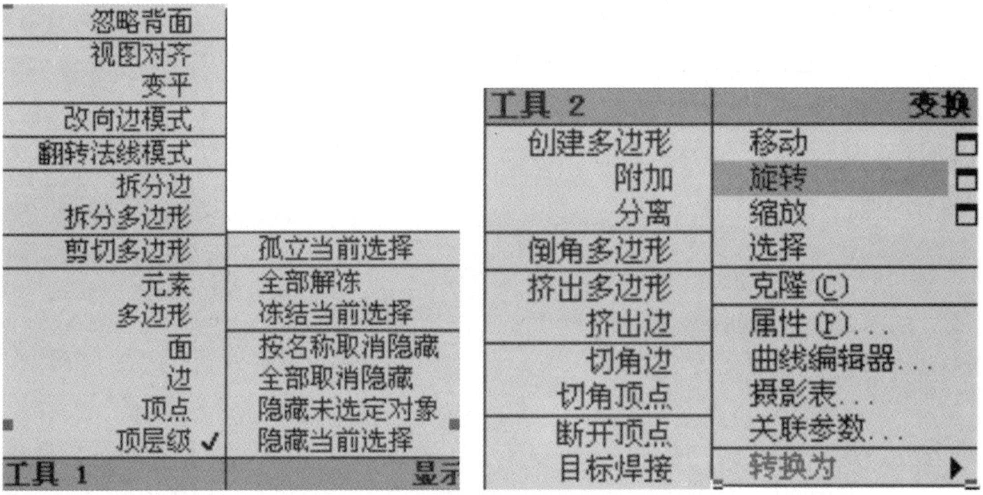

图 1-33

使用四元菜单可以查找和激活大多数命令，而不必在视图和命令面板上的卷展栏之间来回移动。默认的四元菜单右侧的两个区域显示可以在所有对象之间共享的通用命令。左侧的两个区域包含特定上下文的命令，如网格工具和灯光命令。使用上述每个菜单都可以方便地访问命令面板上的各个功能。通过单击区域标题，还可以重复上一个四元菜单命令。

四元菜单的内容取决于所选择的内容，以及在“自定义用户界面”对话框中的“四元菜单”选项卡中选择的自定义选项。可以将菜单设置为只显示可用于当前选择的命令，所以选择不同类型的对象将在区域中显示不同的命令。因此，如果未选择对象，则将隐藏所有特定对象的命令。如果一个区域的所有命令都被隐藏，则不显示该区域。

在四元菜单中的一些选项旁边有一个小图标。单击此图标即可打开一个对话框，可以在此设置该命令的参数。

要关闭菜单，右击屏幕上的任意位置或将鼠标光标移离菜单，然后单击。要重新选择最后选中的命令，单击最后菜单项的区域标题即可。显示区域后，选中的最后菜单项将高亮显示。

第 2 章
3ds Max 操作基础

为了能够更有效地使用 3ds Max，需要深入理解文件组织和对象创建的基本概念。本章学习如何使用文件工作，以及如何为场景设置测量单位。同时，还将进一步熟悉绘图、选择对象和修改对象的操作（如图 2–1 所示）。

图 2–1

学习要点： 合并文件；
理解三维绘图的基本单位；
创建三维基本几何体；
创建二维图形；
理解编辑修改器堆栈的显示；
使用对象选择集；
组合对象。

2.1 文件操作

在 3ds Max 中，“打开”和“保存”文件等操作方式和其他 Windows 程序一样，我们这里主要讲解“合并”命令与“资源浏览器”在文件操作中的作用。

2.1.1 合并文件

合并文件允许用户从另外一个场景文件中选择一个或者多个对象，然后将选择的对象放置到当前的场景中。例如，用户可能正在使用一个室内场景工作，而另外一个没有打开的文件中有许多制作好的家具。如果希望将家具放置到当前的室内场景中，那么可以使用“文件”/“合并”命令将家具合并到室内场景中。该命令只能合并 max 格式的文件。

下面举例说明如何使用合并命令合并文件。

1. 启动 3ds Max。在菜单栏中选取“文件”/“打开”命令，打开本书配套光盘中的 chap02/ch02_1.max 文件，一个没有家具的空房间出现在屏幕上 (如图 2-2 所示)。

图 2-2

2. 在菜单栏上选取“文件”/“合并”命令，出现“合并文件”对话框。从配套光盘中选择 chap02/armchair.max 文件，单击“打开”按钮，出现“合并 -armchair.max”对话框，对话框中显示了可以合并对象的列表 (如图 2-3 所示)。

3. 单击对象列表框下面的“全部”按钮，然后再单击“确定”按钮，一个沙发就被合并到房间的场景中了 (如图 2-4 所示)。

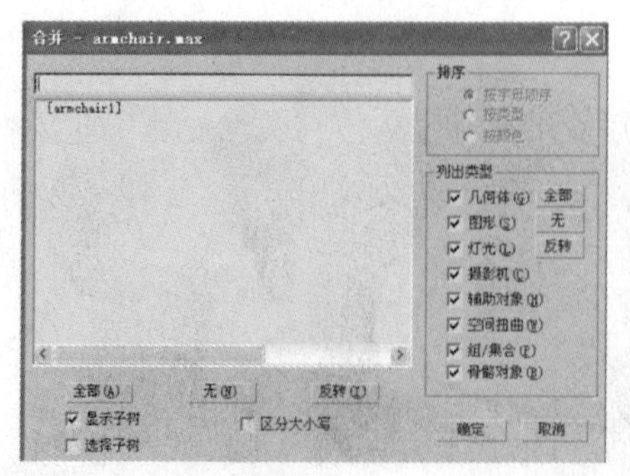

图 2-3

图 2-4

本书配套光盘中的 chap02 文件夹中还有一些室内模型的文件。请将这些模型合并到场景中。合并后的场景如图 2-5 所示。

图 2-5

注：合并进来的对象保持它们原来的大小以及在世界坐标系中的位置。有时必须移动或者缩放合并进来的文件，以便适应当前场景的比例。

2.1.2 资源浏览器

使用资源浏览器也可以打开、合并外部参考文件（如图 2-6 所示）。资源浏览器的优点是它可以显示图像、max 文件和 maxScript 文件的缩略图。

还可以使用资源浏览器与因特网相连。这意味着用户可以从 Web 上浏览 max 的资源，并将它们拖放到当前 max 场景中。

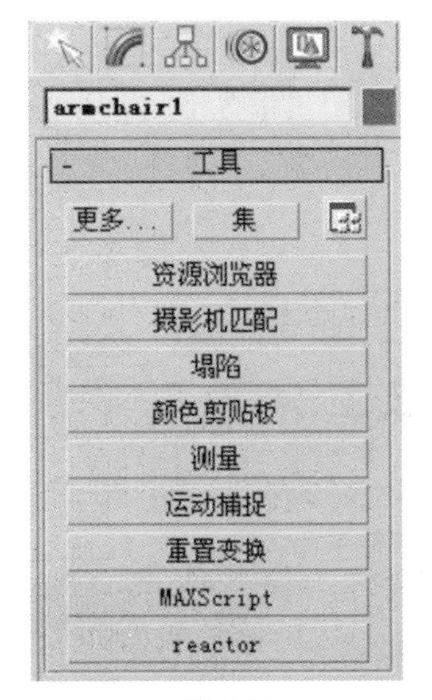

图 2-6

2.1.3 单位尺寸

在 3ds Max 中有很多地方都要使用数值进行工作。例如，当创建一个圆柱的时候，需要设置圆柱的半径。那么 3ds Max 中这些数值究竟代表什么意思呢？

在默认的情况下，3ds Max 使用称之为“一般单位的度量单位制”。可以将一般单位设定为用户喜欢的任何距离。例如，每个单位可以代表 1 英寸、1 米、5 米或者 100 海里。

当使用由多个场景组合出来的项目工作的时候，所有项目组成员必须使用一致的单位。

在 3ds Max 中，进行正确的单位设置显得更为重要。这是因为新增的高级光照特性使用真实世界的尺寸进行计算，因此要求建立的模型与真实世界的尺寸一致。

下面举例说明如何使用 3ds Max 的度量单位制。

1. 启动 3ds Max，或者在菜单栏中选取“文件”/“重置”命令，复位 3ds Max。

2. 在菜单栏中选取“自定义”/“单位设置”命令，出现“单位设置”对话框（如图 2–7 所示）。

3. 在“单位设置”对话框中单击选择“公制”单选按钮。

4. 从“米”下拉列表中选取“毫米”选项（如图 2–8 所示）。

5. 单击“系统单位设置”按钮，同样设置为毫米。

6. 单击“确定”按钮关闭“单位设置”对话框。

7. 在创建命令面板中，单击“球体”按钮。在顶视图单击并拖曳，创建一个任意大小的球。现在半径的数值后面有一个 mm（如图 2–9 所示），这个 mm 是毫米的缩写。

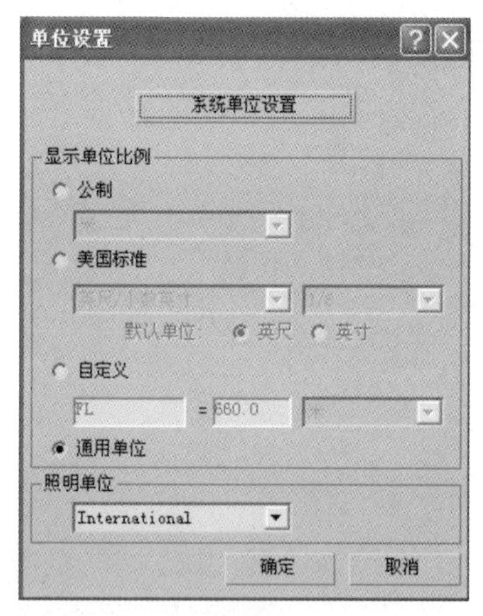

图 2–7

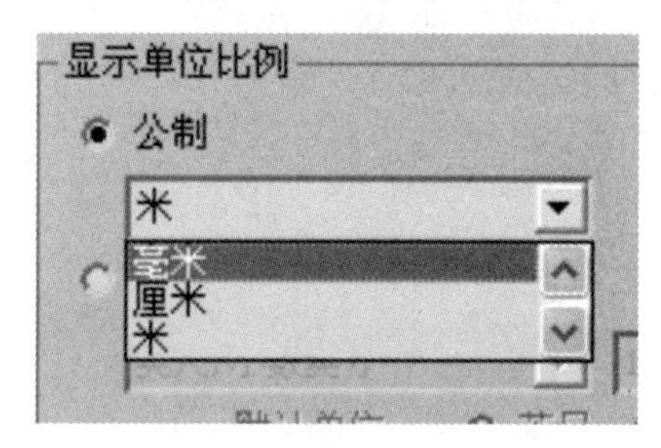

图 2–8

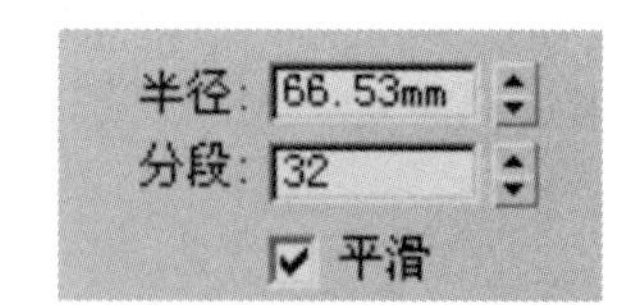

图 2–9

2.2 创建对象和修改对象

在创建命令面板中有 7 个图标，它们分别用来创建几何体 、图形 、灯光 、摄影机 、辅助对象 、空间扭曲 、系统 。

每个图标下面都有不同的命令集合。每个选项都有下拉式列表。在默认的情况下，启动 3ds Max 后显示的是创建命令面板中几何体图标下的下拉式列表中的“标准基本体”选项。

2.2.1 标准基本体

在三维世界中，基本的建筑块被称为“标准基本体”。标准基本体通常是基本几何体，它们是建立复杂对象的基础。分为标准基本几何体（如图 2–10 所示）和扩展基本几何体（如图 2–11 所示）。

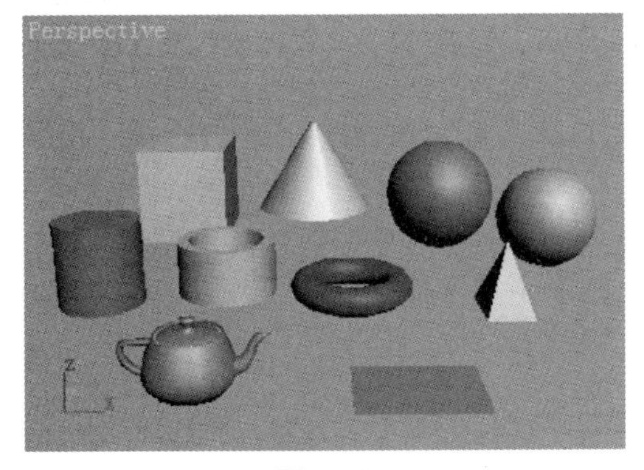

图 2-10

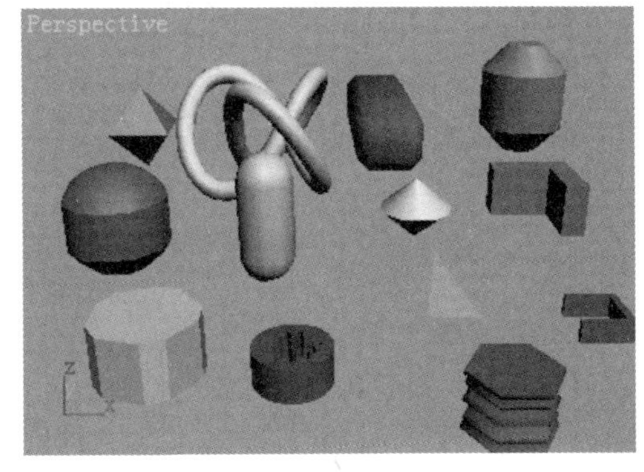

图 2-11

原始几何体是参数化对象，这意味着可以通过改变参数来改变几何体的形状。所有原始几何体的命令面板中的卷展栏的名字都是一样的，而且在卷展栏中也有类似的参数。可以在屏幕上交互地创建对象，也可以使用“键盘输入”卷展栏，通过输入参数来创建对象。当使用交互的方式创建原始几何体的时候，可以通过观察参数卷展栏中（如图 2-12 所示）的参数数值的变化来了解调整时受影响的参数。

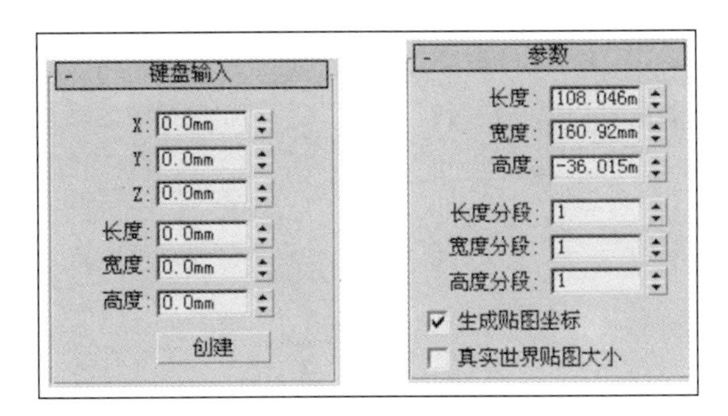

图 2-12

要创建原始几何体，首先要从命令面板中选取几何体的类型，然后在视图中单击并拖曳即可。某些对象要求在视图中进行一次单击和拖曳操作，而另外一些对象则要求在视图中进行多次单击和鼠标移动操作。

在默认的情况下，所有对象都被创建在主栅格上。但是可以使用自动栅格功能来改变这个默认设置。这个对象允许在一个已经存在对象的表面创建新的几何体。

下面举例说明如何创建原始几何体。

1. 启动 3ds Max，在创建命令面板单击“对象类型”卷展栏下面的 球体 按钮。

2. 在顶视图的右侧单击并拖曳，创建一个占据视图一小半空间的球。

3. 单击 长方体 按钮。

4. 在顶视图的左侧单击并拖曳创建盒子的底，然后释放鼠标键，向上移动，待对盒子的高度满意后单击定位盒子的高度。

这样，场景中就创建了两个原始几何体（如图 2-13 所示）。在创建的过程中注意观察“参数”卷展栏中参数数值的变化。

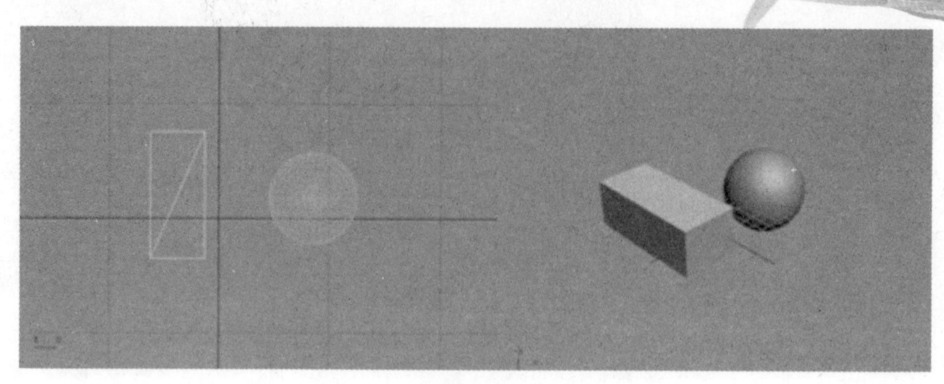

图 2–13

5. 单击“对象类型”卷展栏下面的 四棱锥 按钮。

6. 在顶视图单击并拖曳创建四棱锥的底面，然后释放鼠标键，向上移动，待对四棱锥的高度满意后单击设置四棱锥的高度。这时的场景如图 2–14 所示。

7. 选择“自动删格”复选框（如图 2–15 所示）。

8. 在透视视图中，将鼠标移动到四棱锥的侧面，然后单击并拖曳，创建一个小四棱锥。小四棱锥被创建在大四棱锥的侧面（如图 2–16 所示）。

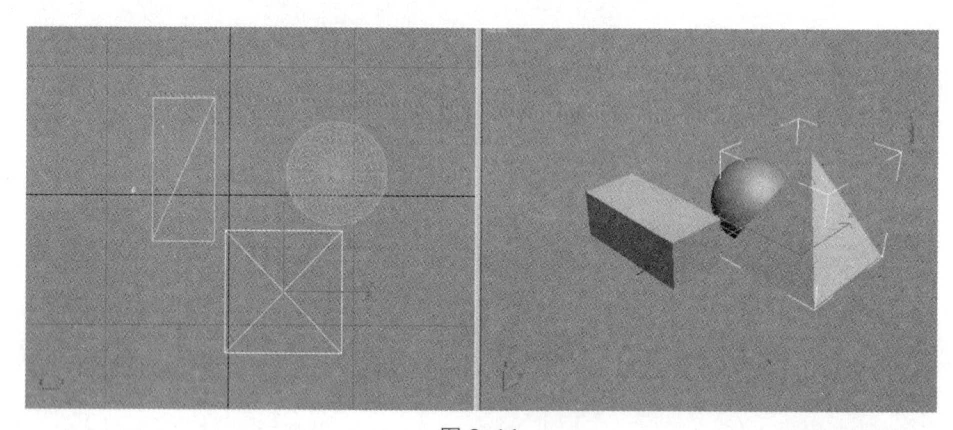

图 2–14

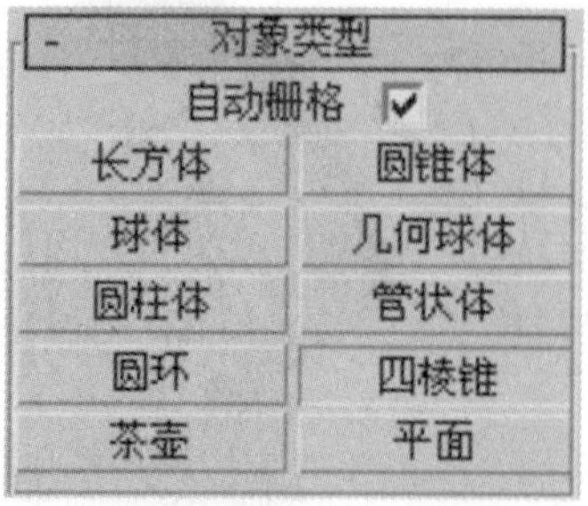

- 对象类型	
自动栅格 ☑	
长方体	圆锥体
球体	几何球体
圆柱体	管状体
圆环	四棱锥
茶壶	平面

图 2–15

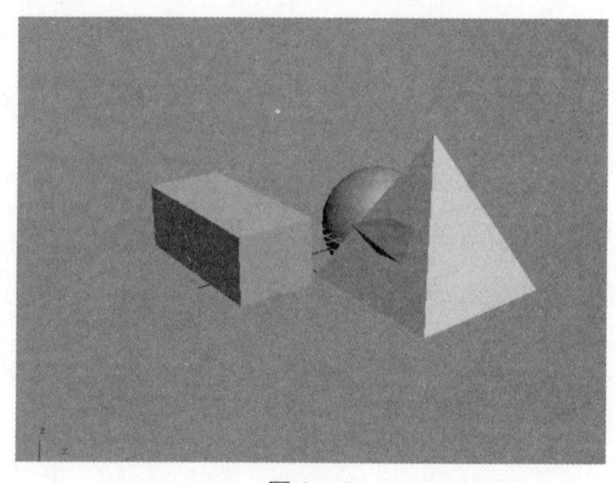

图 2–16

2.2.2 修改原始几何体

在刚刚创建完对象，且在进行任何操作之前，还可以在创建命令面板中改变对象的参数。但是，一旦选择了其他对象或者选取了其他选项后，就必须使用修改面板来调整对象的参数。

改变对象的参数

当创建了一个对象后，可以采用如下三种方法中的一种来改变参数的数值：

- 突出显示原始数值，然后输入一个新的数值覆盖原始数值，最后按键盘上的 Enter 键。
- 单击微调器的任何一个小箭头，小幅度地增加或者减少数值。
- 单击并拖曳微调器的任何一个小箭头，较大幅度地增加或者减少数值。

对象的名字和颜色

当创建一个对象后，它被指定了一个颜色和唯一的名称。对象的名称由对象类型外加数字组成。例如，在场景中创建的第一个盒子的名字是 Box01（如图 2–17 所示），下一个盒子的名字就是 Box02。对象的名称显示在名称和颜色卷展栏中（如图 2–18 所示）。在创建命令面板中，该卷展栏在面板的底部；在修改命令面板中，该卷展栏在面板的顶部。

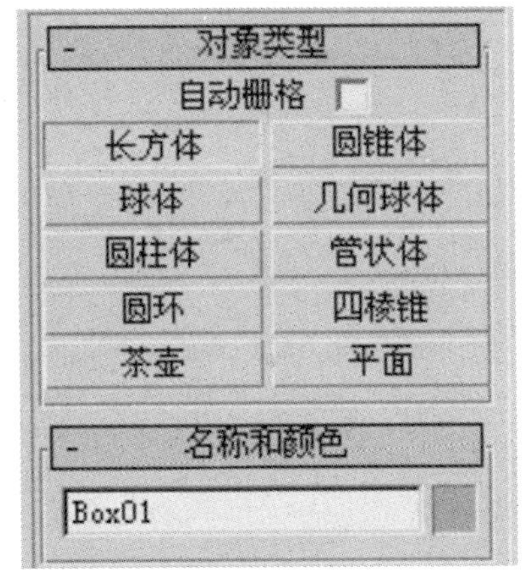

图 2–17

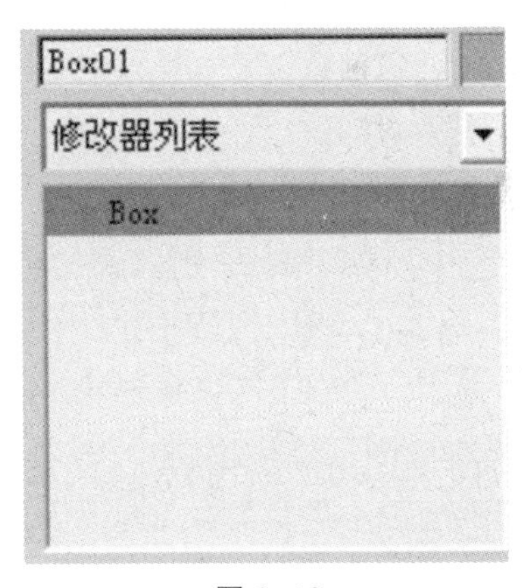

图 2–18

在默认情况下，3ds Max 随机地给创建的对象指定颜色。这样可以使用户在创建的过程中方便地区分不同的对象。

可以在任何时候改变默认的对象名称和颜色。

对象的默认颜色与它的材质不同。指定给对象的默认颜色是为了在建模过程中区分对象，指定给对象的材质是为了最后渲染的时候得到好的图像。

单击名称区域（Box01）右边的颜色样本框就出现“对象颜色”对话框（如图 2–19 所示）。

可以在该对话框中选择预先设置的颜色，也可以在对话框中单击 添加自定义颜色... 按钮创建定制的颜色。如果不希望让系统随机指定颜色，可以取消选中的 ☑ 分配随机颜色 复选框。

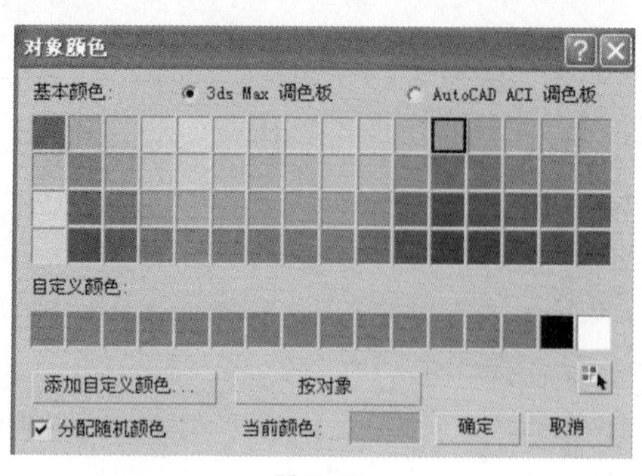

图 2–19

2.2.3 样条线

样条线是二维图形，它是一个没有深度的连续线（可以是开的，也可以是封闭的）。创建样条线对建立三维对象的模型至关重要。例如，可以创建一个矩形，然后再定义一个厚度来生成一个盒子；也可以通过创建一组样条线来生成一个人物的头部模型。

在默认的情况下，样条线是不可以渲染的对象。这就意味着如果创建一个样条线并进行渲染，那么在视频帧缓存中将不显示样条线。但是，每个样条线都有一个可以打开的厚度选项。这个选项对创建霓虹灯的文字、一组电线或者电缆的效果非常有用。

样条线本身可以被设置动画，它还可以作为对象运动的路径。3ds Max 中常见的样条线类型（如图 2–20 所示）。

在创建命令面板的“对象类型”卷展栏中有一个复选框。可以不选中该复选框来创建一个二维图形中的一系列样条曲线。默认情况下是每次创建一个新的图形，但是，在很多情况下，需要关闭“开始新图形”复选框来创建嵌套的多边形，在后续建模的有关章节中将详细讨论这个问题。

二维图形也是参数对象，在创建之后也可以编辑二维对象的参数。图 2–21 给出的是创建文字时的参数卷展栏。在这个卷展栏中改变文字的字体、大小、字间距和行间距等参数。

图 2–20

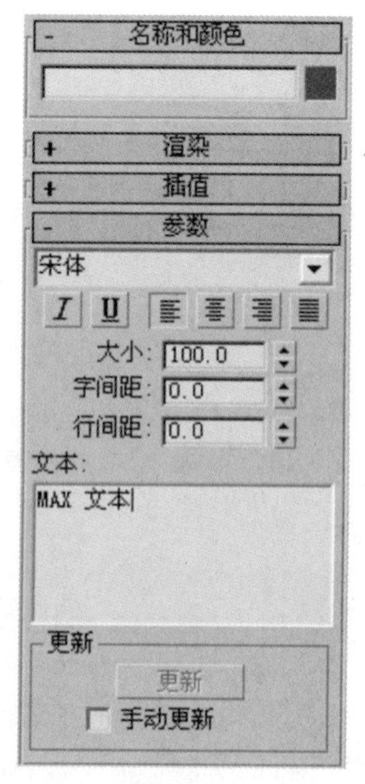

图 2–21

2.3 编辑修改器堆栈的显示

创建完对象（几何体、二维图形、灯光和摄影机等）后，就需要对创建的对象进行修改。对对象的修改可以是多种多样的，可以通过修改参数改变对象的大小，也可以通过编辑的方法改变对象的形状。

要修改对象，就要使用修改命令面板。修改命令面板被分为两个区域：编辑修改器堆栈显示区和对象的卷展栏区域（如图 2–22 所示）。

图 2–22

2.3.1 编辑修改器列表

在靠近修改命令面板顶部的地方显示修改器列表。可以通过单击修改器列表右边的下拉箭头打开一个下拉式列表。列表中的选项就是编辑修改器（如图 2–23 所示）。

列表中的编辑修改器是根据功能的不同进行分类的。尽管初看起来列表很长，编辑修改器很多，但是这些编辑修改器中的一部分是常用的，而另外一些则很少用。

在修改器列表上右击，会出现一个弹出菜单（如图 2–24 所示）。

可以使用这个菜单完成如下工作：

过滤在列表中显示的编辑修改器；

在修改器列表下显示出编辑修改器的按钮；

定制自己的编辑修改器集合。

图 2–23

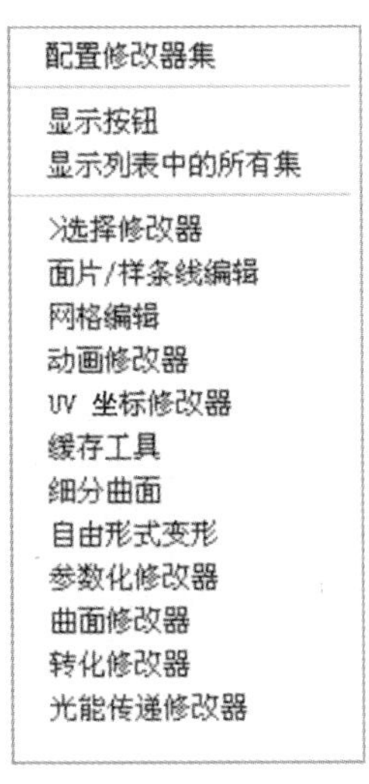

图 2–24

2.3.2 应用编辑修改器

要使用某个编辑修改器，需要从列表中选择。一旦选择了某个编辑修改器，它就会出现在堆栈的显示区域中。可以将编辑修改器堆栈想象成为一个历史记录堆栈。如果从编辑修改器列表中选择一个编辑修改器，它就会出现在堆栈的显示区域。这个历史的最底层是对象的类型（称之为“基本对象”），后面是基本对象应用的编辑修改器。如图 2–25 所示，基本对象是 Cylinder，编辑修改器是 Bend（弯曲）。

图 2–25

当给一个对象应用编辑修改器后，它并不立即发生变化。但是编辑修改器的参数显示在命令面板中的参数卷展栏中（如图 2–26 所示）。要使编辑修改器起作用，就必须调整参数卷展栏中的参数。

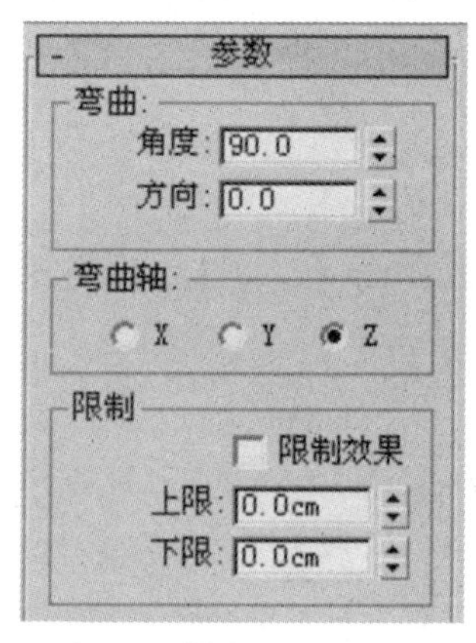

图 2–26

可以给对象应用许多编辑修改器，这些编辑修改器按应用的次序显示在堆栈的列表中。最后应用的编辑修改器在最顶部，基本对象总是在堆栈的最底部。

当堆栈中有多个编辑修改器的时候，可以通过在列表中选取一个编辑修改器来在命令面板中显示它的参数。

不同的对象类型有不同的编辑修改器。例如，有些编辑修改器只能应用于二维图形，而不能应用于三维图形。当用下拉式列表显示编辑修改器的时候，只显示能够应用选择对象的编辑修改器。

可以从一个对象上向另外一个对象上拖放编辑修改器，也可以交互地调整编辑修改器的次序。下面举例说明如何使用编辑修改器。

1. 启动 3ds Max，或者在菜单栏中选取“文件” / “重置” 命令，复位 3ds Max。

2. 单击创建命令面板上的“球体” 按钮，在透视视图中创建一个半径改为 40 的球（如图 2–27 所示）。

3. 在修改命令面板，单击修改器列表右边的向下箭头。在出现的编辑修改器列表中选取“拉伸” 选项。拉伸编辑修改器被应用给了球，并同时显示在堆栈列表中（如图 2–28 所示）。

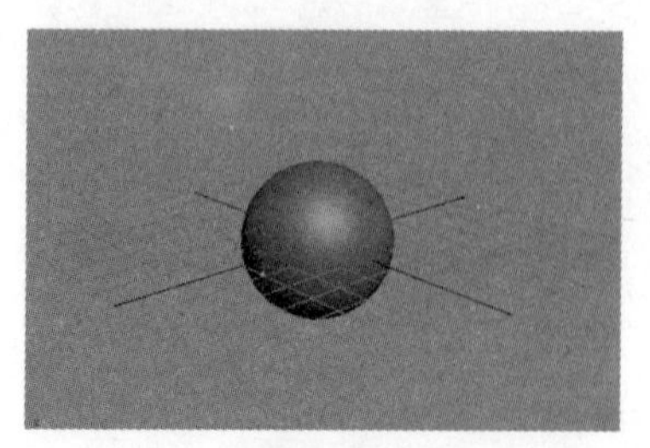
图 2–27

图 2–28

4. 在修改面板的参数卷展栏中，将拉伸值改为1，放大值改为3（如图2-29所示）。球如图2-30所示。

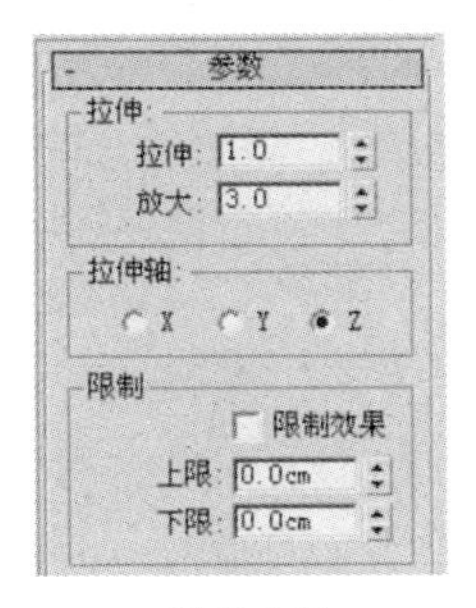

图2-29

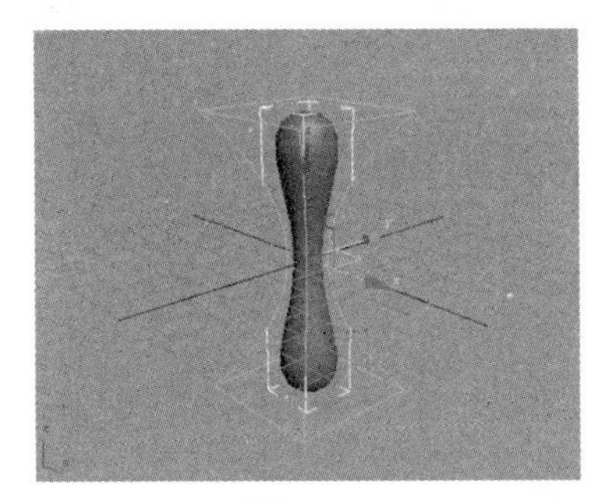

图2-30

5. 打开创建命令面板，单击“圆柱体”按钮，在透视视图中球的旁边创建一个圆柱。

6. 在创建面板的参数卷展栏中将半径值改为6，将高度改为80。

7. 切换到修改命令面板，单击修改器列表右边的向下箭头。在编辑修改器列表中选取“弯曲”选项。弯曲编辑修改器应用于圆柱，并同时显示在堆栈列表中。

8. 在修改命令面板的弯曲修改命令下的参数卷展栏中将角度改为-90（如图2-31所示）。圆柱变弯曲了（如图2-32所示）。

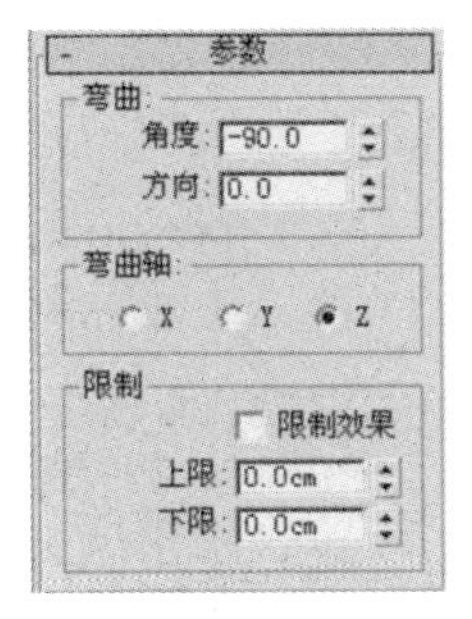

图2-31

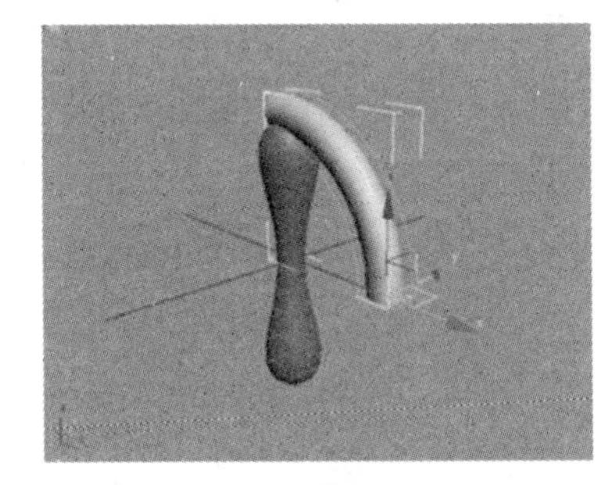

图2-32

9. 从圆柱的堆栈列表中将Bend拖曳到场景中拉伸后的球上。球也变得弯曲了，同时它的堆栈中也出现了Bend（如图2-33所示），堆栈列表如图2-34所示。

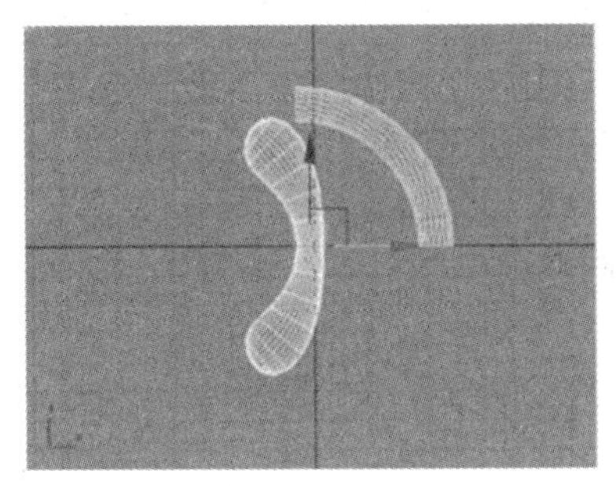

图2-33

图2-34

2.4 对象的选择

在对某个对象进行修改之前，必须先选择对象。选择对象的技术将直接影响在3ds Max 中的工作效率。

2.4.1 选择一个对象

选择对象的最简单的方法是使用选择工具在视图中单击。下面是主工具栏中常用的选择对象工具。

仅仅用来选择对象，单击即可选择一个对象。

注：在默认的状态下，所画的选择区域是矩形的。还可以通过主工具栏的按钮将选择方式改为圆形区域选择方式、任意形状区域选择方式或者套索选择方式。

4 种不同的区域选择方式，分别为矩形选择区域方式、圆形选择区域方式、围栏选择区域方式和套索选择区域方式。

按名称选择对象，可以在“选择对象”对话框中选择一个对象。

2.4.2 选择多个对象

当选择对象的时候，常常希望选择多个对象或者从选择的对象中取消对某个对象的选择，这就需要将鼠标操作与键盘操作结合起来。下面给出选择多个对象的方法。

Ctrl 键 + 单击：向选择的对象中增加对象。

Ctrl 键或者 Alt 键 + 单击：从当前选择的对象中取消对某个对象的选择。

在要选择的一组对象周围单击并拖曳，画出一个完全包围对象的区域。当释放鼠标键的时候，框内的对象被选择。图 2–35 是使用矩形选择区域的方式选择对象，结果如图 2–36 所示。

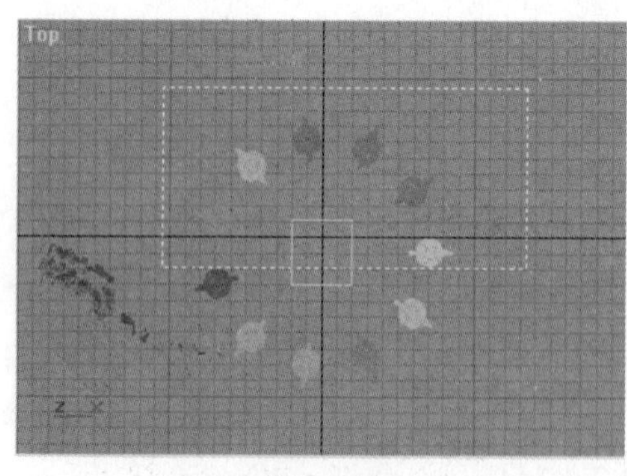

图 2–35

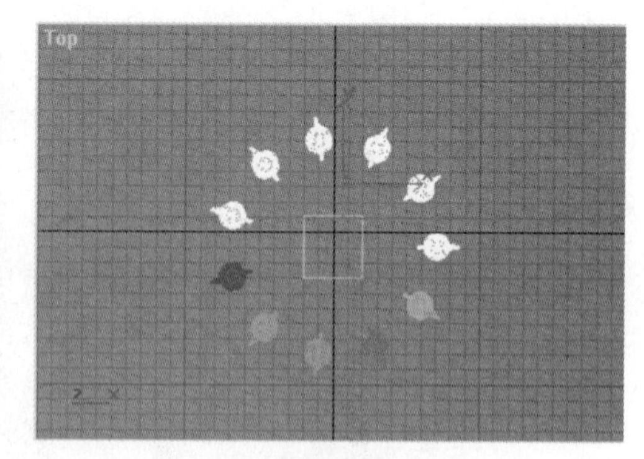

图 2–36

2.4.3 窗口选择和交叉选择

当使用“矩形选择区域”方式选择对象时，主工具栏中有一个按钮用来决定矩形区域如何影响对象。这个触发按钮有两个选项：

窗口选择：选择完全在选择框内的对象。

交叉选择：在选择框内和与选择框相接触的对象都被选择。

2.4.4 锁定选择的对象

为了便于后面的操作，当选择多个对象时，最好将选择的对象锁定。锁定选择的对象后，就可以保证不误选其他的对象或者丢失当前选择的对象。

可以单击状态栏中的锁定按钮 来锁定选择的对象，也可以按键盘上的空格键来锁定选择的对象。

2.5 选择集或组

选择集或组用来帮助在场景中组织对象。尽管这两个选项的功能有点类似，但是工作流程却不同。此外，在对象的次对象层次选择集非常有用，而在对象层次组非常有用。

2.5.1 选择集

选择集（selection sets）允许给一组选择对象的集合指定一个名称。由于经常需要对一组对象进行变换等操作，所以选择集非常有用。当定义选择集后，就可以通过一次操作选择一组对象。

下面举例说明如何创建命名的选择集。

1. 在菜单栏上选取“文件”/“打开”命令，打开本书配套光盘中的 chap02/ch02_2.max 文件。

2. 在主工具栏上单击“按名称选择”按钮 ，出现“选择对象”对话框。

3. 在“选择对象”对话框中单击选择 [sofa]。

4. 按下 Ctrl 键并单击选择 [pouf]、[armchair1] 和 [armchair2]（如图 2-37 所示）。

5. 在“选择对象”对话框中单击“选择”按钮，4 个对象被选择了（如图 2-38 所示）。

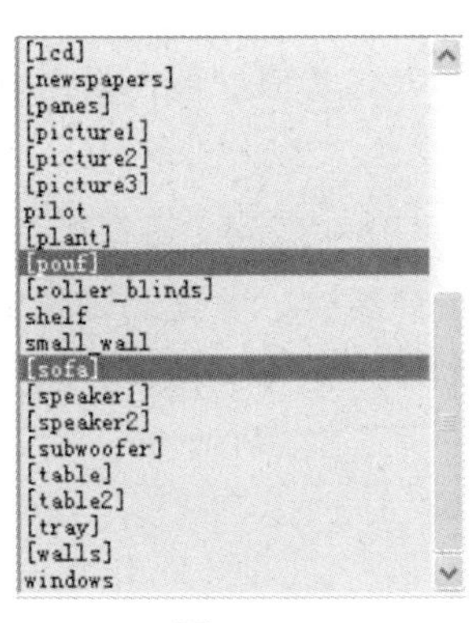

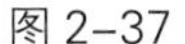
图 2-37

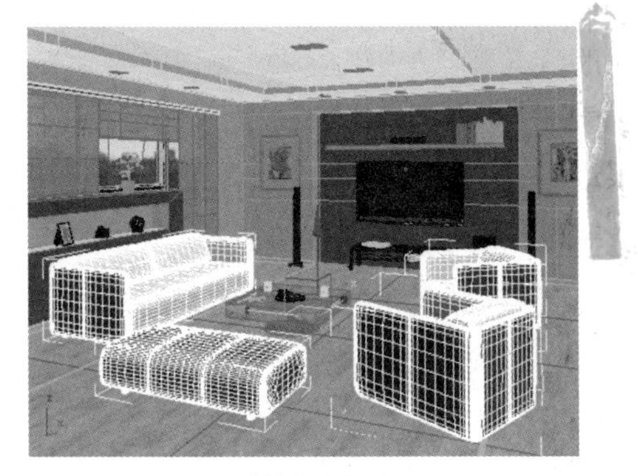

图 2-38

6. 单击状态栏上的“选择锁定切换”按钮 。

7. 在前视图中用单击的方式选择其他对象。

由于锁定选择已经处于打开状态 ，因此不能选择其他对象。

8. 按键盘上的H键，出现“选择对象”对话框。

9. 在“命名选择集”文本框中输入 safazhu，然后按 Enter 键。这样就命名了选择集。

10. 按空格键关闭“选择锁定切换”按钮 的设定。

11. 在前视图的任何地方单击。原来选择的对象将不再被选择。

12. 在主工具栏中单击“命名选择集”右边的向下箭头，在弹出的下拉列表中选取 safazhu 。沙发的对象又被选择了。

13. 在主工具栏中将鼠标光标移动到“命名选择集”区域 。

14. 在“选择对象”对话框中，对象是作为个体被选择的。该对话框中也有一个选择集列表框。

15. 在“选择对象”对话框单击“取消”按钮，关闭该对话框。

16. 保存文件，以便后面使用。

注：如果没有按 Enter 键，选择集的命名将不起作用。这是初学者经常遇到的问题。

2.5.2 选择组

组（groups）被用来在场景中组织多个对象。它们的工作流程和编辑功能与选择集不同。

组和选择集的不同之处包括：

- 当创建一个组后，组成组的多个单个对象被作为一个对象来处理。
- 不再在场景中显示组成组的单个对象的名称，而显示组的名称。
- 在对象列表中，组的名称用括号括了起来。
- 在名称和颜色卷展栏中，组的名称是粗体的。
- 当选择组成组的任何一个对象后，整个组都被选择。
- 要编辑组内的单个对象，需要打开组。

编辑修改器和动画都可以应用给组。如果在应用了编辑修改器和动画之后决定取消组，则每个对象都保留组的编辑修改器和动画。

在一般情况下，尽量不要动画组内的对象或者选择集内的对象。可以使用链接选项设置多个对象一起运动的动画。

如果动画了一个组，将发现所有对象都有关键帧。这就意味着如果设置组的位置动画，并且观察组的位置轨迹线的话，那么将显示组内每个对象的轨迹。如果动画的是有很多对象的组，那么显示轨迹线后将使屏幕变得非常混乱。实际上，组主要用来建模，而不是用来制作动画。

2.6 对象的变换

可以使用变换移动、旋转和缩放对象。要进行变换，可以从主工具栏上访问变换工具，也可以使用快捷菜单访问变换工具。主工具栏上的变换工具如表 2-1 所示。

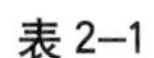

表 2–1

Select and Move	选择并移动
Select and Rotate	选择并旋转
Select and Uniform Scale	选择并均匀缩放
Select and Non–uniform Scale	选择并非均匀缩放
Select and Squash	选择并挤压

2.6.1 变换轴

选择对象后，每个对象上都显示一个有三个轴的坐标系的图标（如图 2–39 所示）。坐标系的原点就是轴心点。每个坐标系上有三个箭头，分别标记 X、Y 和 Z，代表三个坐标轴。被创建的对象将自动显示坐标系。

当选择变换工具后，坐标系将变成变换 Gizmo（变换操作辅助线框），图 2–40、图 2–41 和图 2–42 分别是移动、旋转和缩放的 Gizmo。

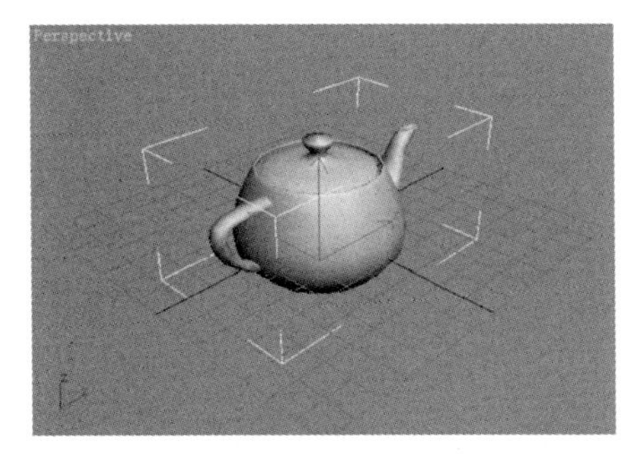

图 2–39

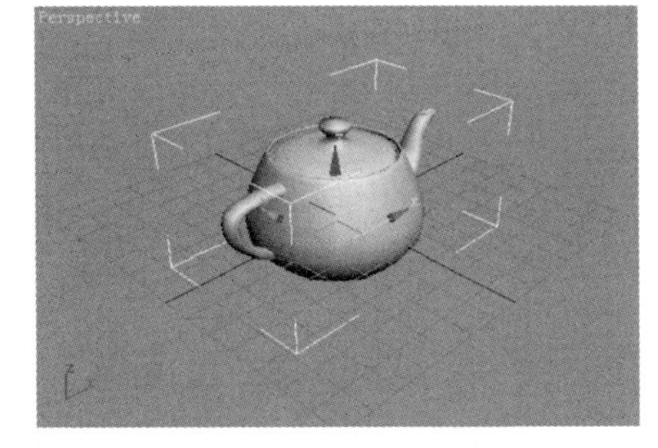

图 2–40

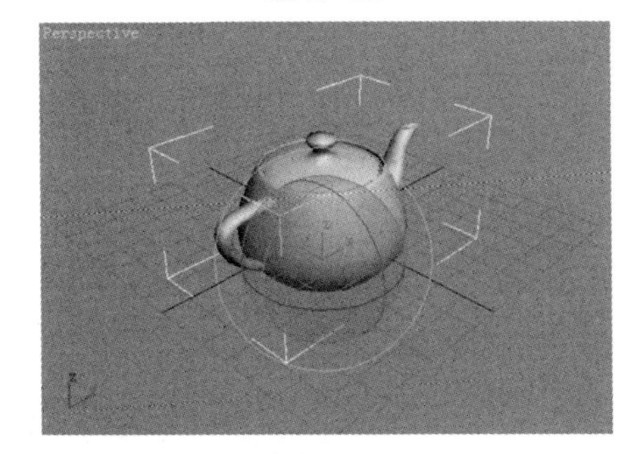

图 2–41

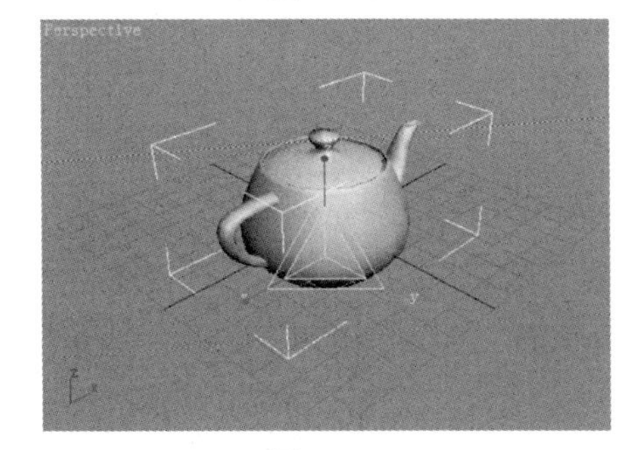

图 2–42

2.6.2 变换的键盘输入

有时需要通过键盘输入而不是通过鼠标操作来调整数值。3ds Max 支持许多键盘输入功能，包括使用键盘输入给出对象在场景中的准确位置，使用键盘输入给出具体的参数数值等。可以使用“移动变换输入”对话框（如图 2–43 所示）进行变换数值的输入。可以通过在主工具栏中的变换工具右击来访问“移动变换输入”对话框，也可以直接使用状态栏中的键盘输入区域。

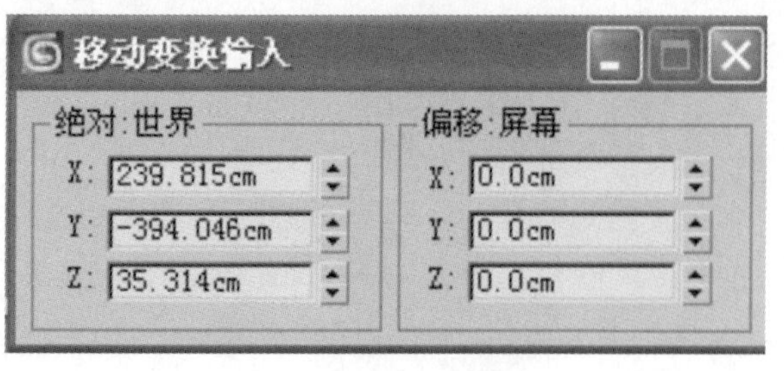

图 2-43

注：要显示“移动变换输入”对话框，必须首先单击变换工具，激活它，然后再在激活的变换工具上单击鼠标右键。

“移动变换输入”对话框由两个数字栏组成。一栏是绝对：世界，另外一栏是偏移：屏幕。(选择的视图不同，会有不同的显示) 下面的数字是被变换对象在世界坐标系中的准确位置，输入新的数值后，将使对象移动到该数值指定的位置。例如，如果在“移动变换输入”对话框中的“绝对：世界”栏下面的 X、Y 和 Z 文本框中输入数值 0、0、40，那么对象将移动到世界坐标系中的 0、0、40 处。

偏移：屏幕一栏中输入数值将相对于对象的当前位置、旋转角度和缩放比例变换对象。例如，偏移一栏中在 X、Y 和 Z 文本框中输入数值 0、0、40，那么将把对象沿着 Z 轴移动 40 个单位。

“移动变换输入”对话框是非模式对话框，这就意味着当执行其他操作的时候，对话框仍然可以被保留在屏幕上。也可以在状态栏中通过键盘输入数值 (如图 2-44 所示)。它的功能类似于“移动变换输入”对话框，只是需要通过一个按钮来切换绝对和偏移 (如图 2-45 所示)。

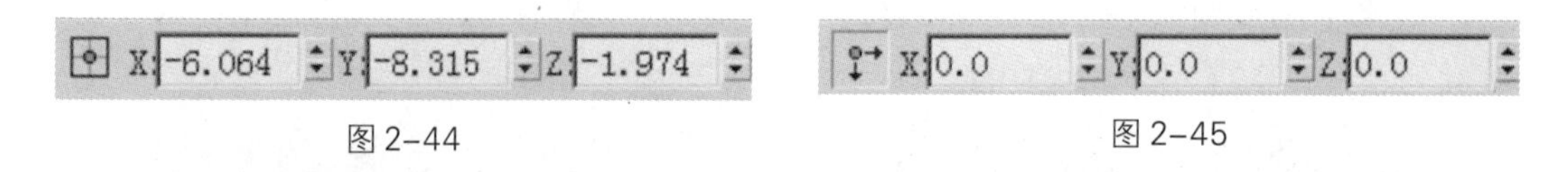

图 2-44

图 2-45

2.7 克隆对象

为场景创建几何体被称为“建模”。一个重要且非常有用的建模技术就是克隆对象。克隆的对象可以被用作精确的复制品，也可以作为进一步建模的基础。例如，如果场景中需要很多灯泡，就可以创建其中的一个，然后复制出其他的。如果场景中需要很多灯泡，但是这些灯泡还有一些细微的差别，那么可以先复制原始对象，然后再对复制品进行修改。

克隆对象的方法有两个。第一种方法是按住 Shift 键执行变换操作 (移动、旋转和比例缩放)；第二种方法是从菜单栏中选取“编辑”/“克隆”命令。

无论使用哪种方法进行变换，都会出现“克隆选项”对话框 (如图 2-46 所示)。

图 2-46

在“克隆选项”对话框中，可以指定克隆对象的数目和克隆的类型等。克隆包含三种类型，分别为复制、实例和参考。

“复制”选项克隆一个与原始对象完全无关的复制品。

“实例”选项也克隆一个对象，该对象与原始对象还有某种关系。例如，如果使用“实例”选项克隆一个球，那么如果改变其中一个球的半径，另外一个球也跟着改变。使用“实例”选项复制的对象之间是通过参数和编辑修改器相关联的，各自的变换无关，是相互独立的。这就意味着如果给其中一个对象应用了编辑修改器，使用“实例”选项克隆的另外一些对象也将自动应用相同的编辑修改器。但是如果变换一个对象，使用“实例”选项克隆的其他对象并不一起变换。此外，使用“实例”选项克隆的对象可以有不同的材质和动画。使用“实例”选项克隆的对象比使用“复制”选项克隆的对象需要更少的内存和磁盘空间，使文件装载和渲染的速度要快一些。

“参考”选项是特别的实例。在某种情况下，它与克隆对象的关系是单向的。例如，如果场景中有两个对象，一个是原始对象，另外一个是使用“参考”选项克隆的对象。这样如果给原始对象增加一个编辑修改器，克隆的对象也被增加了同样的编辑修改器。但是，如果给使用“参考”选项克隆的对象增加一个编辑修改器，那么它将不影响原始的对象。实际上，使用“参考”选项复制的对象常用于如面片一类的建模过程。

2.8 对象的捕捉

当变换对象的时候，经常需要捕捉到栅格点或者捕捉到对象的节点上。3ds Max 8 支持精确的对象捕捉，捕捉选项都在主工具栏上。

2.8.1 绘图中的捕捉

绘图时对象的捕捉，包含三维捕捉、2.5 维捕捉和二维捕捉三个选项。

不管选择了哪个捕捉选项，都可以选择是捕捉到对象的栅格点、节点、边界，还是捕捉到其他的点。要选取捕捉的元素，可以在捕捉按钮上右击。这时就会出现“栅格和捕捉设置”对话框（如图 2–47 所示），可以在该对话框上进行捕捉的设置。

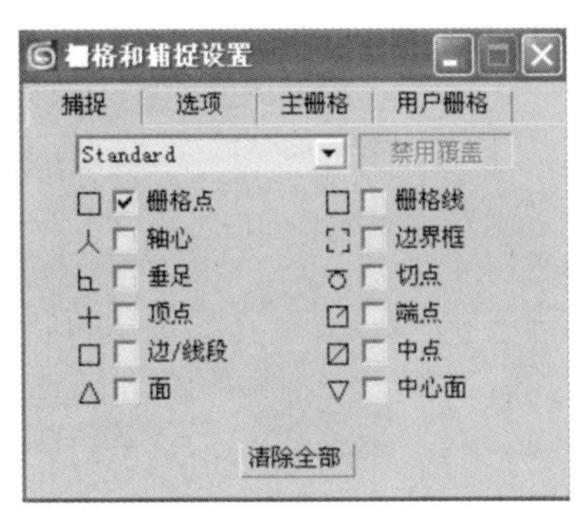

图 2–47

注：在“栅格和捕捉设置”对话框中选中了某个选项后，可以关闭该对话框，也可以将它保留在屏幕上。即使对话框关闭，其中的设置仍然起作用。

在默认的情况下，“栅格点”复选框是选中的，所有其他复选框则是不选中的。这就意味着在绘图的时候光标将捕捉栅格线的交点。一次可以选中多个复选框。如果一次选中的复选框多于一个，那么在绘图的时候将捕捉到最近的元素。

三维捕捉

在三维捕捉打开的情况下，绘制二维图形或者创建三维对象的时候，鼠标光标可以在三维空间的任何地方进行捕捉。例如，在“栅格和捕捉设置”对话框中选取了“顶点”选项，鼠标光标将在三维空间中捕捉二维图形或者三维几何体上最靠近鼠标光标处的节点。

二维捕捉

三维捕捉的弹出按钮中还有二维捕捉和 2.5 维捕捉两个按钮。按住三维捕捉按钮将会看到弹出按钮，找到合适的按钮后释放鼠标键即可选择该按钮。

三维捕捉可以捕捉三维场景中的任何元素，而二维捕捉只捕捉激活视图构建平面上的元素。例如，打开二维捕捉，捕捉并在顶视图中绘图，鼠标光标将只捕捉位于 XY 平面上的元素。

2.5 维捕捉

2.5 维捕捉是二维捕捉和三维捕捉的混合。2.5 维捕捉将捕捉三维空间中二维图形和几何体上的点在激活的视图的构建平面上的投影。

下面举例解释这个问题。假设有一个一面倾斜的字母 E（如图 2-48 所示）。该对象位于构建平面之下，面向顶视图。

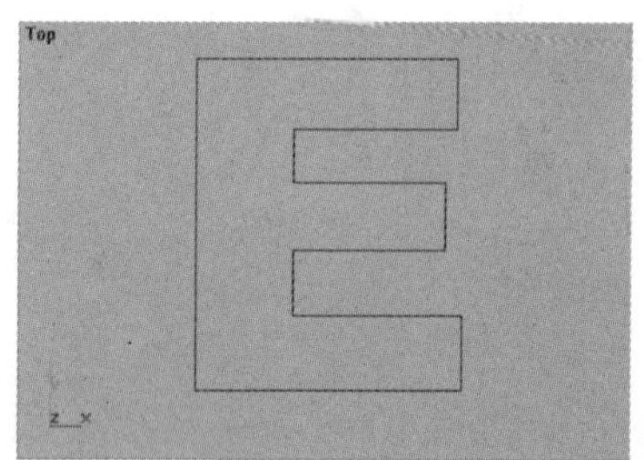

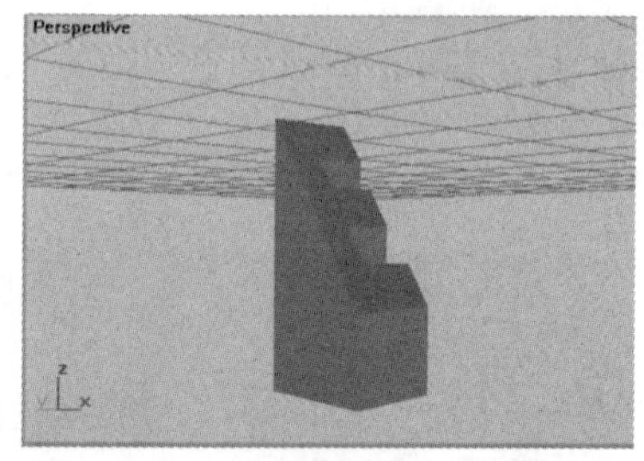

图 2-48

如果要跟踪字母 E 的形状，可以使用“顶点”选项在顶视图中画线。如果打开的是三维捕捉，那么画线时捕捉的是三维图形的实际节点（如图 2-49 所示）。

如果使用的是 2.5 维捕捉，那么所绘制的线是在对象之上的构建平面上（如图 2-50 所示）。

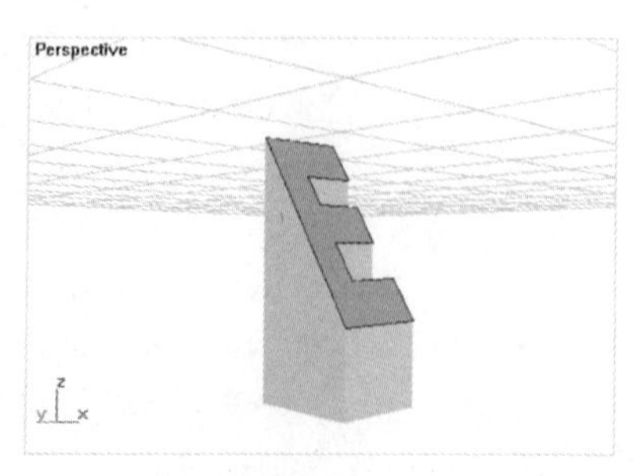

图 2-49

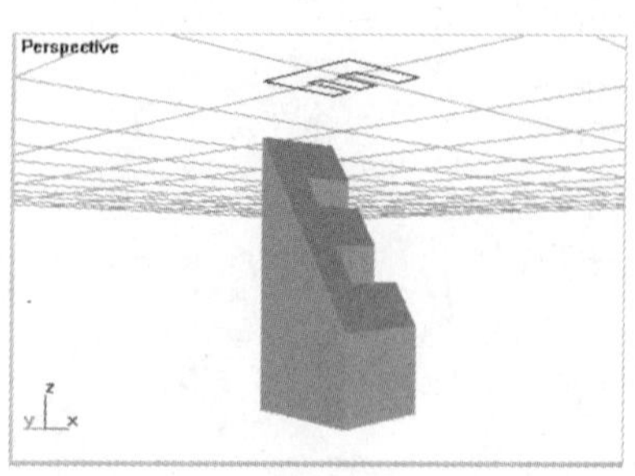

图 2-50

2.8.2 增量捕捉

除了对象捕捉之外，3ds Max 8 还支持增量捕捉。通过使用角度捕捉（Angle Snap），可以使旋转按固定的增量（例如 10°）进行；通过使用百分比捕捉（Percent Snap），可以使比例缩放按固定的增量（例如 10%）进行；通过使用微调器捕捉（Spinner Snap），可以使微调器的数据按固定的增量（例如 1）进行。

（角度捕捉切换）：使对象或者视图的旋转按固定的增量进行。在默认状态下的增量是 5°。例如，打开角度捕捉触发按钮并旋转对象，它将先旋转 5°，然后旋转 10°、15° 等。

角度捕捉也可以用于旋转视图。当打开角度捕捉触发按钮后使用角度旋转视图，那么旋转将按固定的增量进行。

（百分比捕捉切换）：使比例缩放按固定的增量进行。例如，当打开百分比捕捉后，任何对象的缩放将按 10% 的增量进行。

（微调器捕捉切换）：打开该按钮后，当单击微调器箭头的时候，参数的数值按固定的增量增加或者减少。

增量捕捉的增量是可以改变的，要改变角度捕捉和微调器捕捉的增量，需要使用“栅格和捕捉设置”对话框中的“选项”选项卡。

微调器捕捉的增量设置是通过在微调器按钮上右击进行的。当在微调器捕捉按钮上右击后就会出现“首选项设置”对话框，可以在对话框中的“微调器”栏中设置捕捉的数值。

2.9 变换坐标系

在每个视图的左下角有一个由红、绿和蓝三个轴组成的坐标系图标。这个可视化的图标代表的是 3ds Max 的世界坐标系。三维视图（摄影机视图、用户视图、透视视图和灯光视图）中的所有对象都使用世界坐标系。

下面就来介绍如何改变坐标系，并讨论各个坐标系的特征。

2.9.1 改变坐标系

通过在主工具栏中单击“参考坐标系”按钮，然后在下拉式列表中选取一个坐标系（如图 2–51 所示）可以改变变换中使用的坐标系。

当选择了一个对象后，选择坐标系的轴将出现在对象的轴心点或者中心位置。在默认状态下，使用的坐标系是视图（view）坐标系。为了理解各个坐标系的作用原理，必须首先了解世界坐标系。

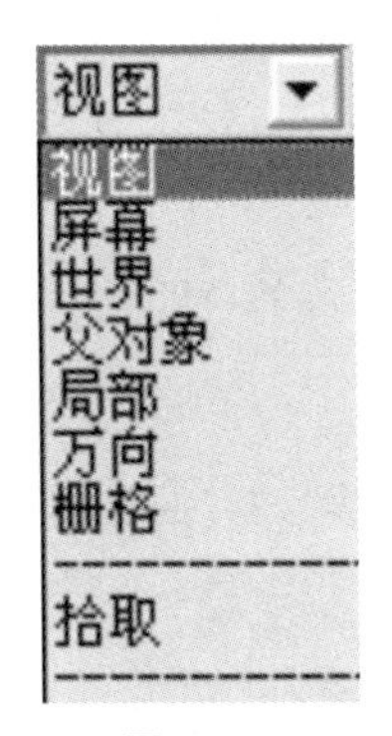

图 2–51

2.9.2 世界坐标系

世界坐标系的图标总是显示在每个视图的左下角。如果在变换时想使用这个坐标系，那么可以从参考坐标系列下拉表中选取它。

当选取了世界坐标系后，每个选择对象的轴显示的是世界坐标系的轴（如图 2-52 所示）。可以使用这些轴来移动、旋转和缩放对象。

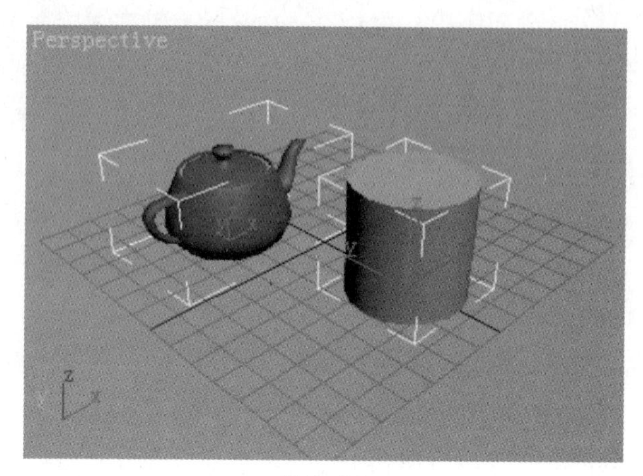

图 2-52

2.9.3 屏幕坐标系

当参考坐标系被设置为屏幕坐标系（screen）的时候，每次激活不同的视图，对象的坐标系就发生改变。不论激活哪个视图，X 轴总是水平指向视图的右边，Y 轴总是垂直指向视图的上面。这意味着在激活的视图中，变换的 XY 平面总是面向用户。

在诸如前视图、顶视图和左视图等正交视图中，使用屏幕坐标系是非常方便的。但是在透视视图或者其他三维视图中，使用屏幕坐标系就会出现问题。由于 XY 平面总是与视图平行，会使变换的结果不可预测。

视图坐标系可以解决在屏幕坐标系中所遇到的问题。

2.9.4 视图坐标系

视图坐标系是世界坐标系和屏幕坐标系的混合体。在正交视图中，视图坐标系与屏幕坐标系一样，而在透视视图或者其他三维视图中，视图坐标系与世界坐标系一致。

视图坐标系结合了屏幕坐标系和世界坐标系的优点。

2.9.5 局部坐标系

创建对象后，会指定一个局部坐标系。局部坐标系的方向与对象被创建的视图相关。例如，当圆柱被创建后，它的局部坐标系的 Z 轴总是垂直于视图，它的局部坐标系的 XY 平面总是平行于计算机屏幕。即使切换视图或者旋转圆柱，它的局部坐标系的 Z 轴总是指向高度方向。

当从参考坐标系列表中选取局部坐标系后，就可以看到局部坐标系（如图 2-53 所示）。

注：通过轴心点可以移动或者旋转对象的局部坐标系。对象的局部坐标系的原点就是对象的轴心点。

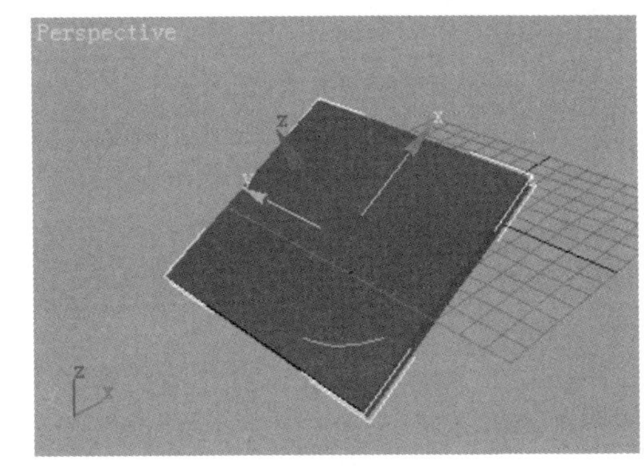

图 2–53

2.9.6 其他坐标系

除了世界坐标系、屏幕坐标系、视图坐标系和局部坐标系外，还有如下 4 个坐标系。

父对象坐标系（parent）：该坐标系只对有链接关系的对象起作用。如果使用这个坐标系，当变换子对象的时候，它使用父对象的变换坐标系。

栅格坐标系（grid）：该坐标系使用当前激活栅格系统的原点作为变换的中心。

平衡环坐标系（gimbal）：该坐标系与局部坐标系类似，但其三个旋转轴并不一定要相互正交。

拾取坐标系（pick）：该坐标系使用特别的对象作为变换的中心。

2.9.7 变换和变换坐标系

每次变换的时候都可以设置不同的坐标系。3ds Max 会记住上次在某种变换中使用的坐标系。例如，选择了主工具栏中的“选择并移动”工具，并将变换坐标系改为局部。此后又选取主工具栏中的“选择并旋转”工具，并将变换坐标系改为世界。这样当返回到“选择并移动”工具时，坐标系将自动改变到局部。

2.9.8 变换中心

在主工具栏上参考坐标系右边的按钮是变换中心弹出按钮（如图 2–54 所示）。每次执行旋转或者比例缩放操作的时候，都是关于轴心点进行变换的。这是因为默认的变换中心是轴心点。

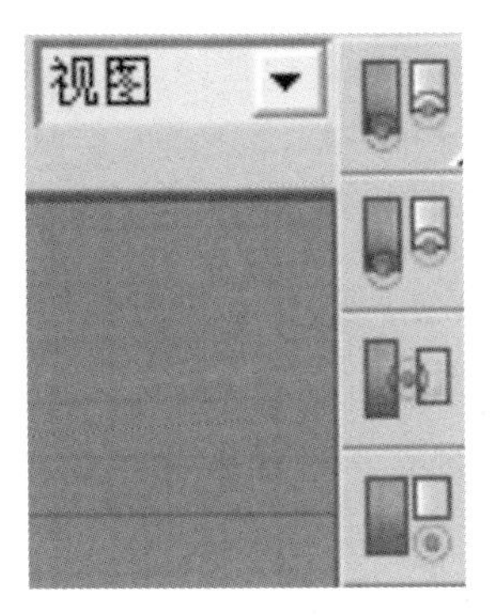

图 2–54

注：当用户想使用特定的坐标系时，首先选取变换图标，然后再选取变换坐标系。这样，当执行变换操作的时候，才能保证使用的是正确的坐标系。

3ds Max 的变换中心有 3 个（如表 2–2 所示）。

表 2–2

使用轴点中心：使用选择对象的轴心点作为变换中心。
使用选择中心：当多个对象被选择的时候，使用选择的对象的中心作为变换中心。
使用变换坐标中心：使用当前激活坐标系的原点作为变换中心。

当旋转多个对象的时候，这些选项非常有用。使用轴点中心将以各自的轴心点旋转每个对象，而使用选择中心将以选择对象的共同中心点旋转对象。

使用变换坐标中心对于拾取坐标系非常有用，下面介绍拾取坐标系的使用方法。

2.9.9 拾取坐标系

假如希望绕空间中某个特定点旋转一系列对象，最好使用拾取坐标系。即使选择了其他对象，变换的中心仍然是特定对象的轴心点。

如果要在某个对象周围按圆形排列一组对象，那么使用拾取坐标系将非常方便。例如，可以使用拾取坐标系安排桌子和椅子等。下面举例说明如何使用拾取坐标系。

1. 启动 3ds Max，在主工具栏上选取“文件”/“打开”命令，打开本书配套光盘中的 chap03/ch02_3.max 文件。这个场景非常简单，只有一个花心和花瓣（如图 2–55 所示）。

图 2–55

下面将在花心周围复制花瓣，以便创建一个完整的花。

2. 单击主工具栏中的选择按钮。
3. 单击主工具栏中的“参考坐标系”下拉列表按钮。
4. 在“参考坐标系”下拉列表中选取“拾取”选项。
5. 在前视图单击花心，选择它，对象名 Flower Center 出现在“参考坐标系”区域。
6. 单击主工具栏中的旋转按钮。

接下来将绕着中心旋转并复制花瓣。

7. 在前视图单击花瓣，选择它（如图 2–56 所示）。

从图 2–56 可以看出，即使选择了花瓣，但是变换中心仍然在花心。这是因为现在使用的是变换坐标中心，而变换坐标系被设置在花心。

8. 在前视图，按下 Shift 键，并绕 Z 轴旋转 45°（如图 2–57 所示）。

当释放鼠标键后，出现“克隆选项”对话框。

9. 在“克隆选项”对话框中选取“实例”单选按钮，并将副本数改为 6，然后单击“确定”按钮。

在花心的周围克隆了 6 个花瓣（如图 2–58 所示）。

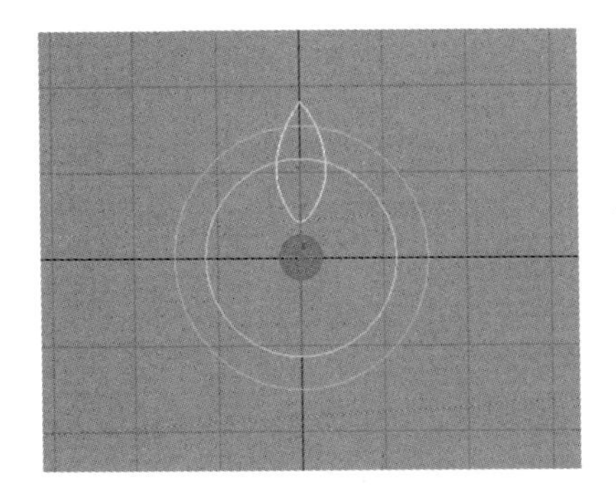

图 2–56

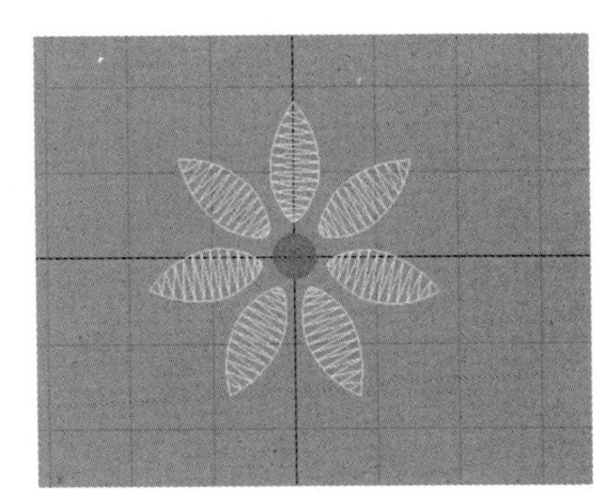

图 2–57

图 2–58

拾取坐标系可以使其他进行操作的对象采用特定对象的坐标系。下面就来介绍如何制作小球从板上滚下来的动画。

1. 启动 3ds Max，或者在菜单栏中选取“文件”/“重置”命令，重置 3ds Max。

2. 在创建命令面板上的对象类型卷展栏下面单击“长方体”按钮。

3. 在顶视图中创建一个长方形木板（如图 2–59 所示）。创建参数如图 2–60 所示。

4. 在主工具栏中单击“选择并旋转”工具，在前视图中旋转木板，使其有一定倾斜，如图 2–61 所示。

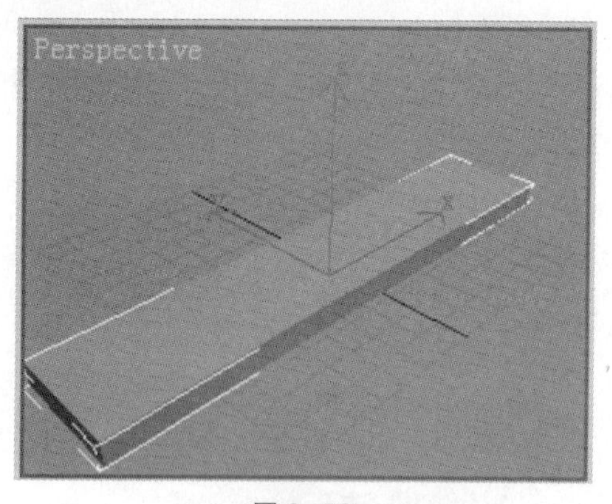

图 2-59

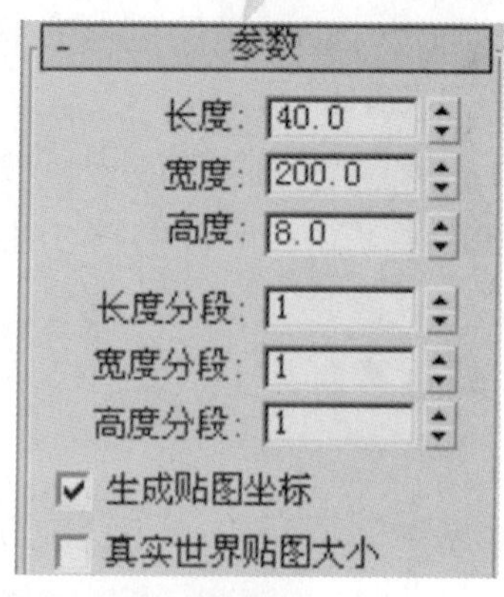

图 2-60

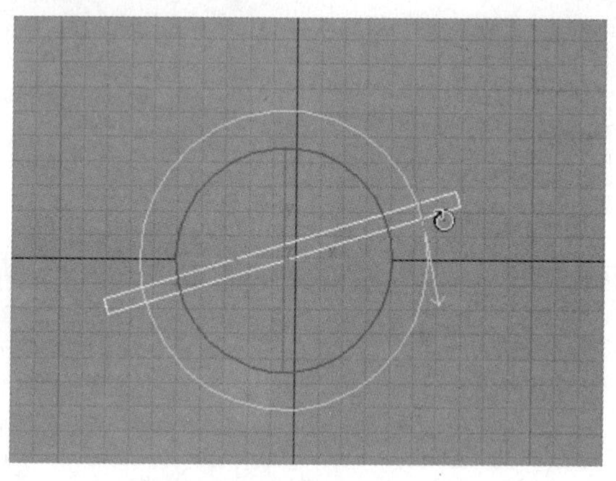

图 2-61

5. 单击创建命令面板上对象类型卷展栏下面的“球体”按钮。创建一个半径约为 10 的球，并使用“选择并移动”工具 将小球的位置移到木板的上方，如图 2-62 所示。在调节时可以在 4 个视图中从各个角度进行移动，以方便观察。

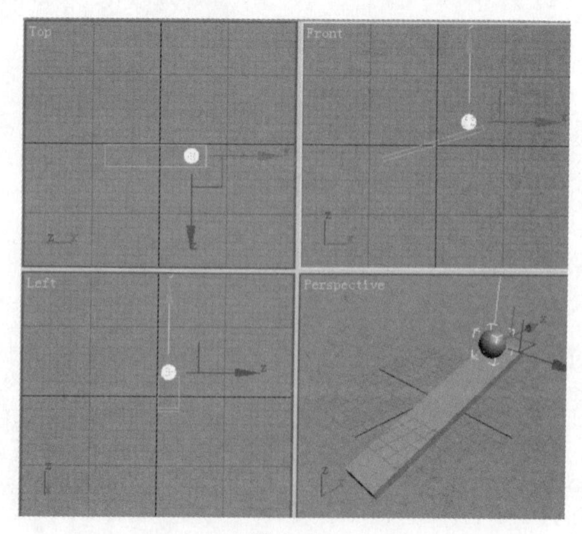

图 2-62

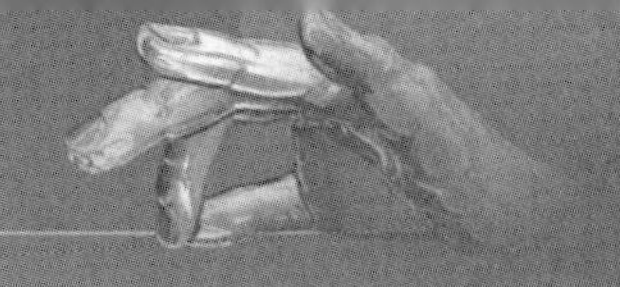

6. 选中小球，在“参考坐标系”下拉列表中选取“拾取”选项。

7. 在透视视图中单击木板，选择它，则对象名 box01 出现在参考坐标系区域。同时在视图中，小球的变换坐标发生变化。前视图中的状态如图 2-63 所示。

8. 单击 自动关键点 按钮，将时间滑块移动到第 100 帧。

9. 将小球移动至木板的底端，如图 2-64 所示。

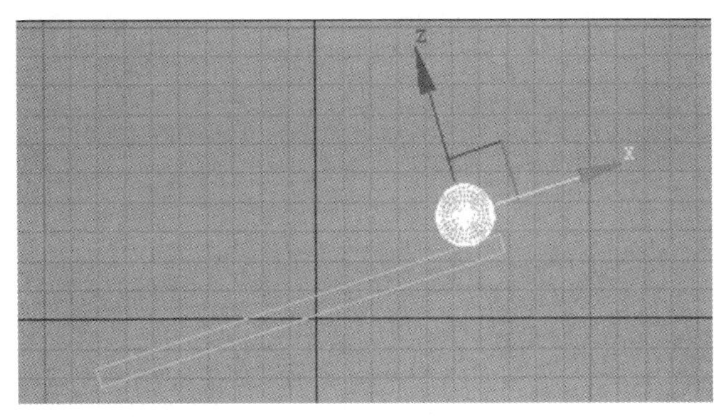

图 2-63

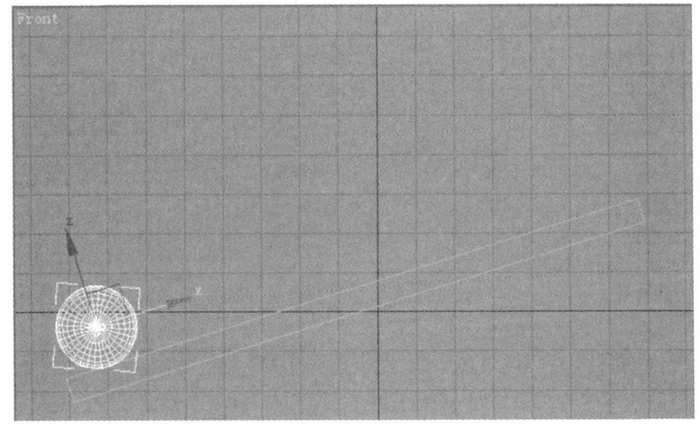

图 2-64

10. 使用“选择并旋转”工具 将小球转动几圈，如图 2-65 所示。

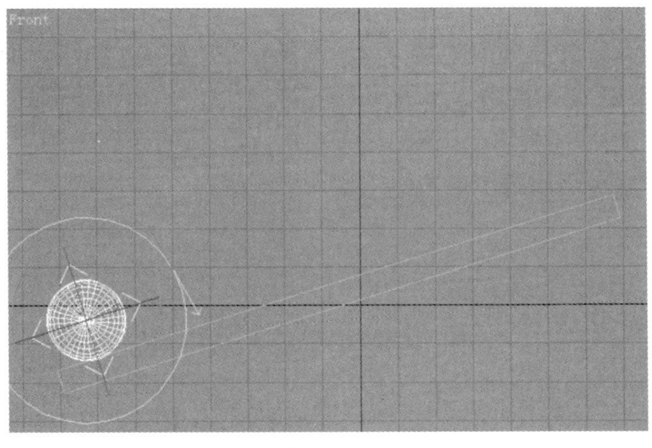

图 2-65

11. 关闭动画按钮。单击 ▶ 按钮播放动画，可以看到小球沿着木板下滑的同时滚动。透视图如图 2-66 所示，前视图如图 2-67 所示。

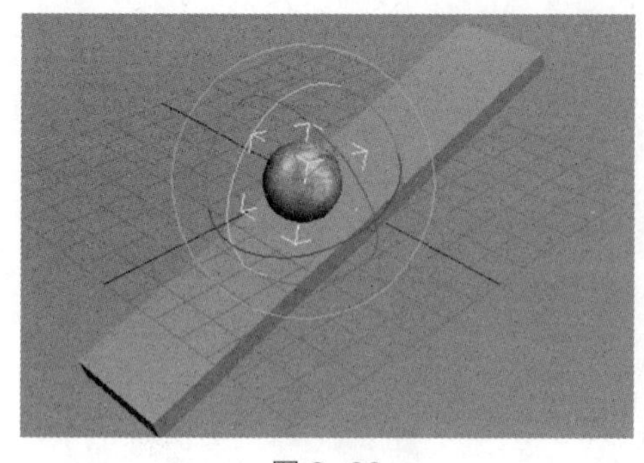

图 2-66

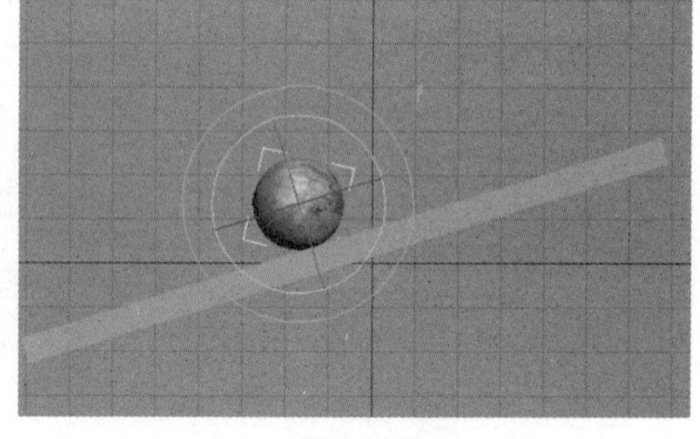

图 2-67

2.10 其他变换方法

在主工具栏上还有一些其他变换方法，分别是：

• 对齐 ：将一个对象的位置、旋转或按比例与另外一个对象对齐。可以根据对象的物理中心、轴心点或者边界区域对齐。对齐前如图 2-68 所示，沿着 X 轴对齐后如图 2-69 所示。

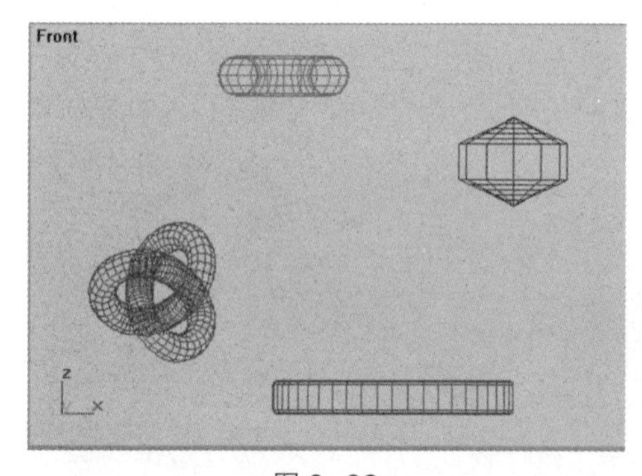

图 2-68

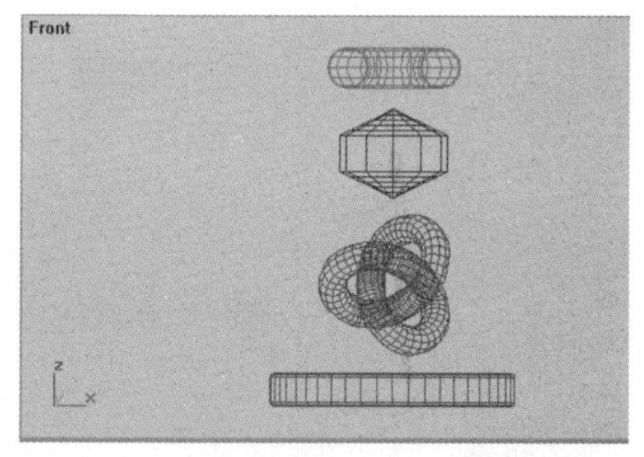

图 2-69

• 镜像 ：沿着坐标轴镜像对象，如果需要的话还可以复制对象，如图 2-70 所示使用镜像完成对象的复制。

图 2-70

• 阵列 ：可以沿着任意方向克隆一系列对象。阵列支持移动、旋转和缩放等变换。图 2–71 和图 2–72 是阵列复制的实例。

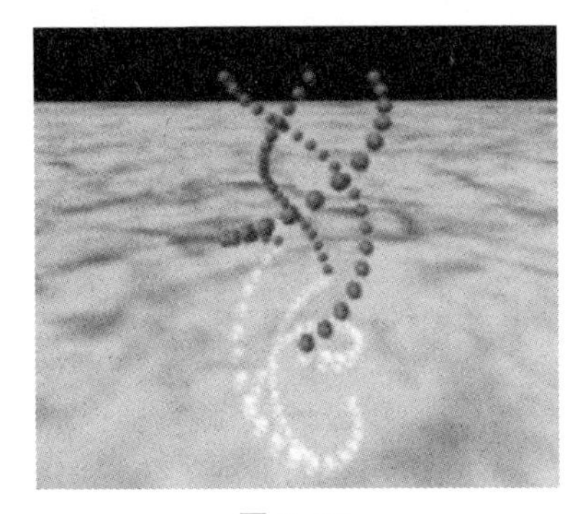

图 2–71

图 2–72

下面举例说明使用阵列复制制作一个升起的球链的动画，如图 2–73 所示。

1. 进入创建命令面板 ，单击“球体”按钮。在顶视图的中心创建一个半径为 16 的球。

2. 接下来调整球体的轴心点。

单击“层次”命令选项卡 ，进入层次面板，单击 仅影响轴 按钮，单击 按钮，激活 Y 轴约束按钮，然后在顶视图中向上移动轴心点，使其偏离球体一段距离（如图 2–74 所示）。

图 2–73

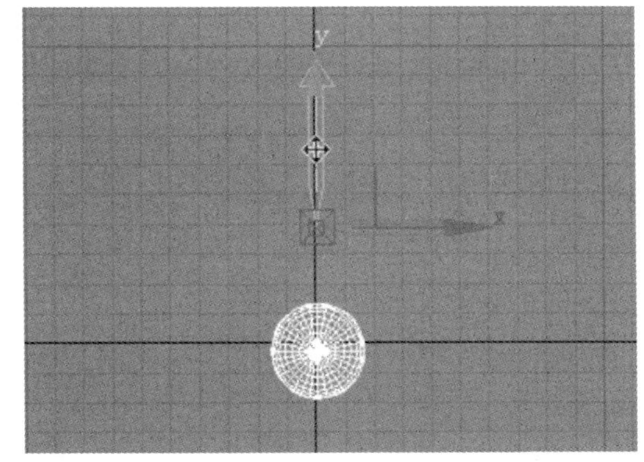

图 2–74

3. 单击 仅影响轴 按钮，关闭它。

4. 单击 自动关键点 按钮，将时间滑块移动到第 100 帧，然后单击“工具”/“阵列”命令，出现“阵列”对话框。在对话框中将阵列的 Z 方向的增量设置为 20，沿 Z 轴的旋转角设置为 18，阵列对象的数目设置为 20（如图 2–75 所示）。

> 如果不做阵列的动画，则可以不调整轴心点。只要单击 自动关键点 按钮，就只能使用指定轴心点。

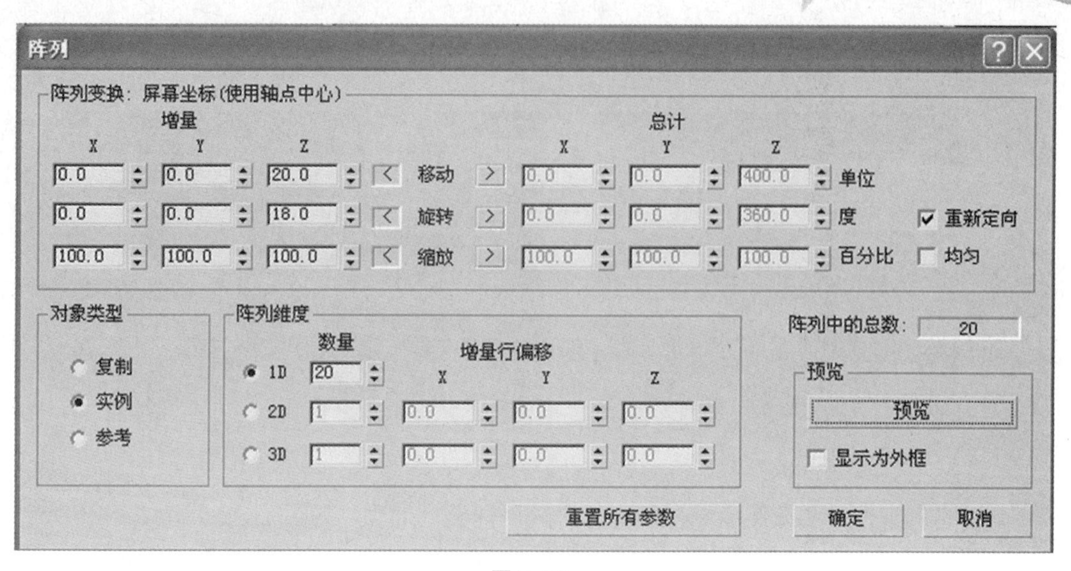

图 2–75

5. 单击“确定”按钮完成阵列动画的制作。单击 按钮。在所有视图中显示 20 个阵列的球体，如图 2–76 所示。

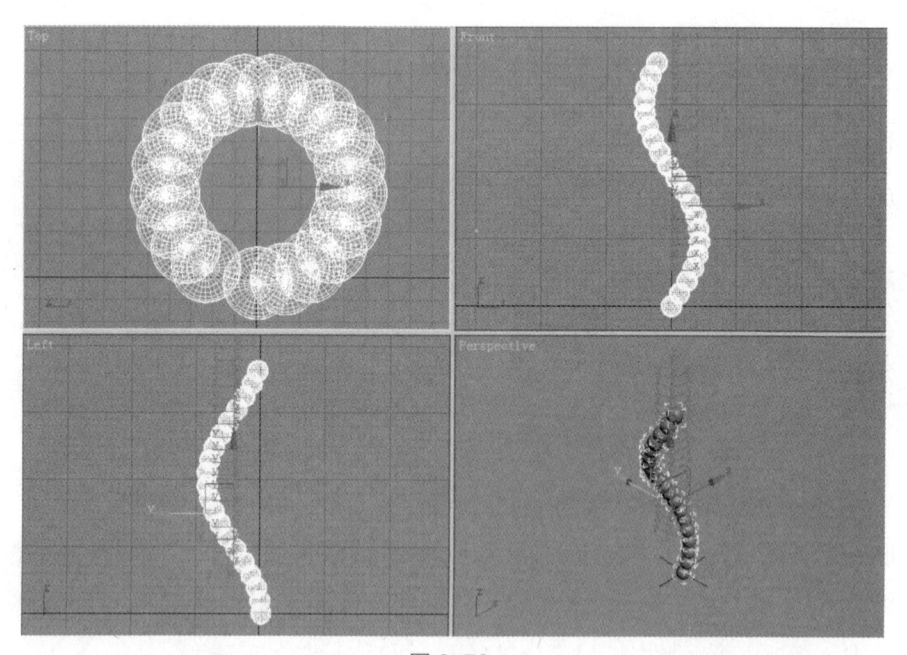

图 2–76

第3章 图形对象的创建和修改

在建模和动画中，二维图形起着非常重要的作用。3ds Max 的二维图形有两类，它们是样条线和 NURBS 曲线。它们都可以作为三维建模的基础或者作为路径约束控制器的路径。如图 3–1 所示的灯泡模型，就是二维图形转换为三维模型的结果。

图 3–1

学习要点： 创建二维对象；
在次对象层次编辑和处理二维图形；
调整二维图形的渲染和插值参数。

3.1 二维图形的基础

本节主要学习二维图形基本概念、组成、属性及基本操作。

3.1.1 二维图形的术语

二维图形是由一条或者多条样条线（spline）组成的对象。样条线是由一系列点定义的曲线。样条线上的点通常被称为“节点”(顶点)（如图 3–2 所示）。每个节点包含定义它的位置坐标的信息，以及曲线通过节点方式的信息。

样条线中连接两个相邻节点的部分称为“线段”，如图 3–3 和图 3–4 所示。

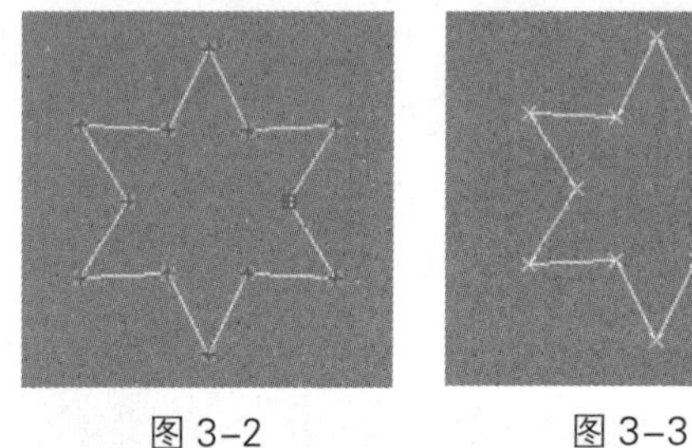

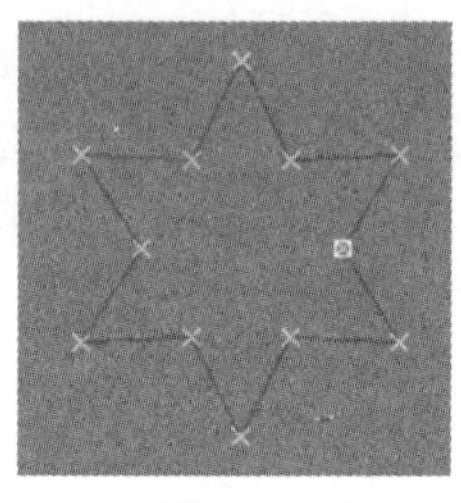

图 3–2　　图 3–3　　图 3–4

3.1.2 二维图形的用法

二维图形通常作为三维建模的基础。给二维图形应用一些诸如挤出、倒角、倒角剖面和车削等编辑修改器就可以将它转换成三维图形。二维图形的另外一个用法是作为路径约束控制器的路径，还可以将二维图形直接设置成可以渲染的，来创建诸如霓虹灯一类的效果。

3.1.3 节点的类型

节点用来定义二维图形中的样条线。节点有如下 4 种类型。

角点：角点节点类型使节点两端的入线段和出线段相互独立，因此两个线段可以有不同的方向。

平滑：平滑节点类型使节点两侧的线段的切线在同一条线上，从而使曲线有光滑的外观。

Bezier：Bezier 节点类型的切线类似于平滑节点类型。不同之处在于 Bezier 类型提供了一个可以调整切线矢量大小的句柄。通过这个句柄可以将样条线段调整到它的最大范围。

Bezier 角点：Bezier 角点节点类型分别给节点的入线段和出线段提供了调整句柄，但是它们是相互独立的。两个线段的切线方向可以单独进行调整。

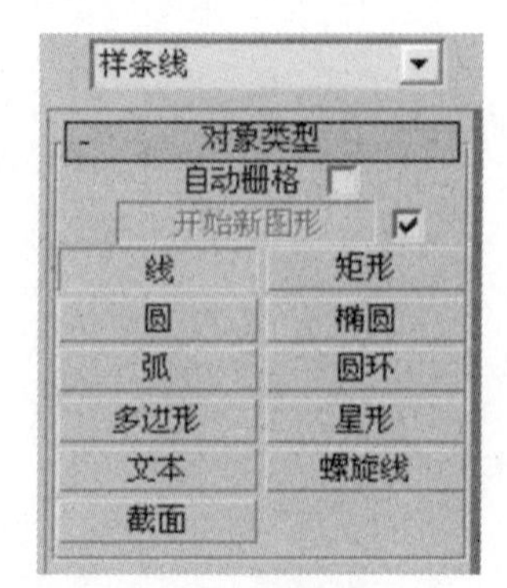

图 3–5

3.1.4 标准的二维图形

3ds Max 提供了几个标准的二维图形（样条线）按钮，如图 3–5

所示。二维图形的基本元素都是一样的。不同之处在于标准的二维图形在更高层次上有一些控制参数，用来控制图形的形状。这些控制参数决定节点的位置、节点的类型和节点的方向。

3.1.5 二维图形的共有属性

二维图形有一个共有的渲染和插值属性。这两个卷展栏如图 3–6 所示。

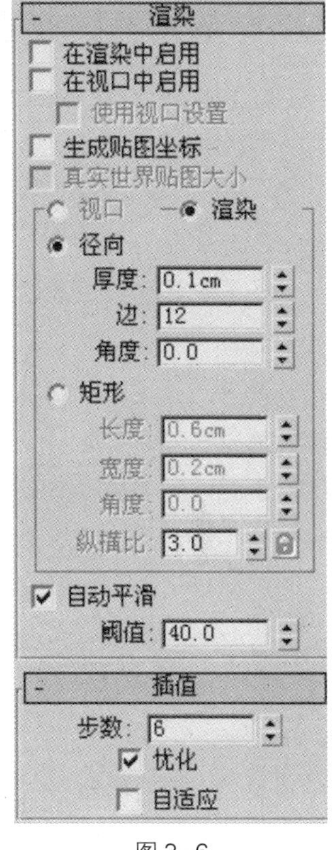

图 3–6

在默认情况下，二维图形不能被渲染。但是，有一个选项可以将它设置为可以渲染的。如果激活了这个选项，那么在渲染的时候将使用一个指定厚度的圆柱网格取代线段，这样就可以生成诸如霓虹灯等的模型。指定网格的边数可以控制网格的密度。可以指定是在视图中渲染二维图形，还是在渲染时渲染二维图形。对于视图渲染和扫描线渲染来讲，网格大小和密度设置可以是独立的。

在 3ds Max 内部，样条线有确定的数学定义，但是在显示和渲染的时候就使用一系列线段来近似样条线。插值设置决定使用的直线段数。步数决定在线段的两个节点之间插入的中间点数。中间点之间用直线来表示。步数参数的取值范围是 0 ~ 100。0 表示在线段的两个节点之间没有插入中间点。该数值越大，插入的中间点就越多。通常，在满足基本要求的情况下，尽可能将该参数设置至最小。

在样条线的“插值”卷展栏中还有“优化”和“自适应”选项。当选取了“优化”复选框，3ds Max 将检查样条线的曲线度，并减少比较直的线段上的步数，这样可以简化模型。当选取了“自适应”复选框，3ds Max 则自适应调整线段。

3.1.6 开始新图形选项

在“对象类型”卷展栏中有一个“开始新图形”选项（如图 3–5 所示），用来控制所创建的一组二维图形是一体的，还是独立的。

前面已经提到，二维图形可以包含一个或者多个样条线。当创建二维图形的时候，如果选取了“开始新图形”复选框，创建的图形就是独立的新的图形。如果不选中“开始新图形”选项，那么创建的图形就是一个二维图形。

3.2 创建二维图形

本节介绍常用二维图形的创建方法。

3.2.1 使用线、矩形和文本工具创建二维图形

下面学习使用线、矩形和文本工具来创建二维对象。

1. 启动或者重置 3ds Max。

2. 在创建命令面板中单击 按钮。

3. 在图形创建面板中单击 线 按钮。

这时创建面板上的图形分类自动打开，并选取了线工具，如图 3–7 所示。

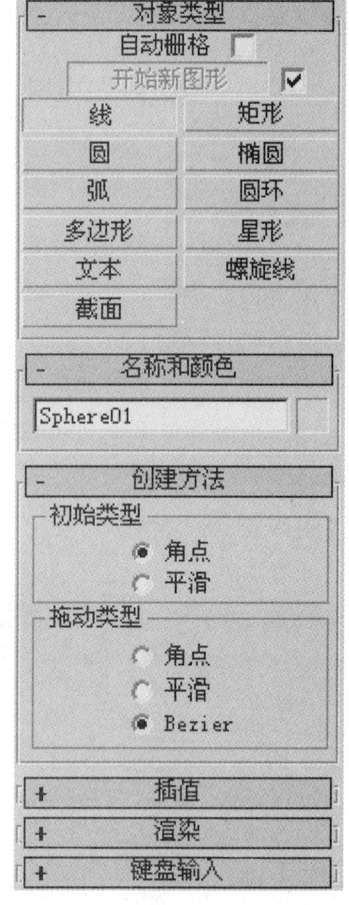

图 3–7

4. 在前视图单击创建第一个节点，然后移动鼠标再单击创建第二个节点。

5. 右击，结束画线工作。

使用线创建二维图形

1. 启动或者重置 3ds Max。

2. 在顶视图单击，激活该视图窗口。

3. 单击视图导航控制区域的 按钮，切换到满屏显示。

4. 在创建命令面板中单击 按钮，然后在命令面板的对象类型卷展栏单击“线”钮。

5. 在创建面板中仔细观察创建方法卷展栏中的设置，如图 3–8 所示。

这些设置决定样条线段之间的过渡是光滑的还是不光滑的。初始类型设置是角点，表示用单击的方法创建节点的时候，相邻的线段之间是不光滑的。

6. 在顶视图采用单击的方法创建 3 个节点（如图 3–9 所示）。创建完 3 个节点后右击结束创建操作。从图中可以看出，在两个线段之间，有一个角点。

7. 在创建方法卷展栏中，将初始类型设置为平滑。

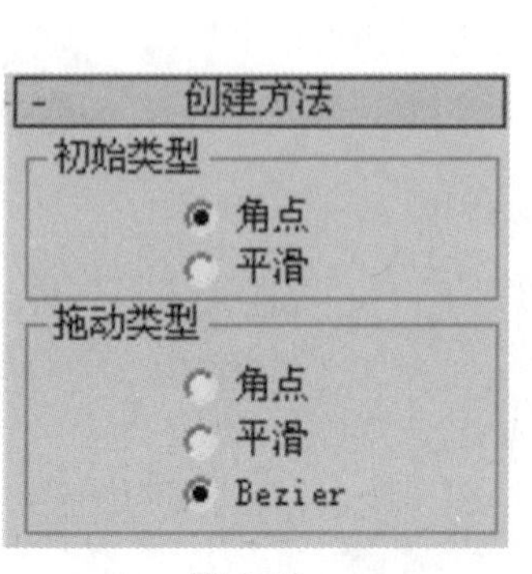

图 3–8

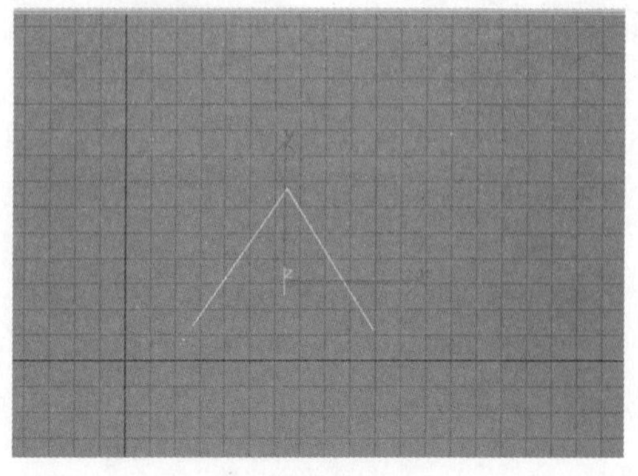
图 3–9

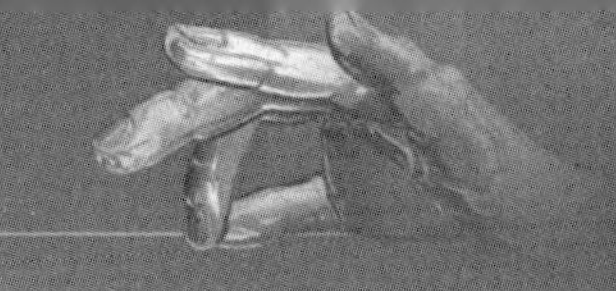

8. 采用与第 4 步相同的方法在顶视图创建一个样条线（如图 3–10 所示）。

从图 3–10 中可以看出选择平滑后创建了一个平滑的样条线。

拖动类型设置决定拖曳鼠标时创建的节点类型。不管是否拖曳鼠标，角点类型使每个节点都有一个角点。平滑类型在节点处产生一个不可调整的光滑过渡。Bezier 类型在节点处产生一个可以调整的光滑过渡。如果将光滑设置为 Bezier，那么从单击点处拖曳的距离将决定曲线的曲率和通过节点处的切线方向。

9. 在创建方法卷展栏中，将初始类型设置为角点，将拖动类型设置为 Bezier。

10. 在顶视图再创建一条曲线。这次采用单击并拖曳的方法创建第 2 点。创建的图形如图 3–11 所示。

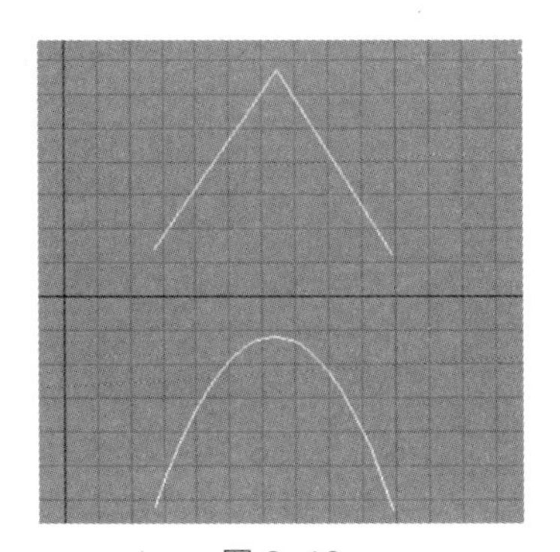

图 3–10

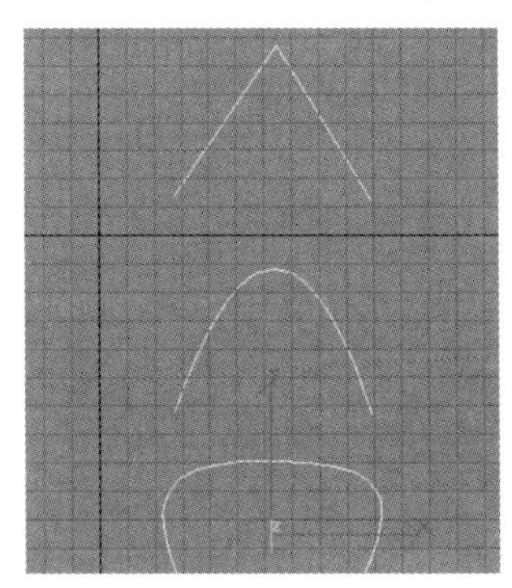

图 3–11

使用矩形（rectangle）工具创建二维图形

1. 启动或者重置 3ds Max。

2. 单击创建命令面板中的 按钮。

3. 在命令面板的对象类型卷展栏中单击 矩形 按钮。

4. 在顶视图单击并拖曳创建一个矩形。

5. 在参数卷展栏，将长度设置为 100，将宽度设置为 200，将角半径设置为 20（如图 3–12 所示）。矩形是只包含一个样条线的二维图形，有 8 个节点和 8 个线段。

6. 选择矩形，单击 命令面板。矩形的参数在修改面板的参数卷展栏中（如图 3–13 所示）。

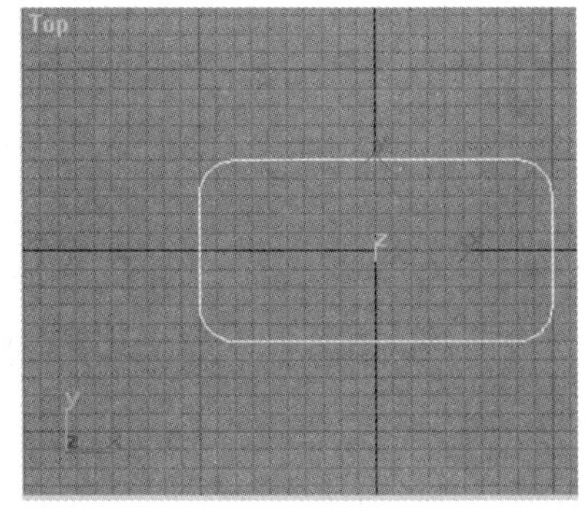

图 3–12

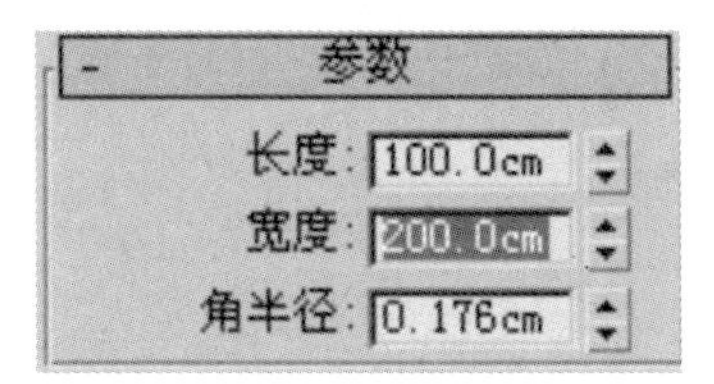

图 3–13

使用文字（text）工具创建二维图形

1. 启动或者重置 3ds Max。

2. 在创建命令面板中单击按钮。

3. 在命令面板的对象类型卷展栏单击“文本”按钮。

这时在创建命令面板的参数卷展栏显示默认的文字设置，如图 3-14 所示。

4. 在创建命令面板的参数卷展栏，采用单击并拖曳的方法选取 max 文本，使其突出显示。

5. 采用中文输入方法输入文字“动画”(如图 3-15 所示)。

6. 在顶视图单击创建的文字，如图 3-16 所示。这个文字对象由多个相互独立的样条线组成。

7. 确认文字仍然被选择，单击修改命令面板按钮 。

8. 在修改命令面板的参数卷展栏中将字体改为隶书，将大小改为 80，如图 3-17 所示。

视图的文字自动更新，以反映对参数所做的修改（如图 3-18 所示）。与矩形一样，文字也是参数化的，这就意味着可以在修改命令面板中通过改变参数控制文字的外观。

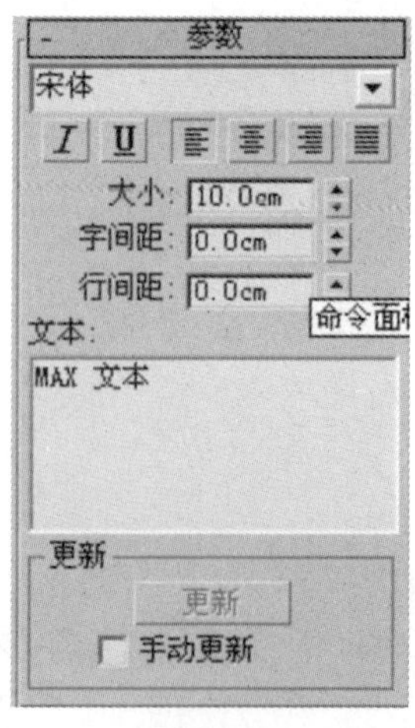

图 3-14

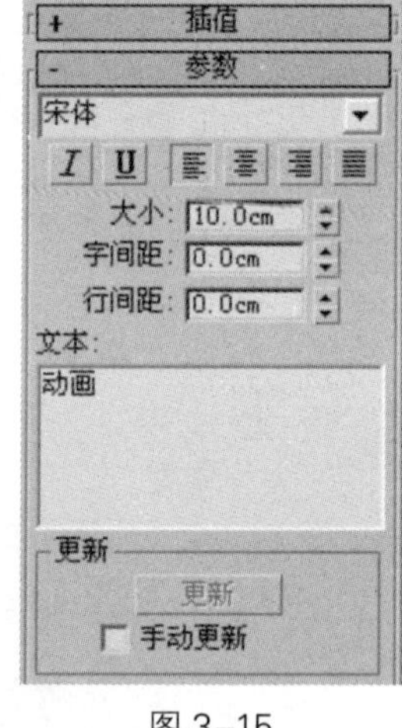

图 3-15

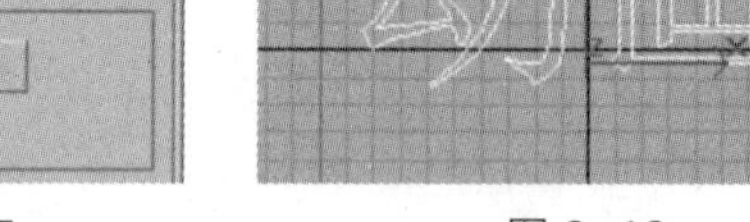

图 3-16

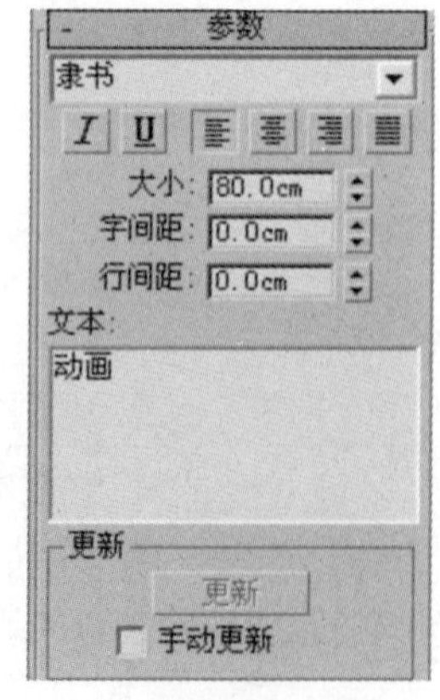

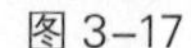

图 3-17

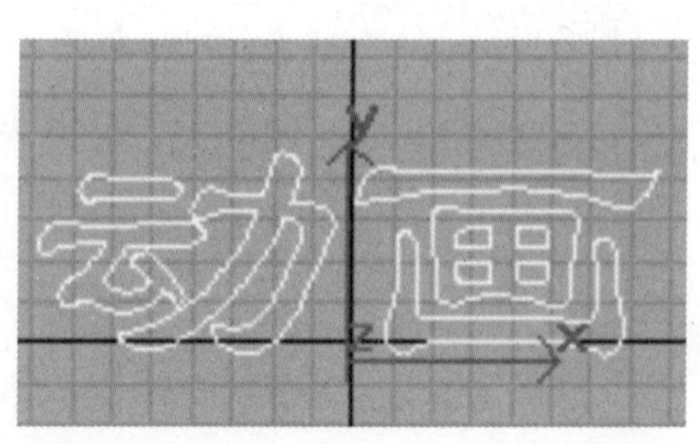

图 3-18

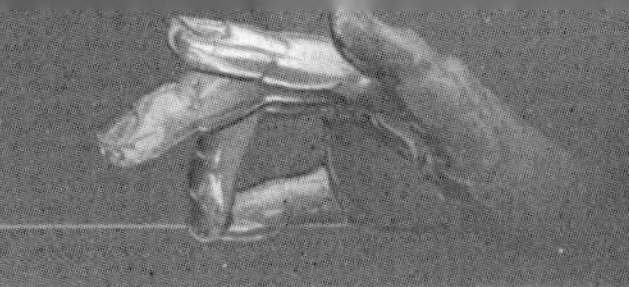

3.2.2 在创建中使用开始新图形选项

正如前面已经提到的，一个二维图形可以包含多个样条线。当“开始新图形”选项被选中后，3ds Max 将新创建的每个样条线作为一个新的图形。例如，在开始新图形选项被打开的情况下创建了三条线，那么每条线都是一个独立的对象。如果还选中“开始新图形”选项，后面创建的对象将被增加到原来的图形中。下面就举例来说明这个问题。

1. 启动或者重置 3ds Max。
2. 在创建命令面板的图形中，关闭对象类型卷展栏下面的“开始新图形”按钮。
3. 在对象类型卷展栏中单击“线”按钮。
4. 在顶视图通过单击的方法创建两条直线，如图 3–19 所示。
5. 单击主工具栏中的 按钮，在顶视图移动二维图形。

由于这两条线是同一个二维图形的一部分，因此它们一起移动。

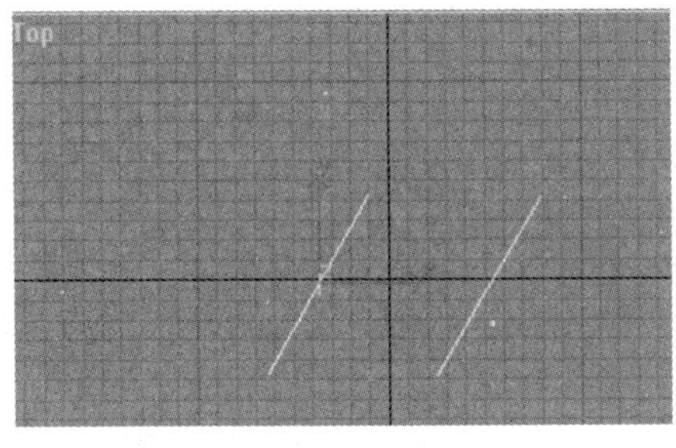

图 3–19

3.2.3 渲染样条线

1. 启动或者重置 3ds Max。
2. 在顶视图创建文本 MAX Text，大小为 100。如图 3–20 所示。
3. 在顶视图右击，激活它。
4. 单击主工具栏中的 按钮。
5. 在“渲染场景”对话框的“公用”选项卡中公用参数卷展栏中的输出大小区域，选取 320x240，然后单击渲染按钮。文字没有被渲染，在渲染窗口中没有任何东西。
6. 关闭“渲染”窗口和“渲染场景”对话框。

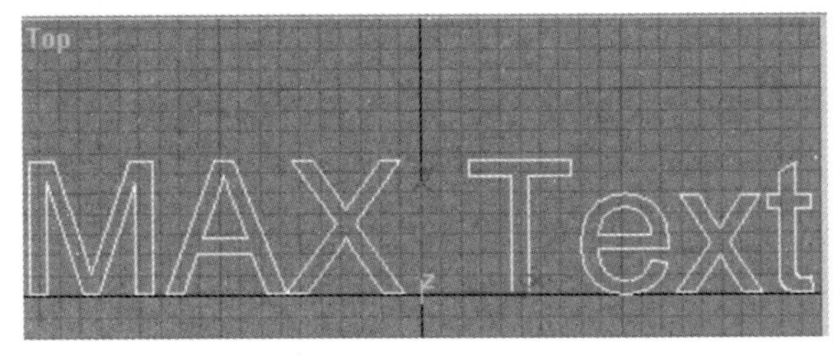

图 3–20

7. 确认仍然选择了文字对象，单击修改命令面板选项卡 ，打开“渲染”卷展栏。

8. 在渲染卷展栏中选取“在渲染中启用”和“在视口中启用” 选项（如图 3-21 所示）。

9. 确认仍然激活了顶视图，单击主工具栏中的“渲染”按钮 。

10. 关闭渲染窗口。

11. 在渲染卷展栏中将厚度改为 0.4。

12. 确认仍然激活了顶视图，单击主工具栏中的“渲染”按钮 ，如图 3-22 所示文字的线条变粗了。

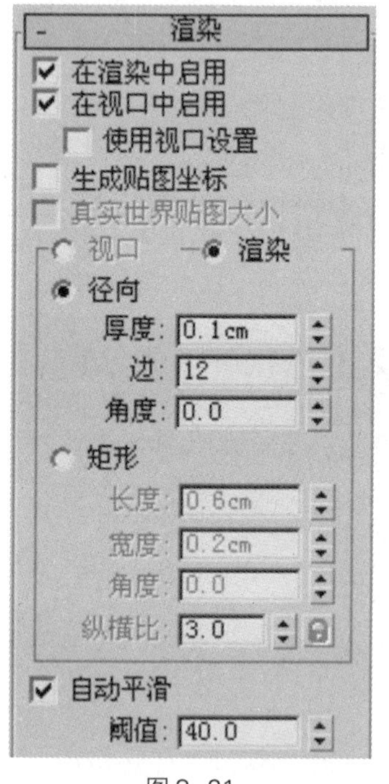

图 3-21

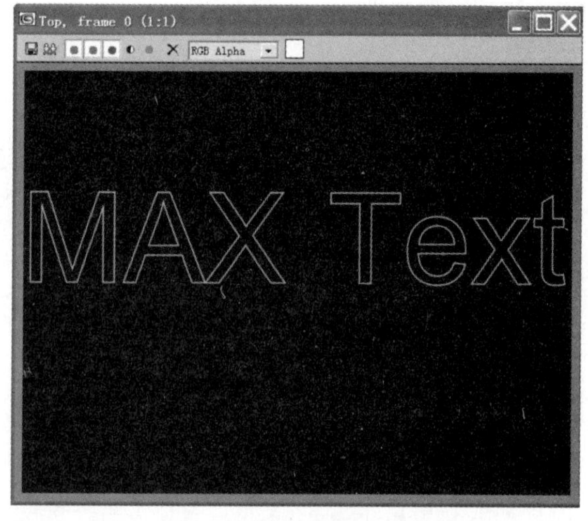

图 3-22

3.2.4 使用插值设置

在 3ds Max 内部，表现样条线的数学方法是连续的，但是在视图中显示的时候，做了近似处理，样条线变成了不连续的。样条线的近似设置在插值卷展栏中。

下面举例说明如何使用插值设置。

1. 启动或者重置 3ds Max。

2. 在创建命令面板单击 按钮。

3. 单击对象类型卷展栏下面的“圆”按钮。

4. 在顶视图创建一个圆，如图 3-23 所示。

5. 在顶视图右击，结束创建圆的操作。

6. 确认选择了圆，单击修改命令面板选项卡 ，打开插值卷展栏（如图 3-24 所示）。步数值指定每个样条线段的中间点数。该数值越大，曲线越光滑。但是，如果该数值太大，

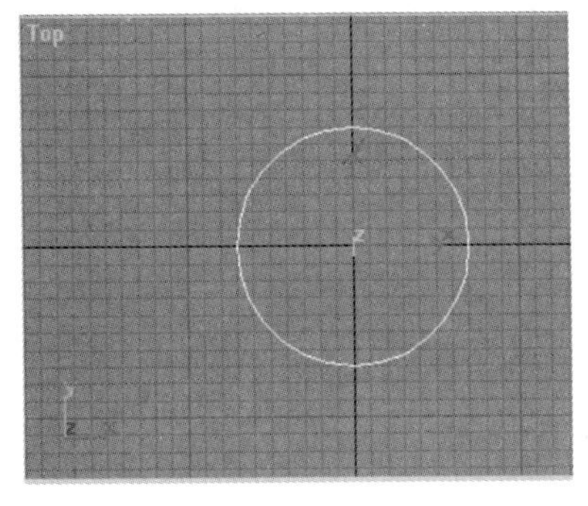

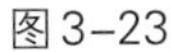
图 3–23

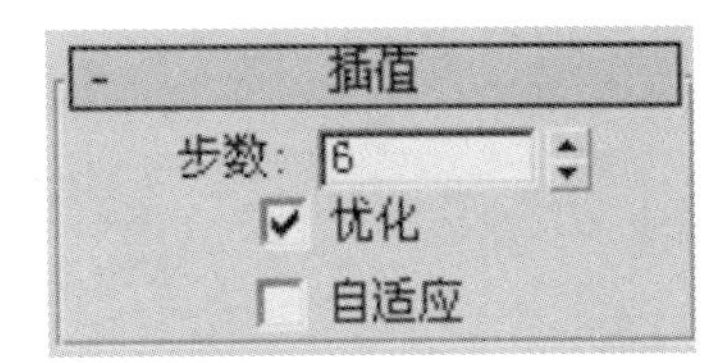

图 3–24

将会影响系统的运行速度。

7. 在插值卷展栏将“步数”设置为 1。这时圆变成了多边形（如图 3–25 所示）。

8. 在插值卷展栏将“步数”设置为 0，结果如图 3–26 所示。现在圆变成了一个正方形。

9. 在插值卷展栏选取“自适应”复选框，圆中的正方形又变成了光滑的圆，而且“步数”和“优化”选项变灰，不能使用。

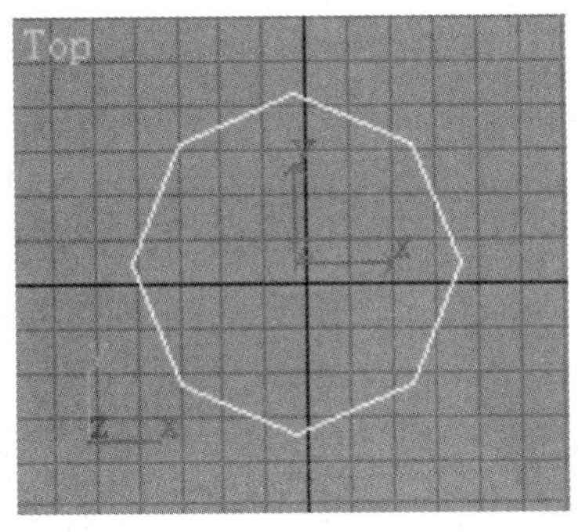

图 3–25

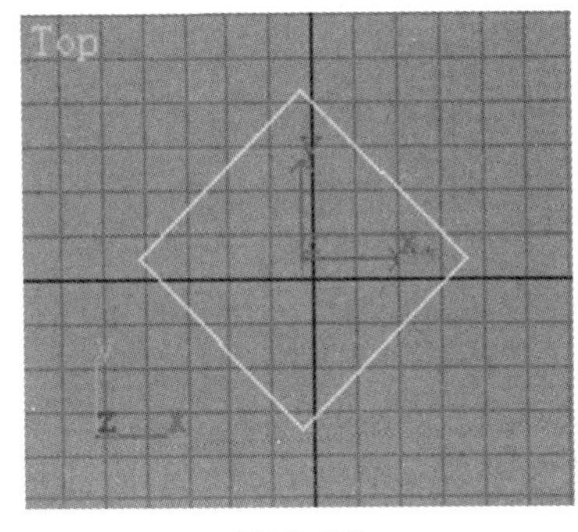

图 3–26

3.3 编辑二维图形

接下来学习如何在 3ds Max 中编辑二维图形。

3.3.1 访问二维图形的次对象

对于所有二维图形来讲，修改命令面板中的渲染和插值卷展栏都是一样的，但是参数卷展栏却是不一样的。

在所有二维图形中线是比较特殊的，它没有可以编辑的参数。创建完线对象后就必须在顶点、线段和样条线层次进行编辑。我们将这几个层次称为次对象层次。下面就举例来说明如何访问次对象层次。

1. 启动或者重置 3ds Max。

2. 在创建命令面板中单击 按钮。

3. 在对象类型卷展栏中单击“线”按钮。

4. 在顶视图创建一条与图 3-27 类似的线。

5. 在修改命令面板的堆栈显示区域中单击线左边的 + 号，显示次对象层次（如图 3-28 所示）。可以在堆栈显示区域单击任何一个次对象层次来访问它。

6. 在堆栈显示区域单击顶点。

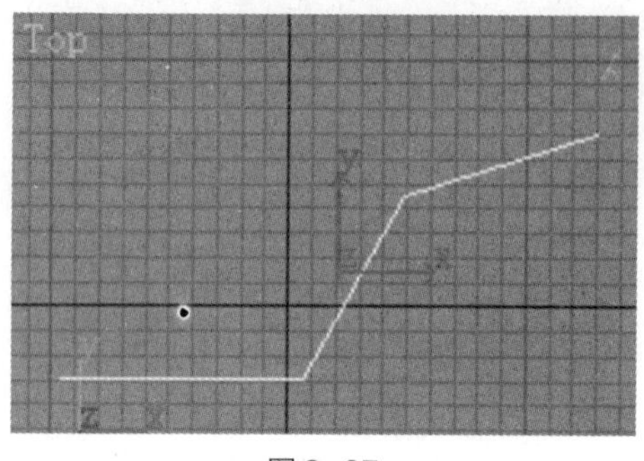

图 3-27

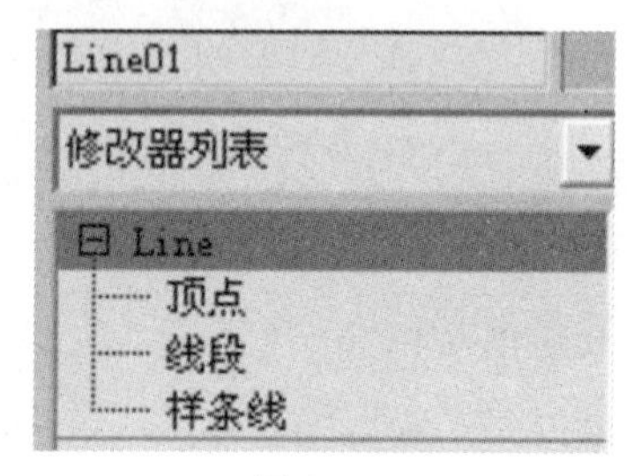

图 3-28

7. 在顶视图显示任何一个节点，如图 3-29 所示。

8. 单击主工具栏中的“选择并移动”按钮 。

9. 在顶视图移动选择的节点，如图 3-30 所示。

10. 在修改命令面板的堆栈显示区域单击线，就可以离开次对象层次。

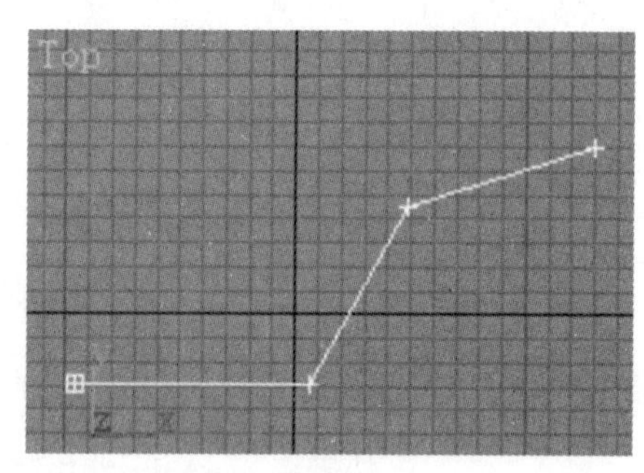

图 3-29

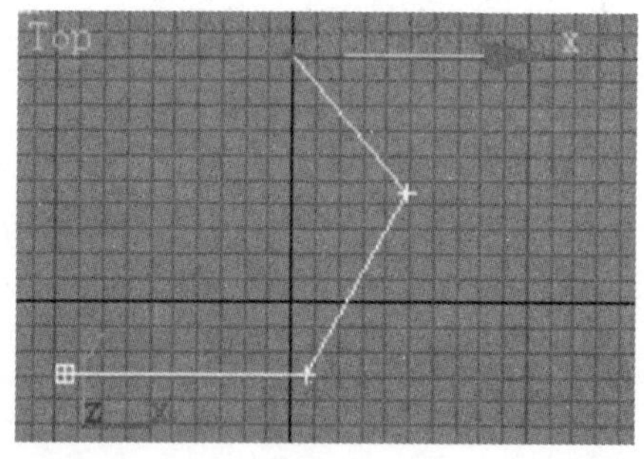

图 3-30

3.3.2 处理其他图形

对于其他二维图形，有两种方法来访问次对象，第一种方法是将它转换成可编辑样条线；第二种方法是应用编辑样条线编辑修改器。

这两种方法在用法上有所不同。如果将二维图形转换成可编辑样条线，就可以直接在次对象层次设置动画，但是同时将丢失创建参数。如果给二维图形应用编辑样条线编辑修改器，则可以保留对象的创建参数，但是不能直接在次对象层次设置动画。

要将二维对象转换成可编辑样条线，可以在编辑修改器堆栈显示区域的对象名上右击，然后从弹出的快捷菜单中选取“转换为可编辑样条线”选项，还可以在场景中选择的二维图形上右击，然后从弹出的四元菜单中选取“转换为可编辑样条线”选项。如图 3-31 所示。

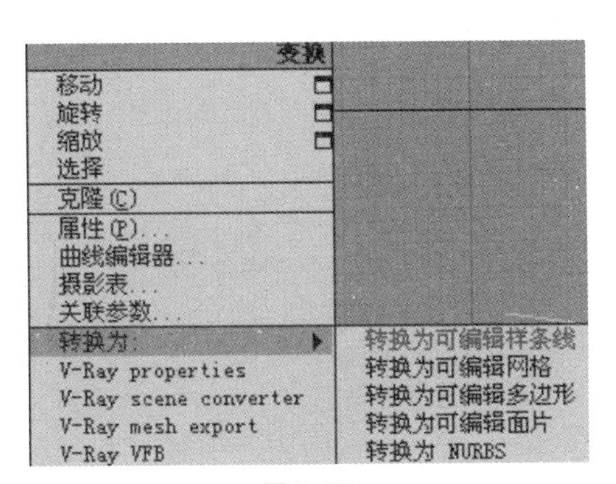

图 3-31

要给对象应用编辑样条线编辑修改器，可以在选择对象后选择修改命令面板，再从编辑修改器列表中选取编辑样条线即可。

无论使用哪种方法访问次对象都是一样的，使用的编辑工具也是一样的。在下一节将以编辑样条线为例来介绍如何在次对象层次编辑样条线。

3.4 编辑样条线编辑修改器

给对象应用样条线后，就可以在右侧的样条线编辑修改器中修改样条线形态。下面学习样条编辑修改器的工具面板的使用方法。

3.4.1 编辑样条线编辑修改器的卷展栏

编辑样条线编辑修改器有三个卷展栏，即选择卷展栏（如图 3-32 所示）、软选择卷展栏（如图 3-33 所示）和几何体卷展栏（如图 3-34 所示）。

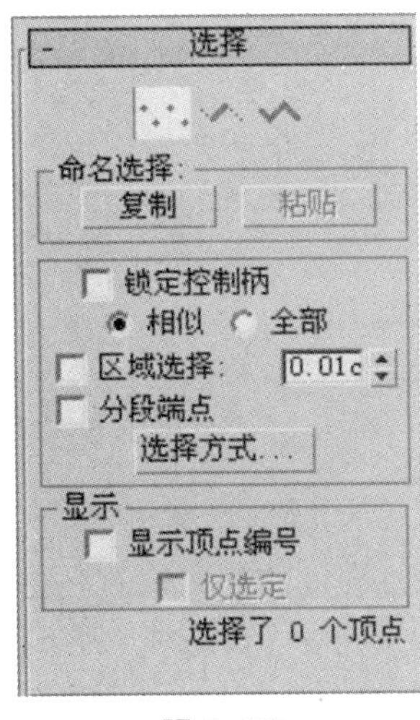

图 3-32

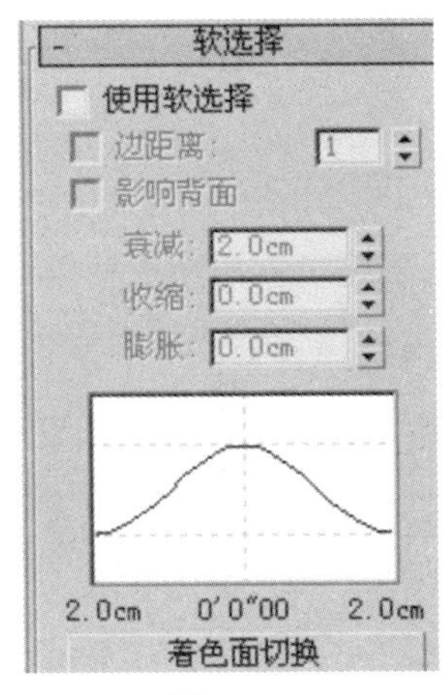

图 3-33

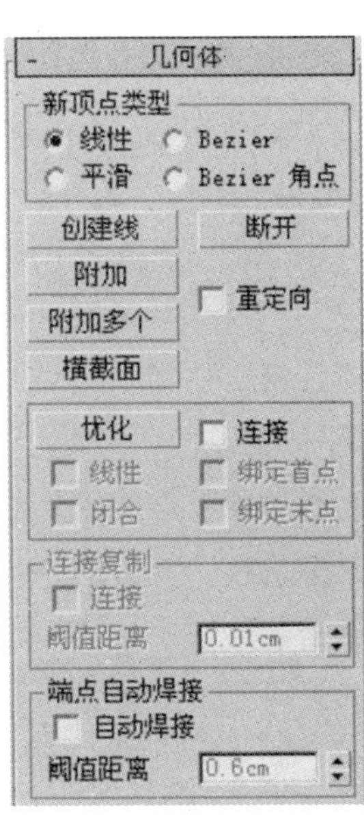

图 3-34

选择卷展栏

可以在这个卷展栏中设定编辑层次。一旦设定了编辑层次，就可以用 3ds Max 的标准选择工具在场景中选择该层次的对象。

选择卷展栏中的“区域选择”选项，用来增强选择功能。选择这个复选框后，离选择节点的距离小于该区域指定的数值的节点都将被选择。这样，就可以通过单击的方法一次选择多个节点，也可以在这里命名次对象的选择集，系统根据节点、线段和样条线的创建次序对它们进行编号。

几何体卷展栏

几何体卷展栏包含许多次对象工具，这些工具与选择的次对象层次密切相关。

样条线次对象层次的常用工具如下。

附加：给当前编辑的图形增加一个或者多个图形。这些被增加的二维图形也可以由多条样条线组成。

分离：从二维图形中分离出线段或者样条线。

布尔运算：对样条线进行交、并和差运算。并是将两个样条线结合在一起形成一条样条线，该样条线包容两个原始样条线的公共部分。差是从一个样条线中删除与另外一个样条线相交的部分。交是根据两条样条线的相交区域创建一条样条线。

轮廓：给选择的样条线创建一条外围线，相当于增加一个厚度。

线段次对象层次的编辑：

线段次对象允许通过增加节点来细化线段，也可以改变线段的可见性或者分离线段。

顶点次对象支持如下操作：

切换节点类型；

调整 Bezier 节点句柄；

循环节点的选择；

插入节点；

合并节点；

在两个线段之间倒一个圆角；

在两个线段之间倒一个尖角。

软选择卷展栏

软选择卷展栏的工具主要用于次对象层次的变换。软选择定义一个影响区域，在这个区域的次对象都被软选择。变换应用软选择的次对象时，其影响方式与一般的选择不同。例如，将选择的节点移动 5 个单位，那么软选择的节点可能只移动 2.5 个单位。在图 3-35 中，选择螺旋线的中心点。当激活软选择后，某些节点用不同的颜色来显示，表明它们离选择点的距离不同。这时如果移动选择的点，那么软选择的点移动的距离较近，如图 3-36 所示。

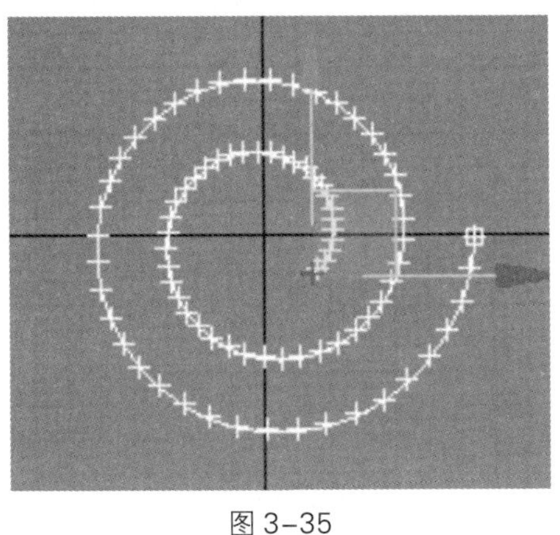

图 3-35

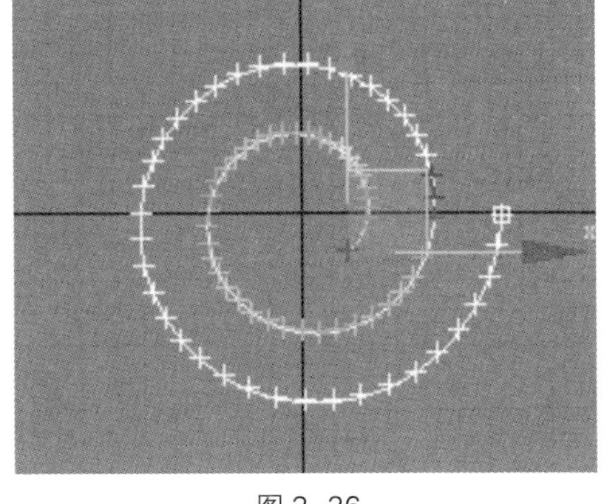

图 3-36

3.4.2 在节点次对象层次工作

首先选择节点，然后再改变节点的类型。

1. 启动或者重置 3ds Max。

2. 在顶视图创建几条类似于矩形的 4 个线段，如图 3-37 所示。

3. 在顶视图单击线，选择它。

4. 单击修改命令面板选项卡 。

5. 在编辑修改器堆栈显示区域单击线左边的 + 号，这样就显示出了线的次对象层次，+ 号变成了 – 号。

6. 在编辑修改器堆栈显示区域单击顶点，这样就选择了顶点次对象层次（如图 3-38 所示）。

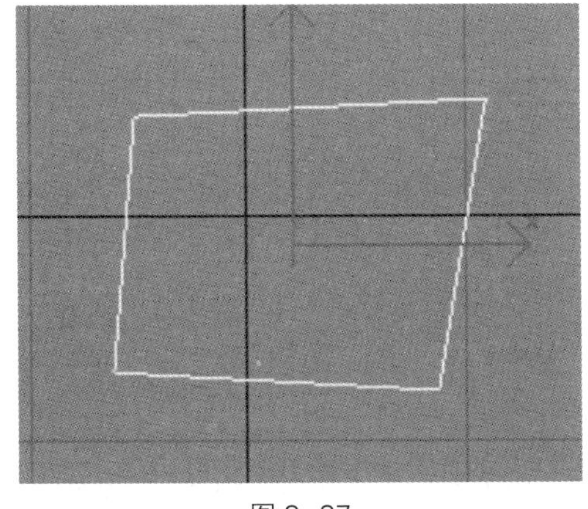

图 3-37

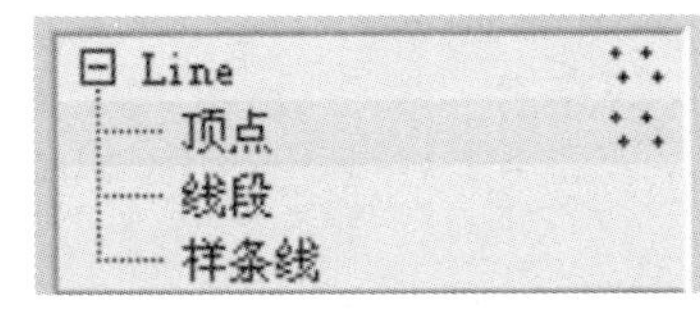

图 3-38

7. 在修改命令面板打开选择卷展栏，选择顶点选项（如图 3-39 所示）。选择卷展栏底部的显示区域的内容（如图 3-40 所示）表明当前没有选择节点。

8. 在顶视图选择左上角的节点。选择卷展栏显示区域的内容（选择了样条线 1/顶点 1），说明选择了一个节点。

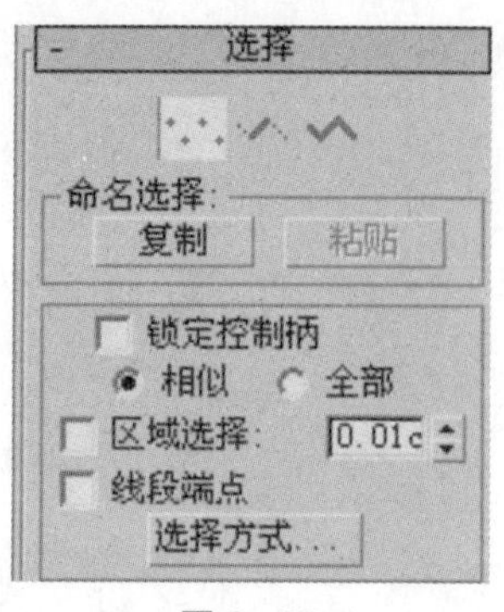

图 3-39

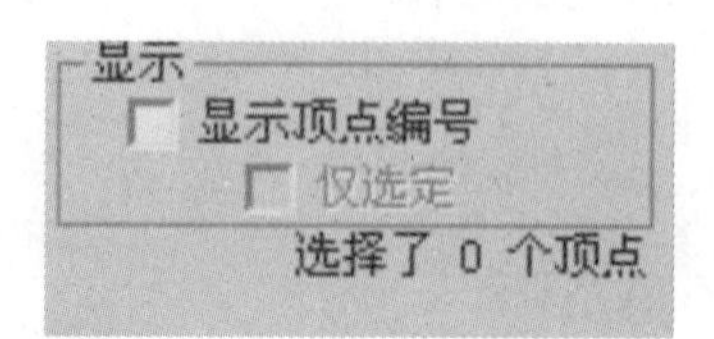

图 3-40

9. 在选择卷展栏中选择“显示顶点编号”复选框(如图 3-41 所示)。在视图中显示出了节点的编号，如图 3-42 所示。

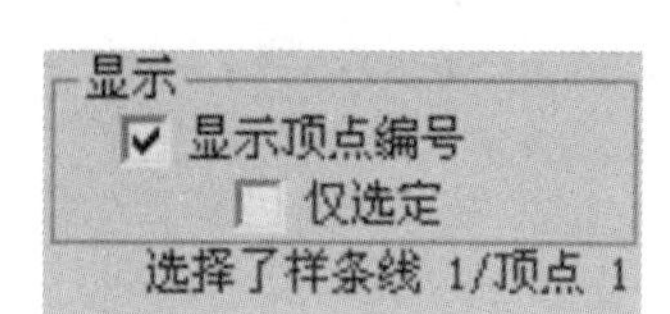

图 3-41

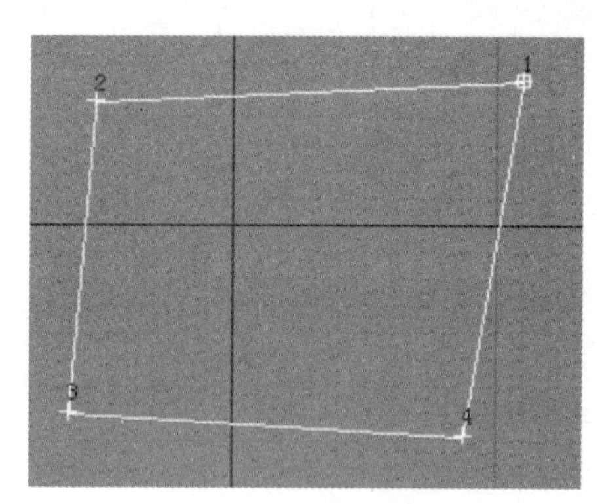

图 3-42

10. 在顶视图的节点 1 上右击。

11. 在弹出的四元菜单上选取“平滑”选项，如图 3-43 所示。

12. 在顶视图的第 2 个节点上右击，然后从弹出的四元菜单中选取“Bezier”选项，在节点两侧出现 Bezier 调整句柄。

13. 单击主工具栏中的 或 按钮。

14. 在顶视图选择其中的一个句柄，然后将图形调整成如图 3-44 所示的样子。节点两侧的 Bezier 句柄始终保持在一条线上，而且长度相等。

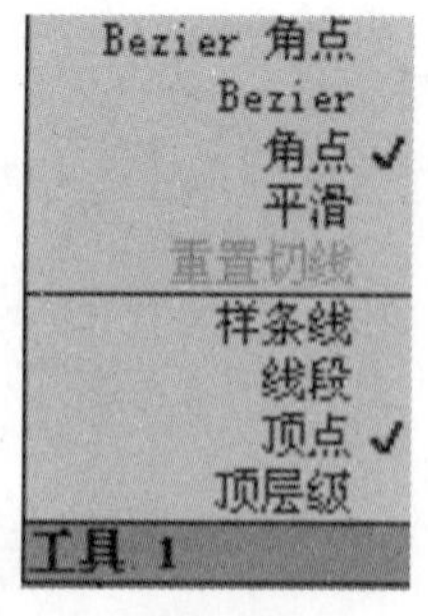

图 3-43

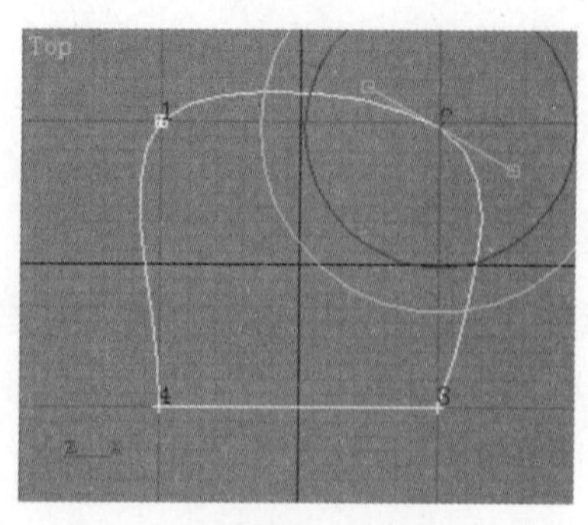

图 3-44

15. 在顶视图的第三个节点上右击，然后从弹出的四元菜单中选取“Bezier 角点”选项。从操作中可以看出，Bezier 角点节点类型的两个句柄是相互独立的，改变句柄的长度和方向将得到不同的效果。

16. 在顶视图使用区域选择的方法选择 4 个节点。

17. 在顶视图中的任何一个节点上右击，然后从弹出的四元菜单中选取“平滑”选项，可以一次改变很多节点的类型。

接下来学习如何合并节点。

1. 启动或者重置 3ds Max。

2. 在创建命令面板中单击 按钮，然后单击对象类型卷展栏中的“线”按钮。

3. 按下键盘的 S 键，激活捕捉功能。

4. 在顶视图按逆时针的方向创建一个三角形（如图 3-45 所示）。当再次单击第一个节点的时候，系统则询问是否封闭该图形，如图 3-45 所示。

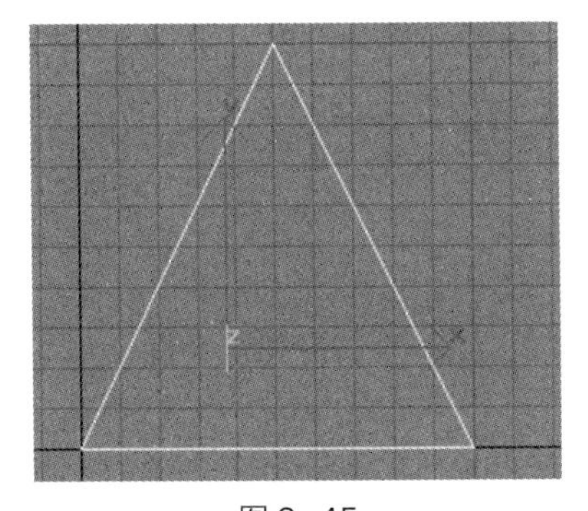

图 3-45

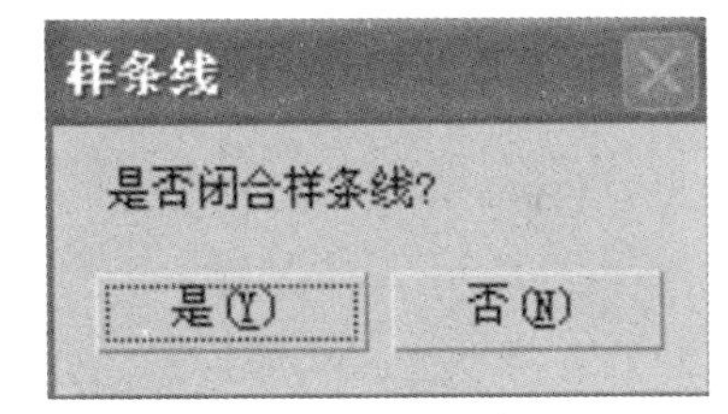

图 3-46

5. 在“样条线”对话框中单击“否”按钮。

6. 在顶视图右击，结束样条线的创建。

7. 再次右击，结束创建模式。

8. 按键盘上的 S 键，关闭捕捉。

9. 在修改命令面板的选择卷展栏中单击顶点 。

10. 在顶视图使用区域选择的方法选择所有的节点（共 4 个）。

11. 在顶视图的任何一个节点上右击，然后从弹出的四元菜单中选取“平滑”选项。

在图 3-47 中，样条线上重合在一起的第 1 点和最后 1 点处没有光滑过渡，第 2 点和第 3 点处已经变成了光滑过渡，这是因为两个不同的节点之间不能光滑。

12. 在顶视图使用区域的方法选择重合在一起的第 1 点和最后 1 点。

13. 在修改命令面板的几何体卷展栏中单击“焊接”按钮。两个节点被合并在一起，而且节点处也光滑了，如图 3-48 所示。

14. 在选择卷展栏的显示区域选择“显示顶点编号”复选框，图中只显示 3 个节点的编号。

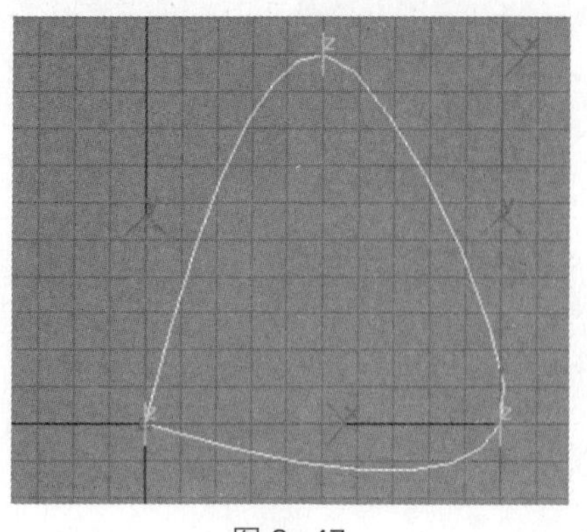
图 3-47

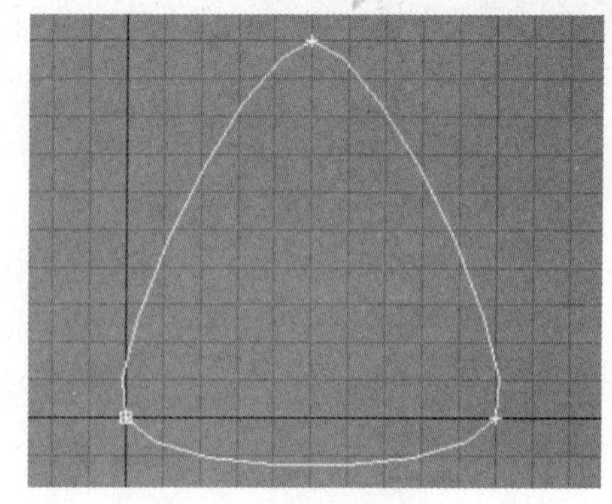
图 3-48

下面对样条线进行倒角操作。

1. 启动或者重置 3ds Max。

2. 用线绘制一个三角形（如图 3-49 所示）。

3. 在顶视图单击其中的任何一条线，选择它。

4. 在顶视图中的样条线上右击，然后在弹出的四元菜单上选取“循环顶点”选项（如图 3-50 所示）。

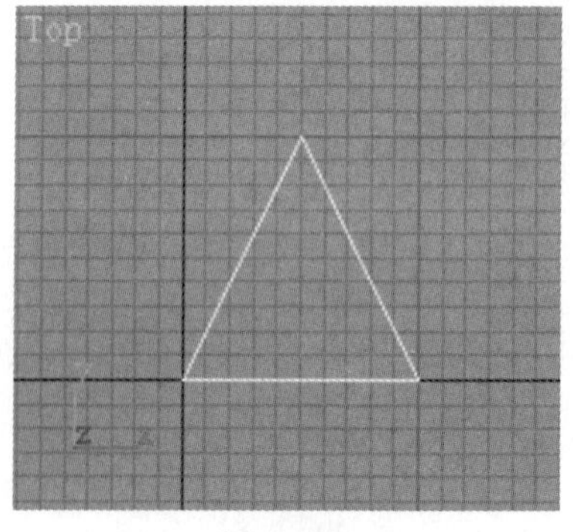

图 3-49

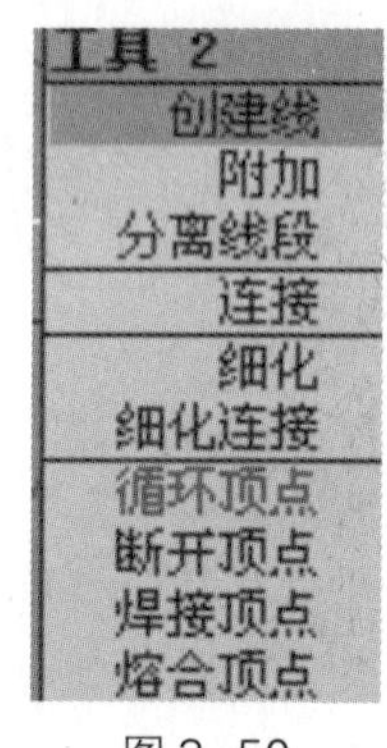

图 3-50

这样就进入了顶点次对象模式。

5. 在顶视图中，使用区域的方法选择 3 个节点。

6. 在修改命令面板的几何体卷展栏中，将圆角数值改为 25。

在每个选择的节点处出现一个半径为 25 的圆角，同时增加了 3 个节点，如图 3-51 所示。

7. 在主工具栏中单击撤销按钮 ，撤销倒圆角操作。

8. 在菜单栏中选取“编辑”/“全选”命令，则所有节点都被选择。

9. 在修改命令面板的几何体卷展栏中，将切角数值改为 20。

在每个选择的节点处都被倒了一个切角，如图 3-52 所示。该微调器的参数不被记录，因此不能用固定的数值控制切角。

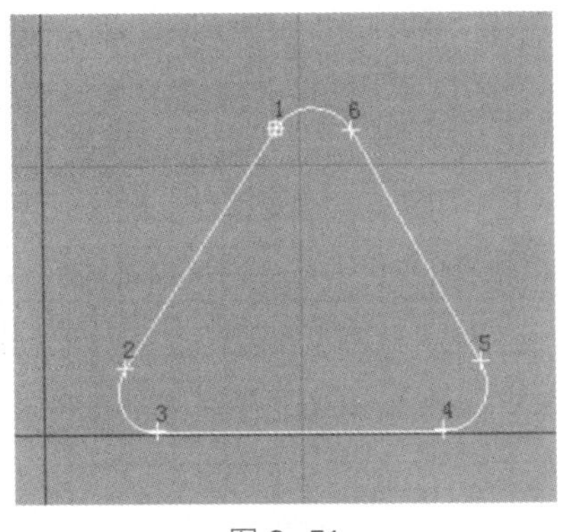

图 3-51

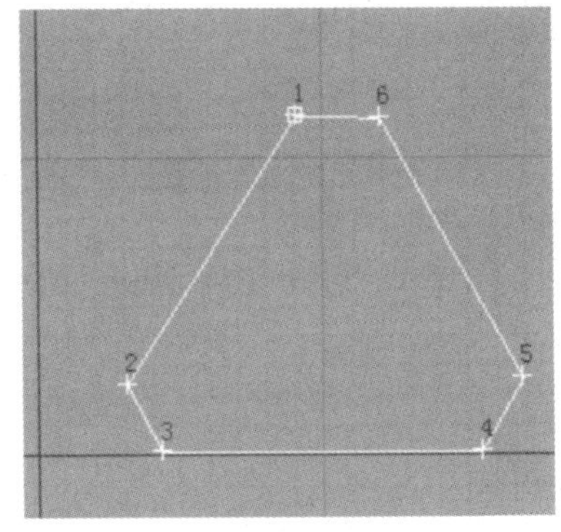

图 3-52

3.4.3 在线段次对象层次工作

可以在线段次对象层次做许多工作，首先试一下如何细化线段。

1. 用线绘制一个矩形（如图 3-53 所示）。

2. 在顶视图单击任何一条线段，选择该图形。

3. 在修改命令面板的编辑修改器堆栈显示区域展开线层级，并单击线段，进入线段编辑层次（如图 3-54 所示）。

4. 在修改命令面板的几何体卷展栏中，单击“拆分”按钮。

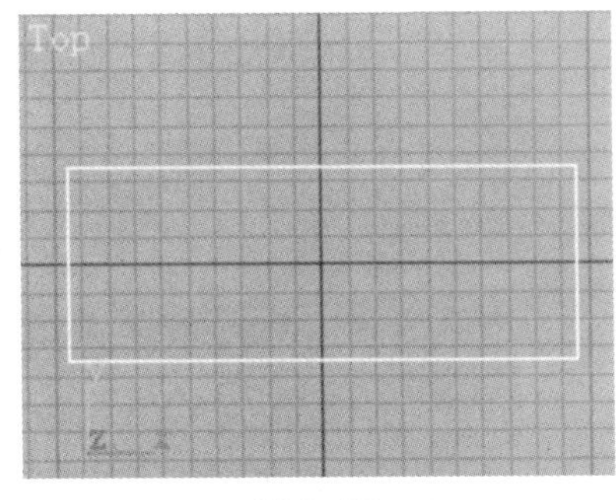

图 3-53

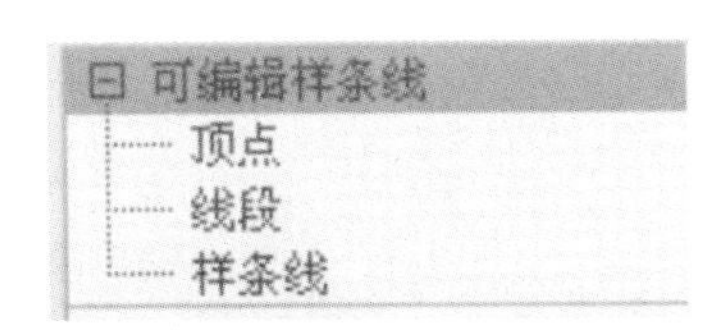

图 3-54

5. 在顶视图中，在不同的地方单击 4 次顶部的线段，则该线段增加 4 个节点（如图 3-55 所示）。

下面继续学习如何移动线段。

1. 继续前面的练习，单击主工具栏中的“选择并移动”按钮 ✥。

2. 在顶视图单击矩形顶部中间的线段并选择它（如图 3-56 所示）。这时在修改命令面板的选择卷展栏中显示第 5 条线段被选择。

3. 在顶视图向下移动选择的线段，结果如图 3-57 所示。

4. 在顶视图的图形上右击。

5. 在弹出的四元菜单中选取“顶点”选项。

6. 在顶视图选取第 4 个节点（如图 3-58 所示）。

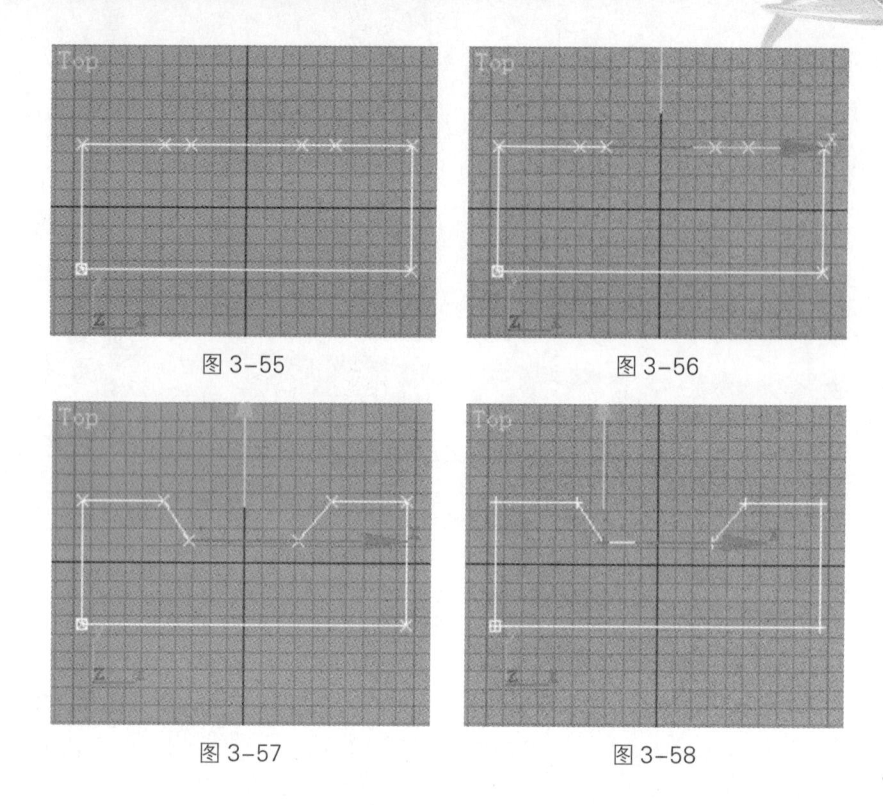

图 3-55　　图 3-56

图 3-57　　图 3-58

7. 在工具栏的捕捉按钮上（例如 ![]），右击，出现“栅格和捕捉设置”对话框。

8. 在“栅格和捕捉设置”对话框中，取消选中的“栅格点”的复选框，选择“顶点”复选框（如图 3-59 所示）。

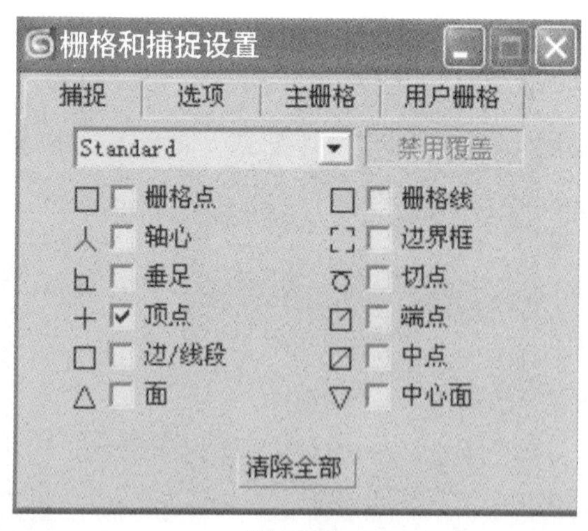

图 3-59

9. 关闭“栅格和捕捉设置”对话框。

10. 在顶视图按下 Shift 键右击，再选择“使用轴约束捕捉”选项（如图 3-60 所示）。这样将把变换约束到选择的轴上。

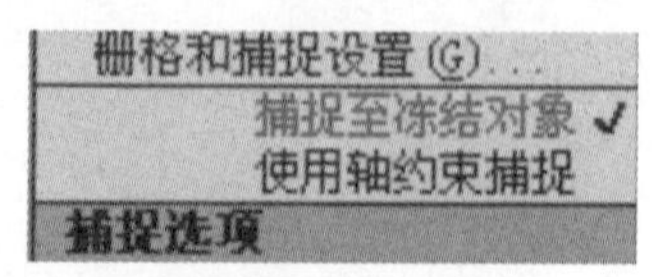

图 3-60

11. 按键盘上的 S 键，激活捕捉功能。

12. 在顶视图将鼠标光标移动到选择的节点上（第 4 个节点），然后将它向左拖曳到第 7 点的下面，捕捉它的 X 坐标。这样，在 X 方向上第 4 点就与第 7 点对齐了（如图 3-61 所示）。

13. 按键盘上的 S 键关闭捕捉功能。

14. 在顶视图右击，然后从弹出的四元菜单中选取“线段”选项。

15. 在顶视图选择第 4 条线段，沿着 X 轴向左移动（如图 3-62 所示）。

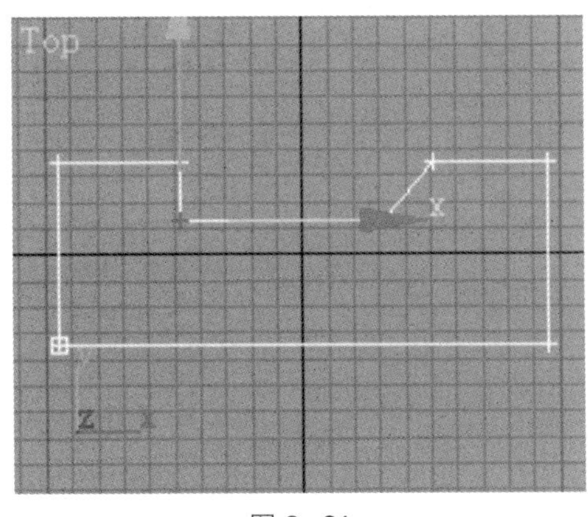

图 3-61

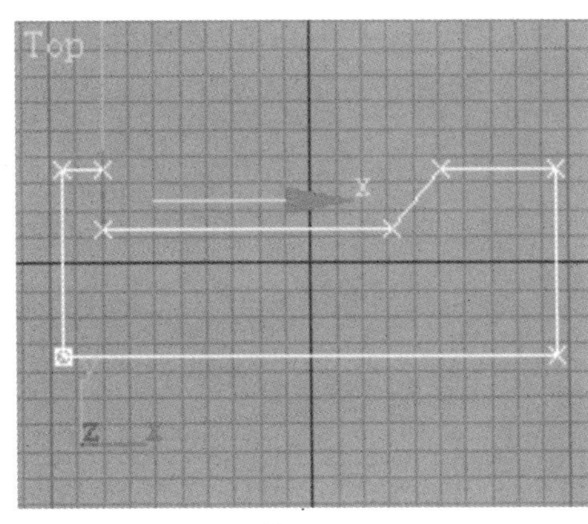

图 3-62

3.4.4 在样条线层次工作

在样条线层次可以完成许多工作，首先来学习如何将一个二维图形附加到另外一个二维图形上。

1. 在场景中创建三个独立的样条线（如图 3-63 所示）。

2. 单击主工具栏中的 按钮，出现“选择对象”对话框。“选择对象”对话框的列表框中有三个样条线，即 Circle01、Circle02 和线 01。

3. 单击线 01，然后再单击“选择”按钮。

4. 在修改命令面板，单击几何体卷展栏中的“附加”按钮。

5. 在顶视图分别单击两个圆。

6. 在顶视图右击结束附加操作。

7. 单击主工具栏中的 按钮，出现“选择对象”对话框。在“选择对象”对话框的文件名列表框中没有了 Circle01 和 Circle02，它们都包含在线 01 中了。

8. 在“选择对象”对话框中单击“取消”按钮，关闭它。

接下来学习使用轮廓线后场景中的变化。

1. 继续前面的练习，选择场景中的图形。

2. 在修改命令面板的编辑修改器堆栈显示区域单击

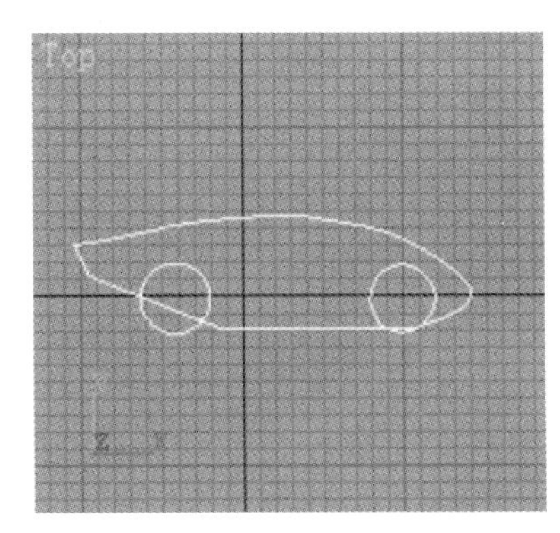

图 3-63

线左边的 + 号，展开次对象列表。

3. 在修改命令面板的编辑修改器堆栈显示区域单击样条线。

4. 在顶视图单击前面的圆（如图 3-64 所示），在修改命令面板的几何体卷展栏中将轮廓的数值改为 2。单击后面的圆，重复该步的操作。结果如图 3-65 所示。

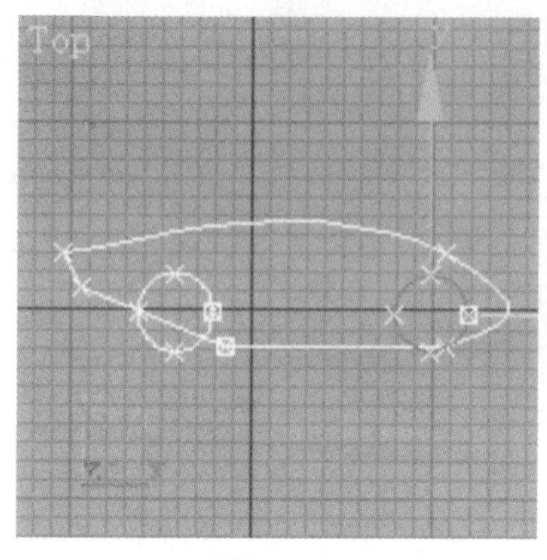

图 3-64

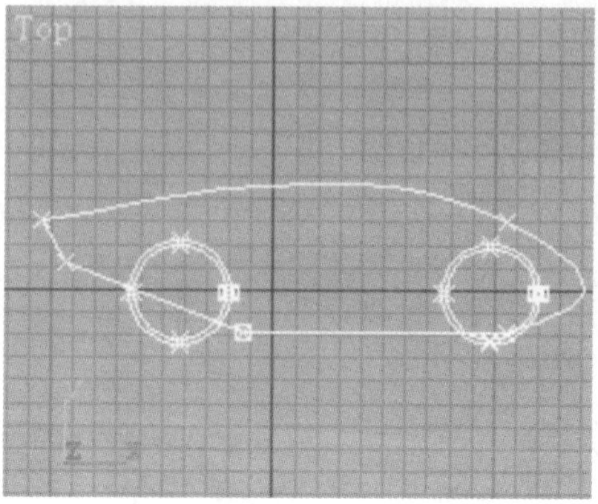

图 3-65

5. 在顶视图的图形上右击，然后从弹出的四元菜单上选取“顶层级”选项。

6. 单击主工具栏中的 按钮，出现“选择对象”对话框。所有圆都包含在线 01 中。

7. 在“选择对象”对话框中单击“取消”按钮，关闭它。

下面学习使用二维图形的布尔运算。

1. 继续前面的练习，在顶视图选择场景中的图形。

2. 修改命令面板的编辑修改器堆栈显示区域展开次对象列表，然后单击样条线。

3. 在顶视图单击车身样条线，选择它（如图 3-66 所示）。

4. 在修改命令面板的几何体卷展栏中，单击“布尔”按钮中的 按钮，在顶视图单击后车轮的外圆，完成布尔减操作（如图 3-67 所示），右击，结束布尔操作模式。

5. 在修改命令面板的编辑修改器堆栈显示区域单击线，返回到顶层。

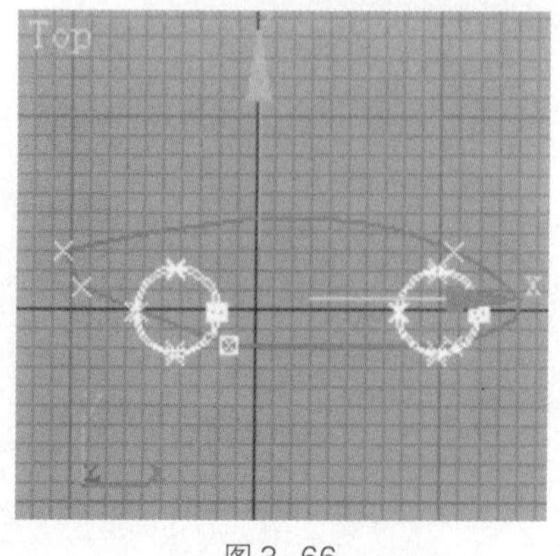

图 3-66

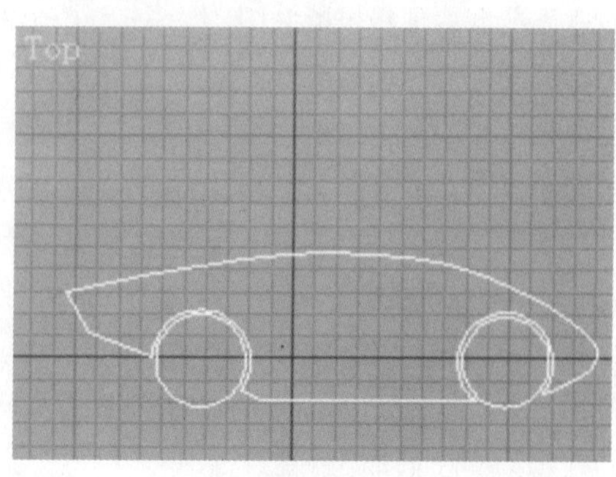

图 3-67

3.4.5 使用编辑样条线编辑修改器访问次对象层级

1. 在顶视图创建一个有圆角的矩形（如图 3–68 所示）。

2. 选择修改命令面板，修改命令面板中有三个卷展栏。

3. 打开参数卷展栏（如图 3–69 所示）。参数卷展栏是矩形对象独有的。

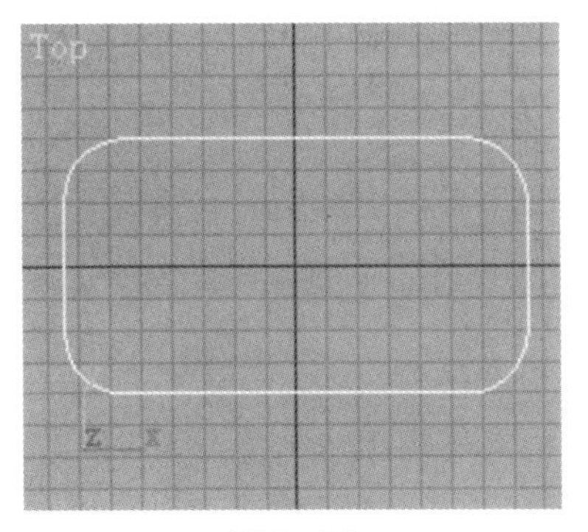

图 3–68

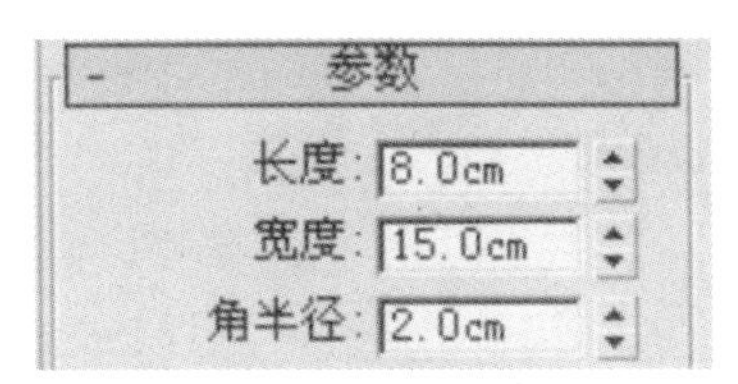

图 3–69

4. 在修改命令面板的编辑修改器列表中选取“编辑样条线”选项（如图 3–70 所示）。

5. 在修改命令面板将鼠标光标移动到空白处，当它变成手的形状后右击，然后在弹出的快捷菜单中选取“全部关闭”选项（如图 3–71 所示）。

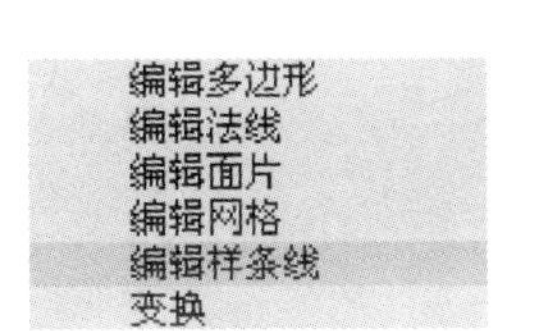

图 3–70

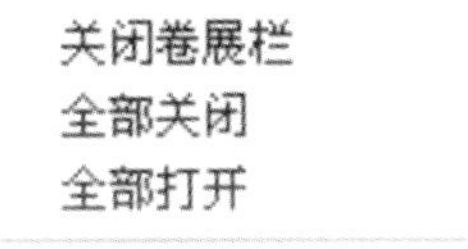

关闭卷展栏
全部关闭
全部打开

图 3–71

编辑样条线编辑修改器的卷展栏与编辑线段时使用的卷展栏一样。

6. 在修改命令面板的堆栈显示区域单击 Rectangle，出现了矩形的参数卷展栏（如图 3–72 所示）。

7. 在修改命令面板的堆栈显示区域单击“编辑样条线”左边的 + 号，展开次对象列表（如图 3–73 所示）。

8. 单击“编辑样条线“左边的 – 号，关闭次对象列表。

9. 在修改命令面板的堆栈显示区域单击“编辑样条线”。

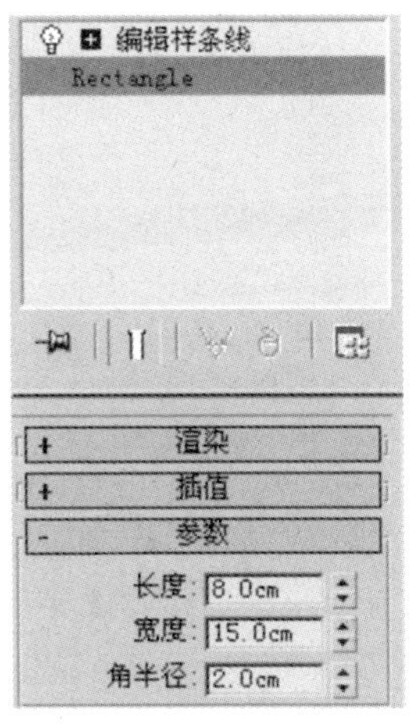

图 3–72

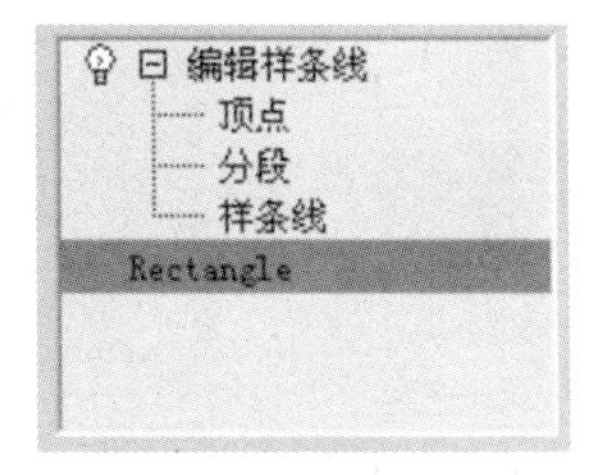

图 3–73

10. 单击堆栈区域的“从堆栈中移除修改器”按钮 ，删除编辑样条线。

3.4.6 使用可编辑样条线编辑修改器访问次对象层级

1. 继续前面的练习。选择矩形，然后在顶视图的矩形上右击。

2. 在弹出的四元菜单上选取“转换为可编辑样条线”选项（如图 3–74 所示）。矩形的创建参数没有了，但是可以通过编辑样条线访问样条线的次对象层级。

3. 选择修改命令面板的编辑修改器堆栈显示区域，单击“编辑样条线”左边的 + 号，展开次对象层级（如图 3–75 所示）。可编辑样条线的次对象层级与编辑样条线的次对象层次基本相同。

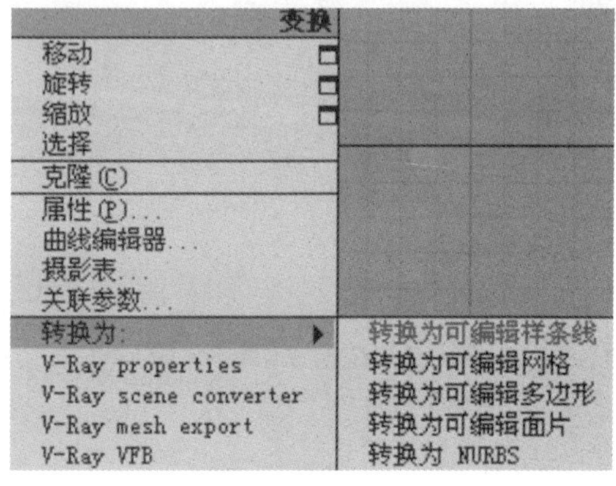

图 3–74

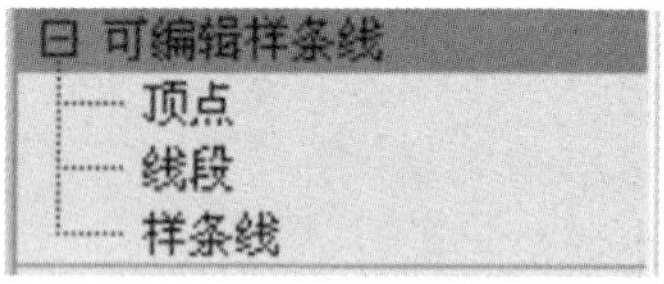

⊟ 可编辑样条线
顶点
线段
样条线

图 3–75

3.5 实例一：电灯泡建模

二维图形是在建模中常用的工具，下面通过车削修改建立电灯泡的模型（如图 3–76 所示）。

图 3–76

1. 启动或者重置 3ds Max。在前视图用直线绘制灯泡的外轮廓，如图 3-77 所示。将最左端的点坐标在 X 方向归零。

2. 进入点层级，选择除两端点之外的其他顶点，右击选择四元菜单中的 平滑 选项。

3. 进入修改面板，在修改器列表中选择“车削”修改命令，参数如图 3-78 所示，结果如图 3-79 所示。

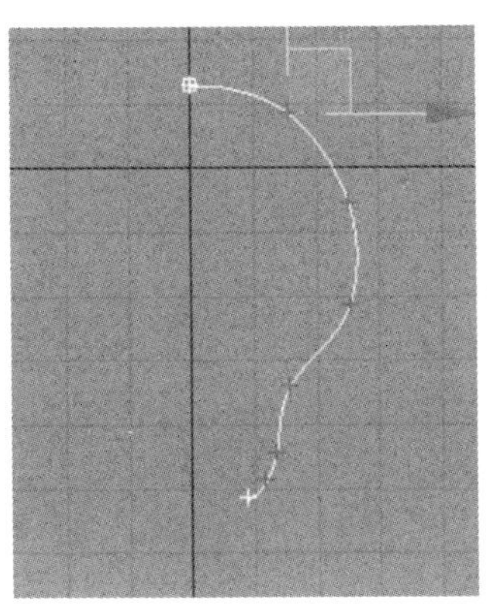

图 3-77

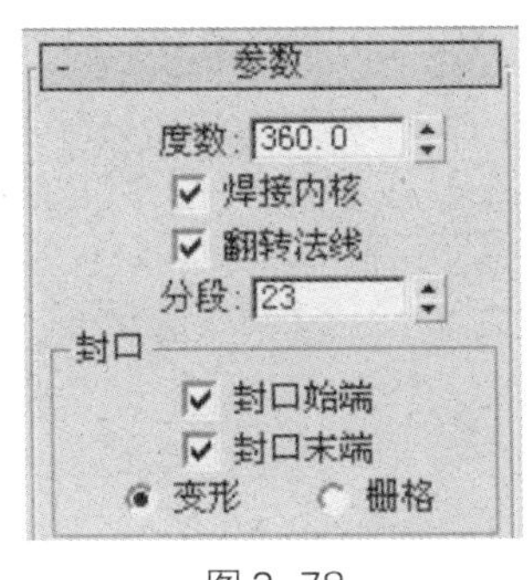

图 3-78

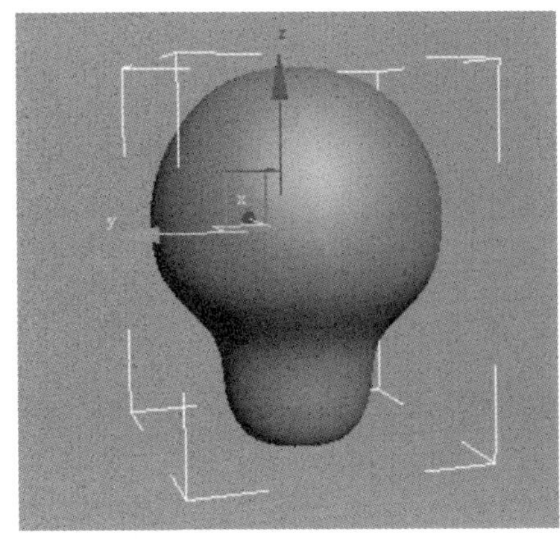

图 3-79

4. 保持选中状态，在修改器列表中选择“壳”修改命令，参数如图 3-80 所示。

5. 在前视图使用线绘制如图 3-81 所示的图形，结合移动工具，平滑命令调整其形态。确保左边两点的坐标在 X 方向归零。

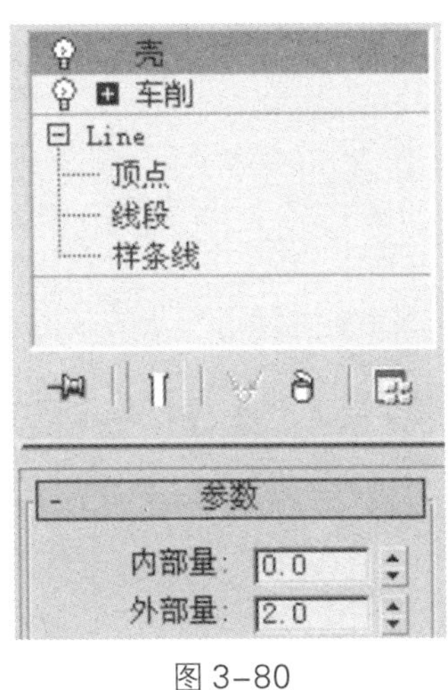

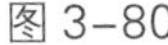

图 3-80

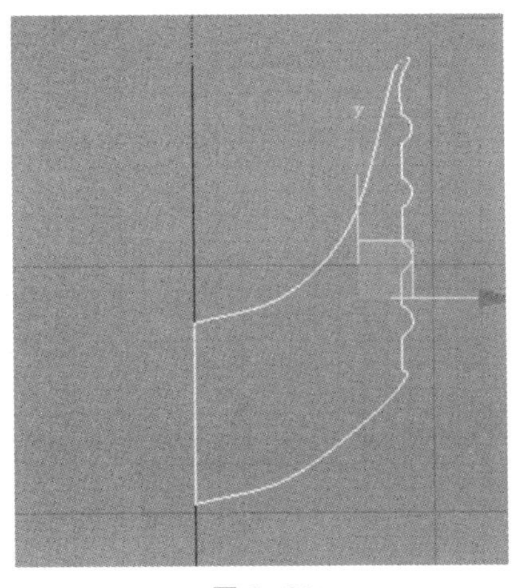

图 3-81

6. 进入修改面板，在修改器列表中选择“车削”修改命令，参数如图 3-78 所示，结果如图 3-82 所示。

7. 在前视图绘制如图 3-83 所示的图形，为了与前面的物体中心保持一致，需调节曲线的轴心（如图 3-84 所示）进入层级面板，单击 仅影响轴 按钮，使轴坐标中心在 X 方向归零（如图 3-85 所示）。关闭 仅影响轴 按钮。

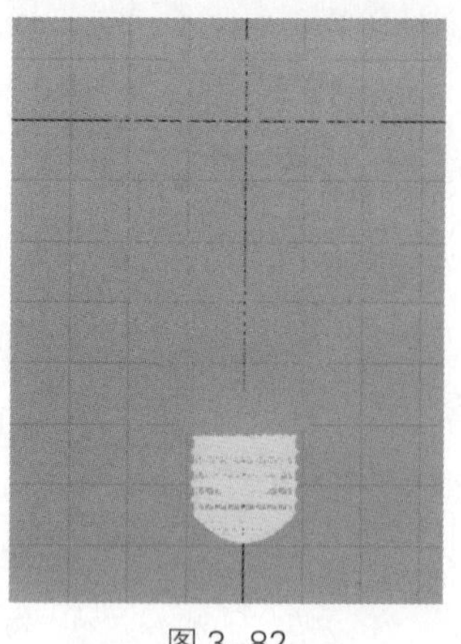

图 3-82

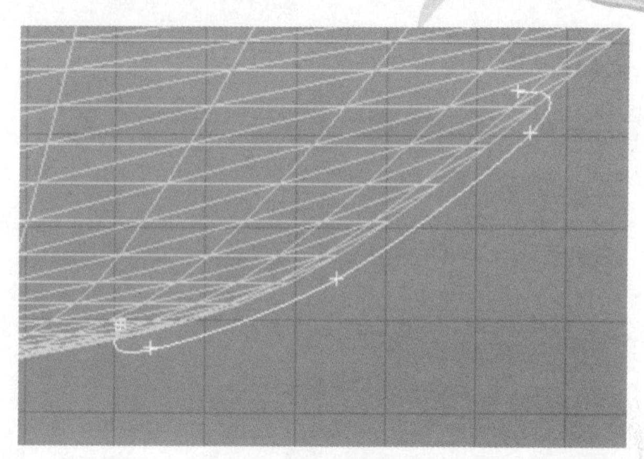

图 3-83

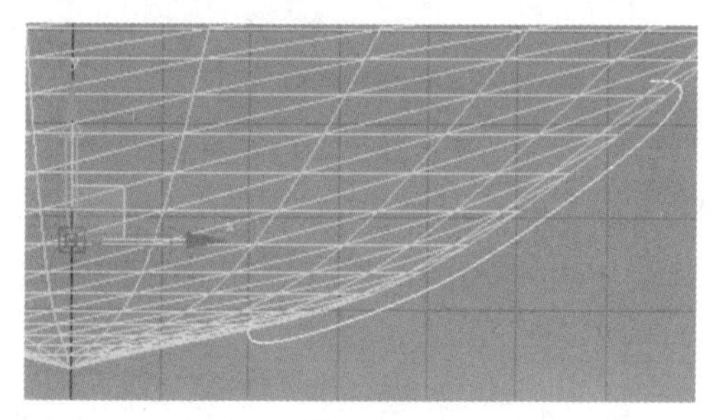

图 3-84

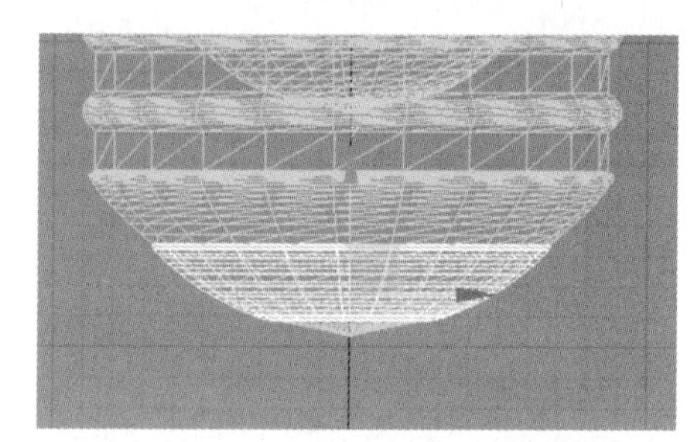

图 3-85

8. 在前视图绘制如图 3-86 所示的图形，在修改器列表中选择“车削”修改命令，结果如图 3-87 所示。

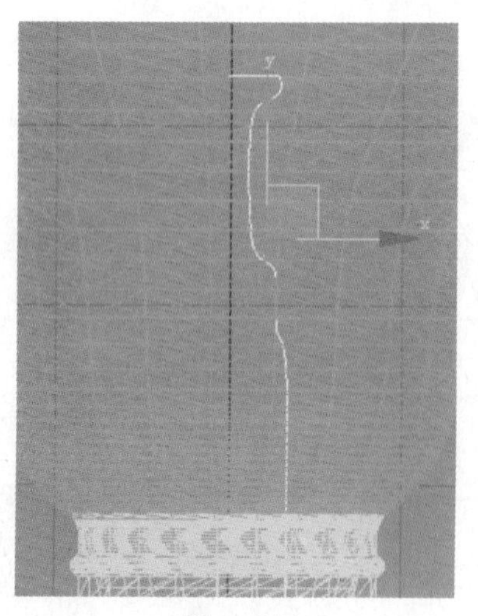

图 3-86

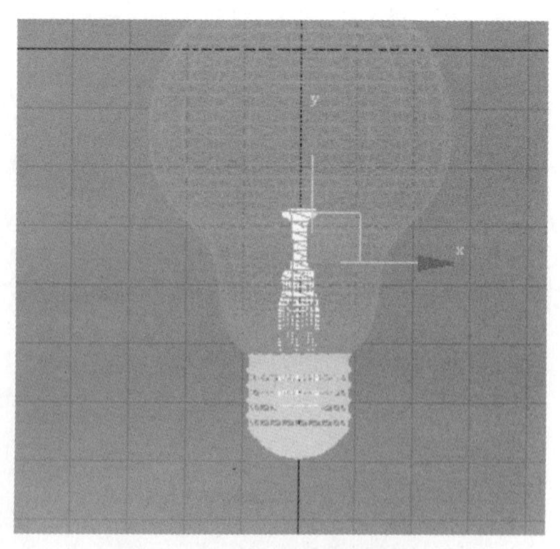

图 3-87

9. 在前视图用直线绘制如图 3-88 所示的图形，在“渲染”卷展栏按图 3-89 所示完成设置。

10. 通过镜像复制出另外一根灯丝。同样，在左视图制作另外两根灯丝，如图 3-90 所示。

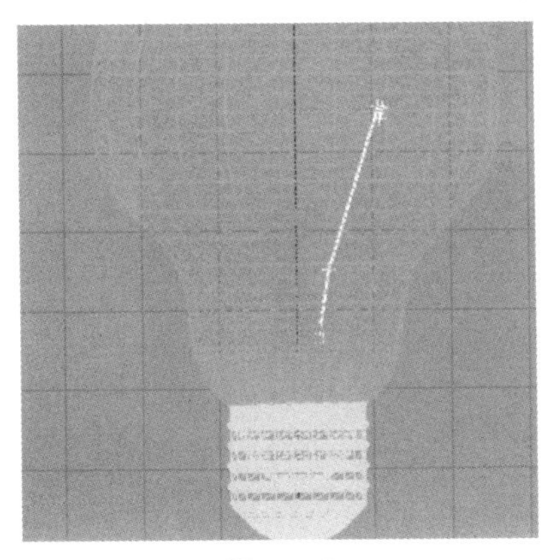

图 3-88

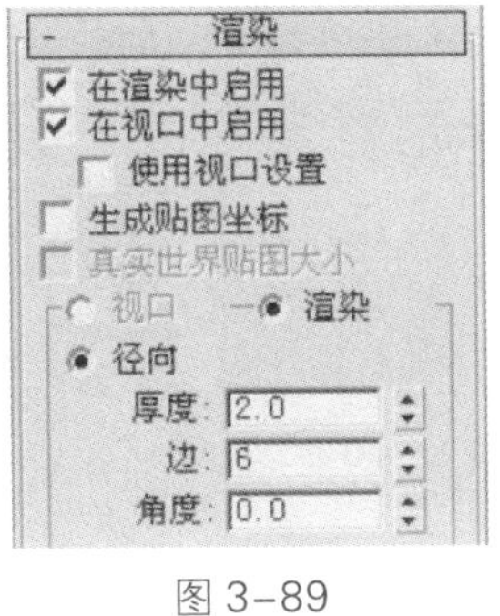

图 3-89

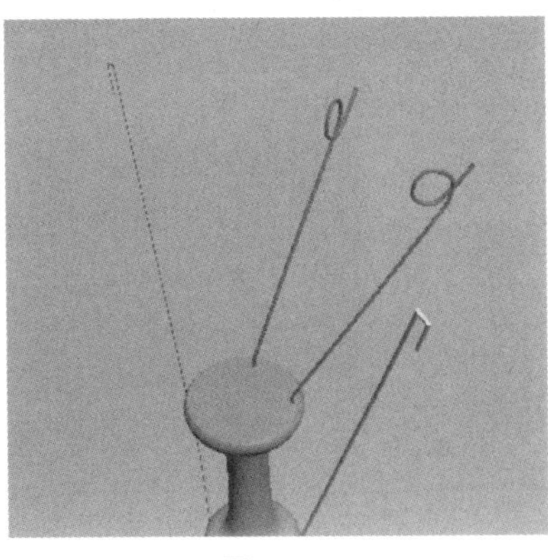

图 3-90

11. 单击三维捕捉 按钮，右击打开“栅格和捕捉设置”对话框，勾选“顶点”复选框（如图 3-91 所示）。在透视视图绘制直线如图 3-92 所示，进入点层级，选择所有的点，设为 Bezier 角点，用移动工具调整灯丝到如图 3-93 所示的形态。完成后的模型如图 3-94 所示。

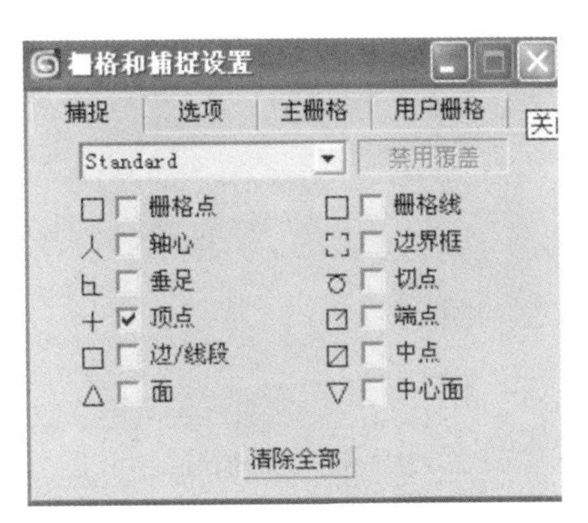

图 3-91

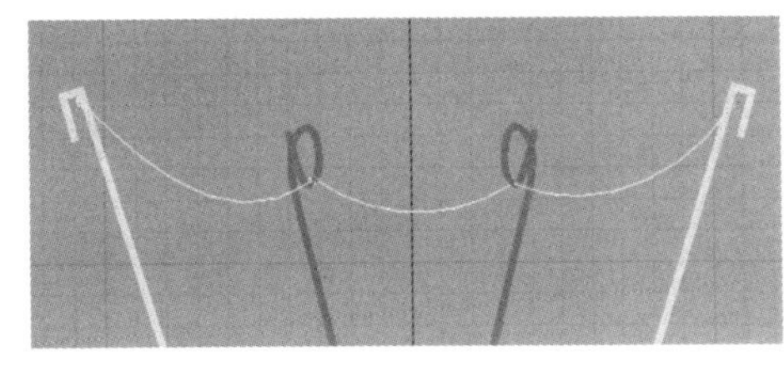

图 3-93

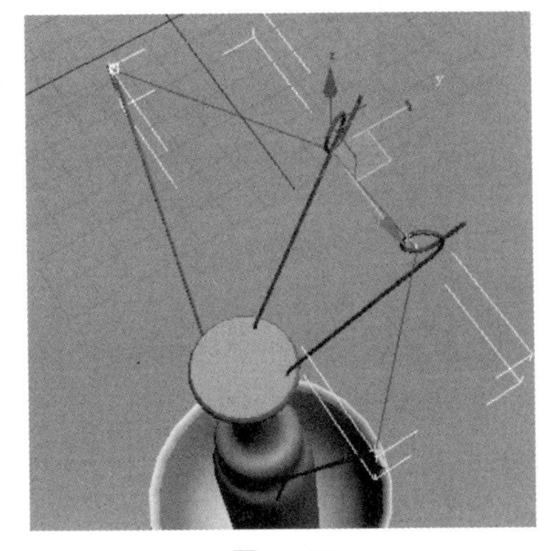

图 3-92

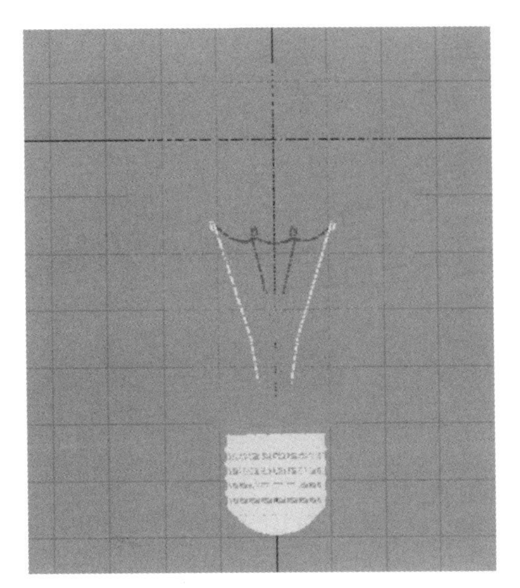

图 3-94

3.6 实例二：啤酒瓶的制作

1. 启动或者重置 3ds Max。在“自定义”下拉菜单中选择“单位设置”选项，打开“单位设置”对话框（如图 3-95 所示），将显示单位和系统单位都设成毫米，如图 3-96 所示。

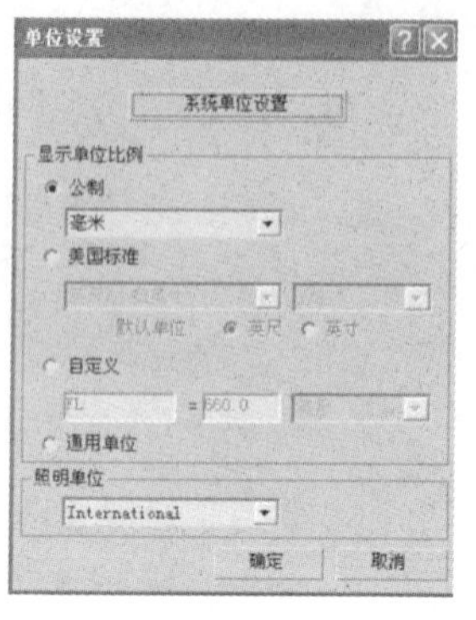

图 3-95

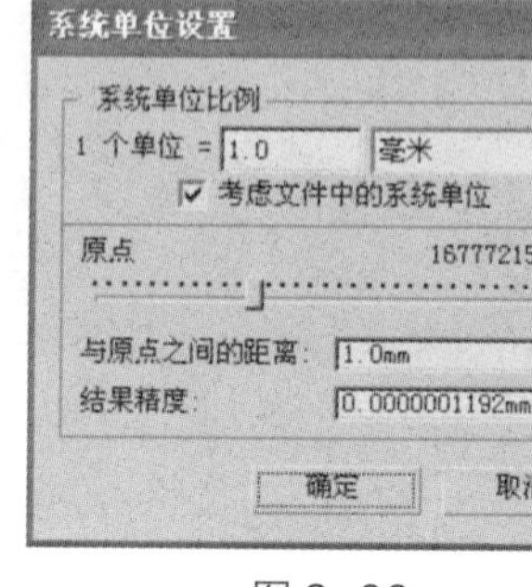

图 3-96

2. 在前视图中创建一个 240mm×57mm 的矩形（如图 3-97 所示），参数如图 3-98 所示，使用“移动变换输入”对话框，将矩形坐标归零（如图 3-99 所示）。在选择状态下，右击，选择四元菜单中的 冻结当前选择 选项。

3. 参考矩形，在前视图用画线工具绘制如图 3-100 所示的酒瓶和酒的轮廓线，分别添加“车削”修改器（如图 3-101 所示），结果如图 3-102 所示。

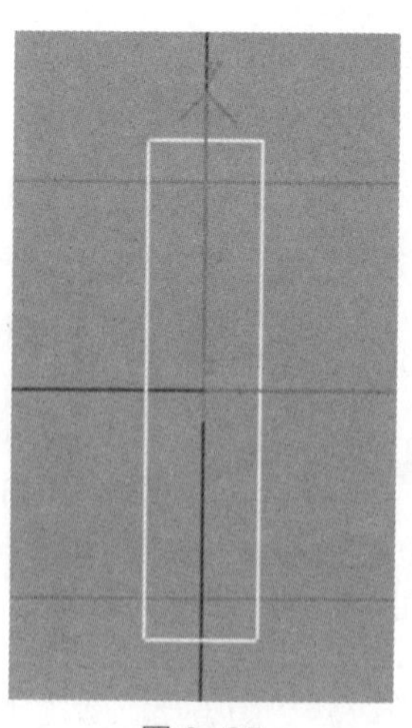

图 3-97

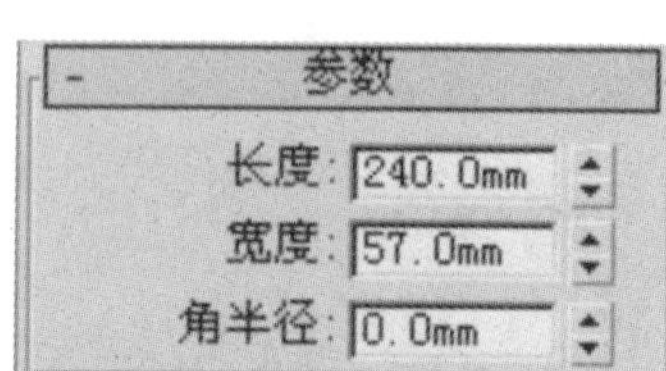

图 3-98

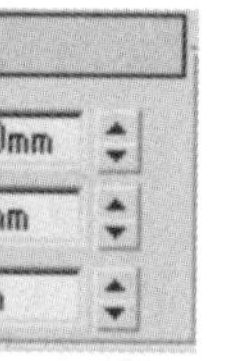

图 3-99

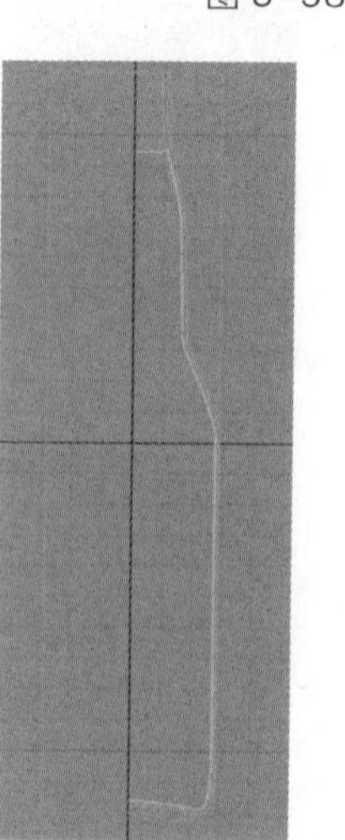

图 3-100

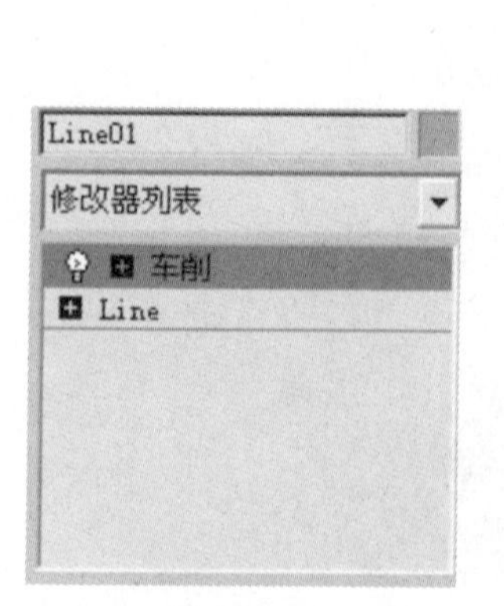

图 3-101

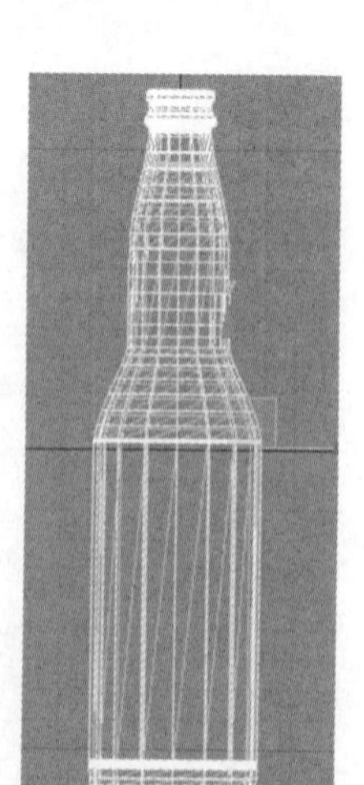

图 3-102

4. 选择酒瓶，右击，在四元菜单中选择“转换为可编辑多边形”选项。进入多边形层级，在瓶底部，选择如图 3–103 所示的面，单击 倒角 按钮，拉出如图 3–104 所示的高度。

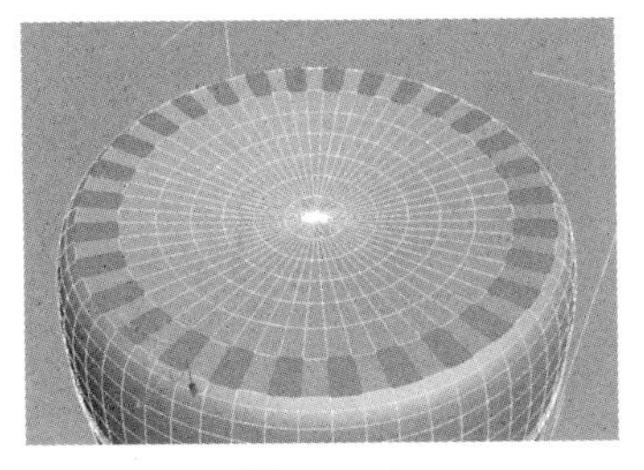

图 3–103

图 3–104

5. 在修改器列表，选择“网格平滑”修改命令，设置迭代次数为 2，结果如图 3–105 所示。

6. 在前视图，用线创建如图 3–106 所示的样条线。将最左边的点 X 坐标归零。进入修改命令面板，在修改器列表中选择“车削”修改器，参数设置如图 3–107 所示，结果如图 3–108 所示。

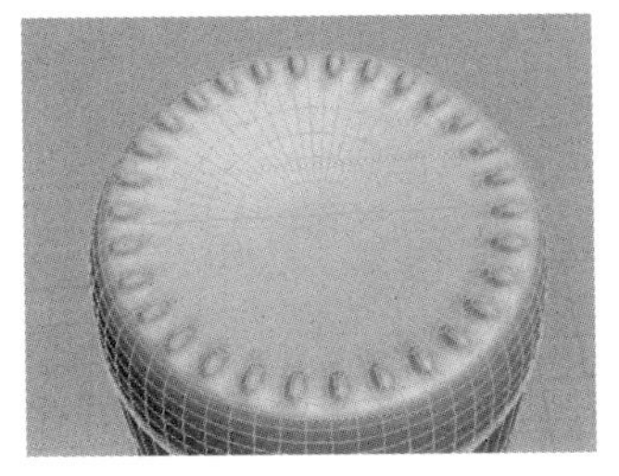

图 3–105

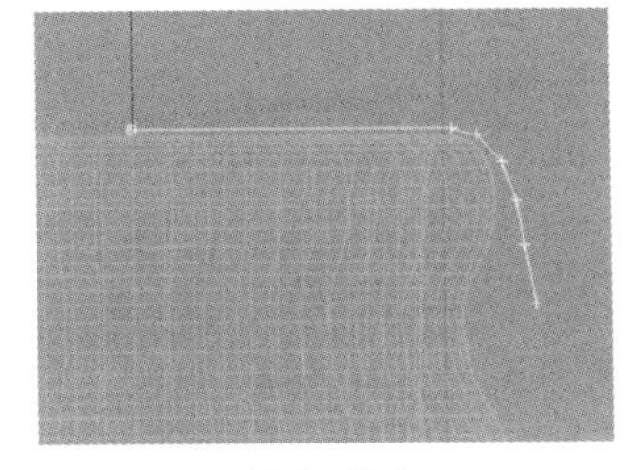

图 3–106

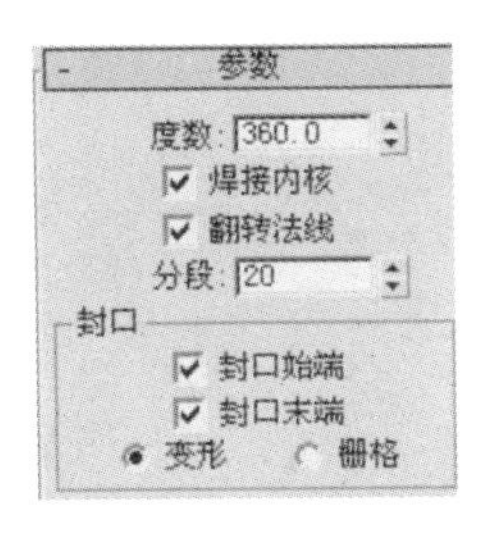

图 3–107

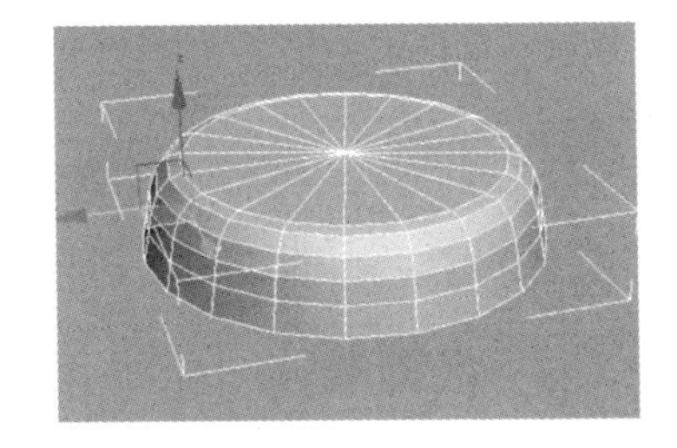

图 3–108

7. 将瓶盖“转换为可编辑多边形”，进入边层级，选择如图 3–109 所示的一圈边，单击“编辑几何体”卷展栏下的“切角”按钮，参数设置如图 3–110 所示，结果如图 3–111 所示。

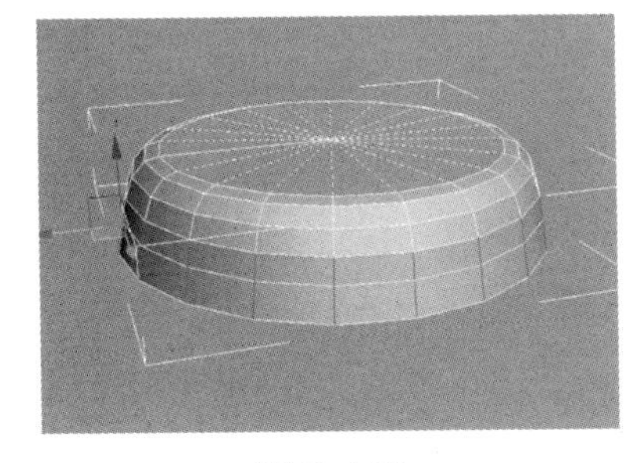

图 3–109

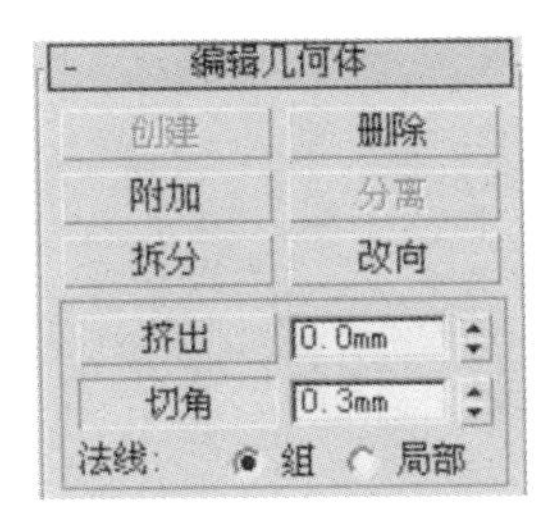

图 3–110

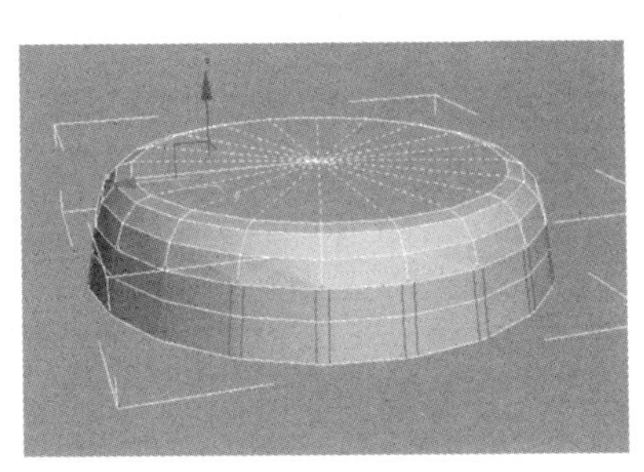

图 3–111

8. 进入在点层级，使用 目标焊接 按钮将小三角的点和其上面的点焊接成一点。结果如图 3-112 所示。

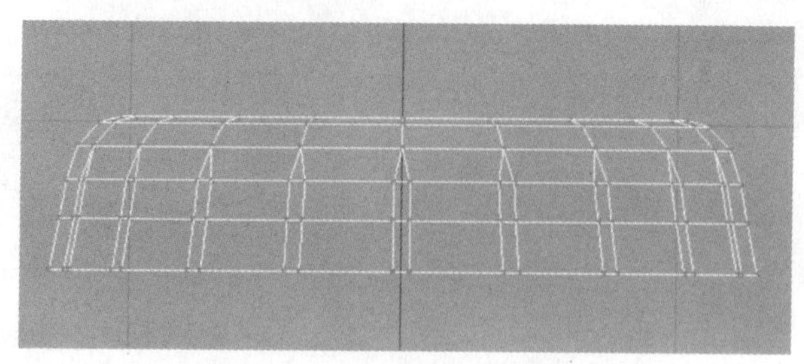

图 3-112

9. 进入多边形层级，选择如图 3-112 所示的面，单击 挤出 按钮（如图 3-113 所示），拉出如图 3-114 所示的高度。

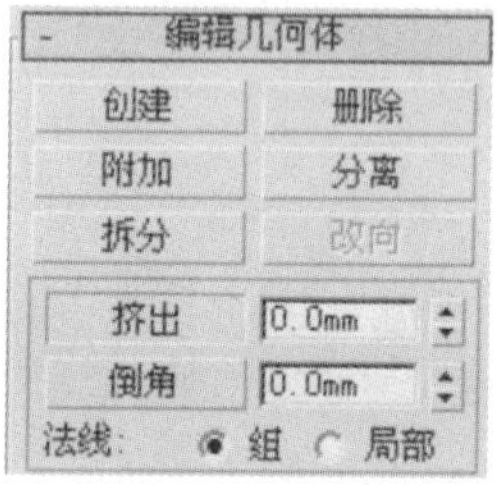

编辑几何体
创建 删除
附加 分离
拆分 改向
挤出 0.0mm
倒角 0.0mm
法线: 组 局部

图 3-113

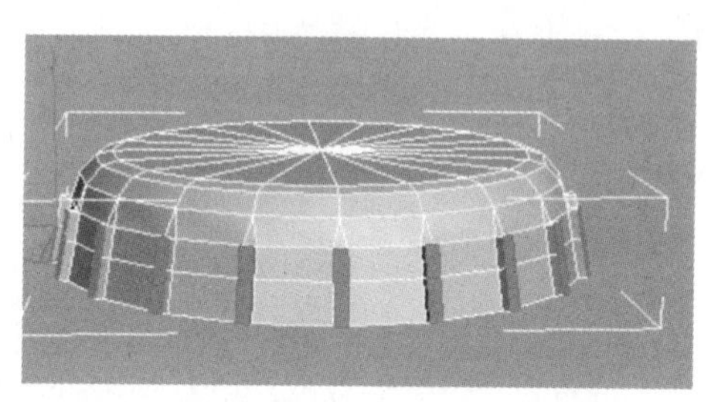

图 3-114

10. 进入点层级，使用 目标焊接 按钮，将刚挤出的区域上部顶点和邻近的点焊接。得到如图 3-115 所示的结果。

11. 进入多边形层级，选择底面并删除（如图 3-116 所示）。

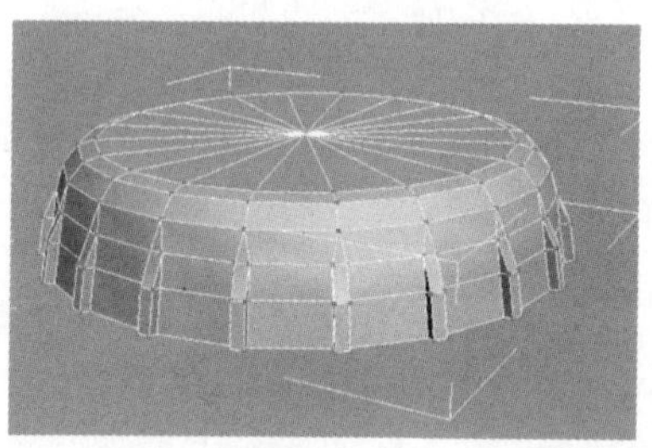

图 3-115

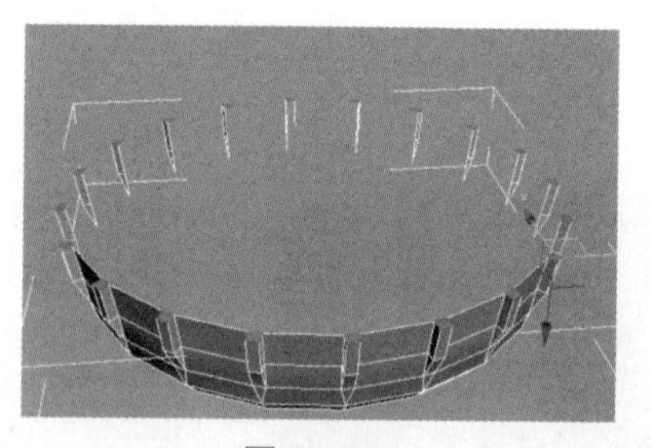

图 3-116

12. 选择突出部分中间的面，执行 桥 命令操作出如图 3-117 所示的结果。选择凹陷下部的面（如图 3-118 所示）并删除。

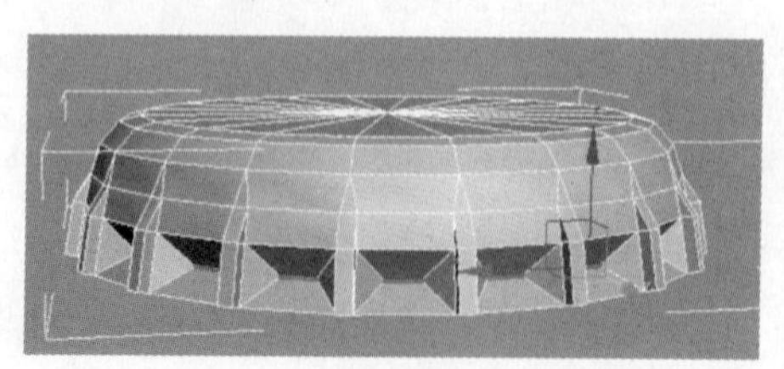

图 3-117

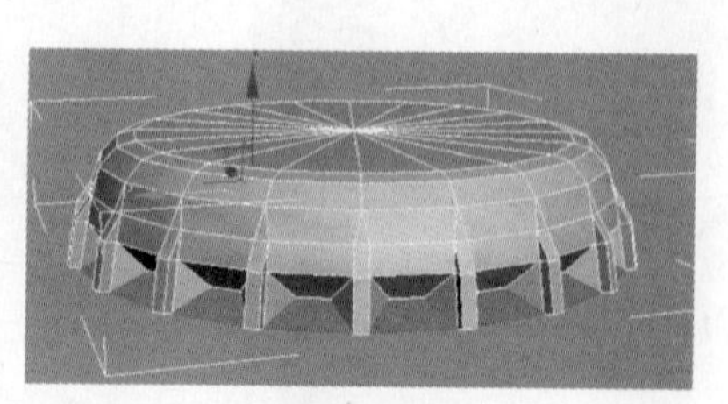

图 3-118

13. 进入点层级，选择如图 3-119 所示的点，使用移动工具进行微调，得到如图 3-120 所示的结果。

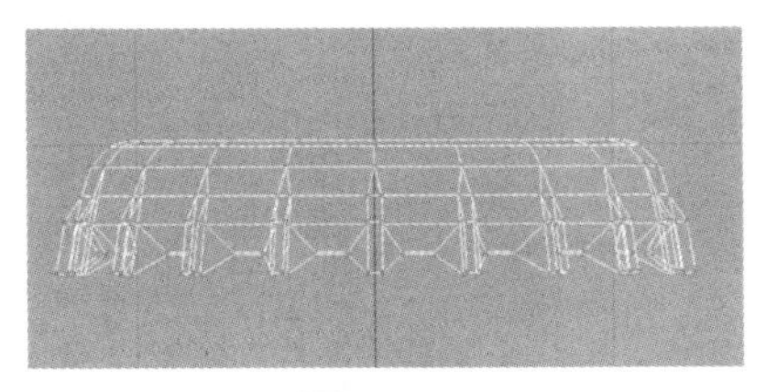

图 3-119

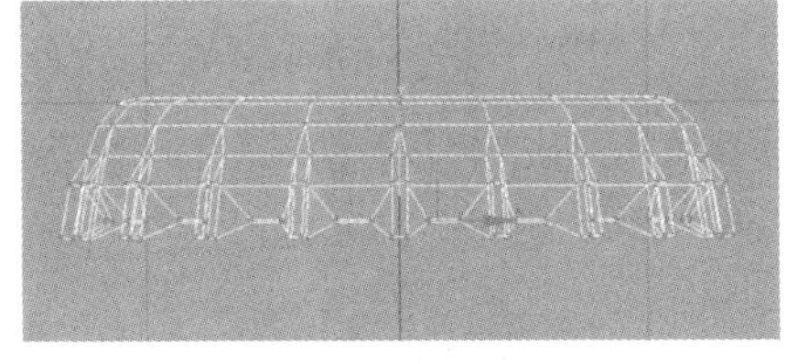

图 3-120

14. 回到顶层级，在修改器列表中选择并使用“网格平滑”修改器，结果如图 3-121 所示。

15. 制作商标。复制酒瓶，选择新复制的酒瓶，进入多边形层级，选择如图 3-122 所示的面，单击“编辑”/“反选”命令，删除反选后的面。得到用做商标的面。

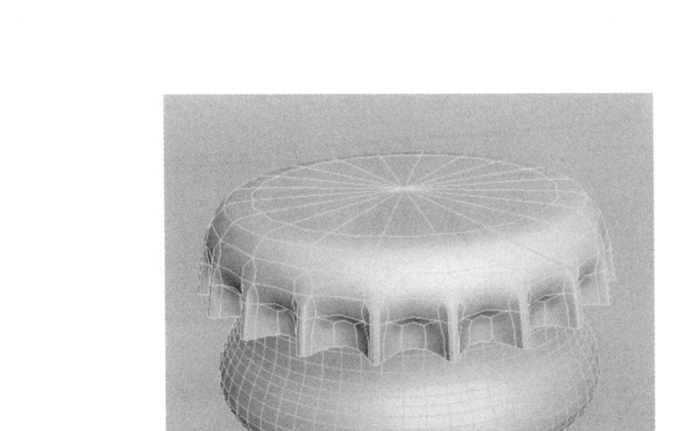

图 3-121

图 3-122

16. 回到顶层级，在修改器列表中选择“推力”修改器。将推力值设为 0.025mm（如图 3-123 所示）。将商标的面向外推出一点距离，避免陷入瓶内，结果如图 3-124 所示。

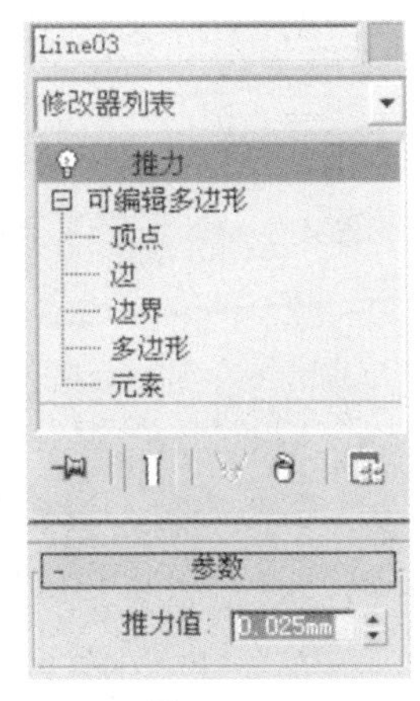

图 3-123

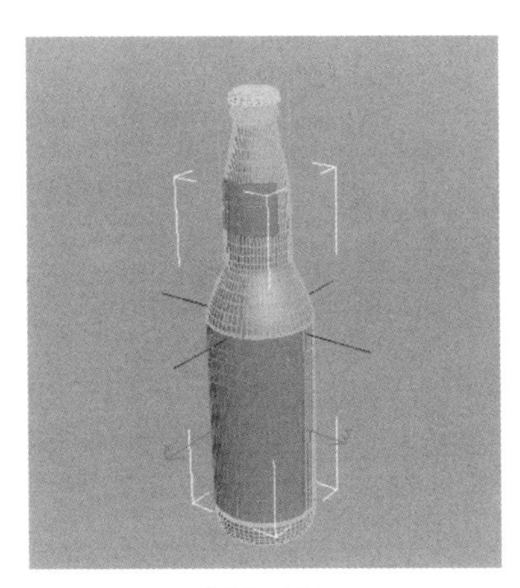

图 3-124

17. 下面开始制作水滴，新建一个长方体（如图 3–125 所示），参数如图 3–126 所示。

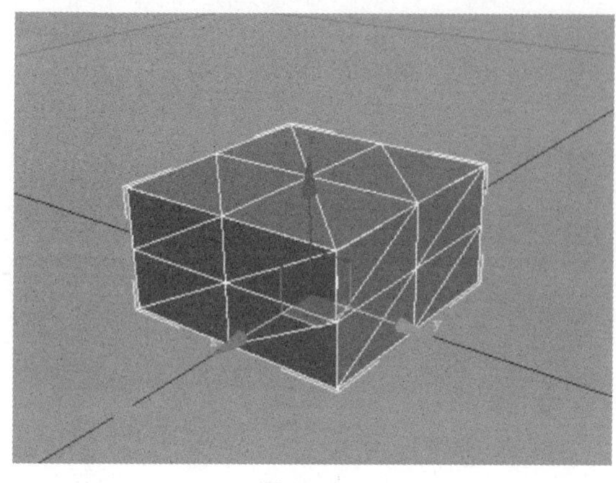

图 3–125

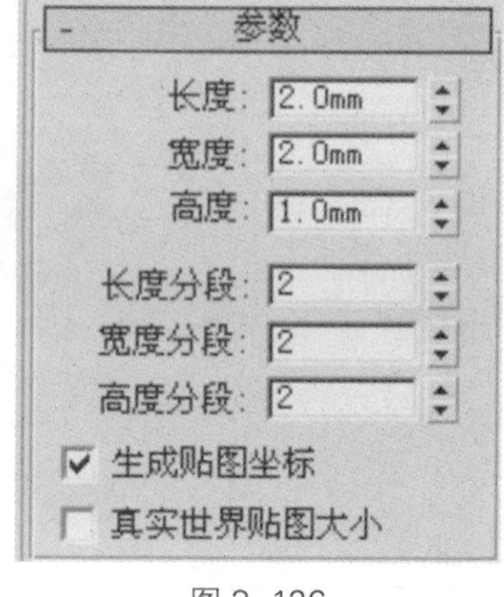

图 3–126

18. 将长方体转换为可编辑多边形，在点层级，通过缩放工具调整点到如图 3–127 所示的状态。

19. 继续通过缩放和移动处理，在前视图中调整到如图 3–128 和图 3–129 所示。添加“网格平滑”修改器（如图 3–130 所示）。

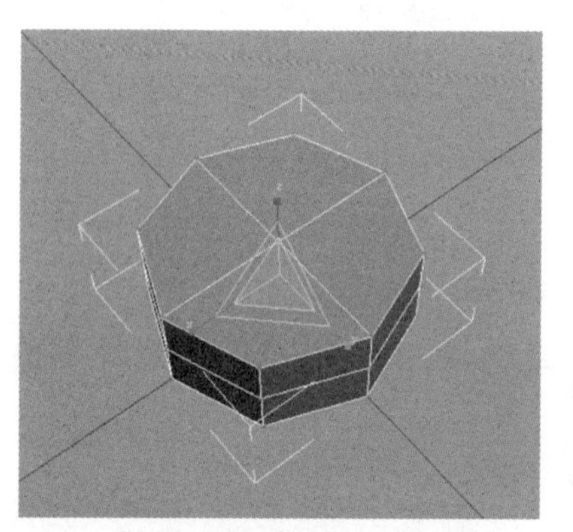

图 3–127

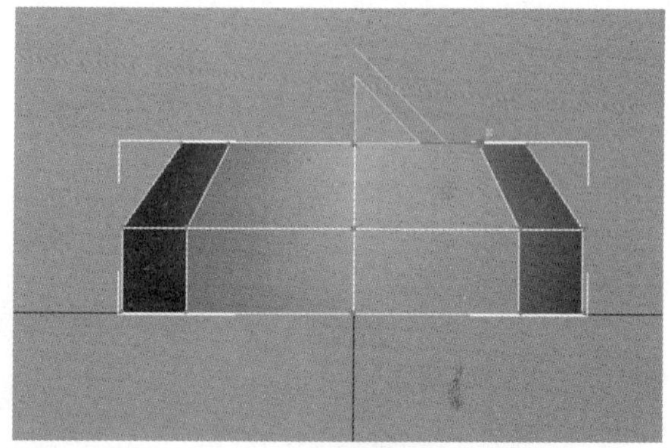

图 3–128

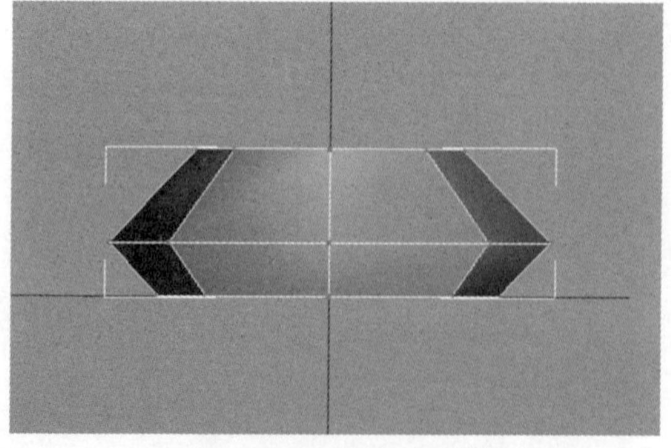

图 3–129

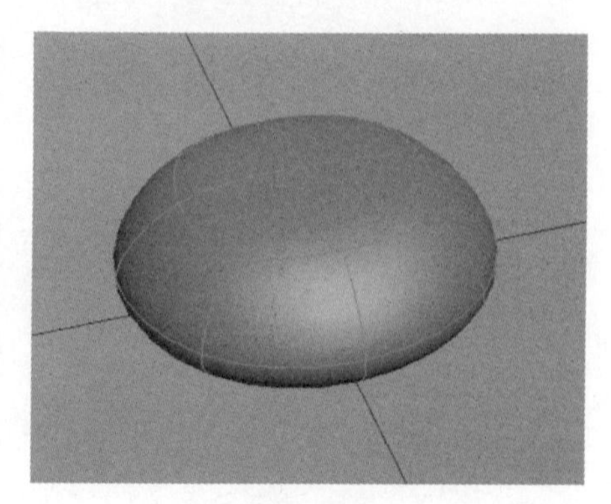

图 3–130

20. 复制瓶子，用做水滴分布的表面。删除瓶内表面、顶（如图 3-131 所示）和底部（如图 3-132 所示）。

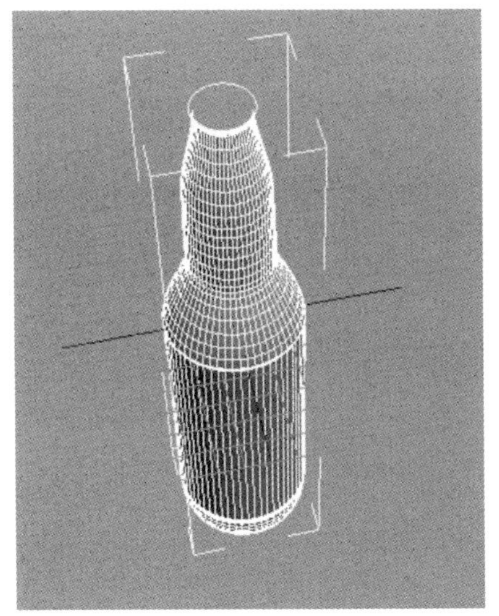

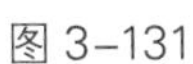
图 3-131

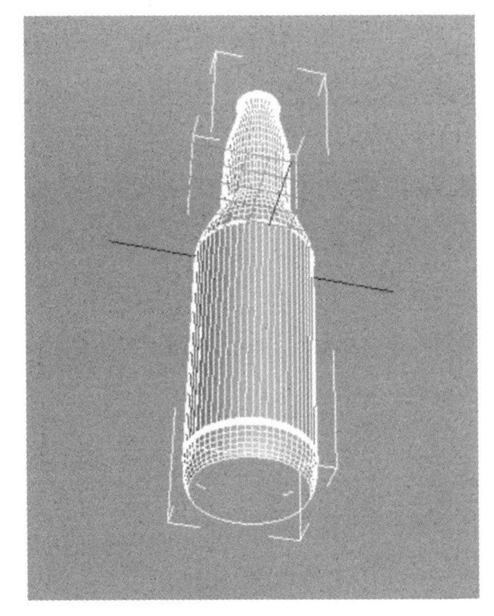

图 3-132

21. 为了使水滴分布均匀，在边层级，选择如图 3-133 所示的边，使用“连接边”对话框，设置分段为 32，如图 3-134 所示，结果如图 3-135 所示。

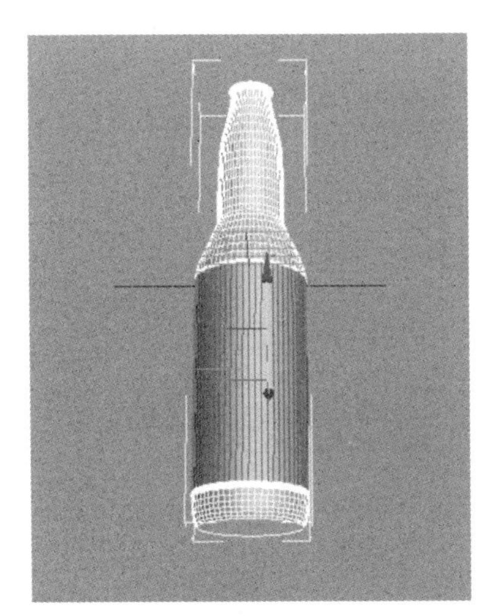

图 3-133

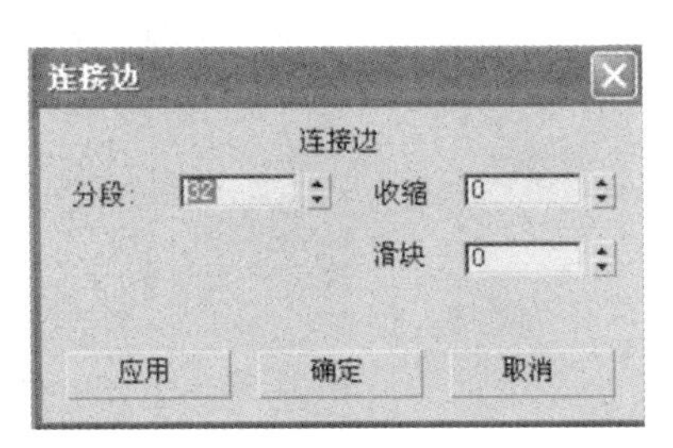

图 3-134

图 3-135

22. 回到顶层级，在复合对象中，单击 散布 按钮，再单击 拾取分布对象 按钮后，单击刚建立的水滴。具体参数设置如图 3-136 所示，结果如图 3-137 所示。

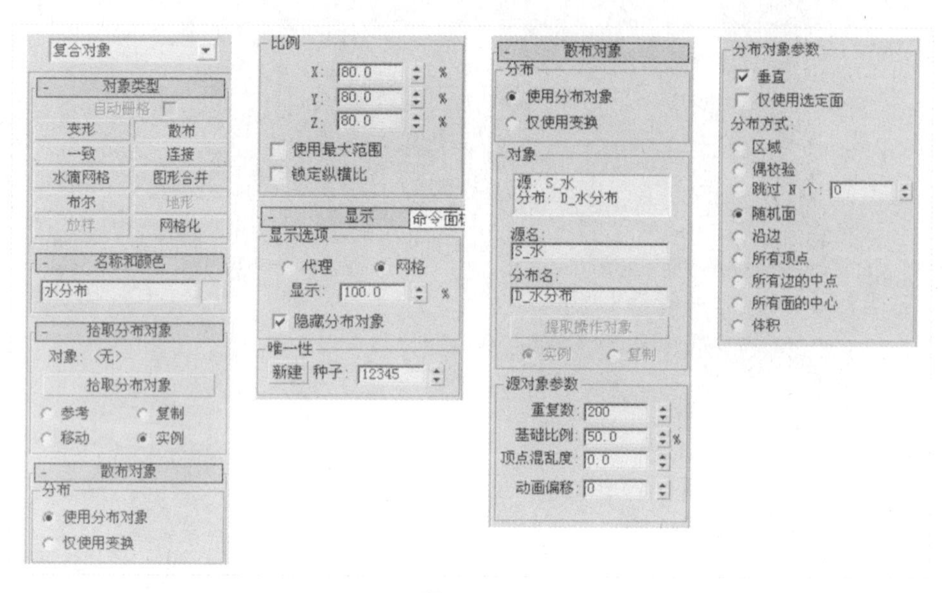

图 3-136

23. 删除水滴分布面，结果如图 3-138 和图 3-139 所示，简单渲染得到如图 3-140 所示的结果。

图 3-137

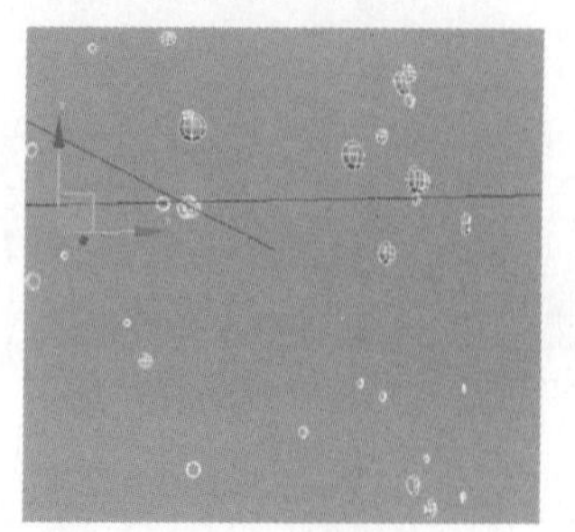

图 3-138

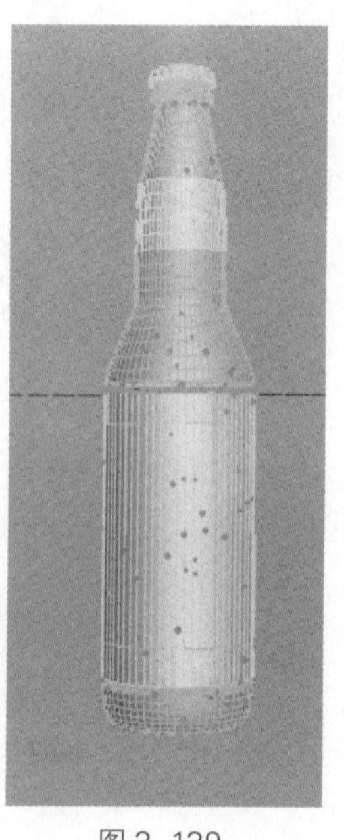

图 3-139

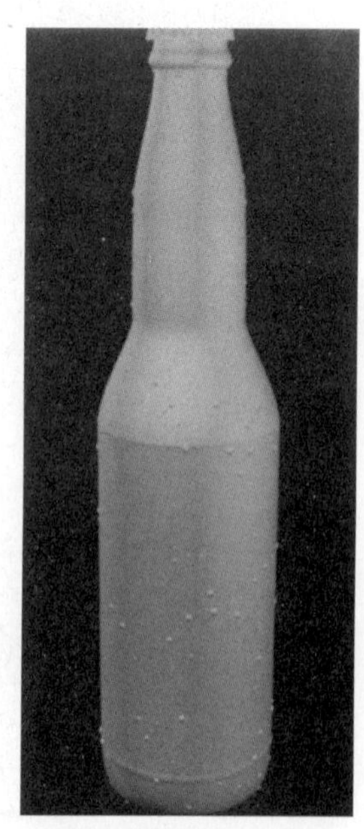

图 3-140

第4章 修改建模和复合建模

本章介绍几个高级的编辑修改器，然后详细地讲解修改建模技术和复合对象（如图 4–1 所示）。这些都是 3ds Max 建模中的重要内容。

图 4–1

学习要点： 常用编辑修改器；
编辑修改器堆栈显示区；
创建布尔、放样、连接、图形合并和散布等组合对象。

4.1 编辑修改器的概念

编辑修改器是用来修改场景中几何体的工具。3ds Max 自带了许多编辑修改器，每个编辑修改器都有自己的参数集合和功能。本节讲解与编辑修改器相关的知识。

一个编辑修改器可以应用给场景中一个或者多个对象。它们根据参数的设置来修改对象。同一对象也可以被应用多个编辑修改器（如图 4-2 所示）。后一个编辑修改器接收前一个编辑修改器传递过来的参数。

3ds Max 会对改变基础对象的影响进行计算并将结果显示于场景。编辑修改器的次序对最后结果影响很大。如图 4-3 左所示是先应用了“锥化”修改器，后应用了“弯曲”修改器；而图 4-3 右则先应用的是“弯曲”修改器，后应用了一个“锥化”修改器。

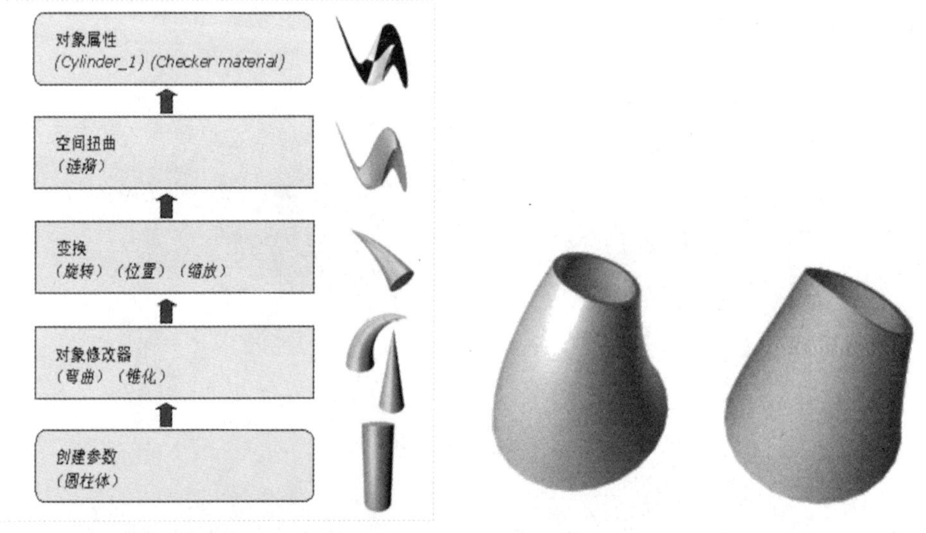

图 4-2　　图 4-3

在编辑修改器列表中可以找到 3ds Max 的编辑修改器。在命令面板上有一个编辑修改器显示区域，用来显示应用给几何体的编辑修改器。

4.1.1 弯曲修改器

弯曲修改器（Bend）（如图 4-4 所示）可以使对象物体产生不同结果的弯曲效果（如图 4-5 所示）。

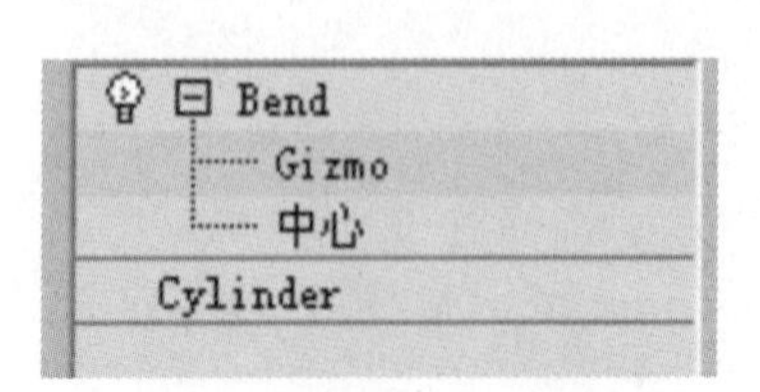

图 4-4

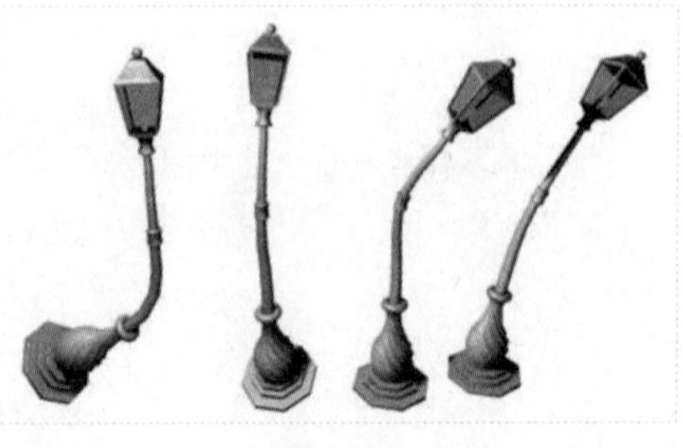

图 4-5

4.1.2 锥化修改器

锥化修改器（Taper）（如图4–6所示）通过缩放对象几何体的两端产生锥化轮廓；一段放大而另一段缩小（如图4–7所示）。可以在两组轴上控制锥化的量和曲线，也可以对几何体的一段限制锥化。

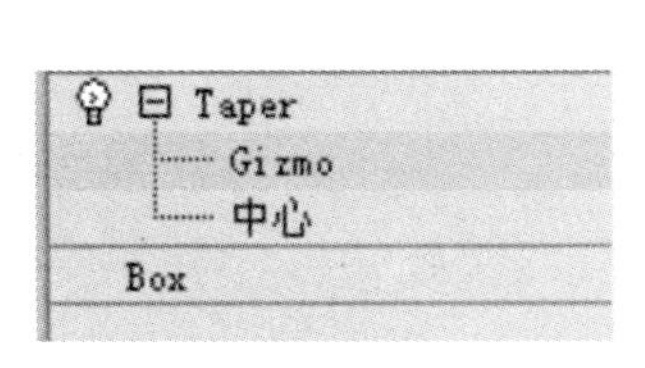

图4–6

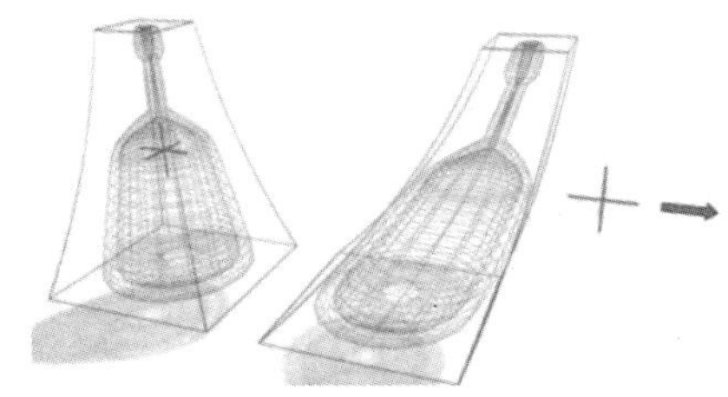

图4–7

4.1.3 扭曲修改器

扭曲修改器（Twist）（如图4–8所示）在对象几何体中产生一个旋转效果，就像拧湿抹布（如图4–9所示）。可以控制任意三个轴上扭曲的角度，并设置偏移来压缩扭曲相对于轴点的效果；也可以对几何体的一段限制扭曲。当使用扭曲修改器时，扭曲Gizmo的中心放置于对象的轴点上，并且Gizmo与对象局部轴排列成行。

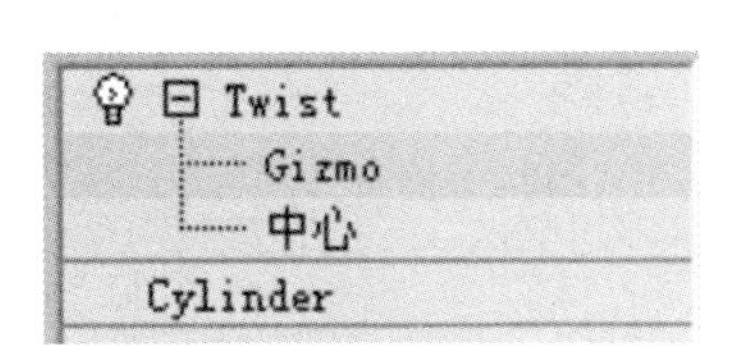

图4–8

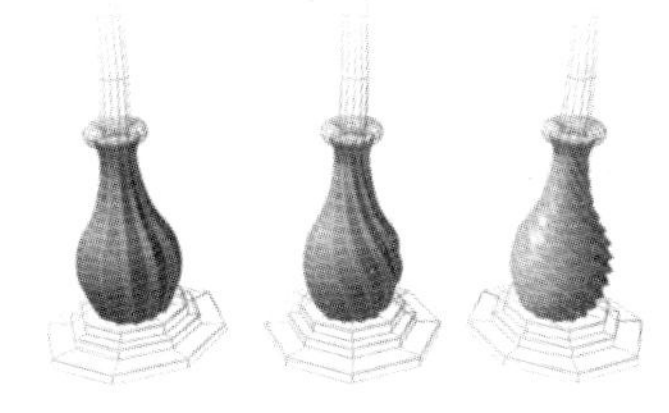

图4–9

4.1.4 路径变形修改器

路径变形修改器（如图4–10所示）将样条线或NURBS曲线作为拾取路径来变形对象（如图4–11所示）。可以沿着该路径移动和拉伸对象，也可以沿着该路径旋转和扭曲对象。该修改器也有一个世界空间修改器版本。

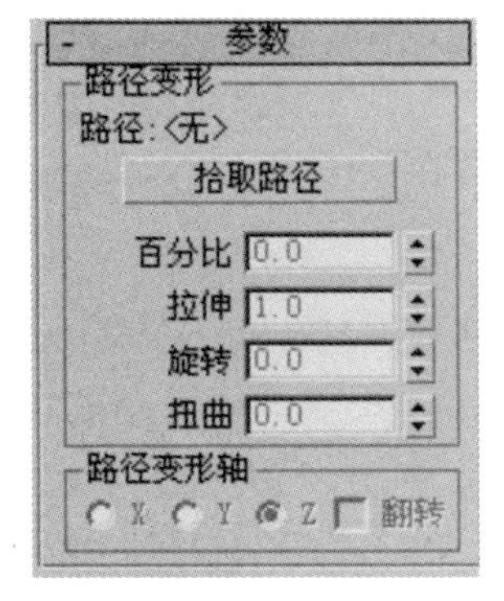

图4–10

图4–11

4.1.5 FFD 编辑修改器

该编辑修改器用于变形几何体。它由一组称为“格子”的控制点组成。通过移动控制点，其下面的几何体也跟着变形。

FFD 的次对象层次如图 4–12 所示。

FFD 编辑修改器有如下三个次对象层次。

控制点：单独或者成组变换控制点。当控制点变换的时候，其下面的几何体也跟着变化。

晶格：独立于几何体变换格子，以便改变编辑修改器的影响。

设置体积：变换格子控制点，以便更好地适配几何体。做这些调整的时候，对象不变形。

FFD 的参数卷展栏如图 4–13 所示。

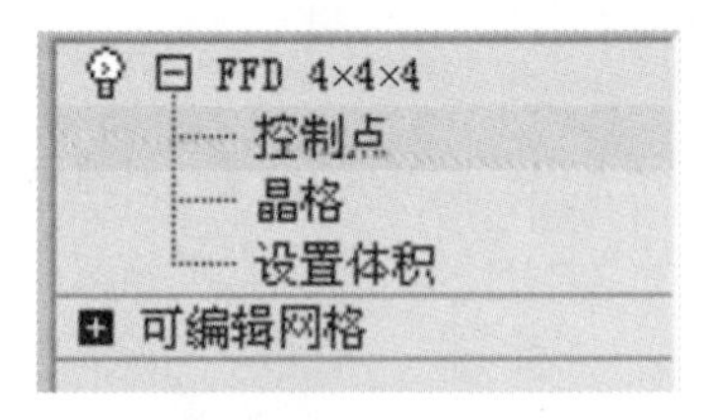

图 4–12

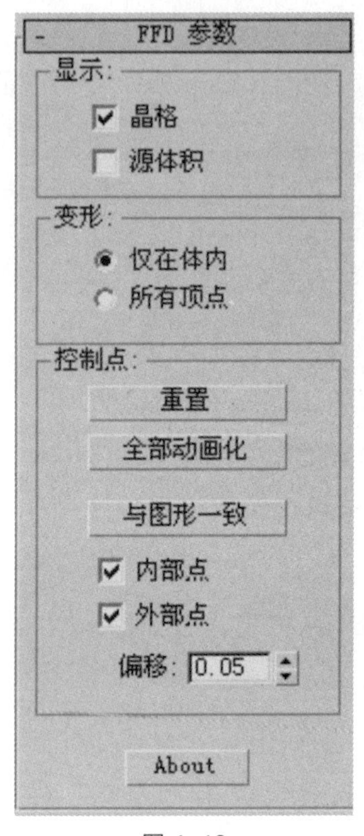

图 4–13

FFD 的参数卷展栏包含三个主要区域。显示区域控制是否在视图中显示格子，还可以按没有变形的样子显示格子。

变形区域可以指定编辑修改器是否影响格子外面的几何体。

控制点区域可以将所有控制点设置回它的原始位置，并使格子自动适应几何体。

4.1.6 噪波修改器

噪波编辑修改器可以随机变形几何体，可以设置每个坐标方向的强度。噪波可以设置动画，如海表面变形可以随着时间改变（如图 4–14 所示）。变化的速率受参数卷展栏中动画下面的频率参数的影响（如图 4–15 所示）。

种子数值可改变随机图案。如果两个参数相同的基本对象被应用了一样参数的噪波编辑修改器，那么变形效果将是一样的。这时改变种子数值将使它们的效果变得不一样。

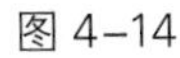

图 4-14

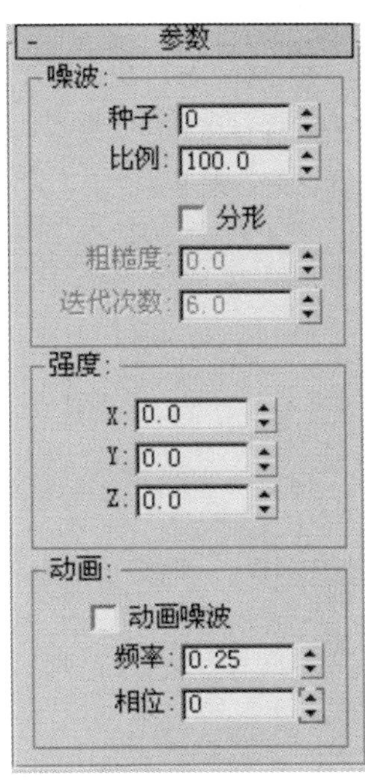

图 4-15

4.1.7 挤出修改器

挤出沿着二维对象的局部坐标系的 Z 轴给它增加一个厚度，还可以沿着拉伸方向给它指定段数，参数如图 4-16 所示。如果二维图形是封闭的，可以指定拉伸的对象是否有顶面和底（如图 4-17 所示）。

挤出输出的对象类型可以是面片、网格或者 NURBS，默认的类型是网格（mesh）。

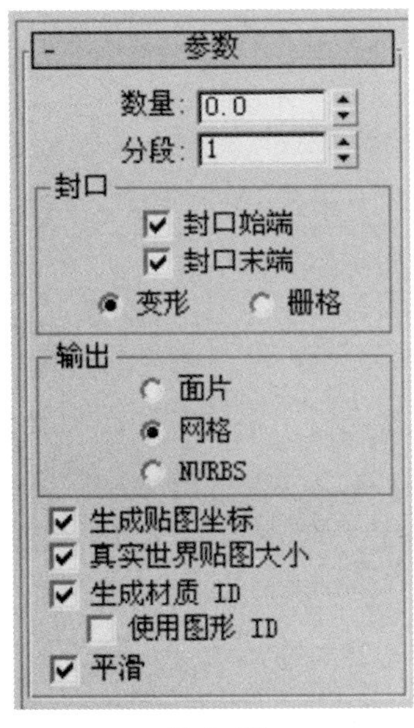

图 4-16

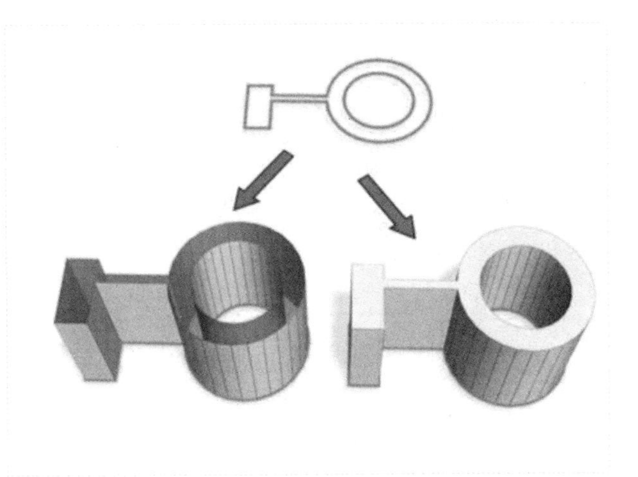

图 4-17

4.1.8 车削修改器

车削编辑修改器（如图 4-18 所示）按指定的轴向旋转二维图形，它常用来建立诸如高脚杯、盘子和花瓶等模型，如图 4-19 所示。旋转的角度可以是 0 ~ 360° 的任何数值。

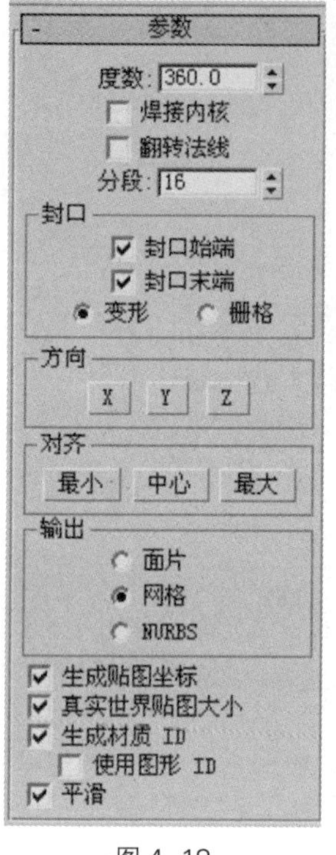

图 4-18

图 4-19

4.1.9 倒角修改器

倒角编辑修改器（Bevel）（如图 4-20 所示）与挤出修改器类似，但是挤出修改器的功能要强一些。它除了沿着对象的局部坐标系的 Z 轴拉伸对象外，还可以分三个层次调整截面的大小，创建诸如倒角字一类的效果（如图 4-21 所示）。

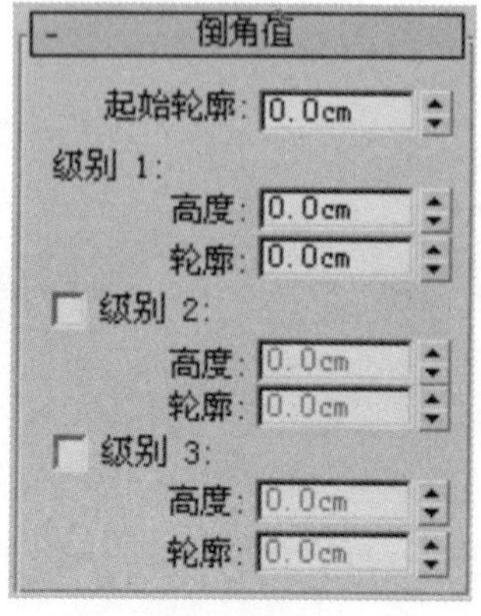

图 4-20

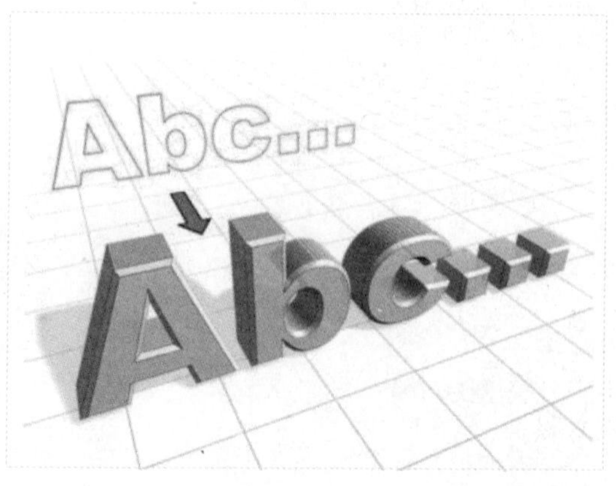

图 4-21

4.1.10 倒角剖面修改器

倒角剖面修改器（如图 4–22 所示）的作用类似于倒角编辑修改器，但是比前者的功能更强大些，它用一个称为“侧面”的二维图形定义截面大小，因此变化更为丰富。图 4–23 就是使用倒角剖面修改器得到的几何体。倒角剖面创建一个使用闭合样条线的对象，会产生不同的效果。

在倒角剖面修改器中，如果使用的剖面图形是封闭的，那么得到几何体的中间是空的；如果使用的剖面图形是不封闭的，那么得到几何体的中间是实心的（如图 4–24 所示）。

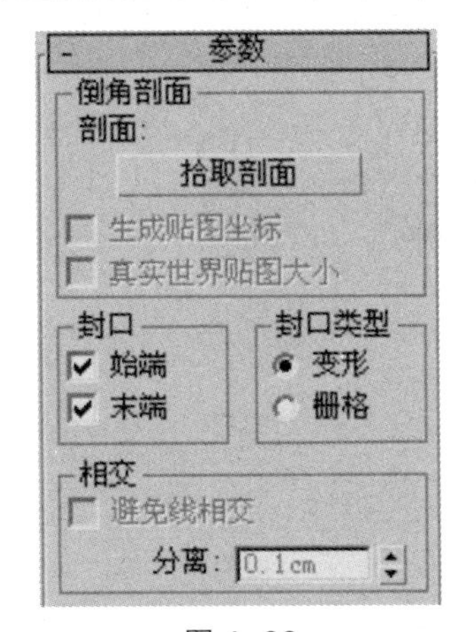

图 4–22

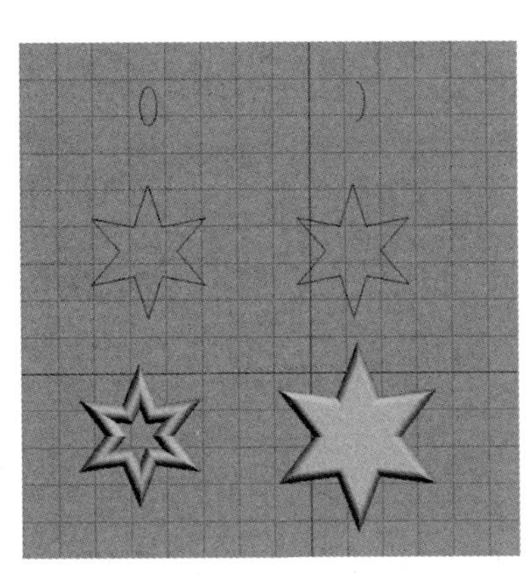

图 4–24

图 4–23

4.2 复合对象

复合对象是将两个或多个对象结合起来形成的。常见的复合对象有布尔、放样和连接等。

4.2.1 布尔对象

下面介绍布尔运算的概念和基本操作。

布尔对象和运算对象

布尔对象是根据几何体的空间位置结合两个三维对象形成的对象。每个参与结合的对象被称为“运算对象”。通常参与运算的两个布尔对象应该有相交的部分。有效的运算操作包括：

生成代表两个几何体总体的对象；

从一个对象上删除与另外一个对象相交的部分；

生成代表两个对象相交部分的对象。

布尔运算的类型

在布尔运算中常用的三种操作如下：

并集：生成代表两个几何体总体的对象。

差集：从一个对象上删除与另外一个对象相交的部分。可以从第一个对象上减去与第二个对象相交的部分，也可以从第二个对象上减去与第一个对象相交的部分。

交集：生成代表两个对象相交部分的对象。

差集操作的一个变形是切割（cut）。切割后的对象上没有运算对象 B 的任何网格。例如，一个圆柱切割盒子，那么在盒子上将不保留圆柱的曲面，而创建一个有孔的对象（如图 4–25 所示），参数面板如图 4–26 所示。

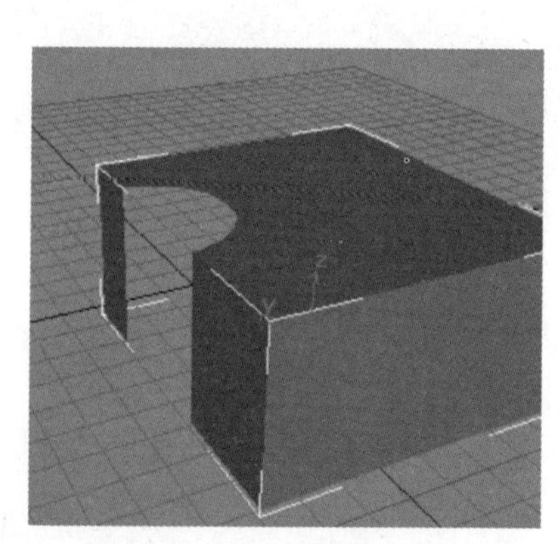

图 4–25

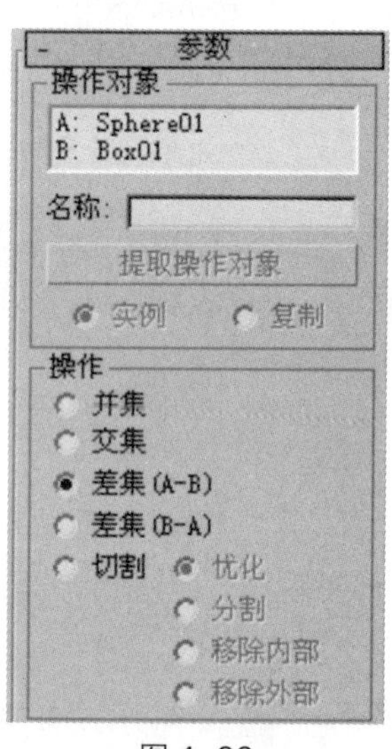

图 4–26

编辑布尔对象

当创建完布尔对象后，运算对象被显示在编辑修改器堆栈的显示区域。

可以通过修改面板编辑布尔对象和它们的运算对象。在编辑修改器显示区域，布尔对象显示在层级的最顶层。可以展开布尔层级来显示运算对象，这样就可以访问在当前布尔对象或者嵌套布尔对象中的运算对象。可以改变布尔对象的创建参数，也可以给运算对象增加编辑修改器。在视图中更新布尔运算对象的任何改变。

可以从布尔运算中分离出运算对象。分离的对象可以是原来对象的复制品，也可以是原来对象的关联复制品。如果是采用复制的方式分离的对象，那么它将与原始对象无关。如果是采用关联方式分离的对象，那么对分离对象进行的任何改变都将影响布尔对象。采用关联的方式分离对象是编辑布尔对象的一个简单方法，这样就不需要频繁使用修改面板中的层级列表。

对象被分离后，仍然处于原来的位置。因此需要移动对象才能看得清楚。

4.2.2 放样对象

用一个或者多个二维图形沿着路径扫描就可以创建放样对象。定义横截面的图形被放置在路径的指定位置。可以通过插值得到截面图形之间的区域。

放样的相关术语

路径（path）和横截面（section）都是二维图形，但是在界面内分别被称为“路径”和“图形”(shapes)（如图 4–27 所示）。

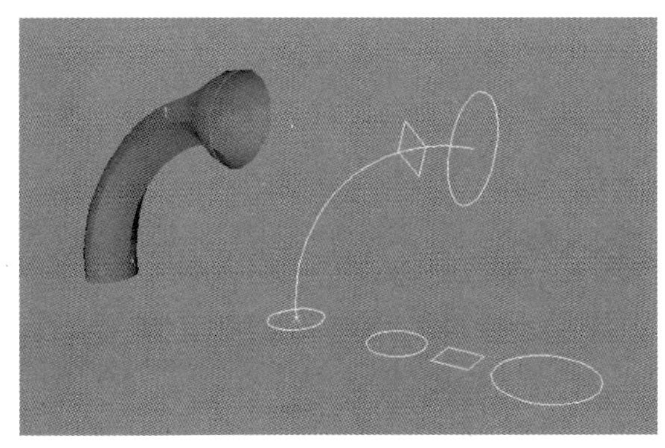

图 4–27

创建放样对象

在创建放样对象之前必须先选择一个截面图形或者路径。如果先选择路径，那么开始的截面图形将被移动到路径上，以便它的局部坐标系的 Z 轴与路径的起点相切。如果先选择了截面图形，将移动路径，以便它的切线与截面图形局部坐标系的 Z 轴对齐。

指定的第一个截面图形将沿着整个路径扫描，并填满这个图形。要给放样对象增加其他截面图形，必须先选择放样对象，然后指定截面图形在路径上的位置，最后选择要加入的截面图形。

插值在截面图形之间创建表面。3ds Max 使用每个截面图形的表面创建放样对象的表面。如果截面图形的第一点相差很远，将创建扭曲的放样表面；也可以在给放样对象增加完截面图形后，通过旋转某个截面图形来控制扭转。

有三种方法可以指定截面图形在路径上的位置。指定截面图形位置时使用的是“路径参数”卷展栏（如图 4–28 所示）。

百分比：用路径的百分比来指定横截面的位置。

距离：用从路径开始的绝对距离来指定横截面的位置。

路径步数：用表示路径样条线的节点和步数来指定位置。

编辑放样对象

在修改面板编辑放样对象。放样（Loft）出现在编辑修改器堆栈显示区域的最顶层（如

图 4–29 所示）。在 Loft 层级中，图形和路径是次对象。突出显示图形次对象层次，然后在视图中选择要编辑的截面图形，就可以编辑它。

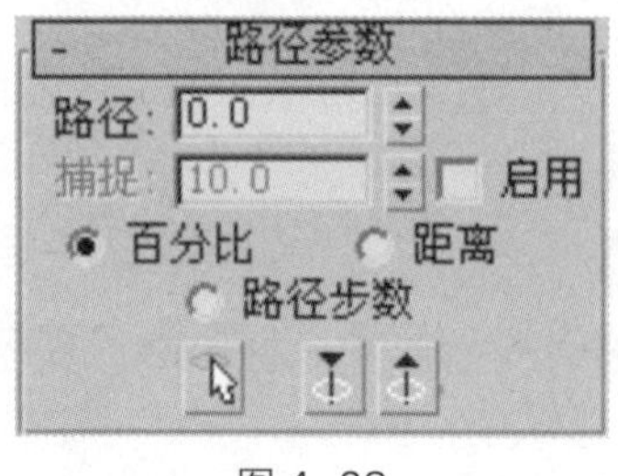

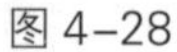
图 4–28

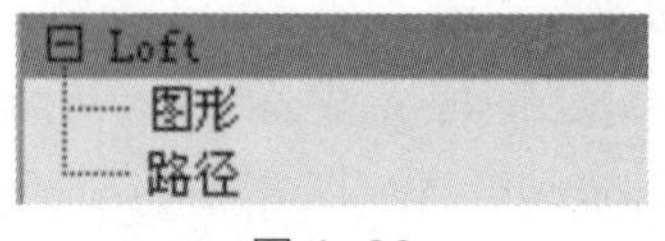

图 4–29

编辑修改器堆栈显示区域的路径次对象层次，可以用来复制或者关联复制路径，从而得到一个新的二维图形。

可以使用图形次对象层次访问“比较”对话框。这个对话框用来比较放样对象中不同截面图形的起点和位置。前面已经提到，如果截面图形的起点，也就是第一点没有对齐，放样对象的表面将是扭曲的。可以将截面图形放入该对话框，然后比较不同图形的起点。如果在视图中旋转图形，“比较”对话框中的图形也自动更新。

编辑路径和截面图形的一个简单方法是放样时采用“关联”选项。这样，就可以在对象层次交互编辑放样对象中的截面图形和路径。如果放样的时候采用了“复制”选项，那么编辑场景中的二维图形将不影响放样对象。

4.2.3 连接对象

连接对象在两个表面有孔的对象之间创建连接的表面。

运算对象的方向

两个运算对象上的孔应该相互面对。只要丢失表面（形成孔）之间的夹角在正负 90°之间，那么就应该形成连接的表面（如图 4–30 所示）。

多个孔

如果对象上有多个孔，那么可以在其上创建多个连接。但是连接数不可能多于有最少孔数对象上的孔数。如果对象上有多个孔，那么应该使它们之间有合适的位置，否则可能创建相互交叉的对象。

连接表面的属性

连接的命令面板（如图 4–31 所示），使用这个面板可以参数化地控制运算对象之间的连接。可以指定连接网格对象上的段数、光滑和张力。较高的张力数值使连接表面相互靠近，从而使它们向中心收缩。较低的正张力数值倾向于在运算对象的孔之间进行线性插值，负的张力数值增加连接对象的大小。

还可以使用光滑组控制连接几何体及其相邻表面之间的光滑程度。在默认的情况下，末端是不光滑的。

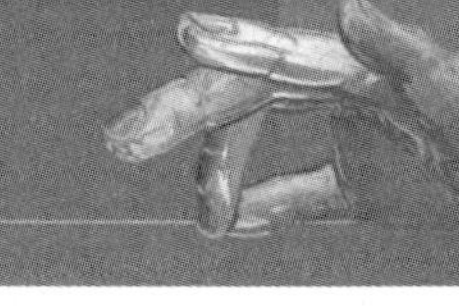

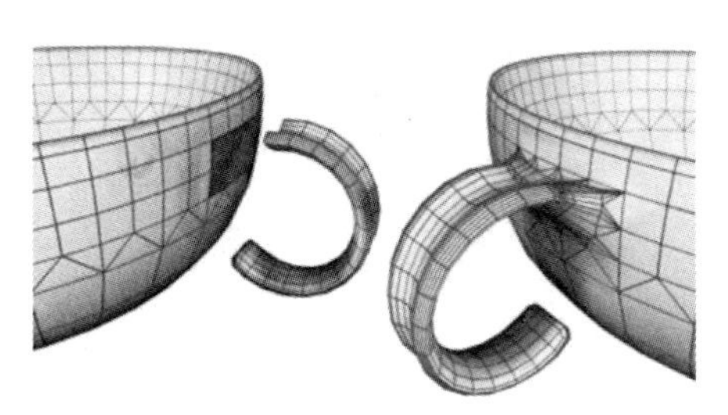

图 4-30

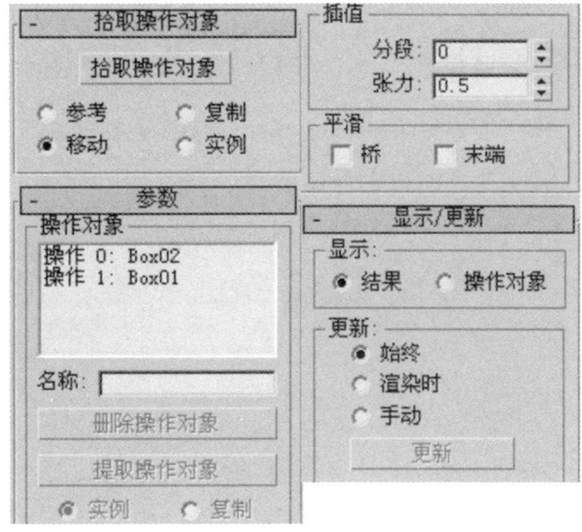

图 4-31

4.2.4 图形合并和散布

图形合并是将一个网格物体和一个或多个几何图形合成在一起的合成方式。在合成过程中，几何图形既可深入网格物体内部，影响其表面形态，又可根据其几何外形将除此以外的部分从网格中减去，如图 4-32 所示。

散布是合成物体的一种方式，通过参数控制将离散分子以各种方式覆盖在目标对象的表面。这是一个非常有用的造型工具，通过它可以制作头发、胡须、草地、长满羽毛的鸟或者全身是刺的刺猬，如图 4-33 所示。这些都是一般造型工具无法制作的。

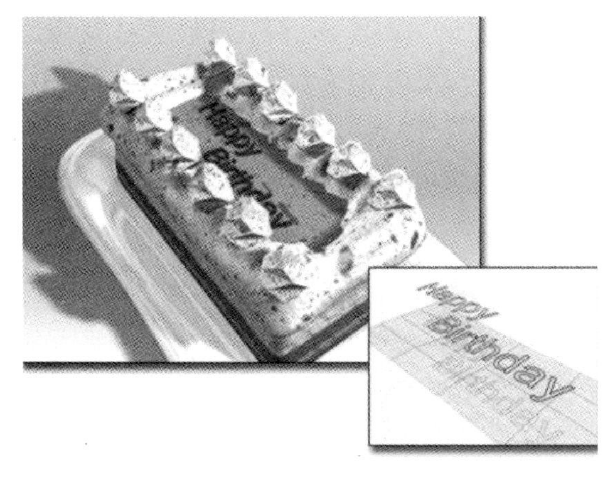

图 4-32

图 4-33

4.3 实例一：铅笔的制作

布尔复合建模是 3ds Max 的重要建模方法。下面来说明如何使用布尔运算来制作如图 4–34 所示的铅笔模型。

图 4–34

1. 启动或者重置 3ds Max。到创建命令面板的几何体选项下，单击“圆锥体”按钮，在透视视图创建一个半径为 8，高度为 70 的圆锥（如图 4–35 所示），参数面板如图 4–36 所示。

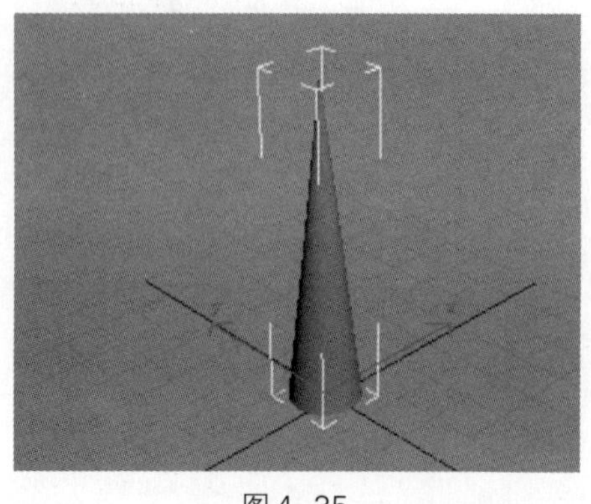

图 4–35

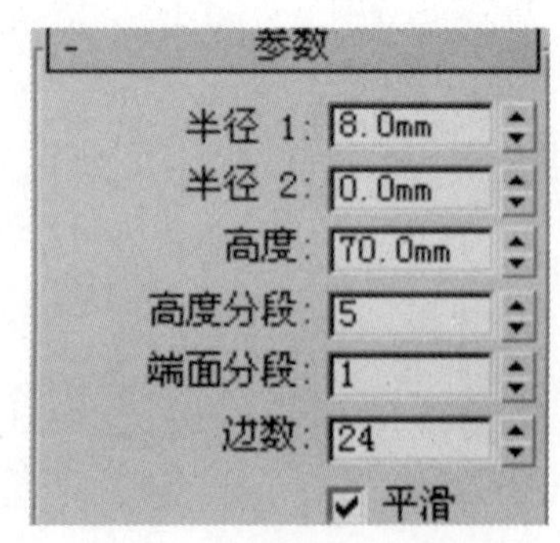

图 4–36

2. 在前视图创建一个长方体，在状态栏中将绝对坐标 X，Y 的值归零（如图 4–37 所示）。

3. 移动长方体，使长方体底部稍高出圆锥（如图 4–38 所示）。

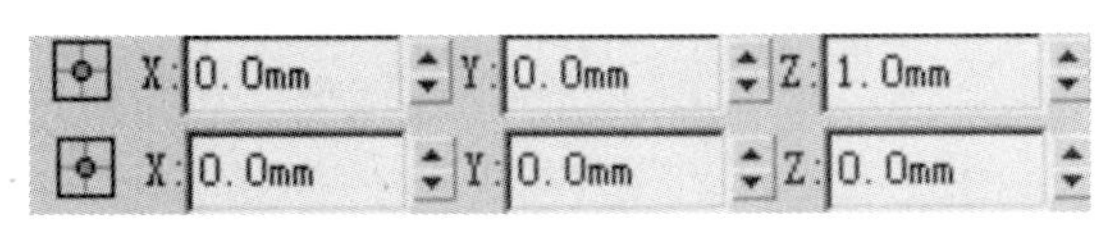

图 4-37

图 4-38

4. 选择长方体（如图 4-39 所示），在复合对象下，单击“布尔”按钮，使用默认的差集（A-B）操作模式（如图 4-40 所示）。

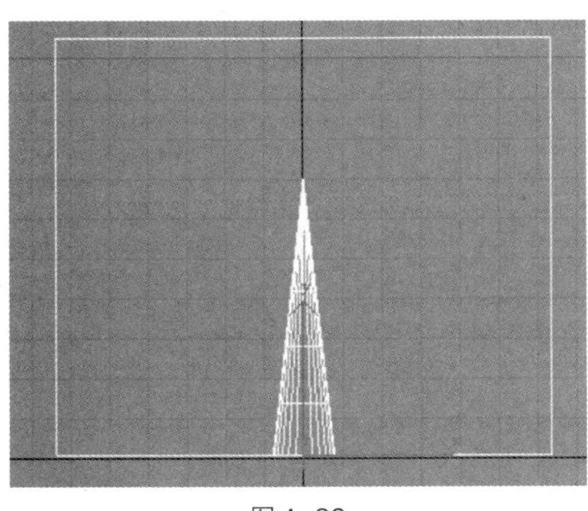

图 4-39

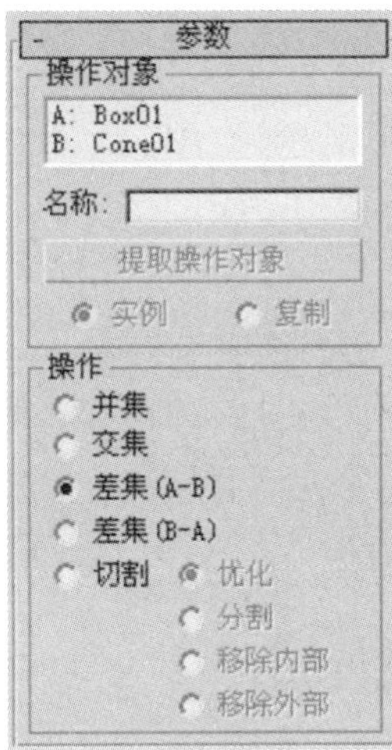

图 4-40

5. 再创建一个圆柱体（如图 4-41 所示），参数如图 4-42 所示，在状态栏中将 X，Y 的坐标归零（如图 4-43 所示）。

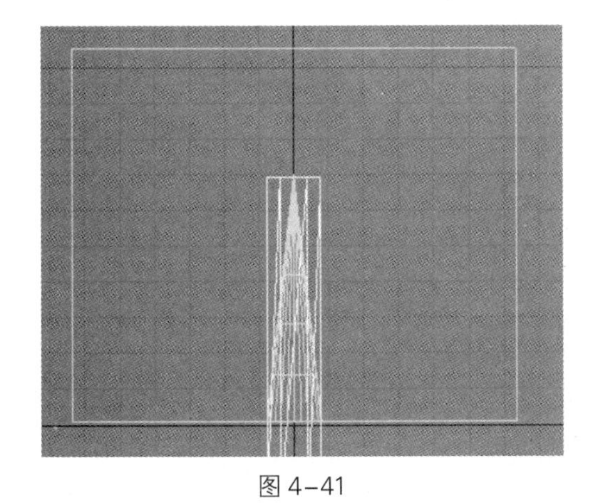

图 4-41

参数
半径: 7.8mm
高度: 450.0mm
高度分段: 5
端面分段: 1
边数: 6
平滑
切片启用
切片从: 0.0
切片到: 0.0
生成贴图坐标
真实世界贴图大小

图 4-42

X: 0.0mm Y: -0.0mm Z: -380.752m

图 4-43

6. 将两个物体再次进行布尔运算（如图 4-44 所示），结果如图 4-45 所示。

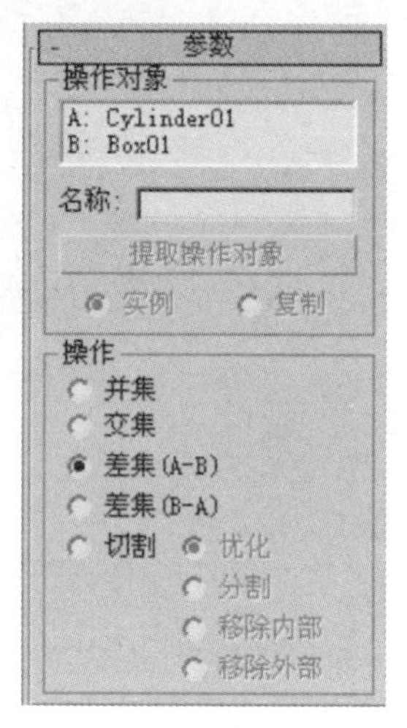

图 4-44

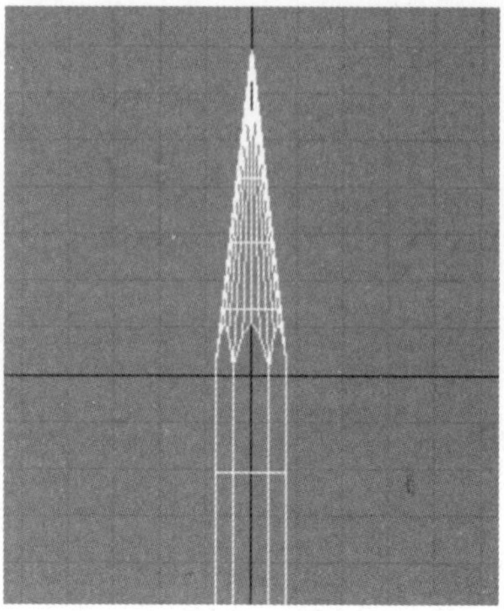

图 4-45

7. 到这里模型已经建好了，接下来要给模型附材质，需要给模型不同部分附不同的材质。所以首先要分材质，然后，给模型添加编辑网格修改器（如图 4-46 所示），在面层级下选择如图 4-47 所示的面，在材质栏下的“设置 ID”文本框中输入 2（如图 4-48 所示），按 Enter 键确定。

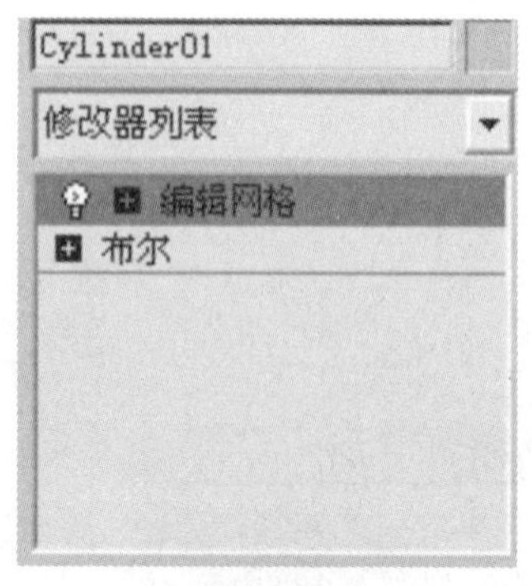

图 4-46

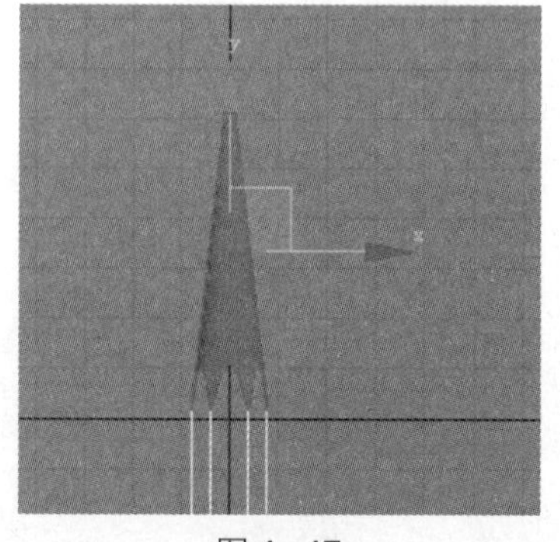

图 4-47

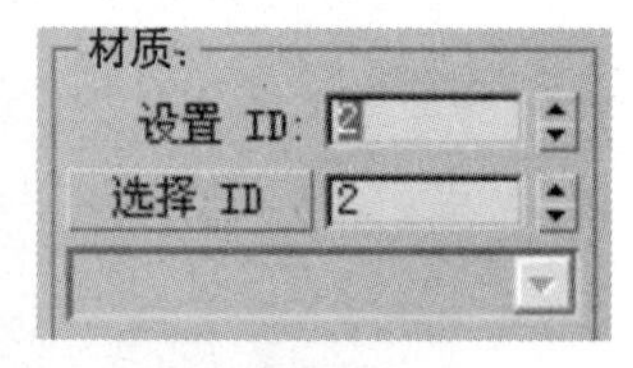

图 4-48

8. 选择如图 4-49 所示的面，设置 ID 为 1（如图 4-50 所示），剩下的面 ID 设置为 3。

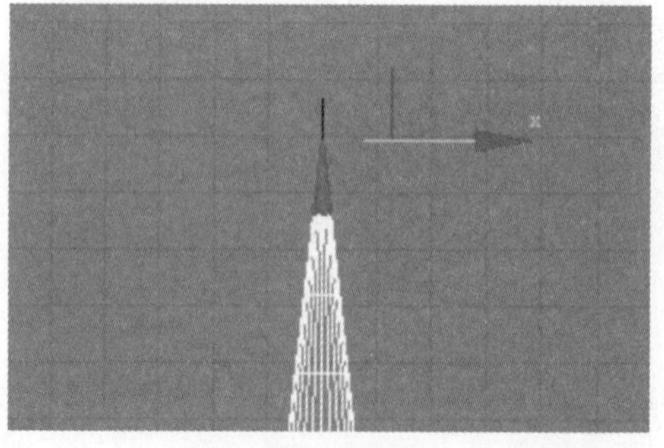

图 4-49

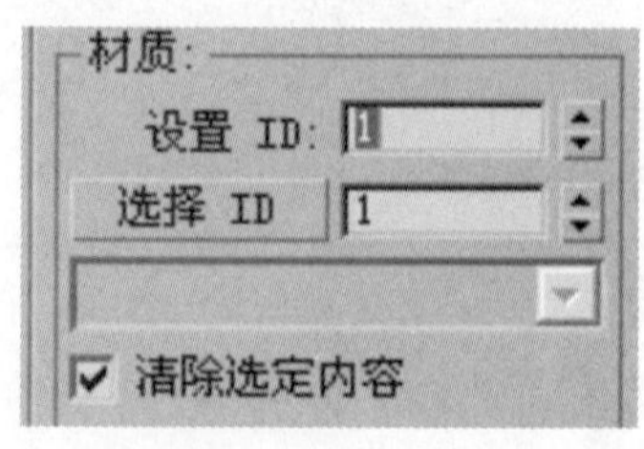

图 4-50

9. 打开材质编辑器，选择一个空白球，将标准材质改为 多维/子对象 ，将材质数量改为3（如图4–51所示），分别赋予3种材质不同颜色 Diffuse （R45、G45、B45），Diffuse （R241、G204、B141），Diffuse （R112、G200、B233），结果如图4–52所示。

图4–51

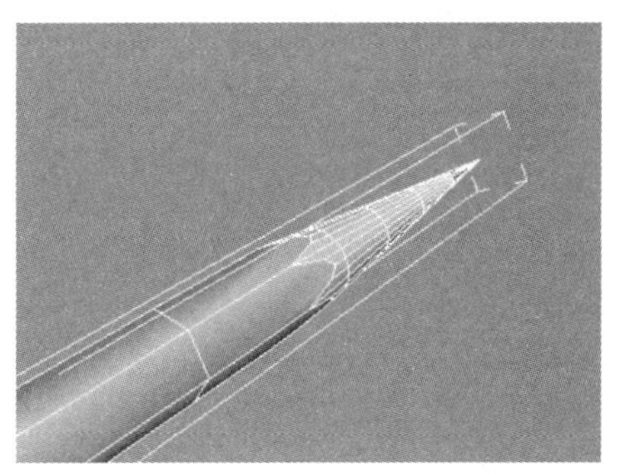

图4–52

4.4 实例二：茶具的制作

下面使用车削修改命令，结合放样、连接等操作，制作茶杯（如图4–53所示）。

图4–53

1. 启动或者重置3ds Max。在二维图形面板下，单击“线”按钮，在前视图中创建如图4–54所示的图形。

2. 在修改命令面板（如图4–55所示），添加“车削”修改命令，参数如图4–56所示，结果如图4–57所示。

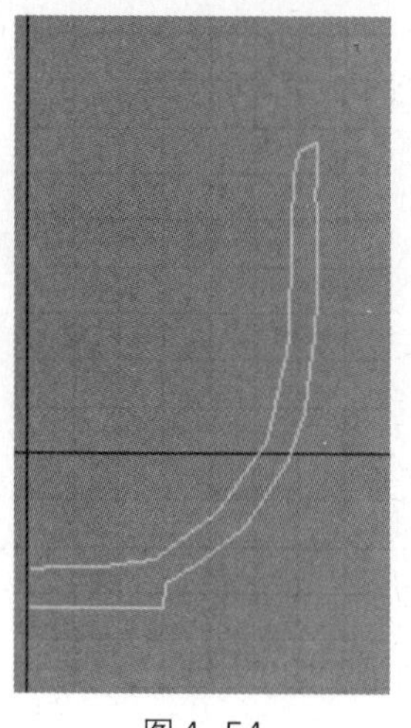

图 4-54

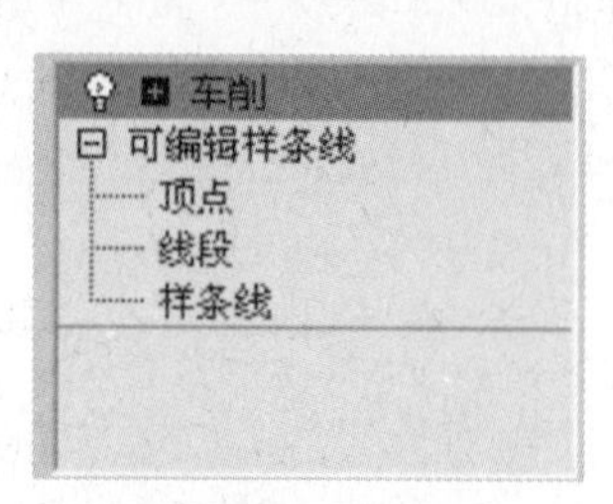

图 4-55

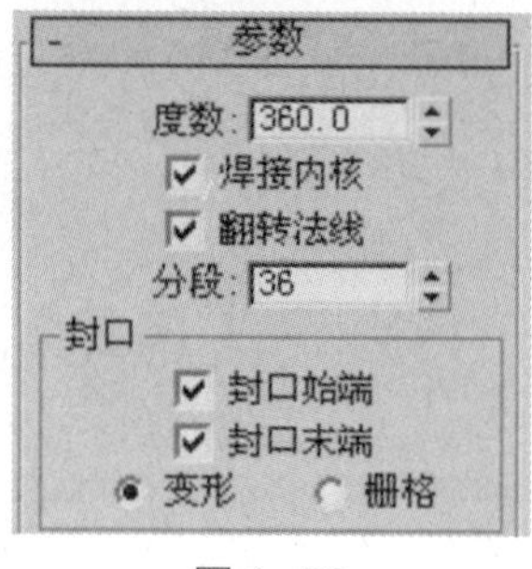

图 4-56

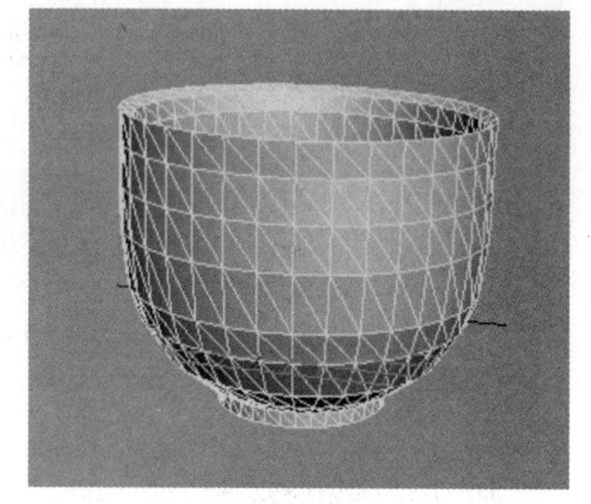

图 4-57

3. 在前视图下，画如图 4-58 所示的线段，接着在顶视图画一矩形（如图 4-59 所示），准备放样。

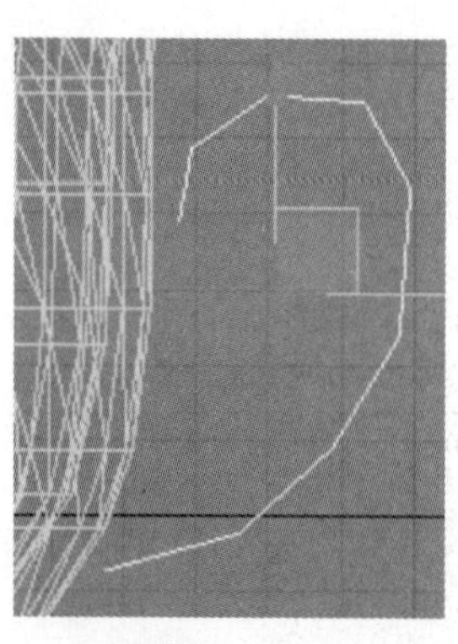

图 4-58

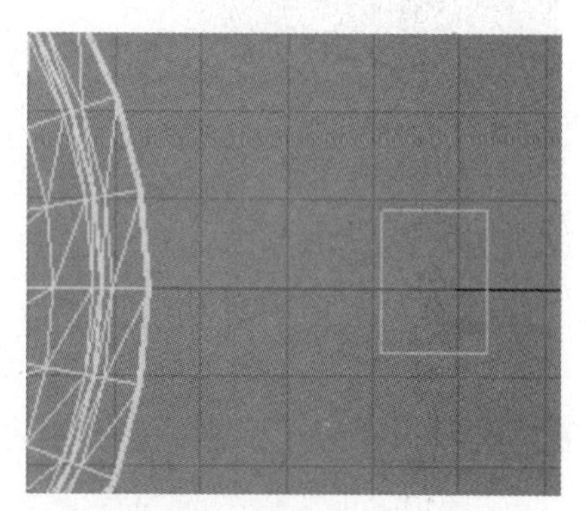

图 4-59

4. 选择路径，在复合对象下，单击“放样”按钮，选取正方形为放样截面。在创建命令面板下修改蒙皮参数，如图 4-60 所示，完成放样操作（如图 4-61 所示）。

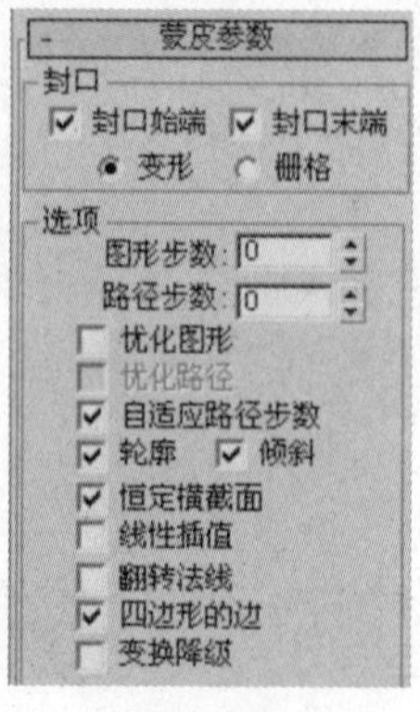

图 4-60

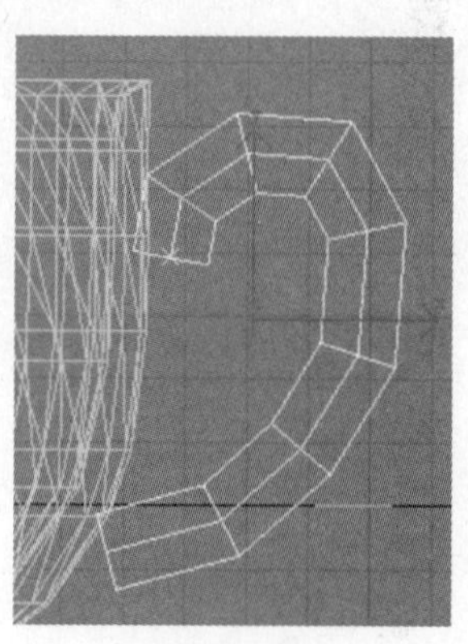

图 4-61

5. 接着在变形卷展栏（如图 4–62 所示），单击 缩放 按钮，打开如图 4–63 所示的“缩放变形”对话框，将两点选择，右键转为 Bezier-角点，使用 调整到如图 4–63 所示的位置。

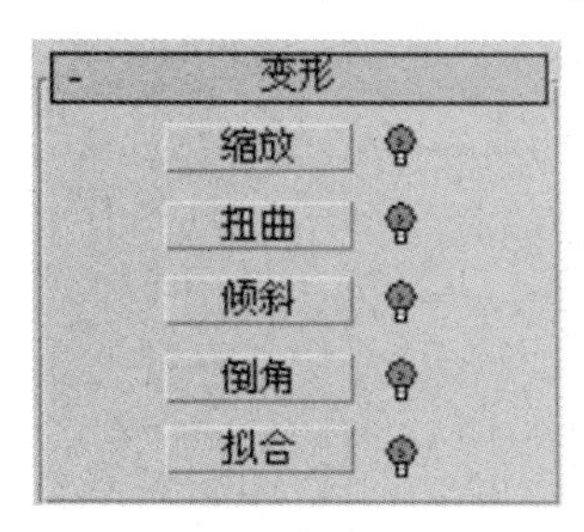

图 4–62

图 4–63

6. 给修改后的物体（如图 4–64 所示）添加一个编辑多边形的修改命令（如图 4–65 所示）。

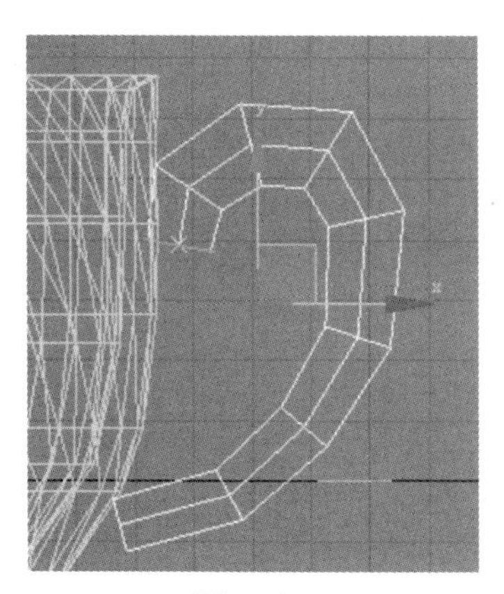

图 4–64

图 4–65

7. 单击杯身，右击，选择 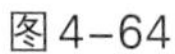 选项，打开“属性”对话框，在“显示属性”栏下，勾选“透明”选项（如图 4–66 所示），结果如图 4–67 所示。

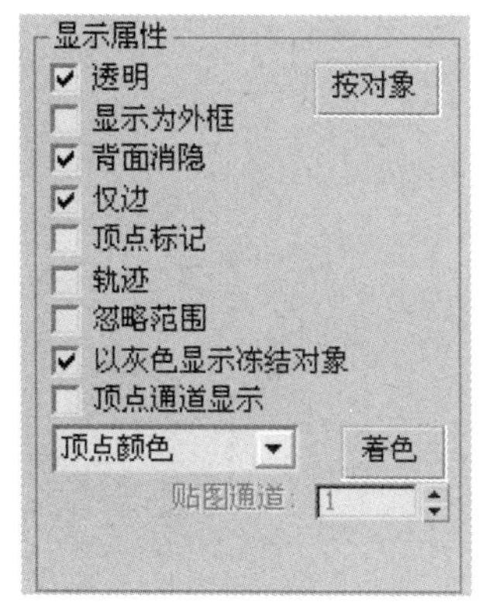

图 4–66

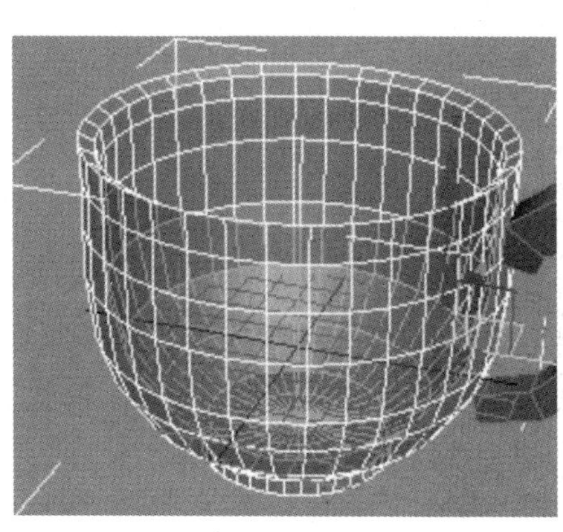

图 4–67

8. 在杯耳的多边形修改命令面板下，进入多边形层级，选择如图 4-68 所示的面，按 Delete 键删除。

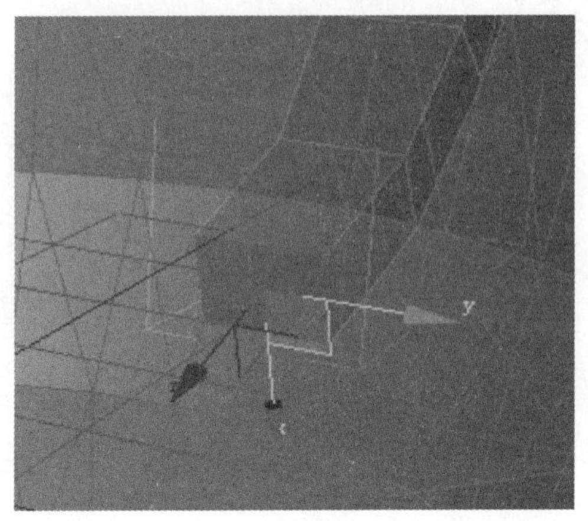

图 4-68

9. 在边层级下，选择如图 4-69 所示的边，通过旋转（如图 4-69 所示）和移动（如图 4-70 所示）命令，调整到如图 4-71 所示的位置。

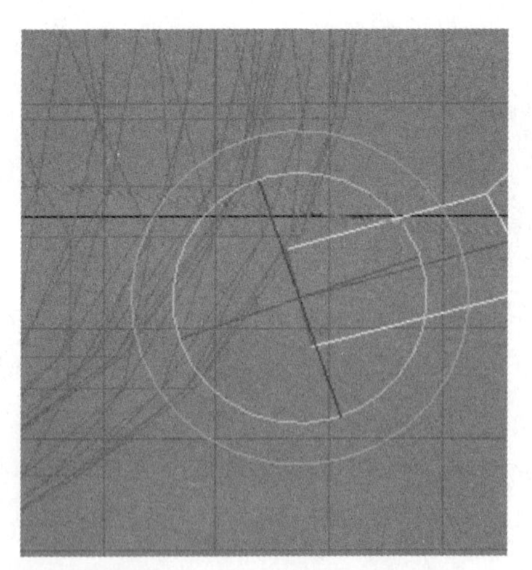

图 4-69

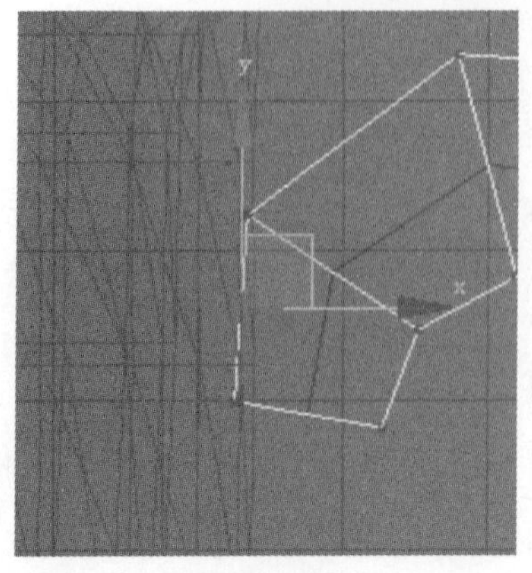

图 4-70

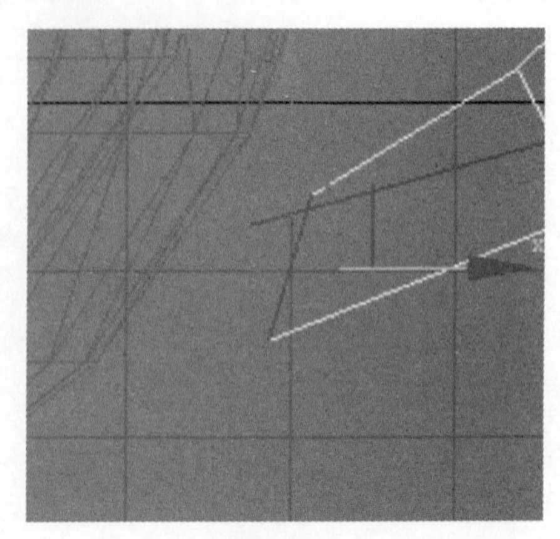

图 4-71

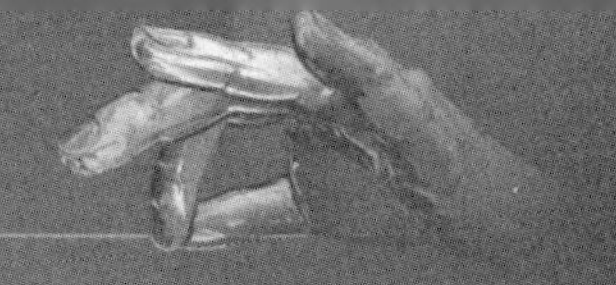

10. 调整杯耳的上部顶点如图 4–72 所示，选择底下的面（如图 4–73 所示），单击 挤出 按钮，挤出到如图 4–74 所示的位置。

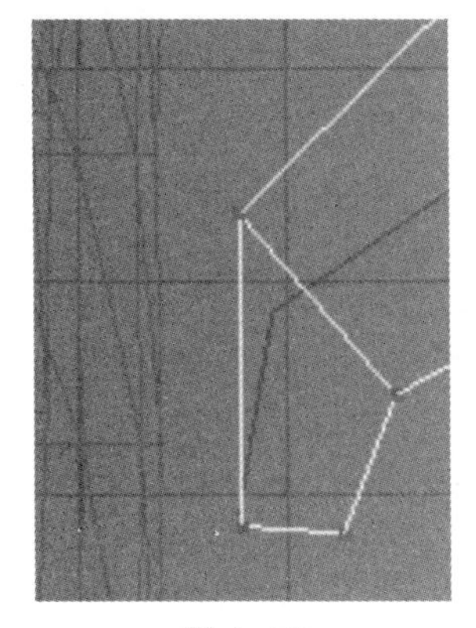

图 4–72

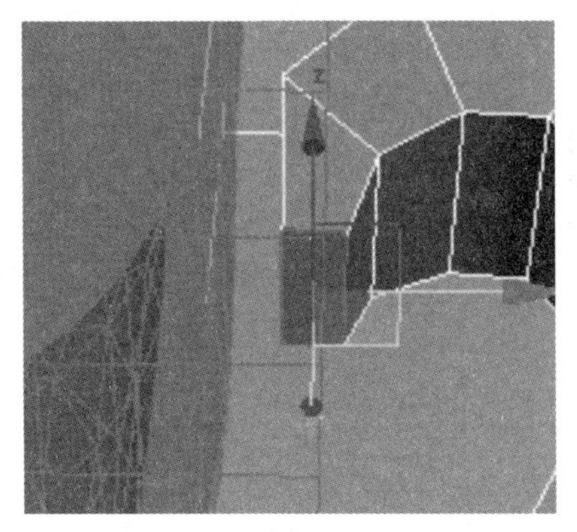

图 4–73

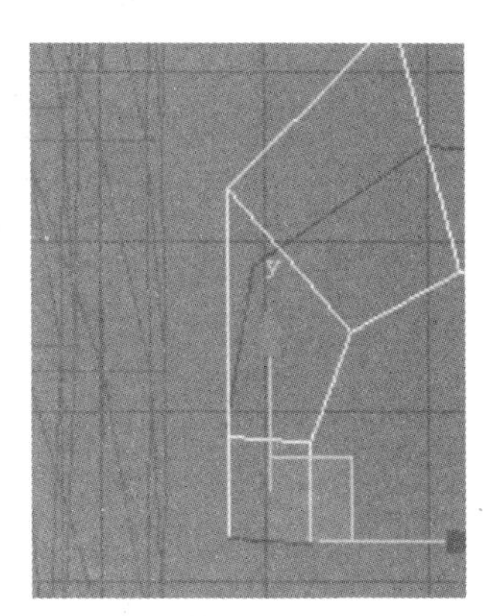

图 4–74

11. 继续调整顶点到如图 4–75 所示的位置，选择如图 4–76 所示的面并删除。

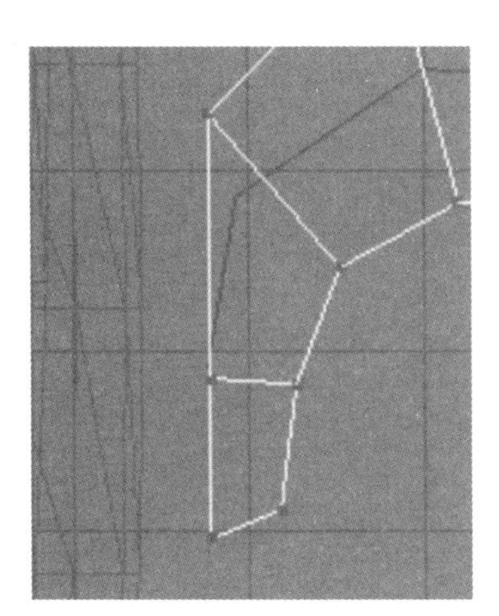

图 4–75

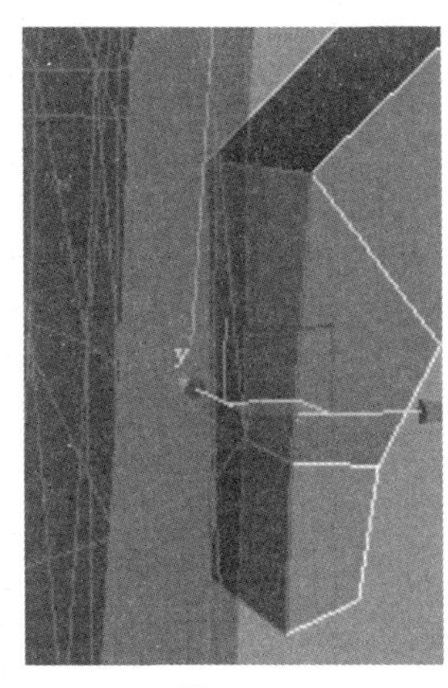

图 4–76

12. 在顶视图，选择如图 4–77 所示的边，单击小窗口，打开“连接边”对话框，将“分段”设为 1（如图 4–78），单击“确定”按钮完成操作。

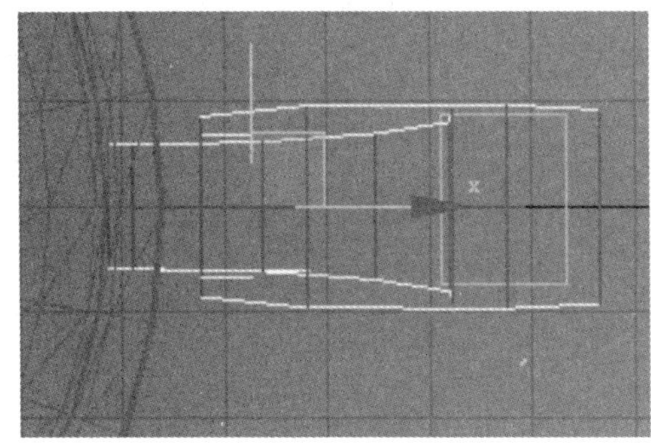

图 4–77

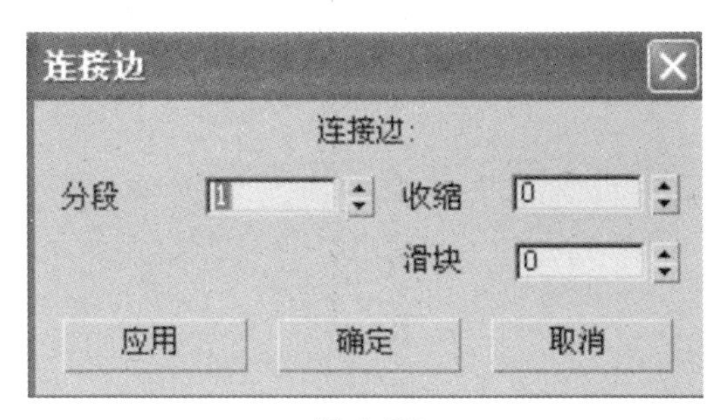

图 4–78

13. 给杯身添加编辑多边形修改命令（如图 4–79 所示），分别选中和杯耳对应的面，上部为 4 个面（如图 4–80 所示），下部为 2 个面（如图 4–81 所示）。

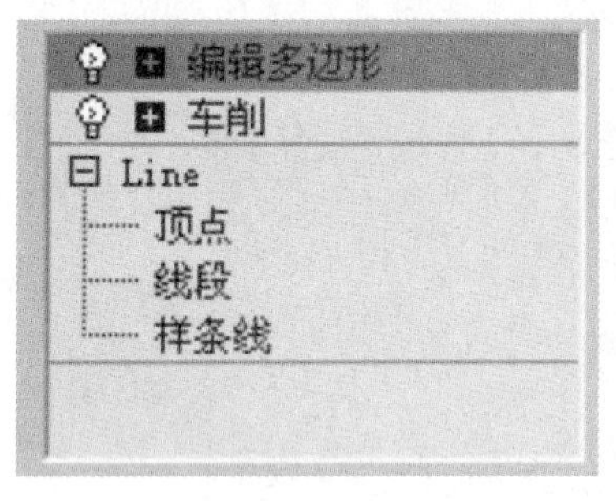

图 4–79

图 4–80

图 4–81

14. 删除选中的面（如图 4–82 所示），回到顶层级，在创建面板的复合对象下单击“连接”命令，单击 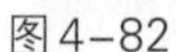 按钮（如图 4–83 所示）并选择杯耳，设置插值的分段和张力为 0（如图 4–84 所示）。

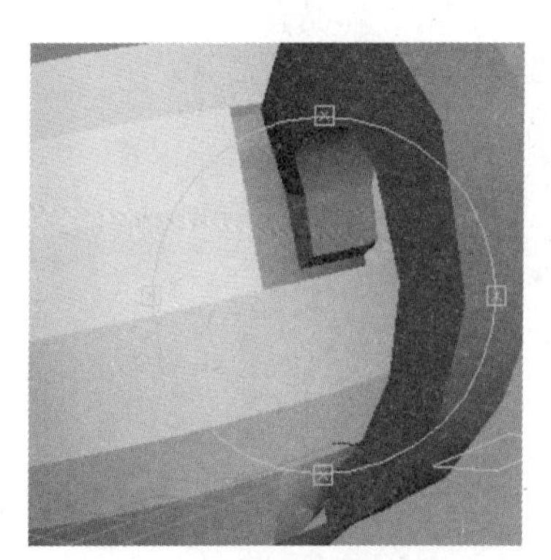

图 4–82

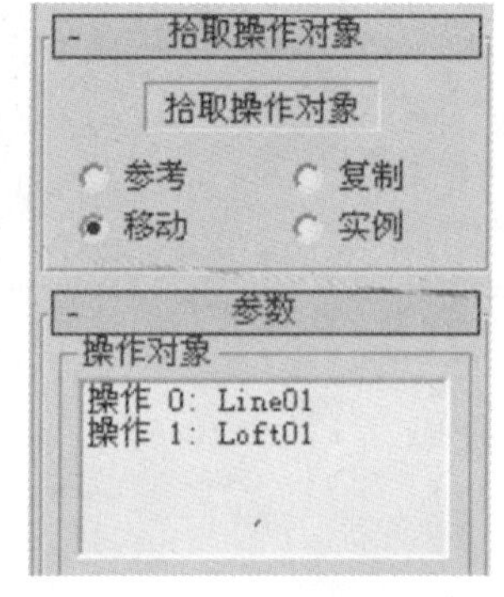

图 4–83

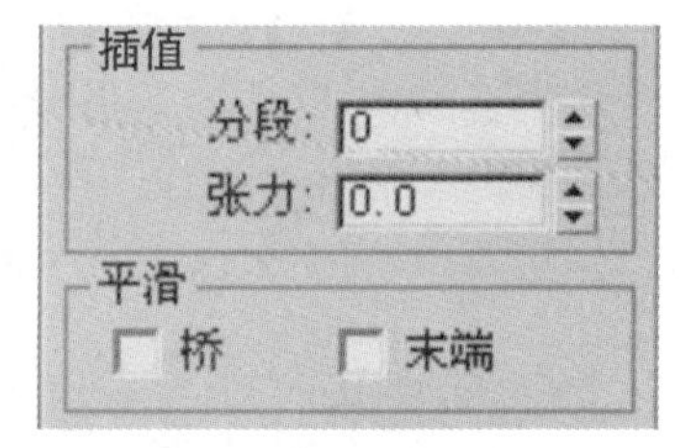

图

15. 给连接对象添加“网格平滑”修改器（如图 4–85 所示），设置迭代次数为 2（如图 4–86 所示）。光滑后的模型如图 4–87 所示。

图 4–85

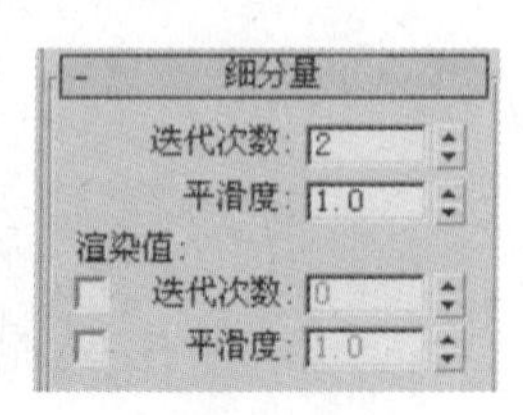

图 4–86

图 4–87

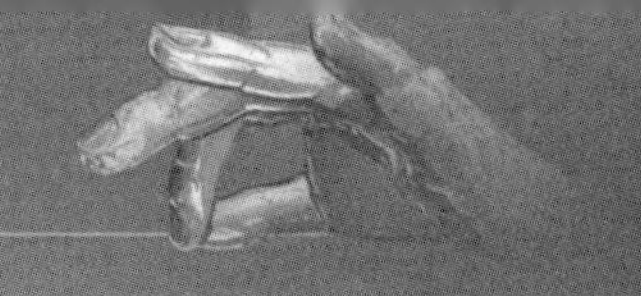

16. 现在发现杯子底部太光滑，要使它不那么光滑，需通过添加线来调整。首先在修改命令面板中，连接添加一个编辑多边形的命令（如图 4–88 所示）。进入线层级，选择如图 4–89 所示的底部边线。单击切角旁边的按钮，打开“切角边”对话框，设置切角量的值为 0.39（如图 4–90 所示），单击“确定”按钮完成后，结果如图 4–91 所示。

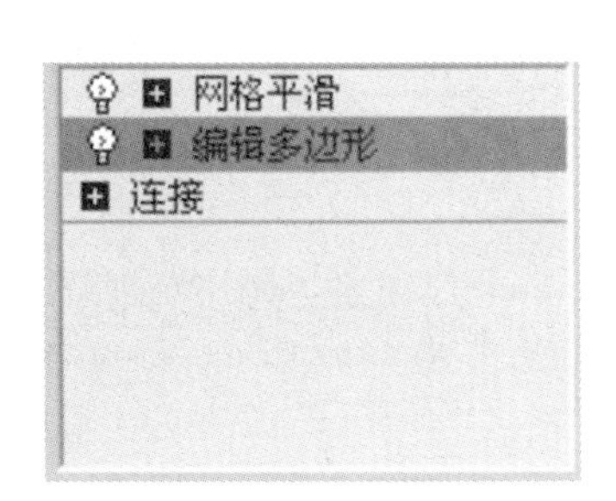

图 4–88

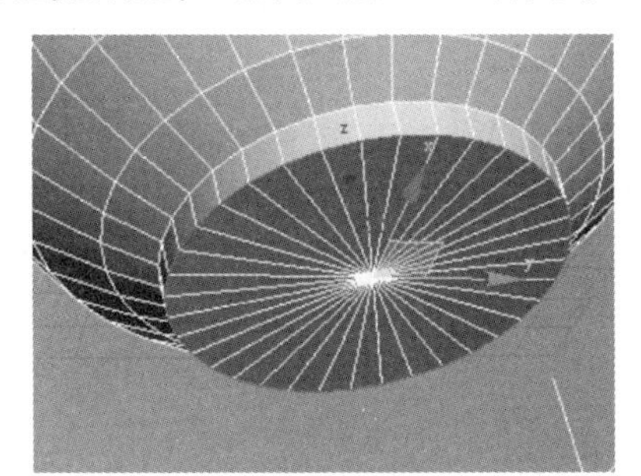

图 4–89

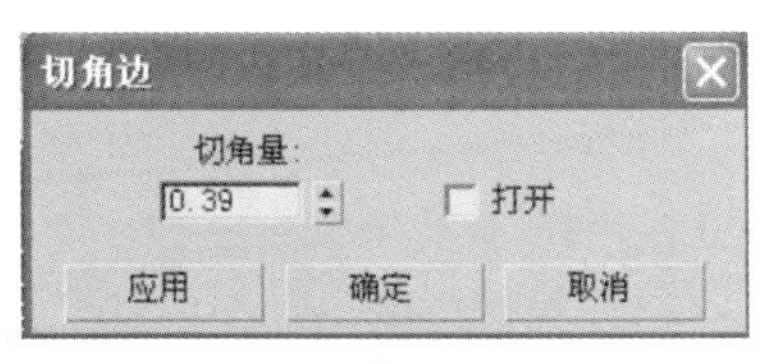

图 4–90

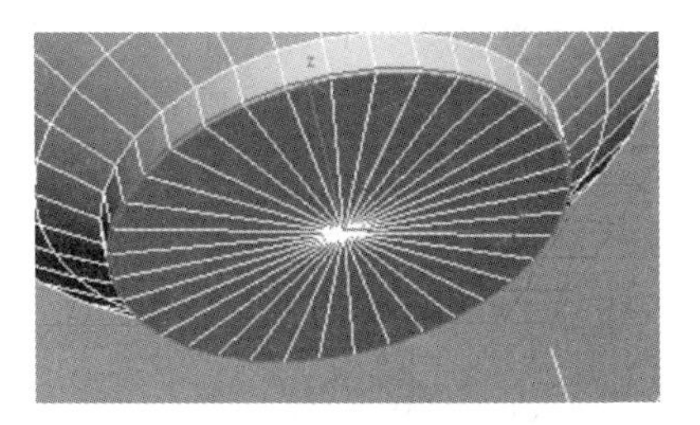

图 4–91

17. 最后将模型转化成网格（如图 4–92 所示），在面层级，选择 ID 为 3 的面（如图 4–93 所示），如图 4–94 所示，按住 Ctrl 键用鼠标在杯内部单击，取消杯内部面的选择，设置 设置 ID: 11 值，结果如图 4–95 所示。

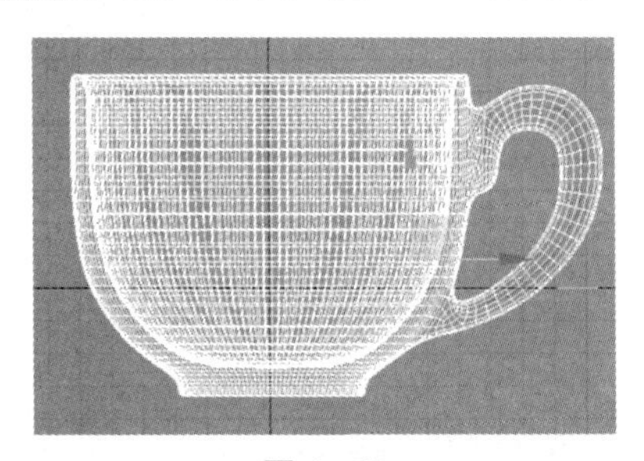

图 4–92

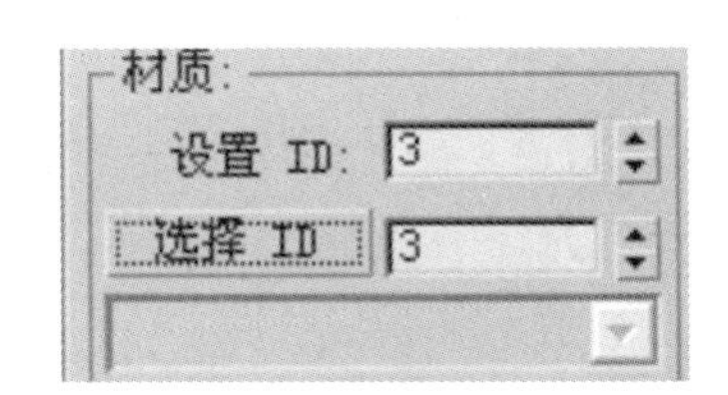

图 4–93

图 4–94

图 4–95

18. 选中剩下的面（如图 4-96 所示），设置 设置 ID: 2 ，然后将刚才设为 11 的面，重新设为 1。

19. 选择 ID 为 1 的面，添加“UVW 贴图”修改命令（如图 4-97 所示），在贴图参数中选择柱形贴图类型，选中X对齐，单击“适配”按钮（如图 4-98 所示）。得到如图 4-99 所示的贴图网格。

图4-96

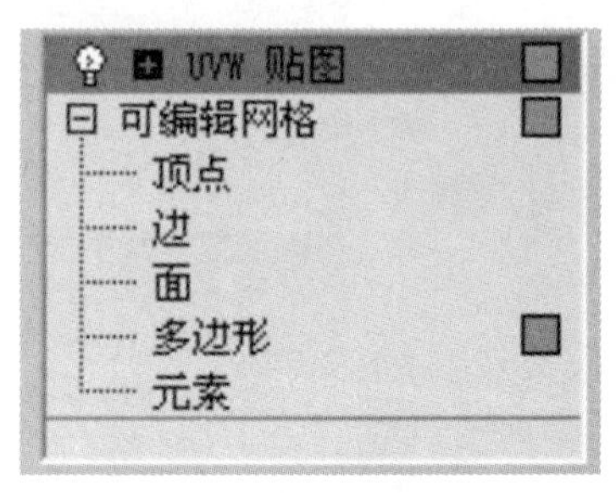

图4-97

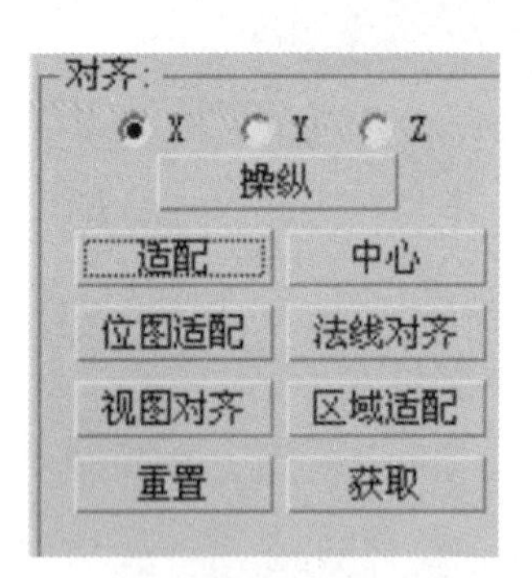

图4-98

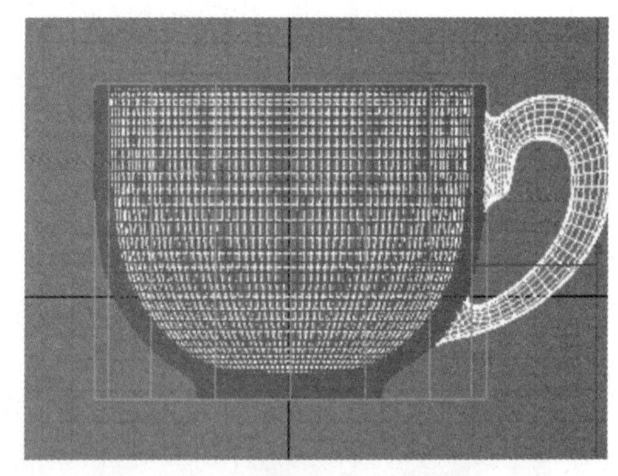

图4-99

20. 给模型添加一个材质，漫反射加入 map/ 杯 .JPG 的位图，结果如图 4-100 所示。

图 4-100

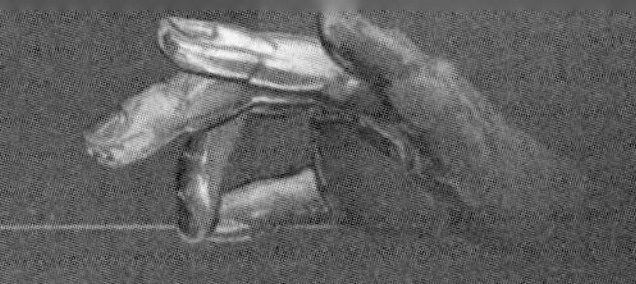

4.5 实例三：洗发水瓶的制作

下面通过放样、布尔等操作，加上简单的多边形编辑修改来制作洗发水瓶（如图 4–101 所示）。

图 4–101

1. 启动或者重置 3ds Max。在顶视图创建如图 4–102 所示的椭圆，参数如图 4–103 所示。

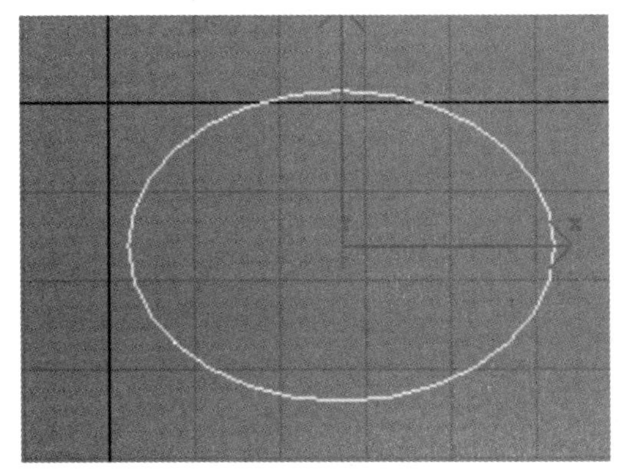

图 4–102

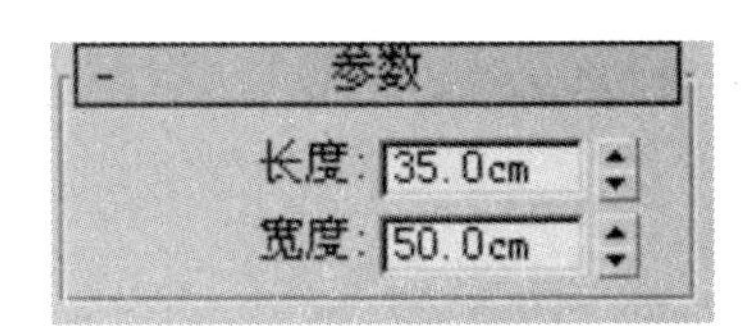

图 4–103

2. 再创建一个稍大的椭圆（如图 4–104 所示），右击，选择“转换为可编辑样条线”选项（如图 4–105 所示）。

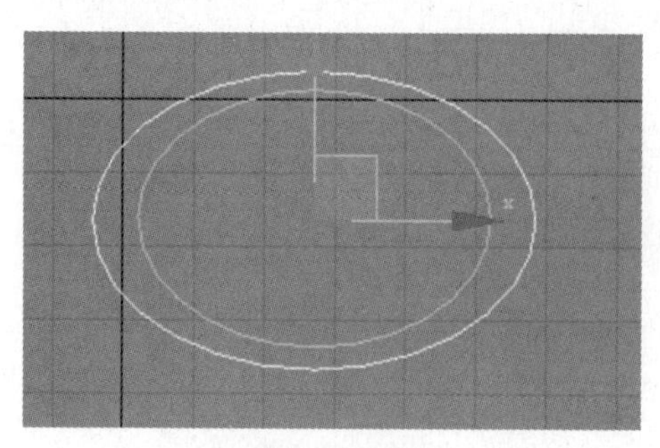
图 4–104

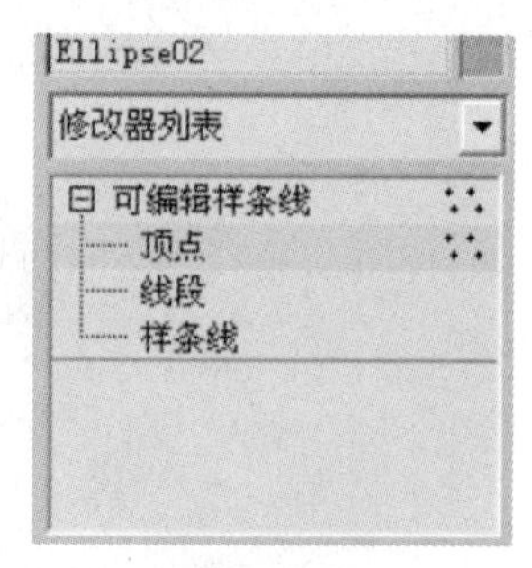

图 4–105

3. 选择如图 4–106 所示的点，右击，选择“Bezier 角点”选项，移动调整到图中所示的内陷位置。回到顶层级，将两个图形中心位置分别归零（如图 4–107 所示）。

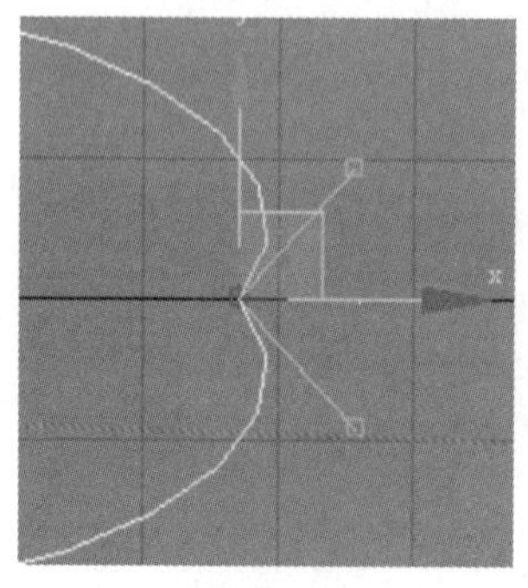
图 4–106

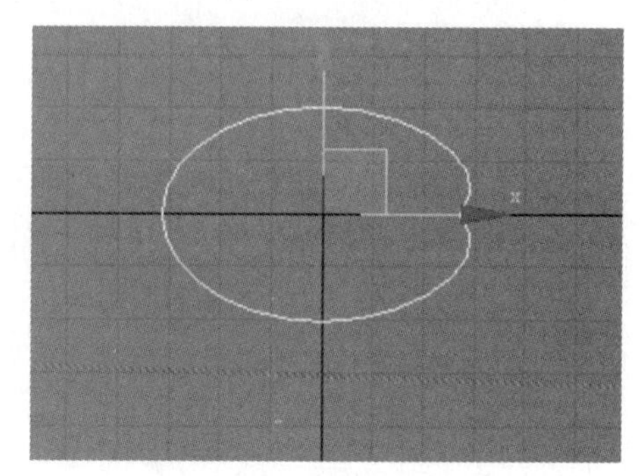
图 4–107

4. 在前视图进入点层级，继续调整椭圆如图 4–108 所示。

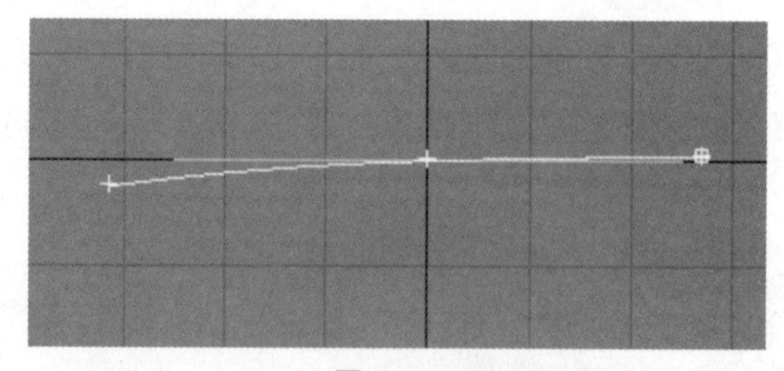
图 4–108

5. 继续创建第三个椭圆（如图 4–109 所示），参数如图 4–110 所示，并将中心位置归零。

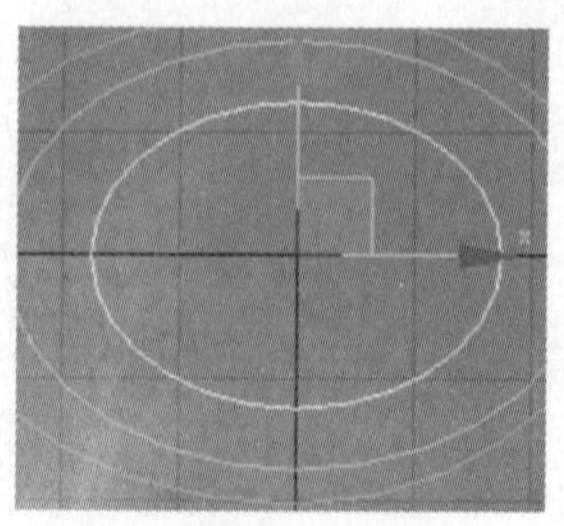
图 4–109

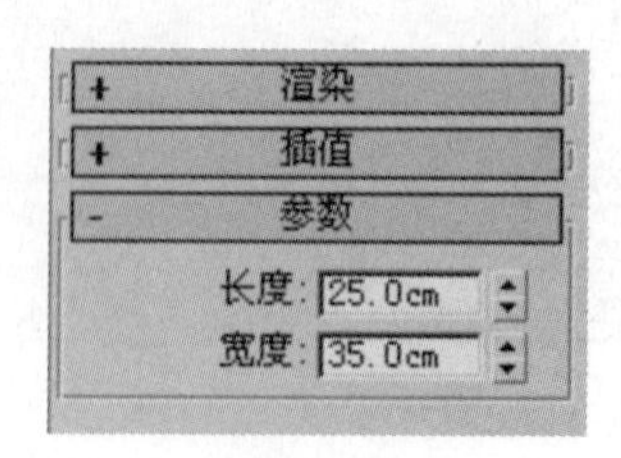

图 4–110

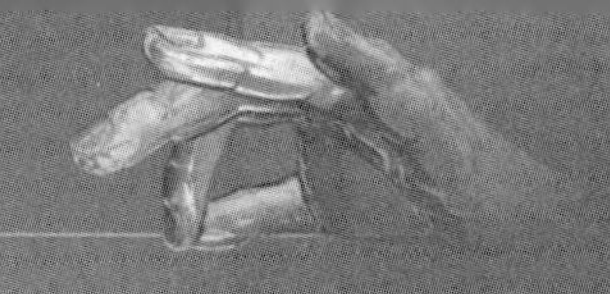

6. 转换为可编辑样条线，在前视图进入点层级调整到如图 4–111 所示的位置。

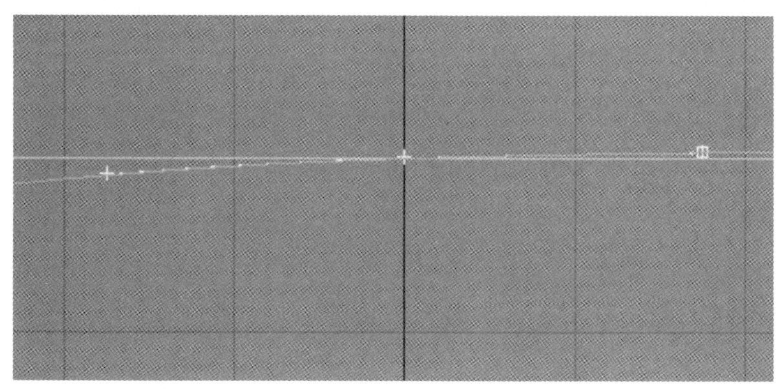

图 4–111

7. 绘制第 4 个椭圆形（如图 4–112 所示），参数如图 4–113 所示。

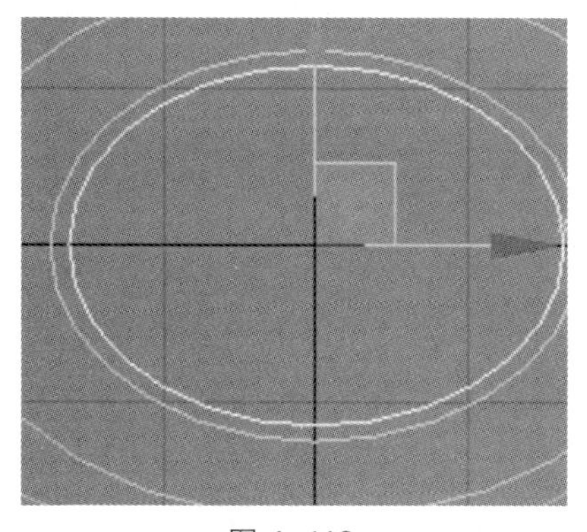

图 4–112

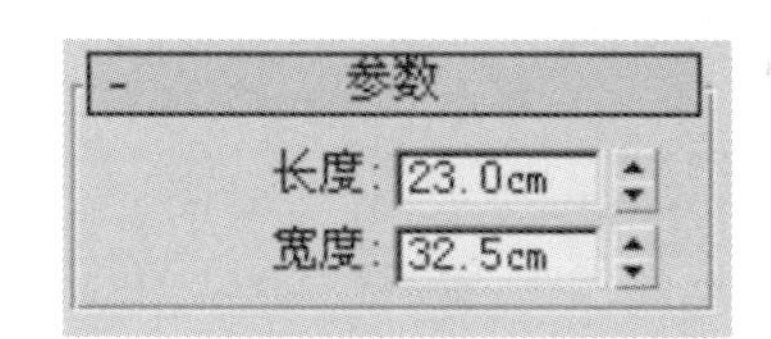

图 4–113

8. 在前视图，拉出如图 4–114 所示的直线，单击 获取图形 放样命令（如图 4–115 所示），单击选择创建的第一个椭圆，在修改命令面板下，进入放样命令下的路径参数卷展栏，调整路径到 82.0，再次单击 获取图形 按钮，加入第二个椭圆（如图 4–116 所示）。

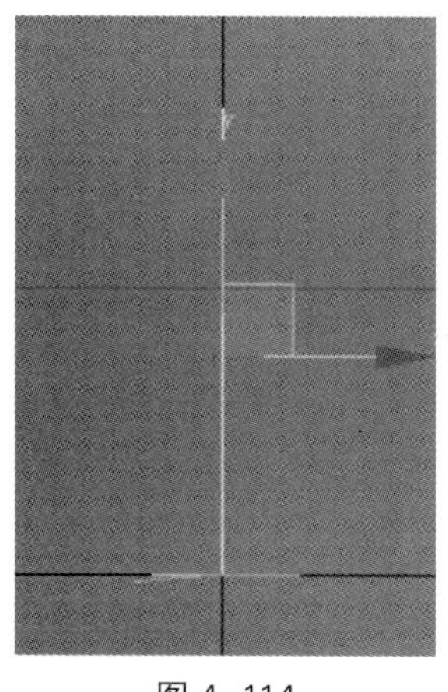

图 4–114

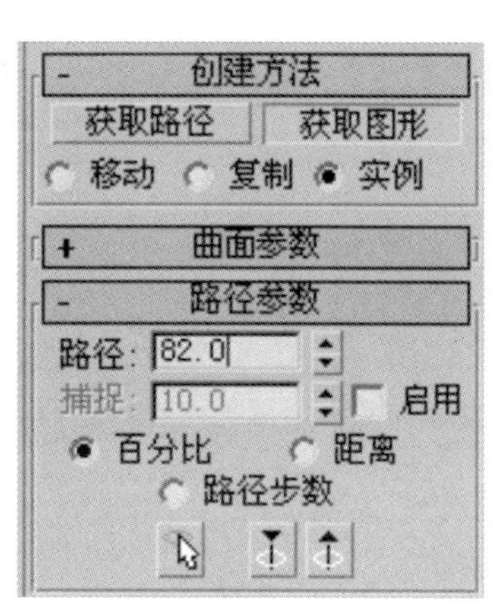

图 4–115

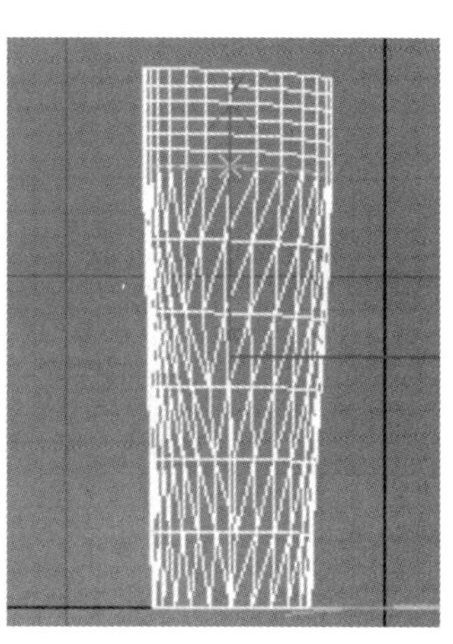

图 4–116

9. 调整路径参数为 82.1（如图 4–117 所示），加入第 3 个椭圆（如图 4–118 所示），再调整路径参数为 100，加入第 4 个椭圆。在“选项”栏下，调整 图形步数: 5 ，结果如图 4–119 所示。

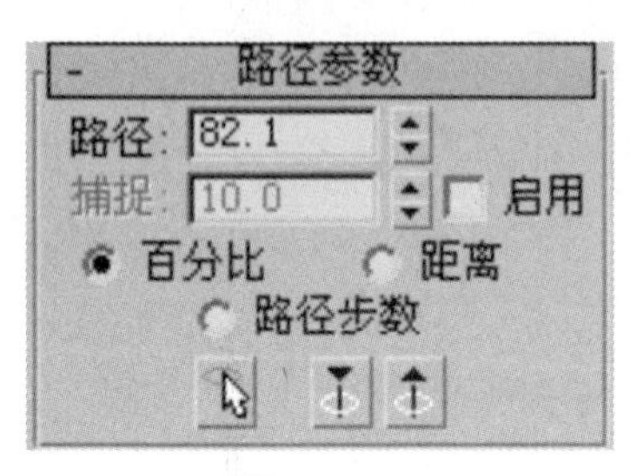

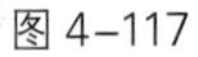

图 4–117

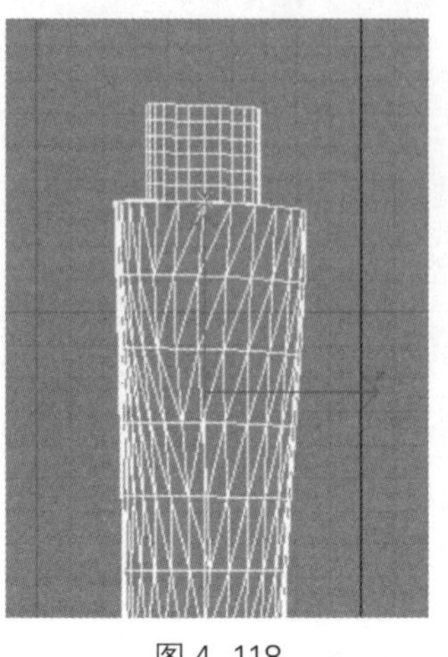

图 4–118

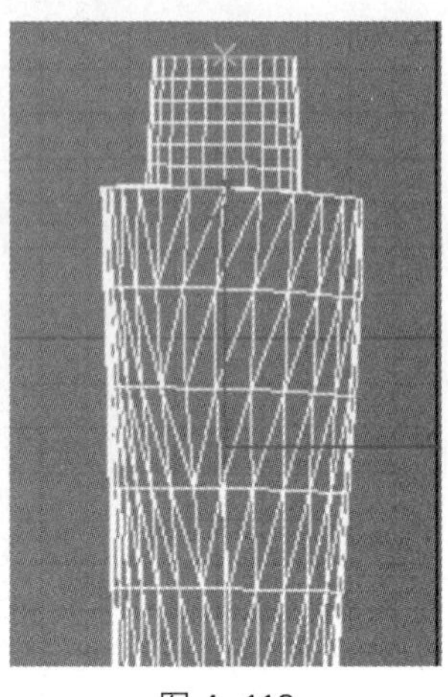

图 4–119

10. 给模型添加编辑多边形修改命令（如图 4–120 所示），在多边形层级下选中如图 4–121 所示的面删除。

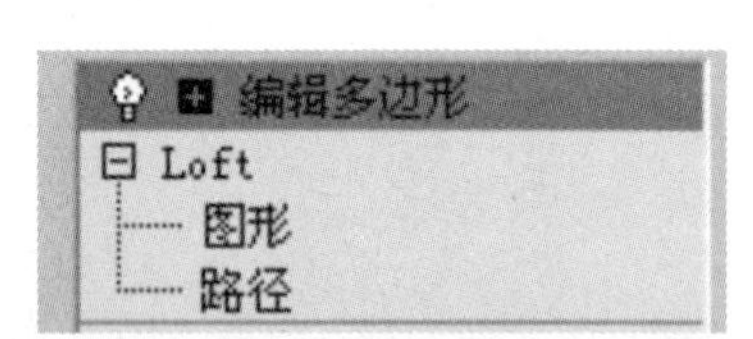

图 4–120

图 4–121

11. 在边层级，选中如图 4–122 所示的一条边，单击 循环 按钮，选中一圈边（如图 4–123 所示）。

图 4–122

图 4–123

12. 使用“切角”命令，输入切角量为 0.05cm，单击“确定”按钮完成边角的制作（如图 4–124 所示）。

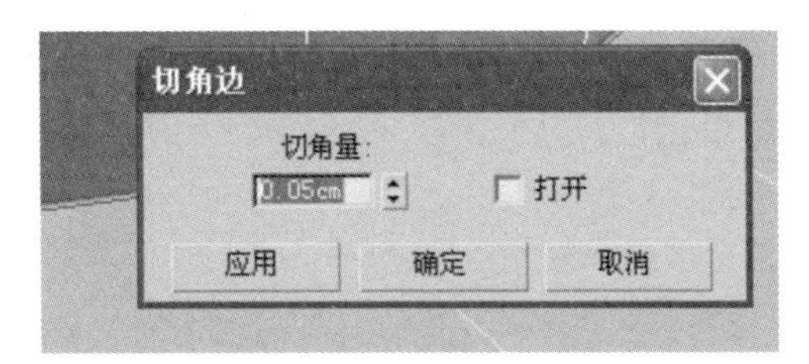

图 4-124

13. 同样选中外边上的一圈边，将切角量设为 2.537cm（如图 4-125 所示）。

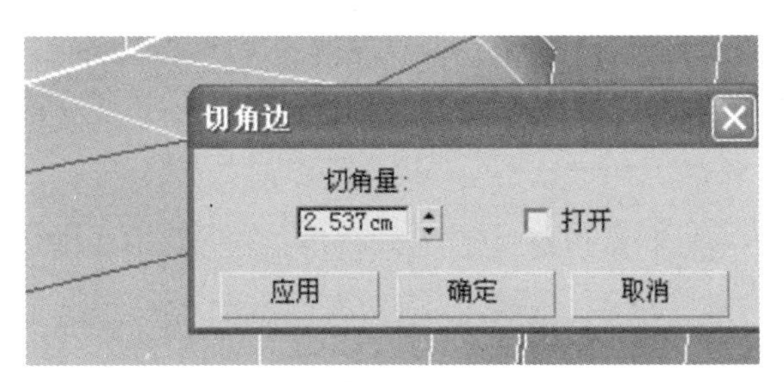

图 4-125

14. 选择两次切角中间的一条线，单击 环形 按钮，单击 连接 按钮，设置分段为 2（如图 4-126 所示），完成后如图 4-127 所示。

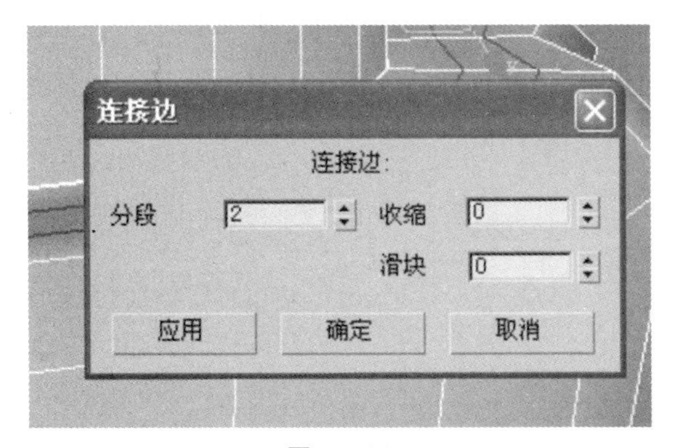

图 4-126

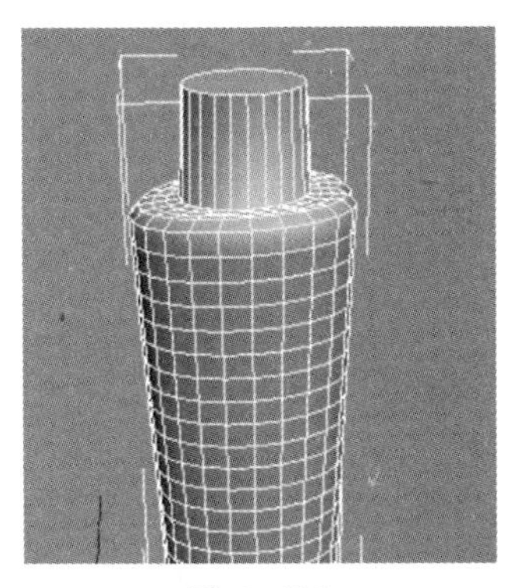

图 4-127

15. 选择底部的面并删除（如图 4-128 所示）。在边界层级下，选中底面的线，在顶视图按住 Shift 键，使用缩放工具 拉伸复制边界（如图 4-129 所示）。最后右击，选择 塌陷 选项。

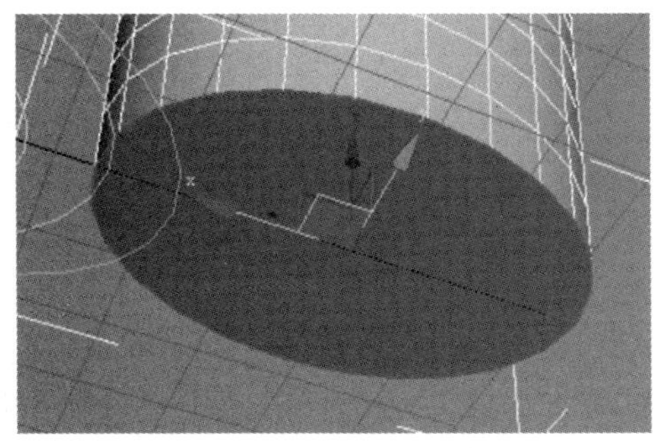

图 4-128

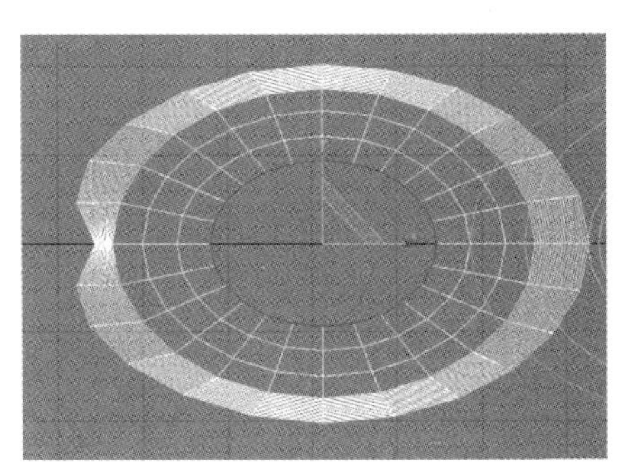

图 4-129

16. 单击 切片平面 按钮，创建如图 4–130 所示的切片，使用移动工具调整其位置，单击 切片 按钮，执行切割（如图 4–131 所示），再次单击 切片平面 按钮关闭。

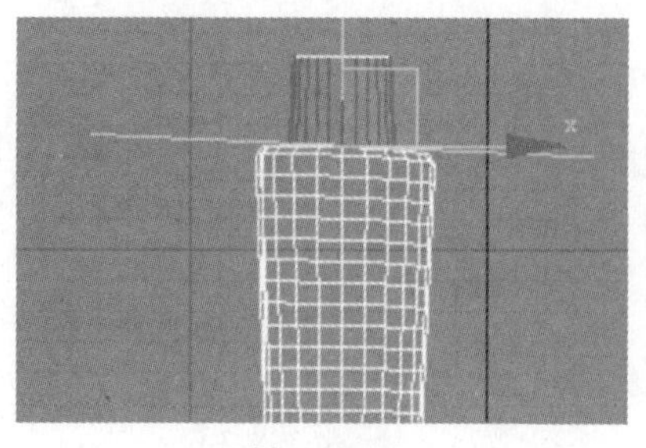

图 4–130

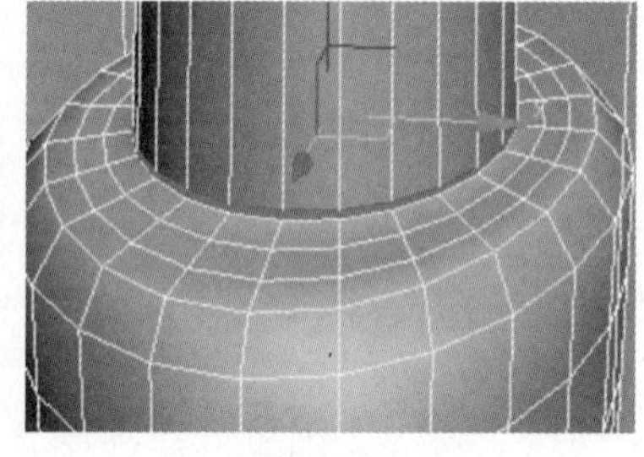

图 4–131

17. 选择如图 4–132 所示的一圈面，单击 挤出 按钮，打开“挤出多边形”对话框，设置挤出类型为“局部法线”，高度为 –1.192。

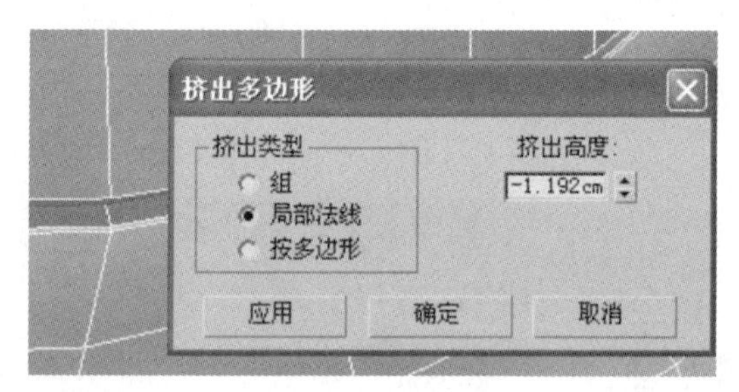

图 4–132

18. 选择如图 4–133 所示的一圈边，使用切角命令，给出 0.05 的切角量（如图 4–134 所示）。

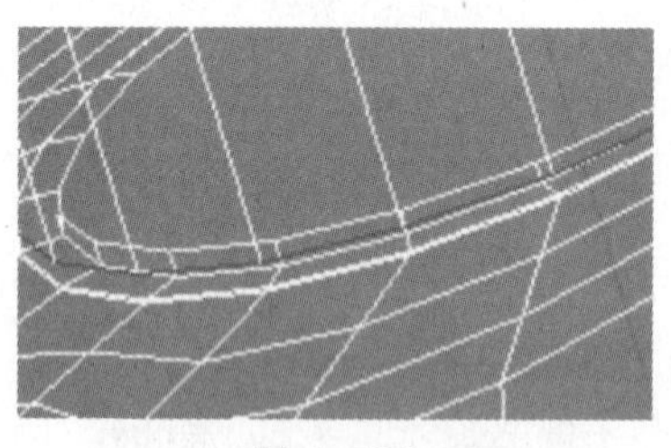

图 4–133

图 4–134

19. 在边界层级选择如图 4–135 所示的边界，调整到如图 4–136 所示的位置，配合 Shift 键，移动复制边界，再使用缩放工具，调整到如图 4–137 所示的大小。

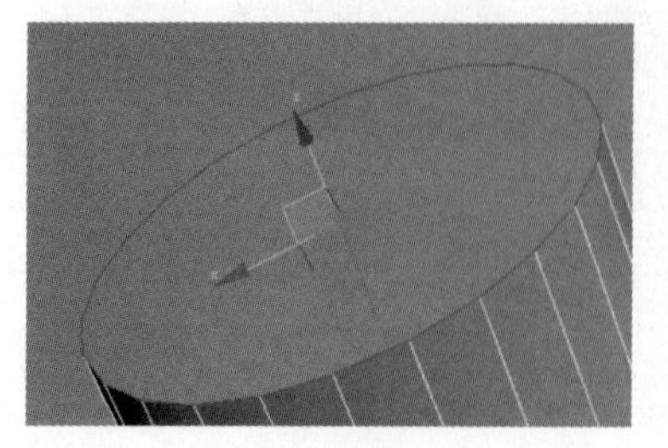

图 4–135

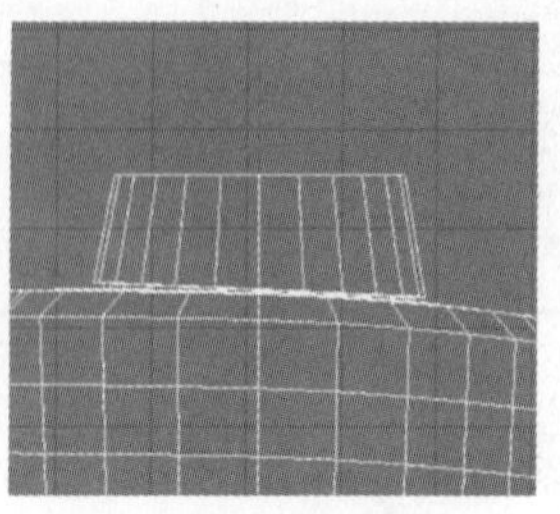

图 4–136

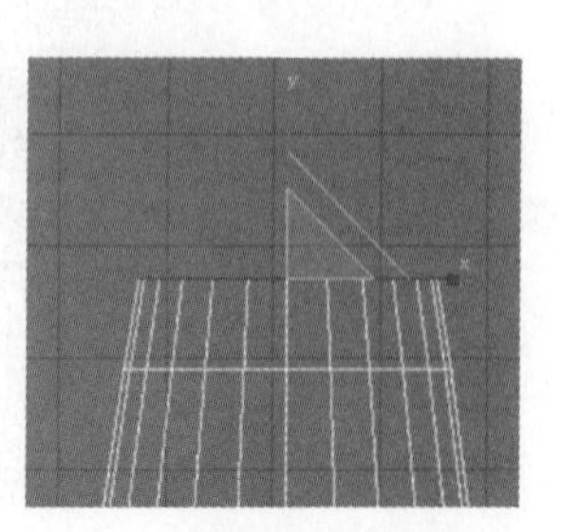

图 4–137

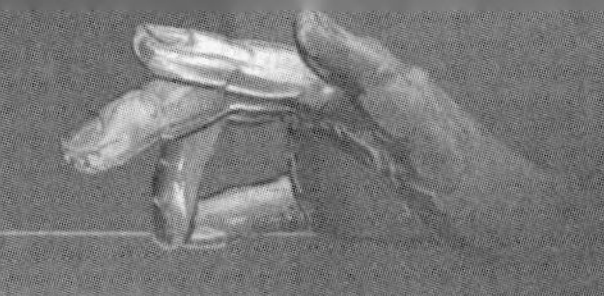

20. 配合 Shift 键使用缩放工具，拉出顶部的网格，最后右击，选择“塌陷”选项，塌陷到一点（如图 4-138 所示）。在边层级，使用连接命令细分瓶盖部分的网格，结果如图 4-139 所示。

图 4-138

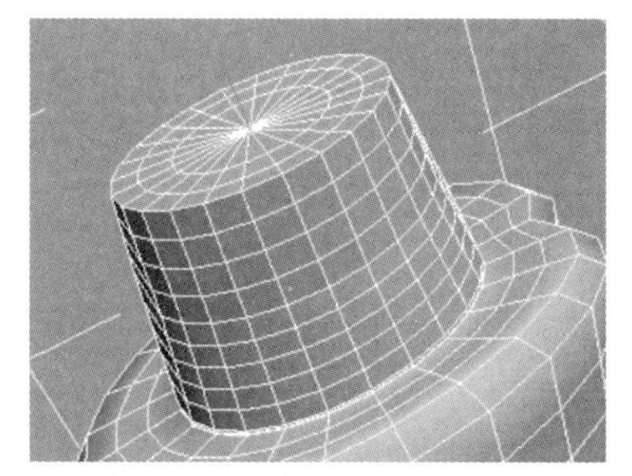

图 4-139

21. 最后给不同的面（如图 4-140、图 4-141 和图 4-142 所示）分配材质 ID 号。

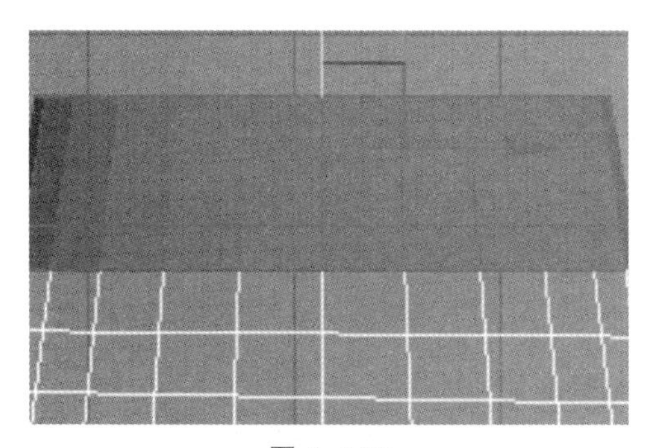

图 4-140

图 4-141

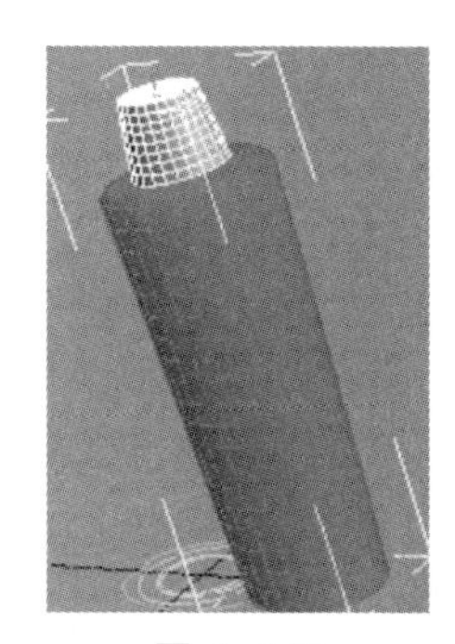

图 4-142

22. 创建带切角四方体，参数如图 4-143 所示，在左视图移动到如图 4-144 所示的位置，执行布尔命令，得到如图 4-145 所示的瓶口凹陷。

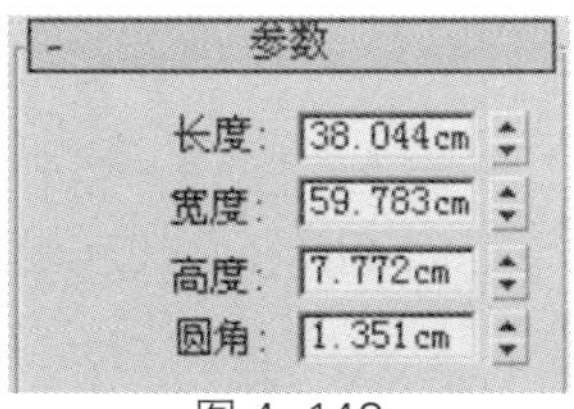

图 4-143

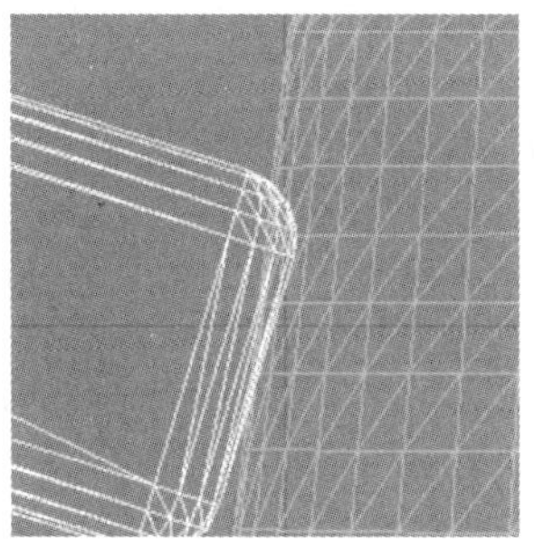

图 4-144

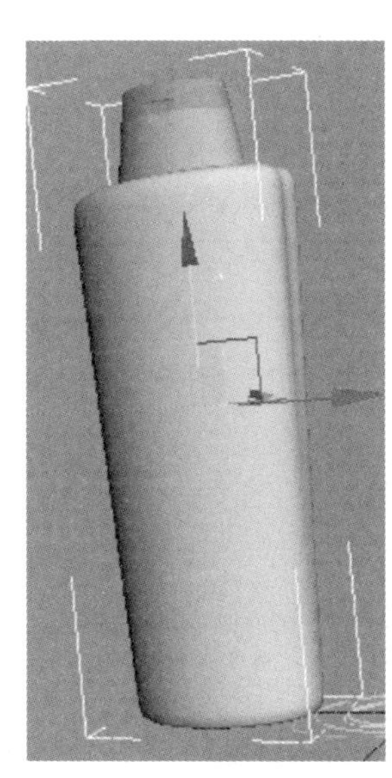

图 4-145

4.6 实例四：雨伞的制作

1. 启动或者重置 3ds Max。在二维图形面板下，单击“星形”(stars) 按钮，在顶视图中创建如图 4–146 所示的图形，其参数如图 4–147 所示。

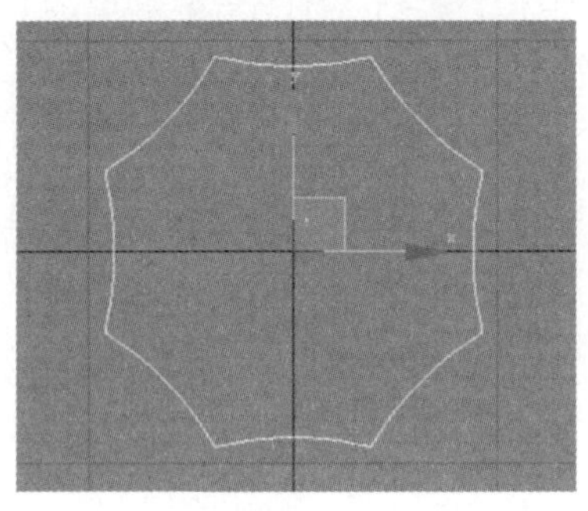

图 4–146

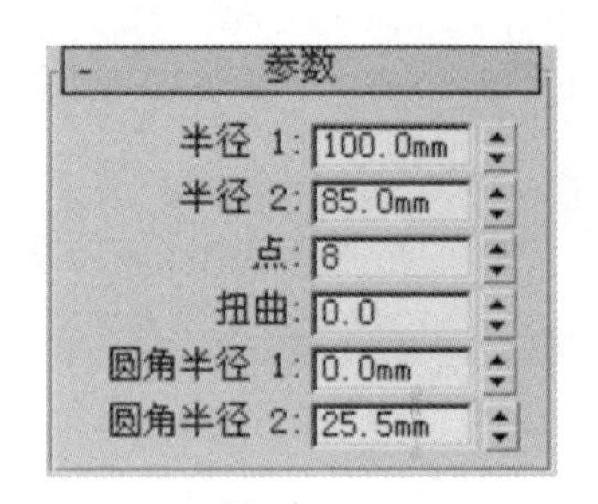

图 4–147

2. 选中星形,进入修改命令面板。在“修改器列表”下拉列表中选择“挤出”修改器 (如图 4–148 所示)。将“数量”的值设为 47.5，“分段”的值为 5。得到如图 4–149 所示的结果。

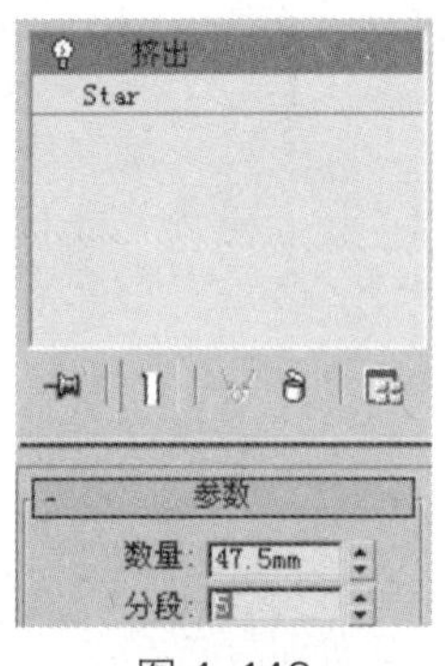

图 4–148

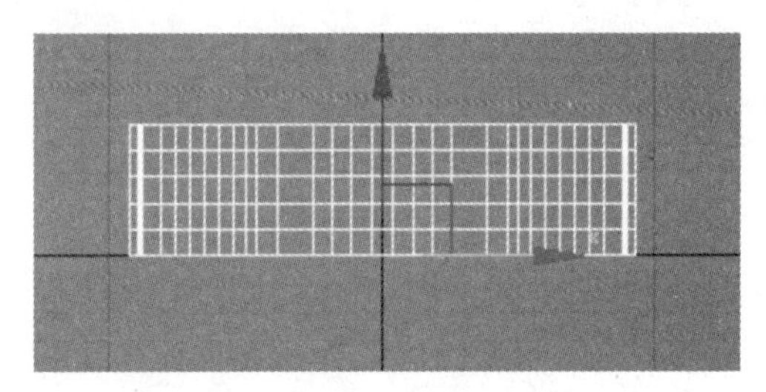

图 4–149

3. 保持选中状态,在“修改器列表”下拉列表中选择“锥化”(taper) 修改器 (如图 4–150 所示)。将“数量”的值设为 –1.0，“曲线”的值为 0.6。得到如图 4–151 所示的结果。

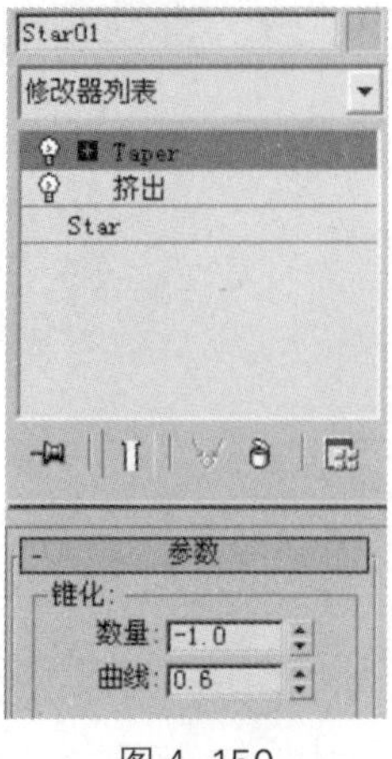

图 4–150

图 4–151

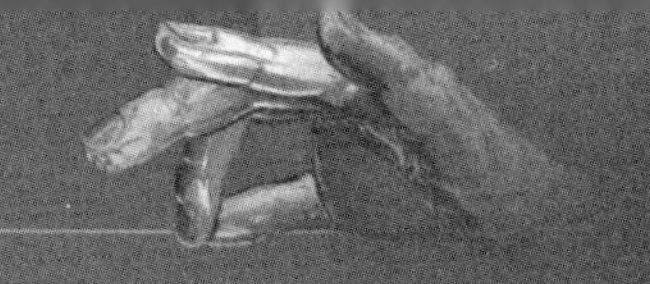

4. 保持选中状态，在“修改器列表”下拉列表中选择“编辑多边形”修改器（如图 4–152 所示）。进入边层级，配合 Ctrl 键选择如图 4–153 所示的边，单击 循环 按钮，选中如图 4–154 所示的边。

图 4–152

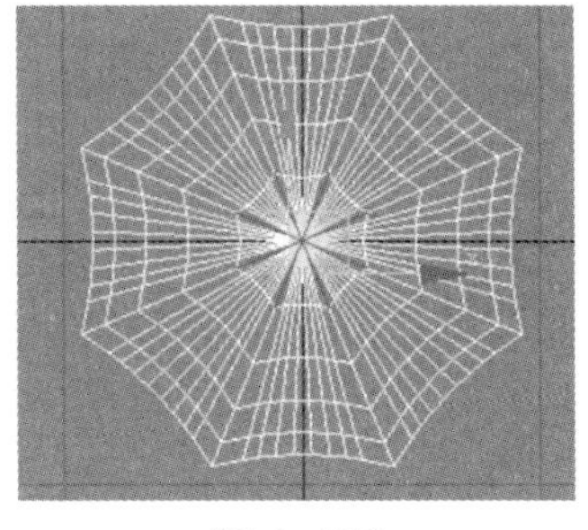

图 4–153

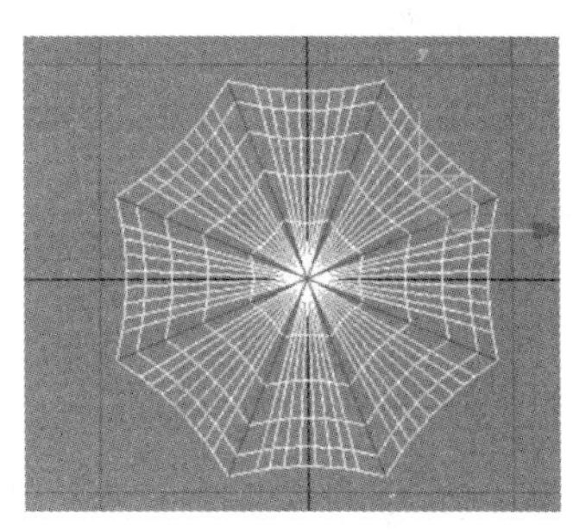

图 4–154

5. 单击 创建图形 按钮，在“创建图形”对话框中将“图形名”设为 gj1（如图 4–155 所示）。

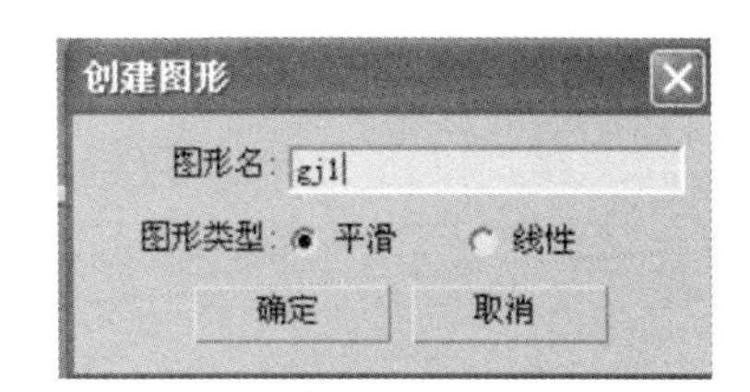

图 4–155

6. 选择 gj1，使用缩放工具 ，调整大小到如图 4–156 所示，在修改命令面板下，进入渲染卷展栏，勾选“在渲染中启用”和“在视口中启用”复选框（如图 4–157 所示），设置“厚度”为 0.6，结果如图 4–158 所示。

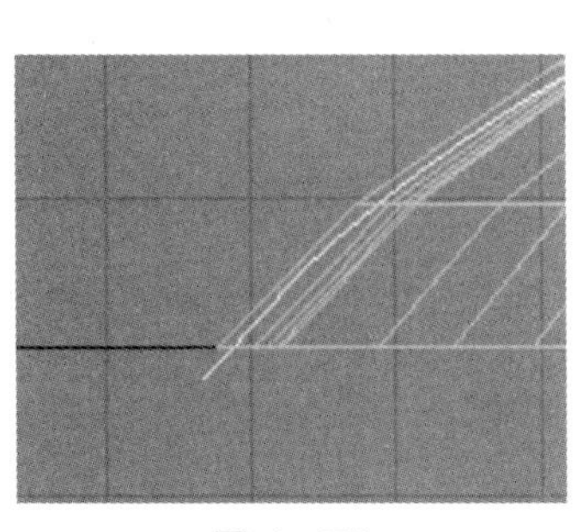

图 4–156

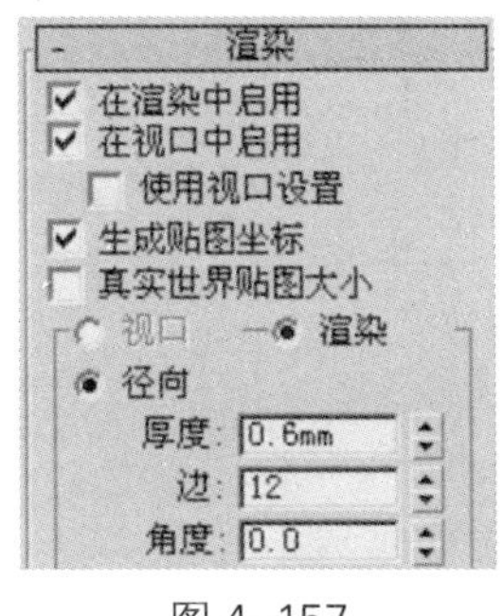

图 4–157

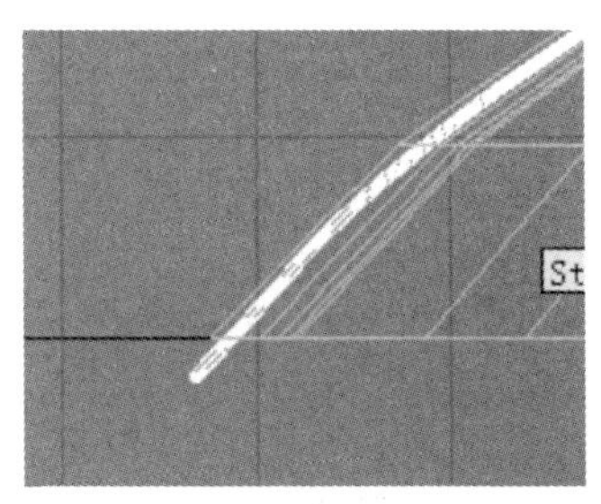

图 4–158

7. 为了方便观察，先关闭“在视口中启用”复选框，进入线段层级，选择如图 4–159 所示的线段，在几何体卷展栏下，单击“分离”按钮，同时勾选“复制”复选框（如图 4–160 所示）。

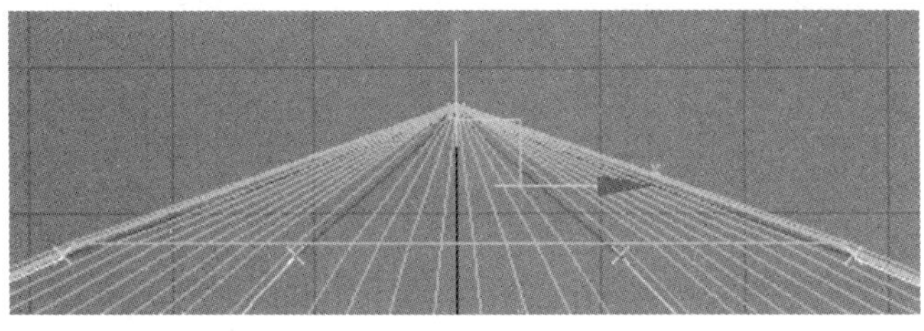

图 4–159

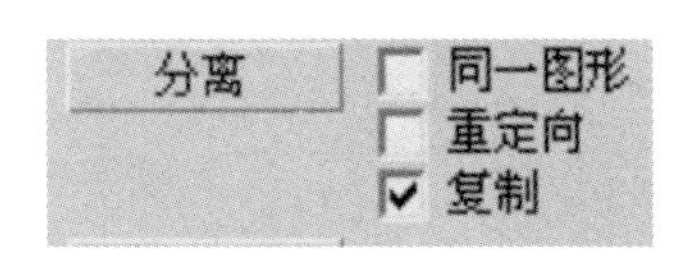

图 4–160

8. 选中刚分离出来的模型并镜像（如图 4–161 所示），然后移动到如图 4–162 所示的位置。

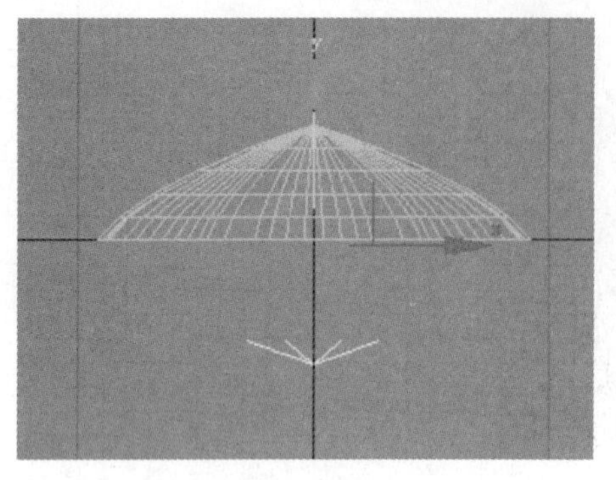

图 4–161

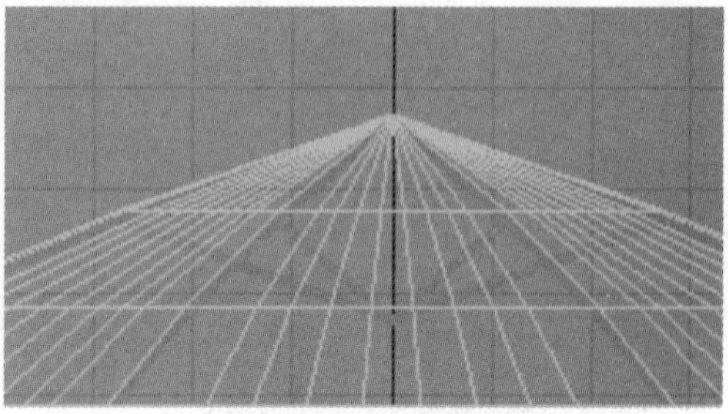

图 4–162

9. 在前视图中创建一个圆（如图 4–163 所示），转化为可编辑样条线，进入线段层级（如图 4–164 所示），删除一段后，如图 4–165 所示。

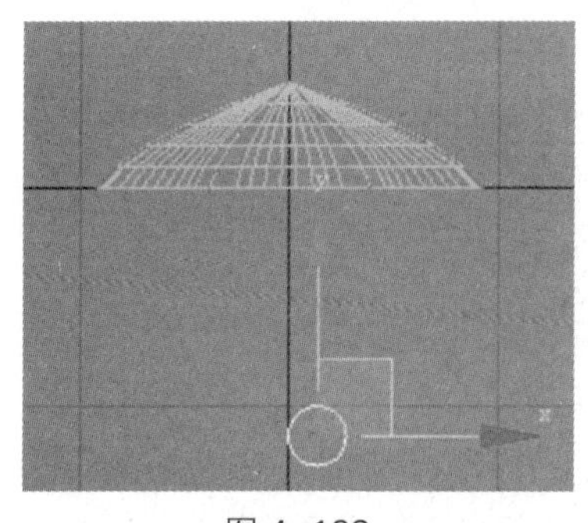

图 4–163

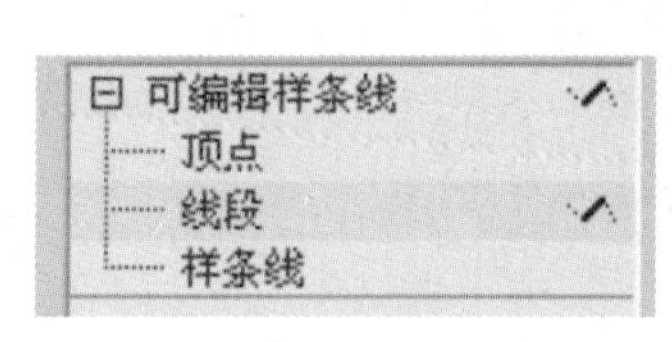

图 4–164

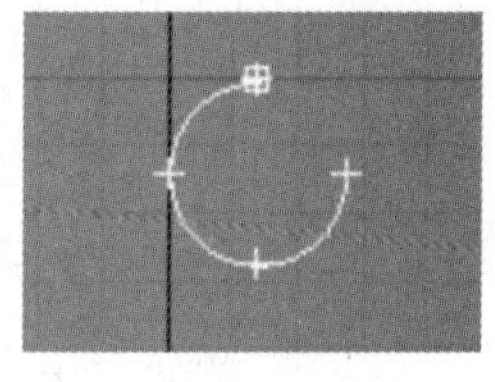

图 4–165

10. 进入顶点层级，将点调整到如图 4–166 所示的位置，进入线段层级，选择最上部的线段，使用拆分命令  拆分 2 将线段分成 3 段（如图 4–167 所示），再进入顶点层级，调整新产生的两个顶点到如图 4–168 所示的位置。

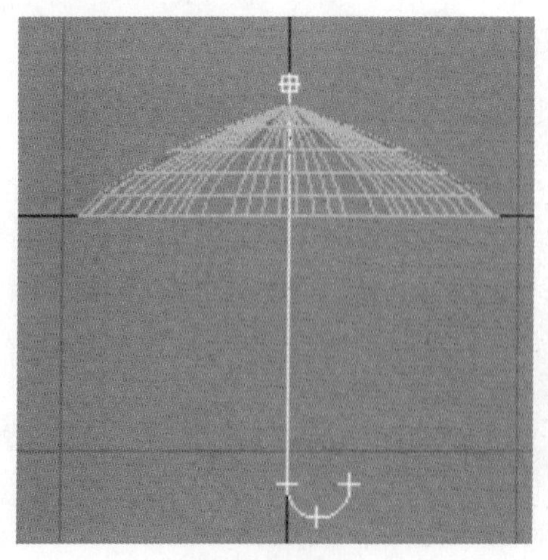

图 4–166

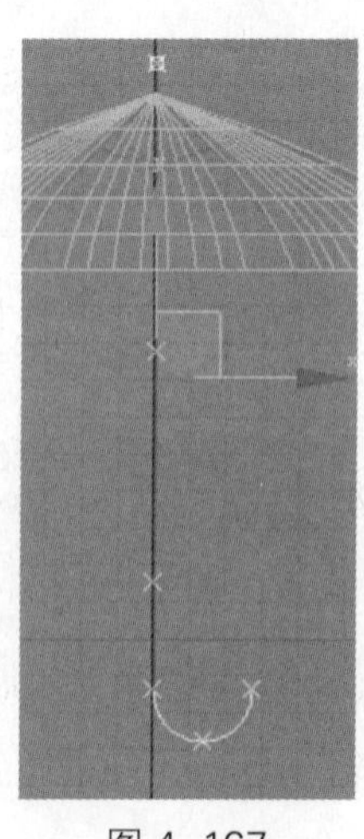

图 4–167

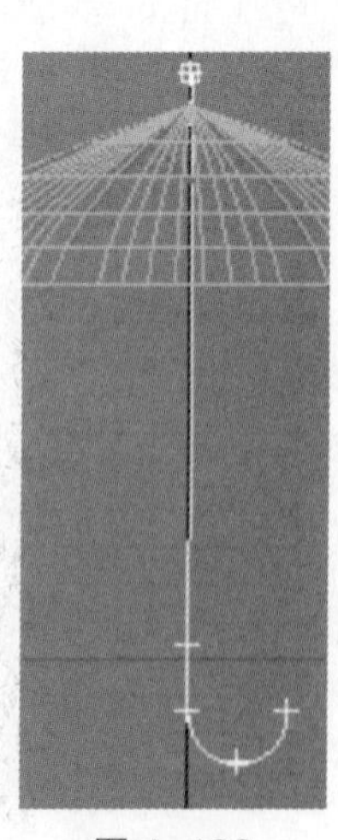

图 4–168

11. 在渲染卷展栏中设置参数如图4–169所示，回到顶部层级，在“修改器列表”下拉列表中选择“编辑多边形”选项（如图4–170所示），进入“编辑多边形”的多边形层级，选择如图4–171所示的面。

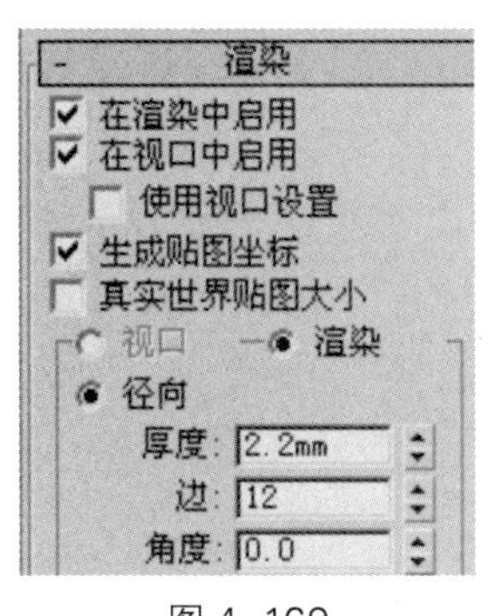

图4–169

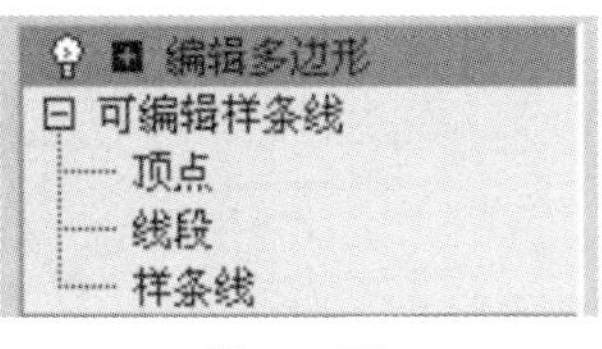

图4–170

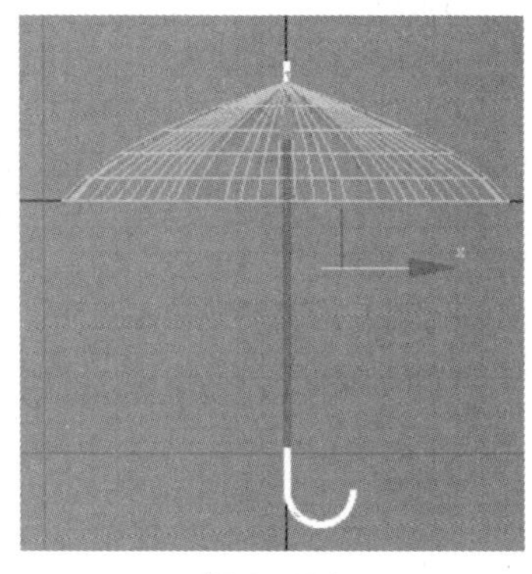

图4–171

12. 单击“挤出”按钮，打开“挤出多边形”对话框，设置参数如图4–172所示，得到如图4–173所示的结果。

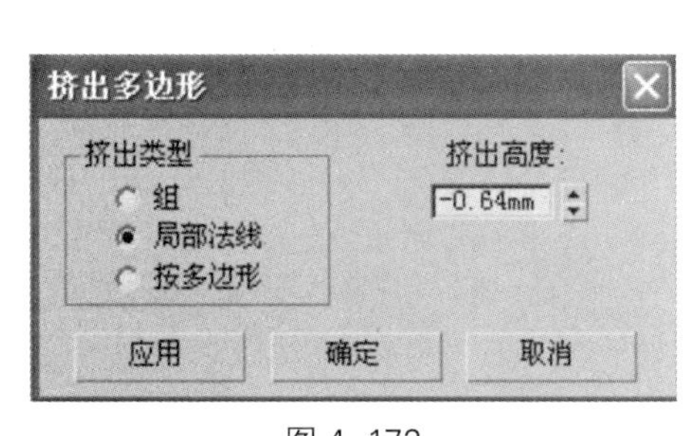

图4–172

图4–173

13. 选择Star01，在修改命令面板，添加“编辑多边形”修改器（如图4–174所示），进入多边形层级，选择如图4–175所示的面并删除。

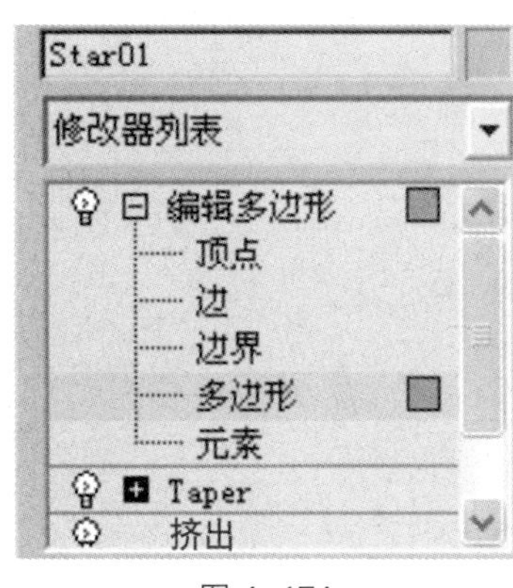

图4–174

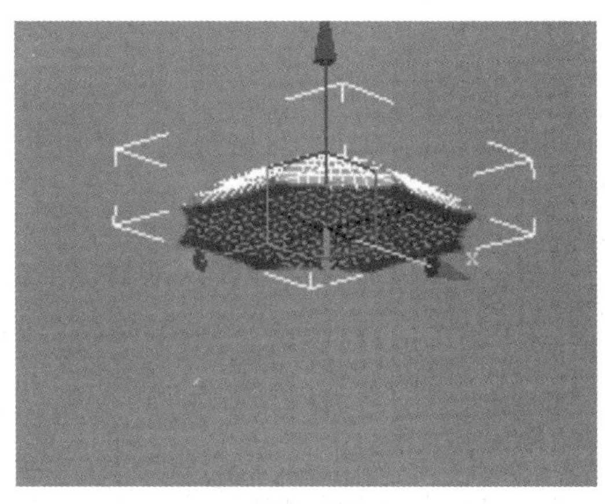

图4–175

14. 回到顶层级，给伞设置一个简单的双面材质（如图 4-176 所示）。渲染完成，得到如图 4-177 的结果。

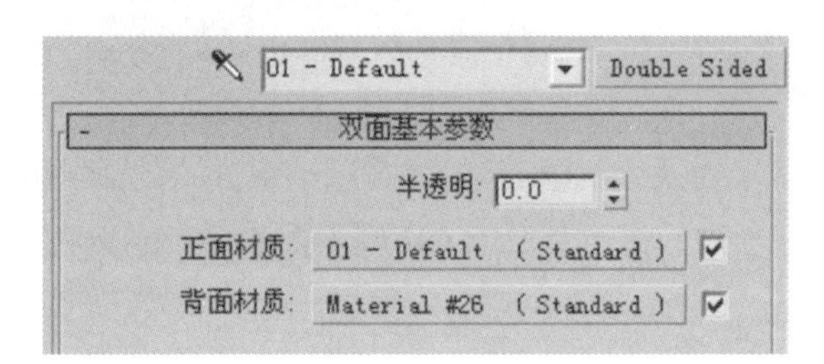

图 4-176

图 4-177

15. 将模型放置在环境贴图的文件中，渲染效果如图 4-178 所示。

图 4-178

第5章 多边形建模

3ds Max 多边形建模方法比较容易理解，非常适合初学者学习，并且在建模的过程中有更多的想象空间和发挥余地。本章通过循序渐进的讲解及相应的实例如图 5–1 所示，对 3ds Max 中的多边形建模进行剖析，使读者可以全面地了解和掌握 3ds Max 中的多边形建模方式与流程。

图 5–1

学习要点： 区别 3ds Max 的各种建模工具；
使用网格对象的各个次对象层次；
理解网格次对象建模和编辑修改器建模的区别；
在次对象层次正确进行选择；
使用网格平滑增加细节。

5.1 可编辑网格与可编辑多边形比较

3ds Max 中的多边形建模主要有两个命令：可编辑网格和可编辑多边形，一般先创建一个原始的几何体，再将这个几何体塌陷成可编辑网格或是可编辑多边形，然后不断修改、不断细分，最后得到想要的模型效果。可是对于这两个命令究竟应该选择哪一个呢？先看看它们两个到底哪个更有优势。

新建两个长方体，然后在修改堆栈中将它们分别塌陷为可编辑网格和可编辑多边形。打开修改堆栈，可以看到可编辑网格中包含顶点、边、面、多边形和元素 5 种子物体（如图 5-2 所示），而可编辑多边形中包含的是顶点、边、边界、多边形和元素。在未进入子物体之前，观察两种修改的标签栏，可以看出可编辑多边形中的细分曲面卷展栏（如图 5-3 所示），是可编辑网格没有的，这个标签主要用来对整个多边形物体进行细分。在以前的版本中，只能再加一个网格平滑修改才能看到细分的结果。

选择卷展栏中，可编辑多边形中有 5 个选择按钮（如图 5-4 所示），可以使用户在选择子物体时提高效率，在编辑几何体卷展栏中，可编辑网格的每个子物体被选择时出现的命令都被放在了这个卷展栏中。

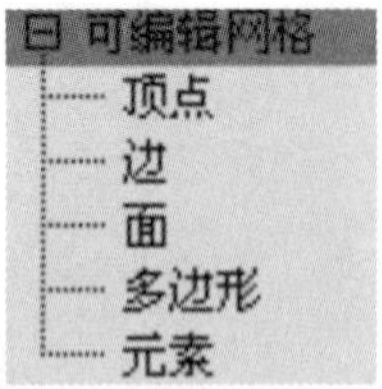

图 5-2

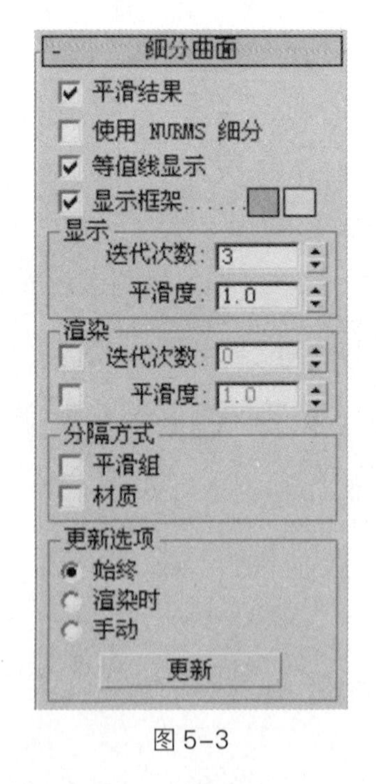

图 5-3

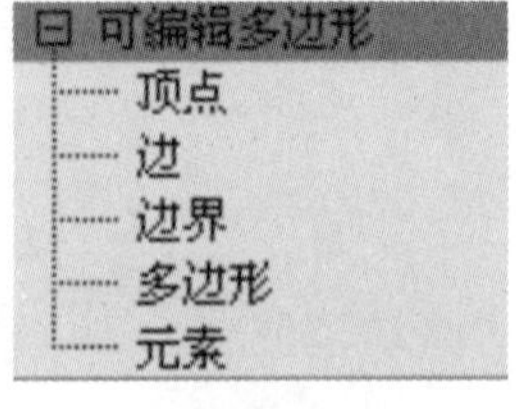

图 5-4

而在可编辑多边形中的编辑几何体卷展栏（如图 5-5 所示）中只存放了对多边形整体控制的命令，当选中多边形子物体时，会出现相应的卷展栏，卷展栏中存放着该子物体所要用到的命令，比如当进入顶点层级时，就会出现如图 5-6 所示的编辑顶点卷展栏。

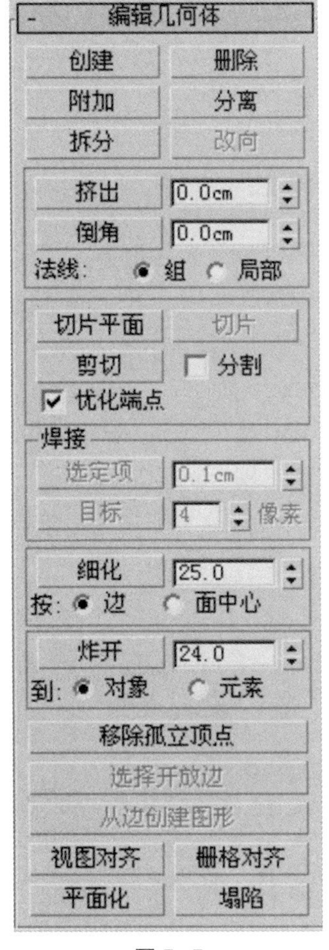

图 5-5

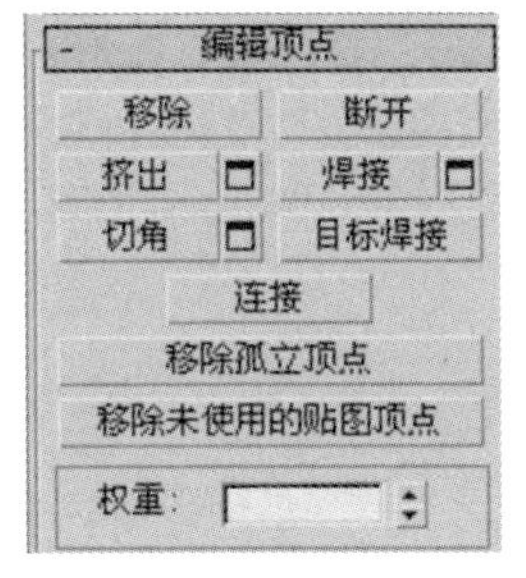

图 5-6

从上面的简单几点中就可以初步看出可编辑多边形占有非常大的优势，是建造复杂模型的首选，也是本章将要重点讲解的对象，而且从软件开发商的角度来看，应该也是侧重于可编辑多边形的功能。

注意：可编辑多边形不能作为修改命令直接指定给几何体，而是只能先选择一个几何体然后将它塌陷成可编辑多边形。具体操作：在修改堆栈列表中的下方空白处右击，在快捷菜单中选择“可编辑多边形”选项即可。

几乎所有的几何体类型都可以塌陷为可编辑多边形网格，曲线也可以塌陷，封闭的曲线可以塌陷为曲面，这样就得到了多边形建模的原料多边形曲面。如果不想使用塌陷操作的话（因为这样被塌陷物体的修改历史就丢失了），还可以给它指定一个编辑多边形修改，这是 3ds Max 中新增加的功能。

5.2 多边形子对象层次

· 顶点 ：节点是空间上的点，它是对象的最基本层次。当移动或者编辑节点的时候，它们的面也受影响。 对象形状的任何改变都会导致重新安排节点。在 3ds Max 中有很多编辑方法，但是最基本的是节点编辑。

· 边 ：边是一条可见或者不可见的线，它连接两个节点，形成面的边。两个面可以共享一个边。处理边的方法与处理节点类似，在网格编辑中经常使用。

· 边界 ：边界是模型表面未封闭区域的边缘。没有在全封闭情况下，就不存在边界存在。

· 多边形 ：在可见的线框边界内的面形成了多边形。此外，某些实时渲染引擎常使用多边形，而不是 3ds Max 中的三角形面。

· 元素 ：元素是网格对象中以组连续的表面。例如茶壶就是由 4 个不同元素组成的几何体。

5.3 常用的次对象编辑选项

下面学习两个常用的次对象编辑选项。

5.3.1 命名的选择集

无论是在对象层次还是在次对象层次，选择集都是非常有用的工具。经常需要编辑同一组节点。使用选择集后可以给节点定义一个命名的选择集，这样就可以通过命名的选择集快速选择节点了。通常在主工具栏中命名选择集 。

5.3.2 次对象的忽略背面选项

在次对象层次选择的时候，经常会选取在几何体另外一面的次对象。这些次对象是不可见的，通常也不是编辑中所需要的。

在 3ds Max 的选择卷展栏中选择“忽略背面”复选框（如图 5–7 所示），解决这个问题。

背离激活视图的所有次对象将不会被选择。

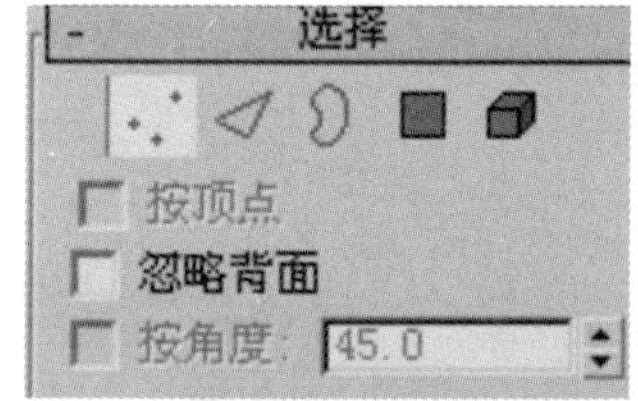

图 5–7

5.4 多边形建模基础

下面学习多边形建模的基础知识。

5.4.1 常用功能命令

在子对象层次变换是典型的多边形建模技术。通常可以通过移动、旋转和缩放节点、边和面来改变几何体的模型，还可以使用 3ds Max 提供的丰富的功能命令。

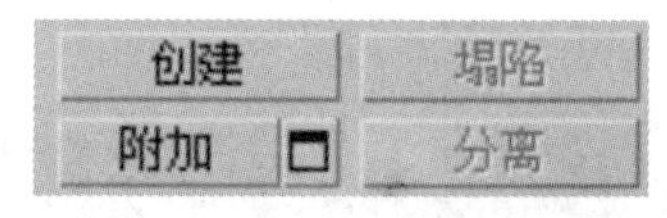

图 5–8

先来简单地介绍一下多边形建模的常用命令。

多边形之间合并和分离的操作命令：附加、分离

附加：这个命令可以将其他的物体合并到当前的多边形中，变为多边形中的一个元素。同时它也继承了多边形的一切属性和可编辑性，可以合并 3ds Max 中创建的大部分物体。进入元素子层级中还可以选中它们。操作也很简单，单击此命令按钮，如图 5–8 所示。然后在视图中单击要合并进来的物体就行了。如果要合并多个对象，可以单击右侧的小方块按钮，打开一个“附加列表”对话框，如图 5–9 所示。在其中将要合并的物体一起选中。再单击“附加”按钮确定就一次都合并进来了。

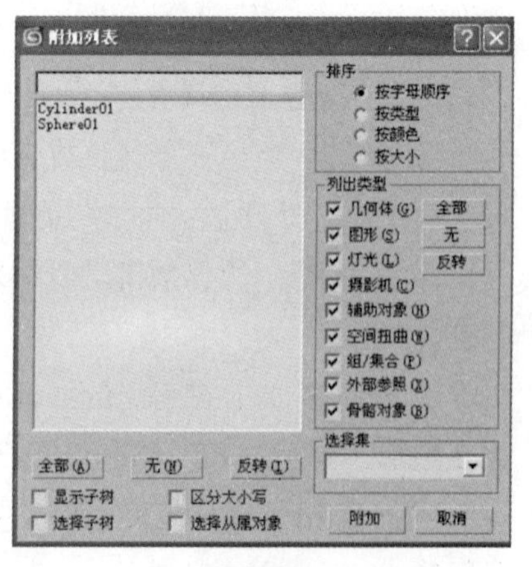

图 5–9

分离：它的作用与附加刚好相反。它是将选择部分从当前多边形中分离出去。分离有两种方式。既可以分离为当前多边形的一个元素，也可以分离为一个单独的物体，与当前多边形完全脱离关系，允许被重新命名。这些可以在选择子物体并单击“分离”按钮后弹出的“分离”对话框中进行设置，如图 5-10 所示。

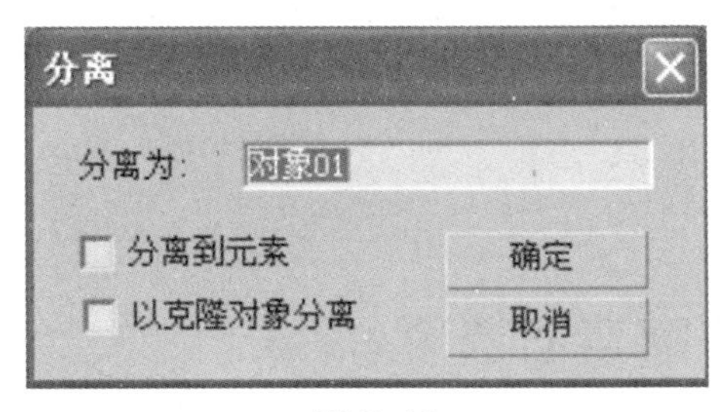

图 5-10

多边形中特殊的删除和针对子物体层级的拆分命令：删除、打断、分离

删除：在多边形编辑过程中有两种删除状态，一种是当删除了一些点的时候，那么包含这些点的面都会因失去基础而消失，这样就产生了洞，这种删除只要选择好子物体后按下键盘上的 Delete 键就可以了。还有一种就是这个命令，当用它删除时，包含这些点的面不会消失，而是会把基础转移到与删除的点邻近的点上，所以不会出现漏洞。这个命令适用于点和边层级，对应于键盘上的 BackSpace 键。具体效果如图 5-11 所示。

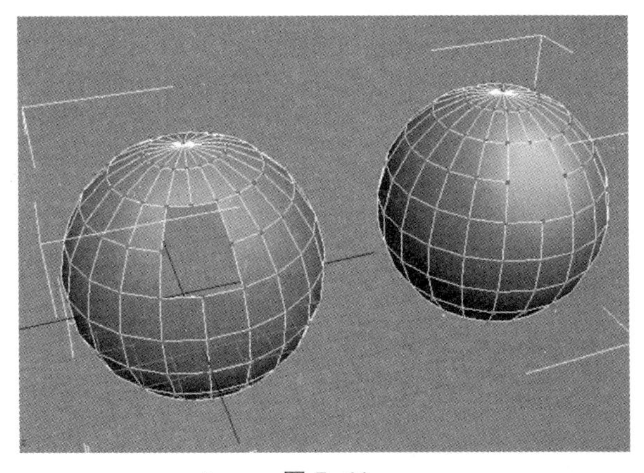

图 5-11

打断：这个命令可以将选中的点分解，俗称将点打断，也就是说打断前此点连着几条边，打断后就分解为相应数目的点。只要选中要打断的点再单击此按钮就行了，它只适用于点层级，如图 5-12 所示。

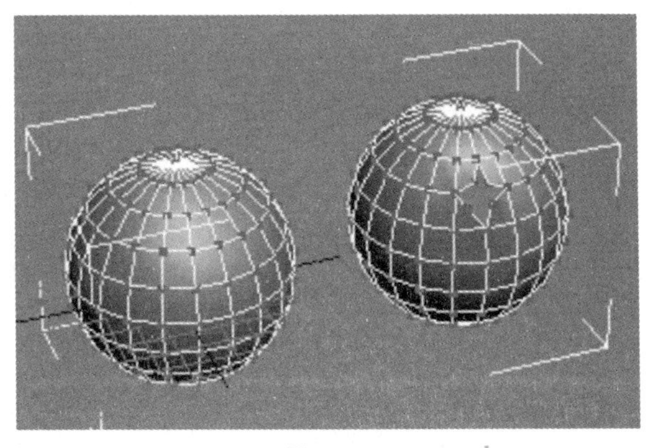

图 5-12

分离：结合上面的命令再理解这个就容易了。它是边的打断命令。将一条边分解为两条边，操作与点打断命令相同。不过至少要选中两条连续的线段执行后才会出现边打断的效果，它只适用于边层级，如图 5-13 所示。

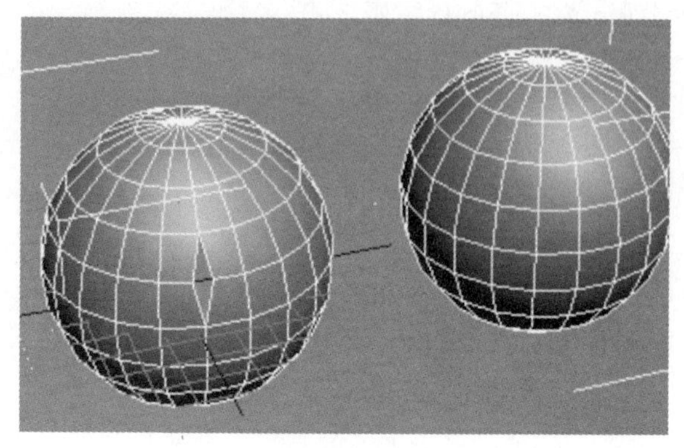

图 5-13

多边形建模中最基础、使用最频繁的命令：挤出、倒角

挤出：这是最常用的一个命令。首先在透视图中创建一个球物体，在修改堆栈中右击选择“可编辑多边形”选项，将其塌陷为可编辑多边形，保持球处于被选中状态，按数字键 4 进入面子层级，在球上任意选择一些面，被选中的面会呈红色高亮显示。

调节挤出高度值，可以实时地看到视图中面的挤出效果，还能设置挤出类型（如图 5-14 所示），有三种类型可供选择，“组”以选择的面组合的法线方向进行挤出；“局部法线”以选择的面的自身法线方向进行挤出；“按多边形”对选择的面单独将每个面沿自身法线方向进行挤出操作，具体的效果如图 5-15 所示。

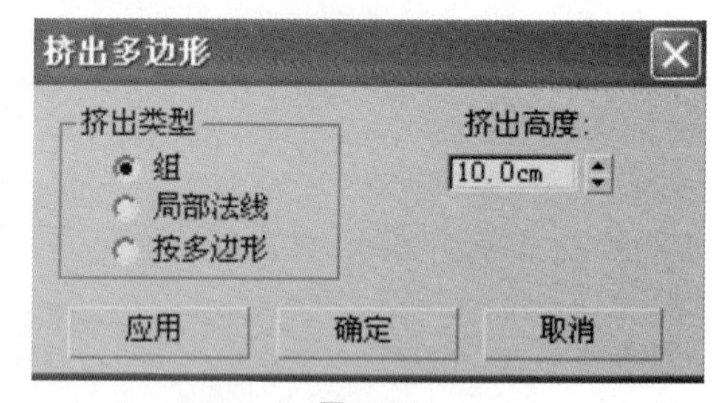

图 5-14

图 5-15

倒角：此命令可以挤出面并形成倒角效果，操作与挤出类似。先选中面，然后单击此按钮再在面上按住左键拖曳可以将面拉伸，然后松开左键，这时移动鼠标可以形成倒角效果，在得到合适的效果后单击确认。在操作的时候会感觉到这个命令有点像挤出与等比缩放命令的联合作用效果。其实有些时候使用后面的方式更便捷。同样有一个设置对话框（如图 5–16 所示），比挤出命令多一项，就是轮廓量，设置其值就可得到倒角效果，此命令只适用于面层级。

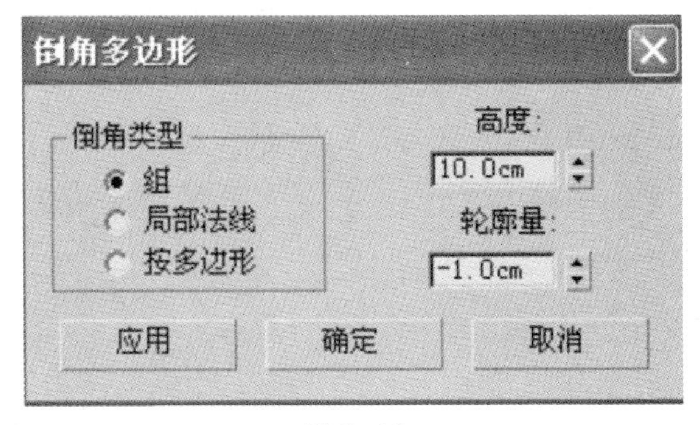

图 5–16

建模的过程中若干个点的结合：焊接、目标焊接

焊接：这个命令可以将点和边进行焊接，就是在设置的阈值范围内将选中的点和边焊接为一个点或边。单击右侧的小方块按钮打开“焊接顶点”对话框可以设置焊接阈值（如图 5–17 所示）。下方会提示焊接前后点的数目。

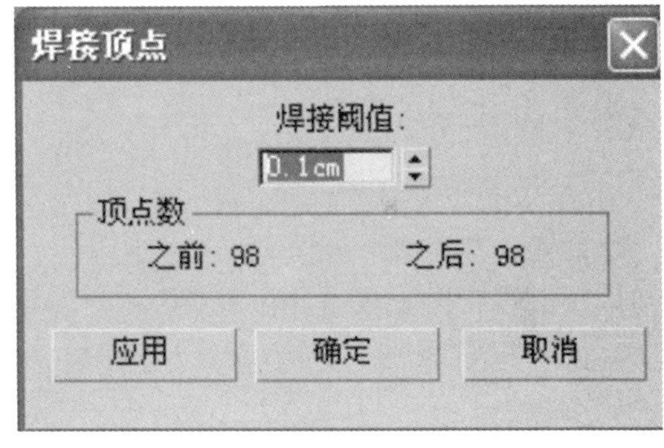

图 5–17

目标焊接：相对于焊接这个目标焊接命令更常用一些，它的作用是将选中的点或边拖拽到要焊接的点或边附近（在设定的阈值范围内）完成焊接操作，它所使用的就是焊接命令中设置的阈值范围。

多边形建模中的切片命令：切片平面、快速切片、切割

切片平面：这是一个老牌的命令，对多边形进行整体切片，单击此按钮会出现一个切片平面，这个平面是无限延伸的，它与多边形相交的部分会出现切片出的新的边，可以对切片面进行移动和旋转，当切片平面被激活后下方的“切片”按钮变为可用。单击此按钮可完成切片操作。如果在单击“切片”按钮前选中“分割”复选框，可以将多边形分割开，也就是整体的多边形物体可以分割为两个元素子物体。

快速切片：这个命令是只对选择的面进行切片，高效灵活是它的特点，操作步骤是先选中要切片的面，然后在面上单击一下鼠标拖出一条直虚线，它与选中面相交的部分切片出新的边。

切割：可以使用这个命令直接对面进行切片，面会自动被划分开，单击按此钮然后将鼠标放在点、线、面上就可以连续切片了，这也是在多边形建模中进行细节修改时常用的一个命令。

修改面法线方向的命令：翻转

翻转：这个命令的作用是反转面的朝向，因为 3ds Max 默认状态下是单向可见的，这样可以避免系统资源的浪费，所以在很多时候用它来纠正面的朝向是十分必要的。效果如图 5-18 所示。

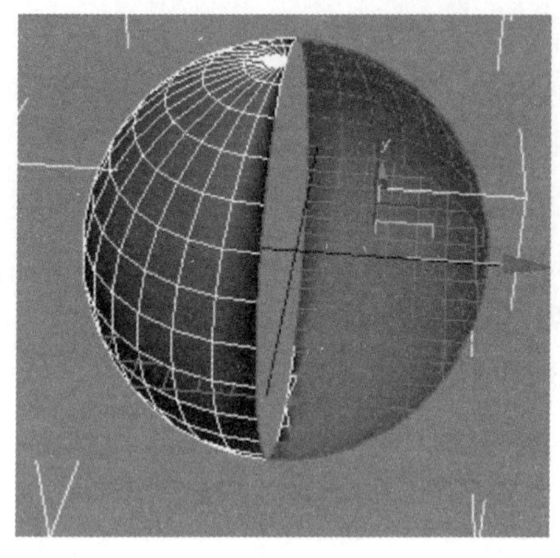

图 5-18

5.4.2 编辑顶点

这个卷展栏中包含针对点编辑的命令（如图 5-19 所示）。

挤出：无论是挤出一个点或是多个点，对于单个点的效果都是一样的，选择挤出按钮，然后直接在视图上单击并拖曳点，左右移动鼠标，此点会分解出与其所连接的边数目相同的点，再上下移动鼠标会挤出一个锥体的形状，如图 5-20 所示，也可以打开它的设置对话框（单击按钮右侧的小方块），如图 5-21 所示进行精确挤出。

图 5-20

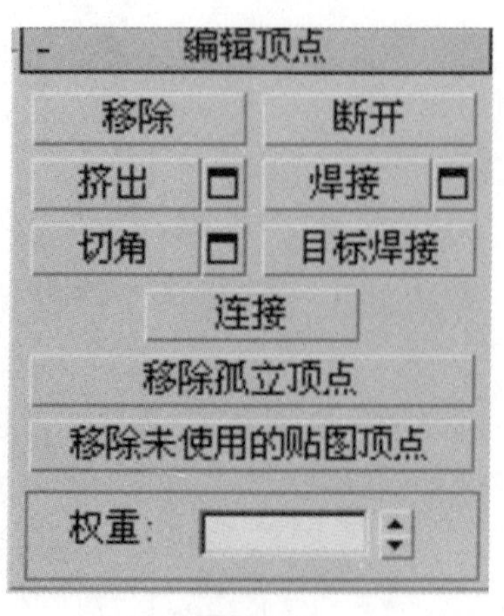

图 5-19

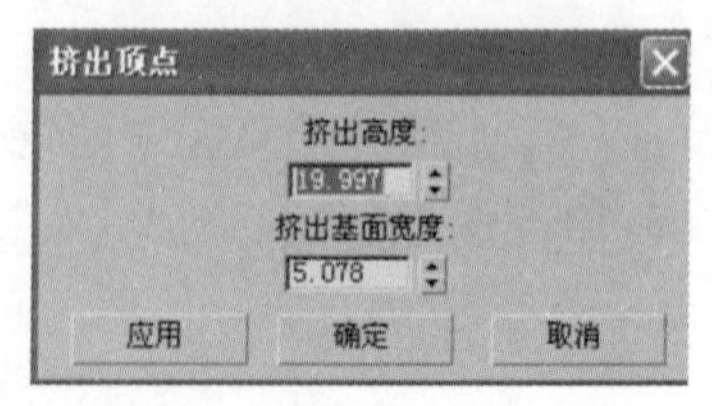

图 5-21

切角：这个命令相当于挤出时只左右移动鼠标将点分解的效果（如图 5-22 所示），它的设置对话框中只有一项——切角量（如图 5-23 所示）。

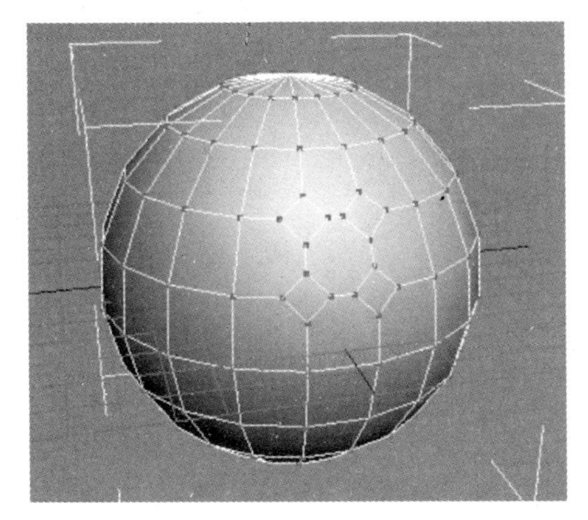

图 5-22

图 5-23

连接：可以在一对选择的点（两点应在同一个面内但不能相邻）之间创建出新的边如图 5-24 所示。

移除孤立顶点：可以将不属于任何多边形的独立点删除。

移除未使用的贴图顶点：可将孤立的贴图顶点删除。

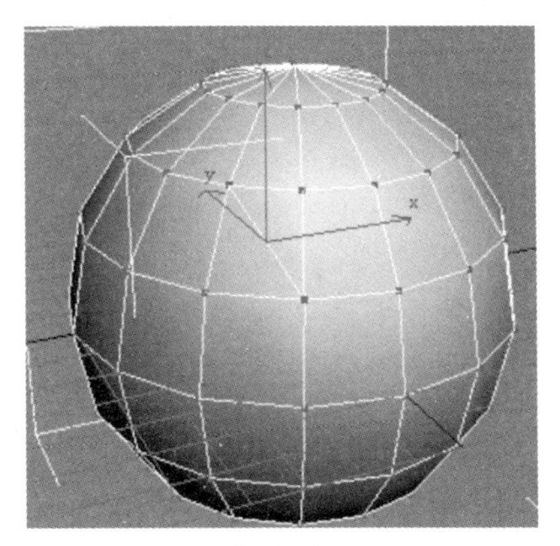

图 5-24

5.4.3 编辑边

编辑多边形边的卷展栏如图 5-25 所示。

插入顶点：在边层级下可以使用插入顶点命令在边上任意插入点，当按下此按钮后，物体上的点会显示出来。

边同样可以用挤出命令进行挤出，此命令无论操作方法还是设置对话框都与挤出点相同，这里不再赘述；切角命令可以将选定的线段分解为两条线段；连接命令可以在被选的每对边之间创建新的边，生成新边的数量可以在单击右侧小方块弹出的“连接边”对话框中设置，如图 5-26 所示，创建出的新边的间距是相同的。

图 5-25

下方的“利用所选内容创建图形”按钮的作用是将选择的边复制分离出来（不会影响原来的边）成为新的边，它将脱离当前的多边形变成一条独立的曲线。操作步骤是首先选择要复制分离出去的边，然后单击此按钮，在弹出的“创建图形”对话框中为物体重命名（如图 5-27 所示），再选择一下曲线类型，然后单击“确定”按钮即可。

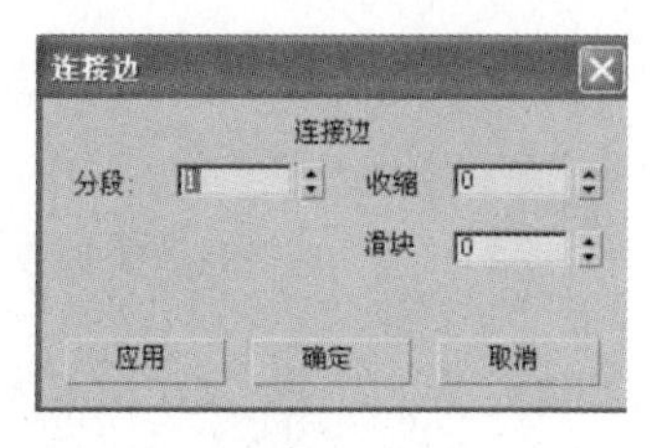

图 5-26

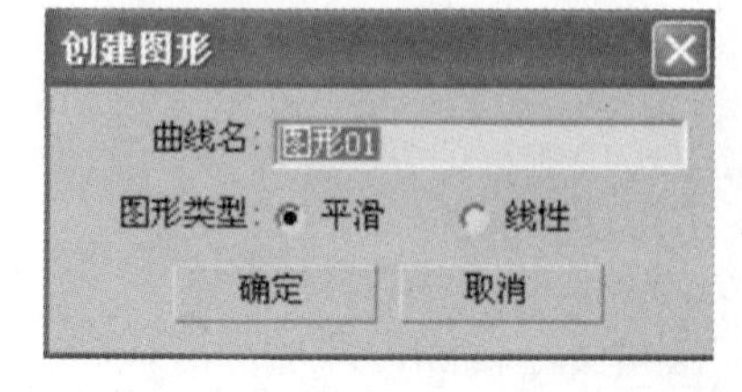

图 5-27

5.4.4 编辑边界

编辑边界卷展栏如图 5-28 所示。

编辑边界中的命令与编辑边中的命令非常相似。

封口：封口命令可以将选择的闭合的边界进行封盖如图 5-29 所示。

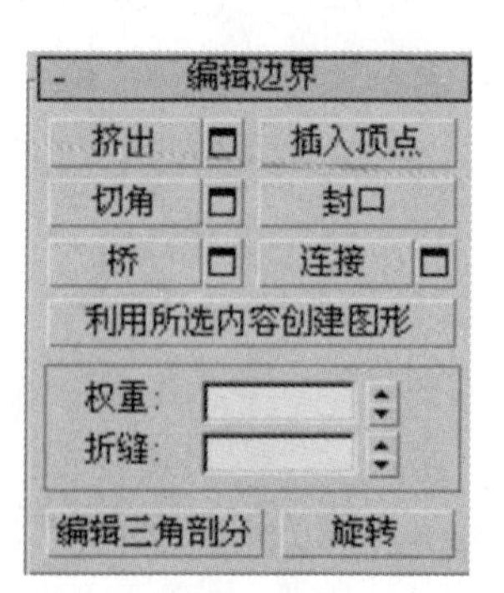

图 5-28

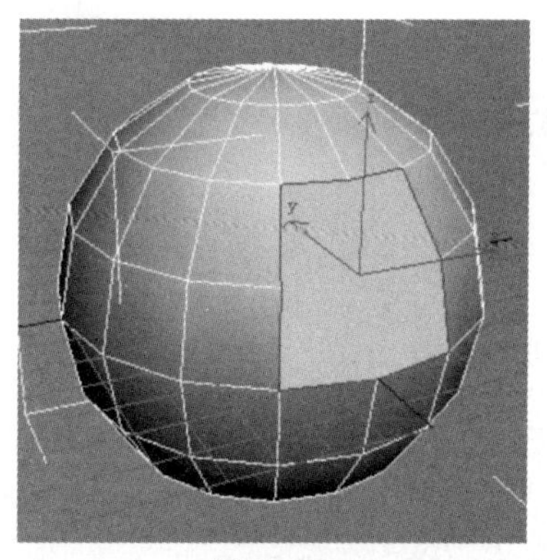

图 5-29

挤出可以挤压边界；切角可以将边界分解为两条；连接是在两条相邻的边界之间的面上创建连接线；桥是将两条边界连接起来，就像在两者之间创建一条通道一样，效果如图 5-30 所示，参数如图 5-31 所示。

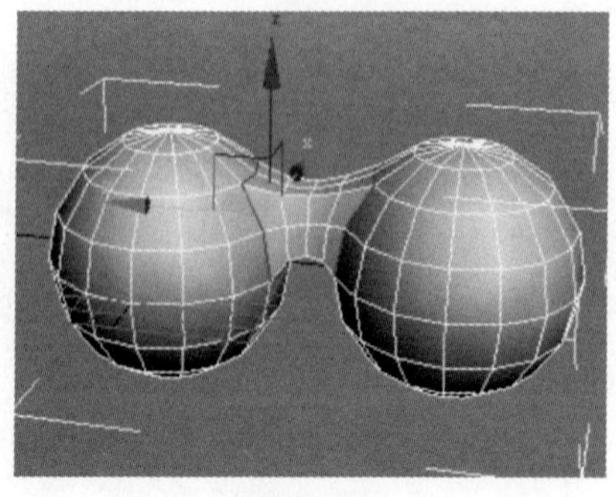

图 5-30

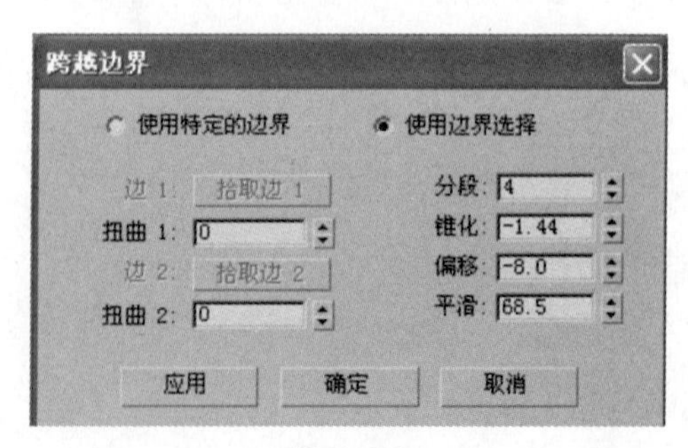

图 5-31

5.4.5 编辑多边形

面是多边形中非常重要的子物体，打开编辑多边形卷展栏如图 5–32 所示。

轮廓：轮廓命令使被选面在沿着自身的平面坐标上进行放大和缩小，可以在它的设置对话框中输入数值进行控制（如图 5–33 所示）。

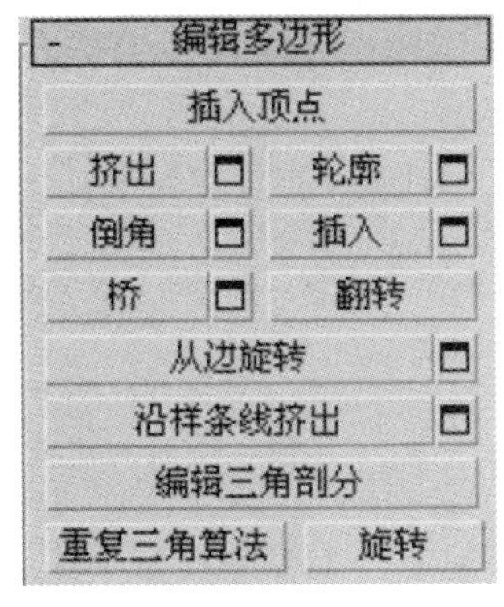

图 5–32

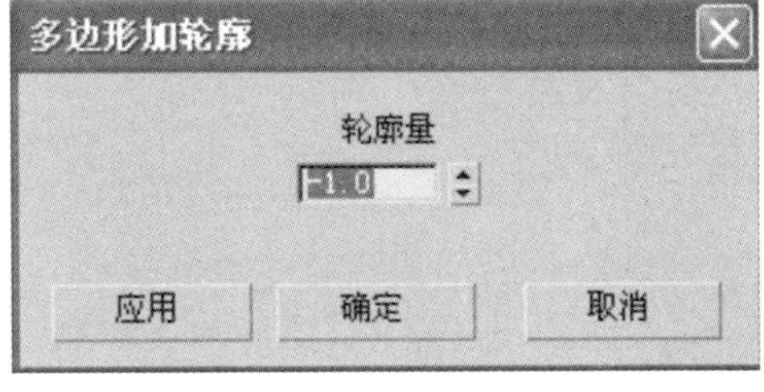

图 5–33

插入：插入命令是在选择的面中再插入一个没有高度的面如图 5–34 所示，打开设置对话框（如图 5–35 所示），可见它有两种插入类型：一种是根据选择的组坐标进行插入；另一种是根据单个面自身的坐标进行插入。

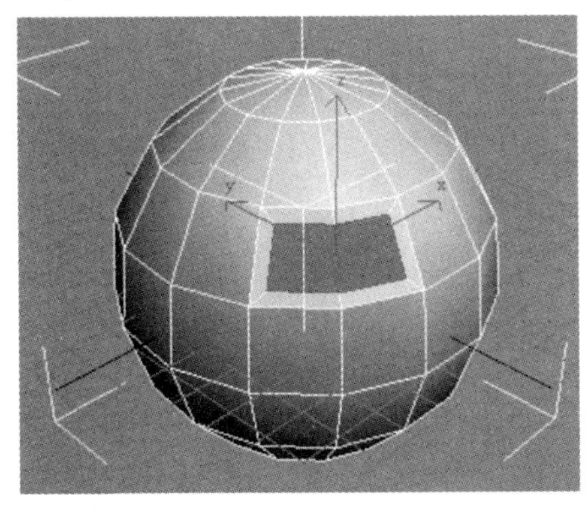

图 5–34

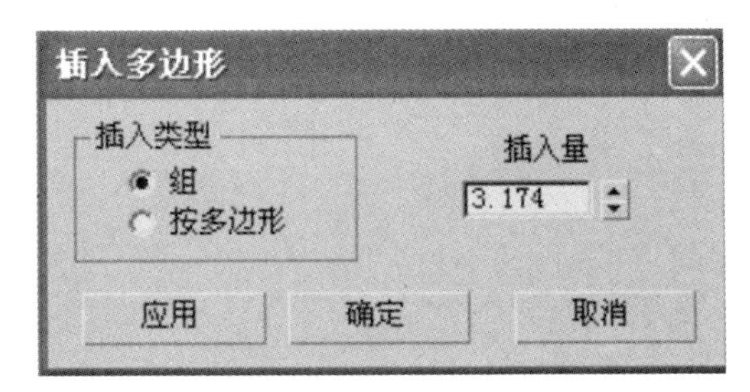

图 5–35

从边旋转和沿样条线挤出是在挤出的基础上加强了挤出的功能，在很多情况下使用它们可以有效地提高建模的速度。两者在使用时都要先在其设置对话框中进行设置。

从边旋转：从边旋转命令，选择面后，打开它的设置对话框（如图 5–36 所示），先单击“拾取转枢”按钮，然后在多边形上选择相应的边，增加角度值，所选面就会以选择的边为中心进行旋转拉伸，增加段数可以使拉伸出来的部分呈圆弧状，效果如图 5–37 所示。

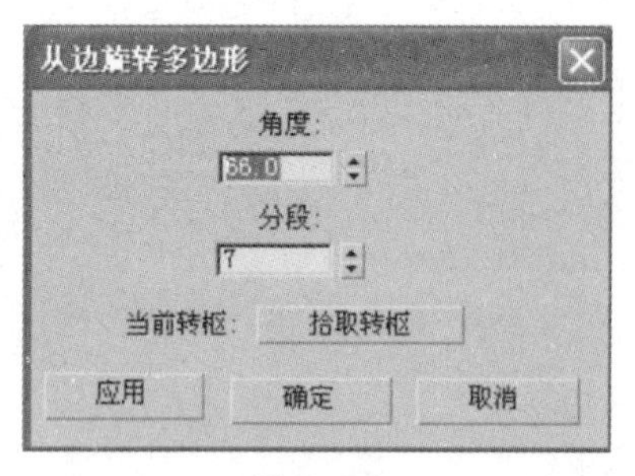

图 5-36

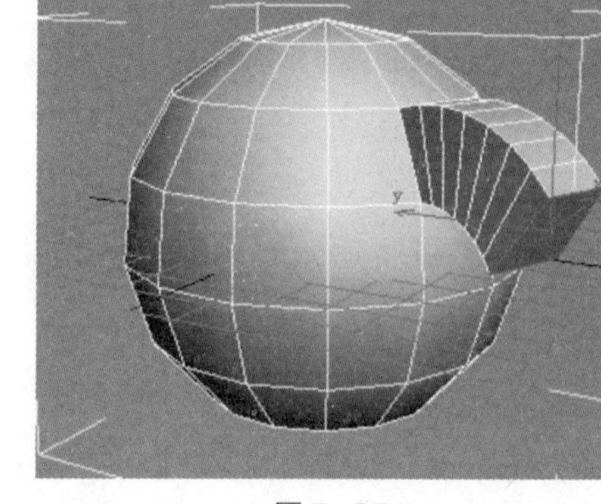

图 5-37

沿样条线挤出：沿样条线挤出命令，在使用此命令之前，应该先创建一条曲线。选择要挤出的面，打开它的设置对话框（如图 5-38 所示），单击上方的拾取样条线按钮，然后在视图中单击刚刚创建的曲线，成功后曲线的名称会出现在按钮上，这时面已经依据曲线的形状进行了拉伸，如图 5-39 所示。分段值是拉伸面的段数值；锥化值可以使拉伸的面呈锥形；锥化曲线值使曲线呈锥形，不过拉伸部分的两端的面不会改变；扭曲是将拉伸的面进行旋转扭曲。默认状态下拉伸出的面的方向是与曲线的方向平行的，这样有可能会与原始面成一定角度，如果勾选“对齐到面法线”选项，那么就会沿着面法线的方向进行挤出了。

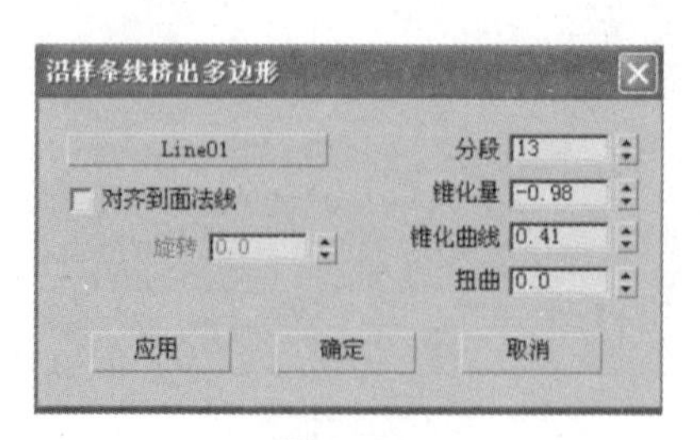

图 5-38

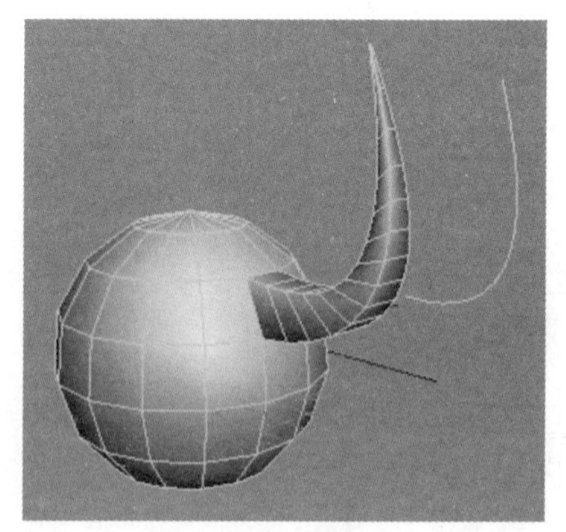

图 5-39

5.5 实例一：手表的制作

1. 启动或者重置 3ds Max。激活顶视图，单击“视图”/“视口背景”命令，打开“视口背景”对话框，在“背景源”栏中指定图片 map/pulsar1.jpg 为参考背景，其他参数如图 5-40 所示。

2. 在顶视图，参考表盘面绘制一个圆形（如图 5-41 所示），参数如图 5-42 所示。

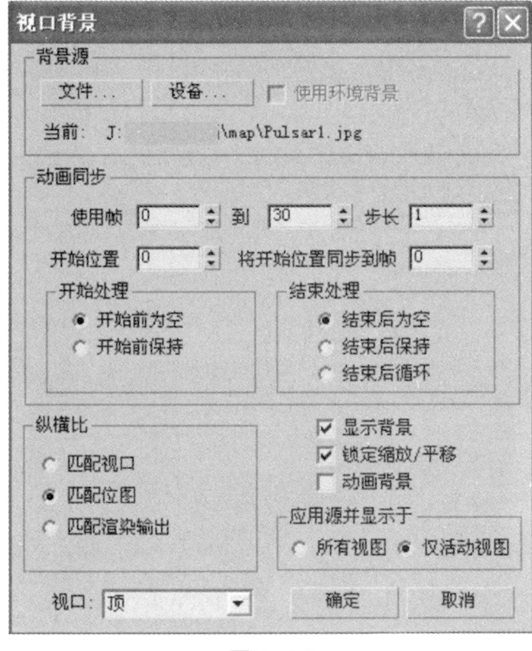

图 5-40

图 5-41

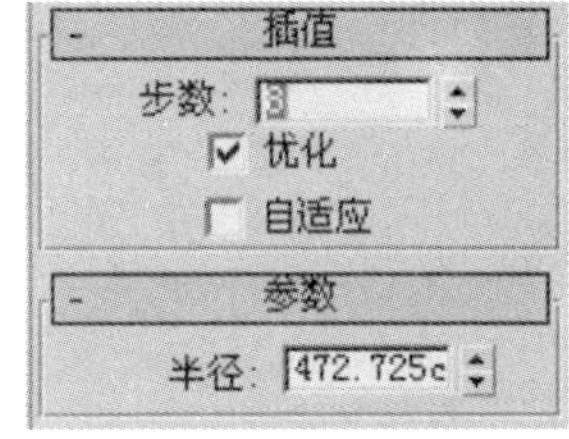

图 5-42

3. 给圆添加挤出修改命令，参数如图 5-43 所示，并将模型“透明” 属性勾选(如图 5-44 所示)。

4. 添加编辑多边形修改命令 (如图 5-45 所示)，进入次层级选中如图 5-46 所示的面，删除后如图 5-47 所示。

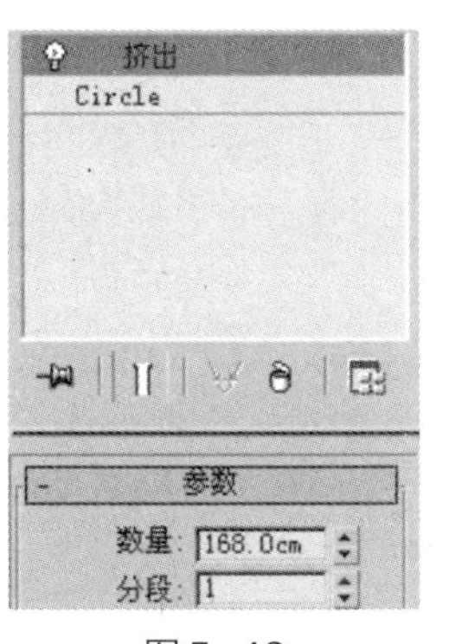

图 5-43

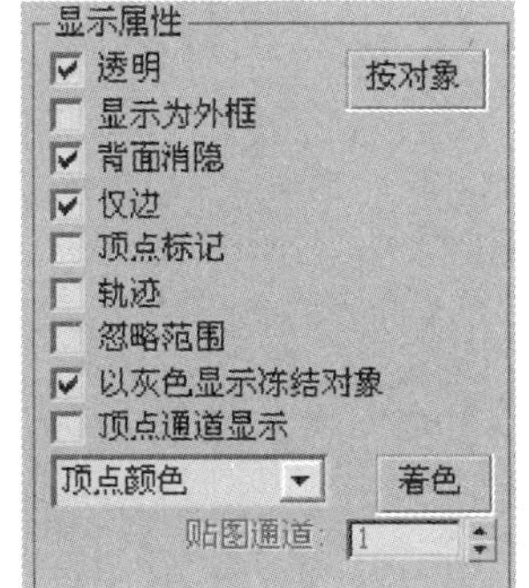

图 5-44

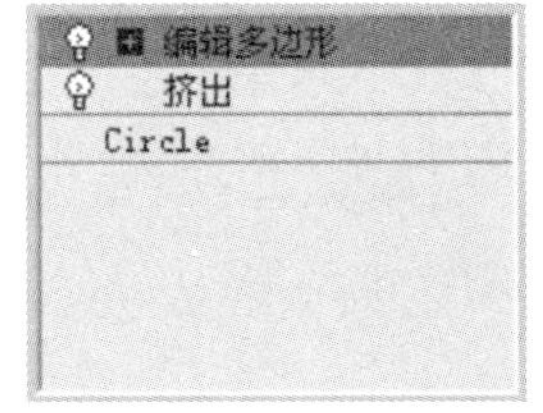

图 5-45

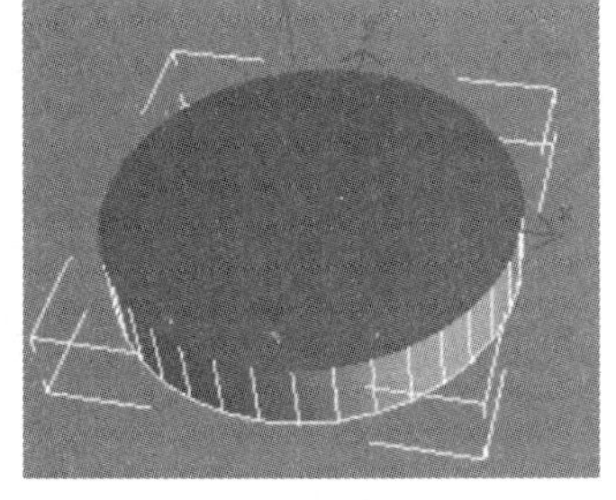

图 5-46

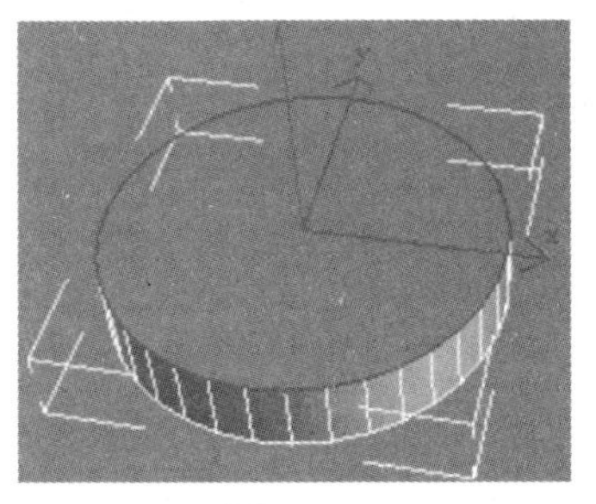

图 5-47

5. 选中如图 5-47 所示的边界，在顶视图，配合 Shift 键使用缩放工具，挤出新边界到如图 5-48 所示的位置。

6. 在前视图调整高度（如图 5-49 所示）。

7. 选择圆环上的一边（如图 5-50 所示），使用 环形 命令，选中如图 5-51 所示的一圈边。

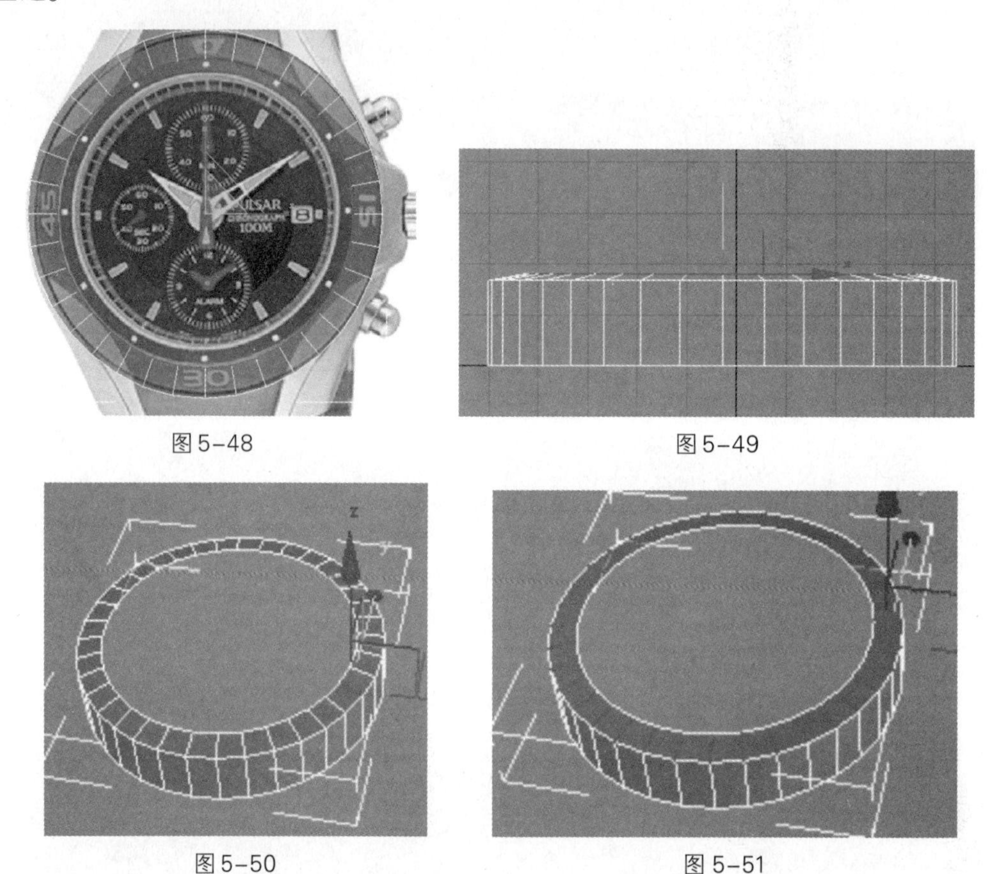

图 5-48　　图 5-49

图 5-50　　图 5-51

8. 单击 连接 按钮，设置分段数为 3。选中如图 5-52 所示的圆形边，在前视图调整其高度（如图 5-53 所示）。其他两个环形调整到如图 5-54 所示的位置，使它们在一个弧度上。

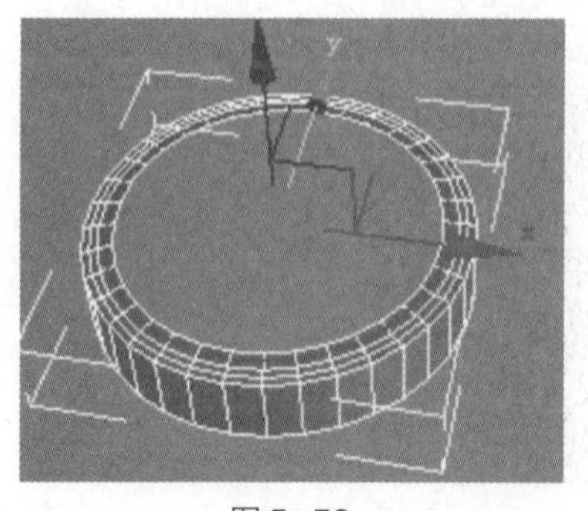

图 5-52

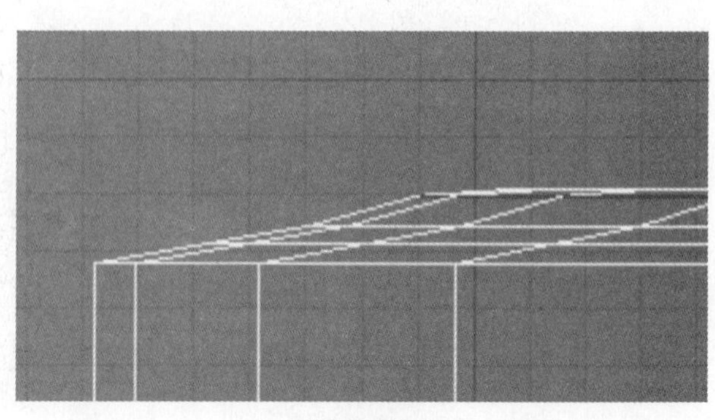

图 5-53

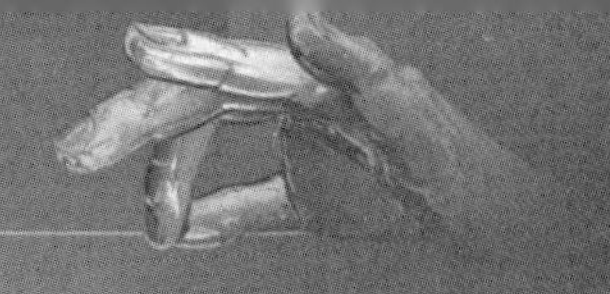

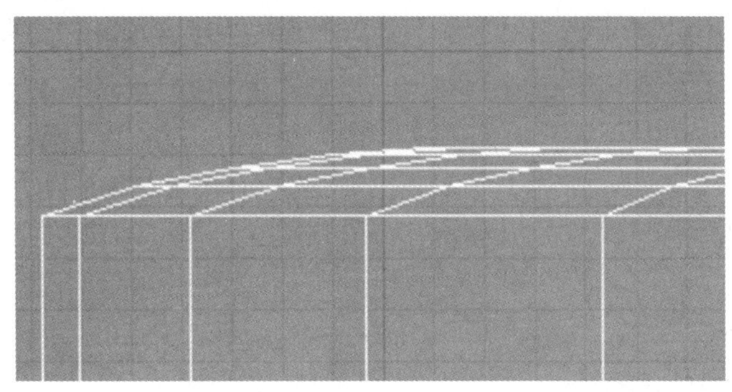

图 5-54

9. 选中如图 5-55 所示的一圈垂直外表面，单击 挤出 按钮，打开“挤出多边形”对话框，参数设置如图 5-56 所示。

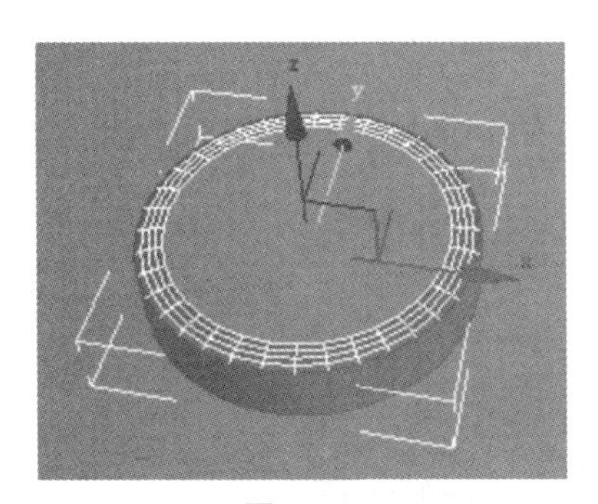

图 5-55

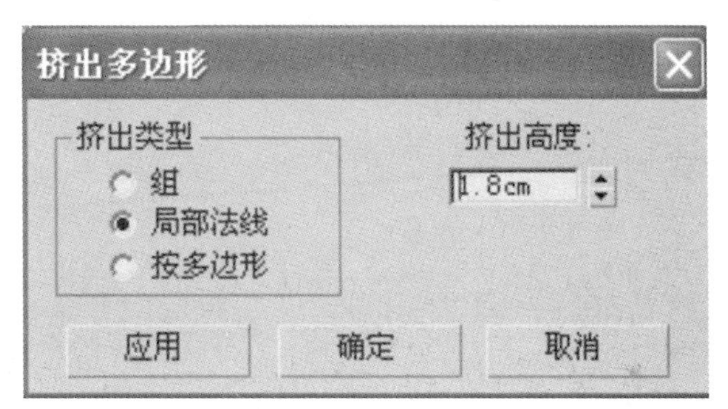

图 5-56

10. 选中如图 5-57 所示的面，删除后如图 5-58 所示。

图 5-57

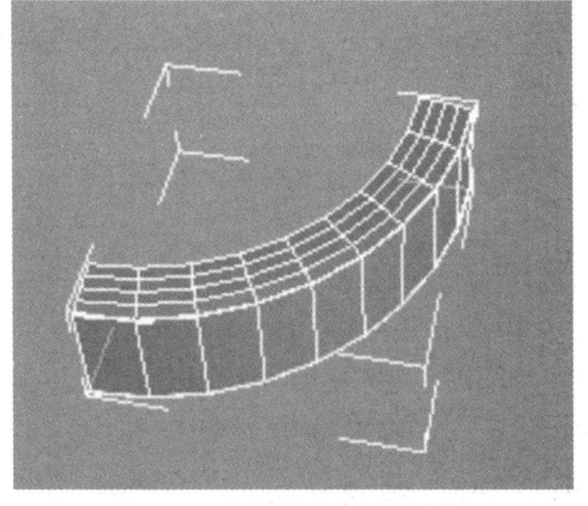

图 5-58

11. 在顶视图，在多边形层级，使用 切割 命令，按照参照图分割出一个圆弧（如图 5-59 所示）。

12. 选中如图 5-60 所示的面，使用“挤出”命令，将高度设为 0（如图 5-61 所示）。

图 5-59

图 5-60

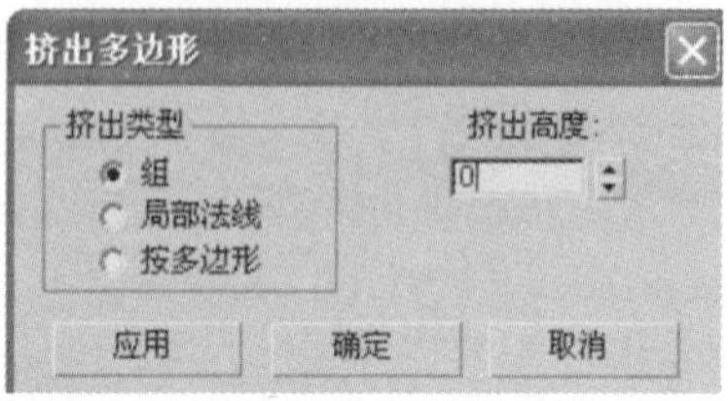

挤出多边形
挤出类型
组
局部法线
按多边形
挤出高度:
0
应用　确定　取消

图 5-61

13. 在左视图，调整其高度（如图 5-62 所示）。选中模型内侧新产生的面，删除后如图 5-63 所示。

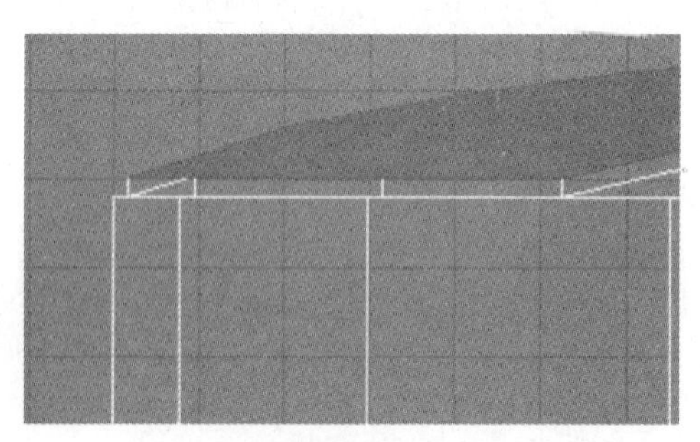

图 5-62

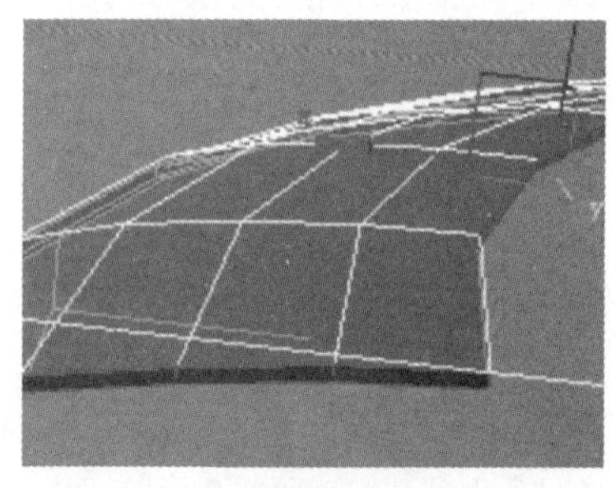

图 5-63

14. 使用“分割”工具，在如图 5-64 所示的面，沿切割产生的圆弧端分割出一条新的线（如图 5-64 所示），调整其坐标，使其在 XY 平面上一致，如 X: 179.776cm Y: -409.576c（如图 5-65 所示）。

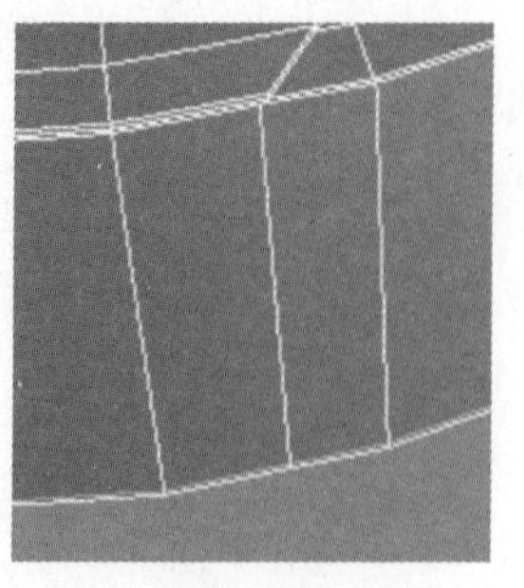

图 5-64

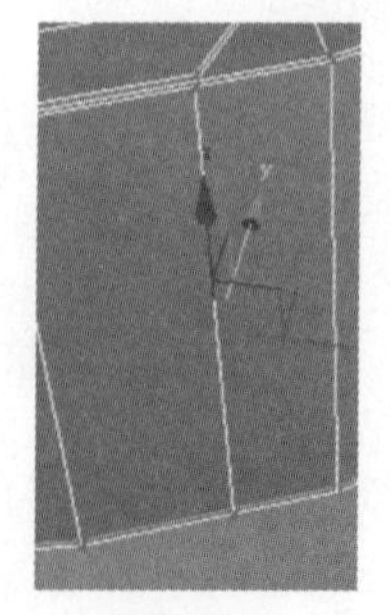

图 5-65

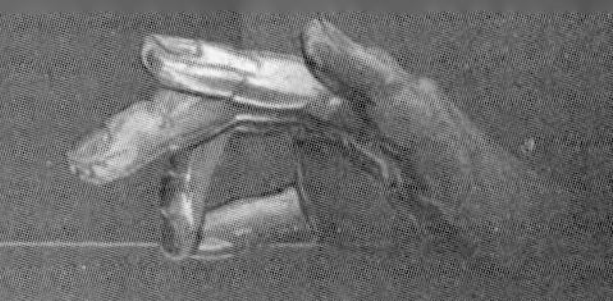

15. 选中如图 5-66 所示的面，使用“倒角”命令，参数设置如图 5-67 所示。

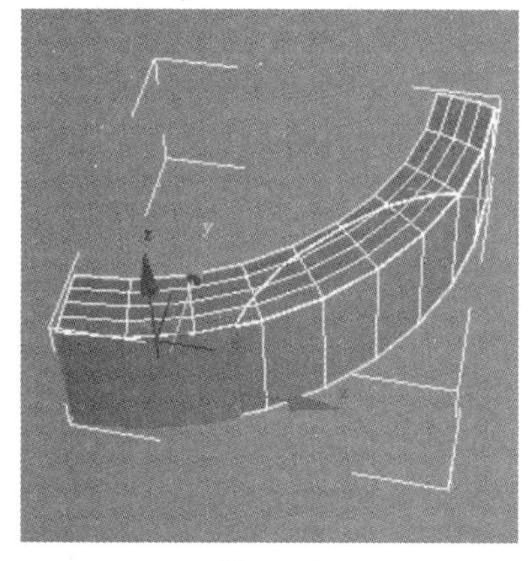

图 5-66

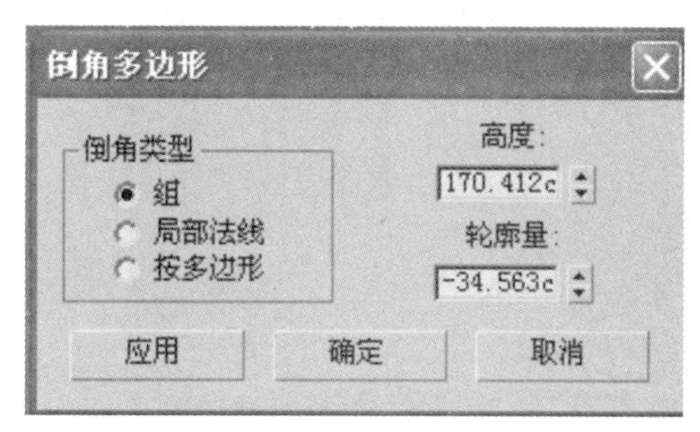

图 5-67

16. 单击 平面化 命令，使新的面在一个平面上（如图 5-68 所示），在顶视图中移动到如图 5-69 所示的位置。

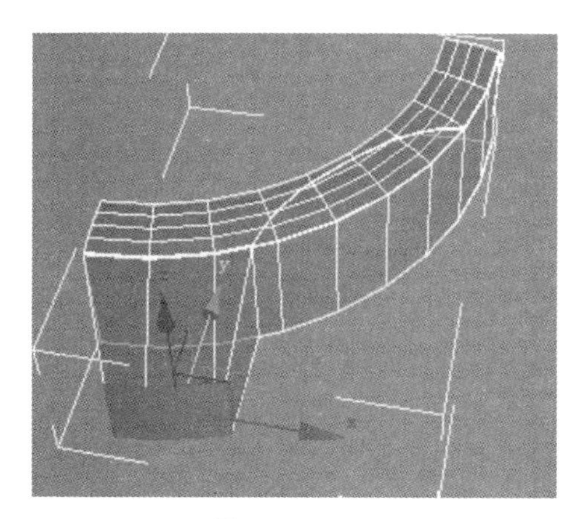

图 5-68

图 5-69

17. 在左视图调整其位置，如图 5-70 所示；继续在顶视图调整点的位置如图 5-71 所示。

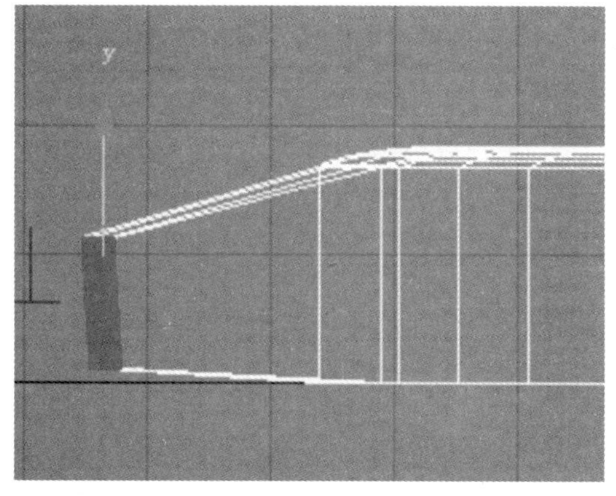

图 5-70

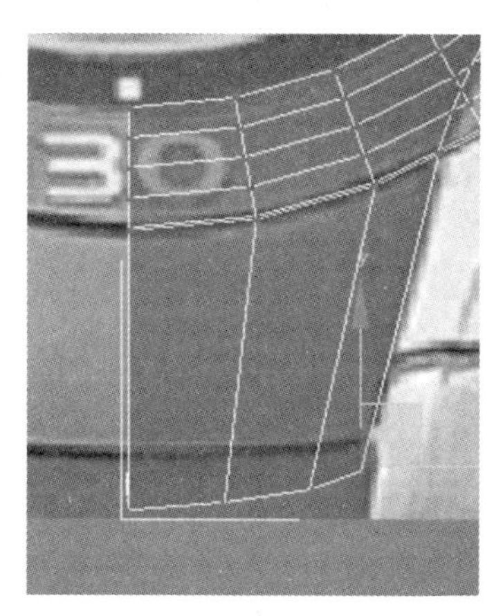

图 5-71

18. 选择如图 5–72 所示的面并删除。调整图 5–73 中点的 X 坐标，使它们和相对应的点在一条直线上。

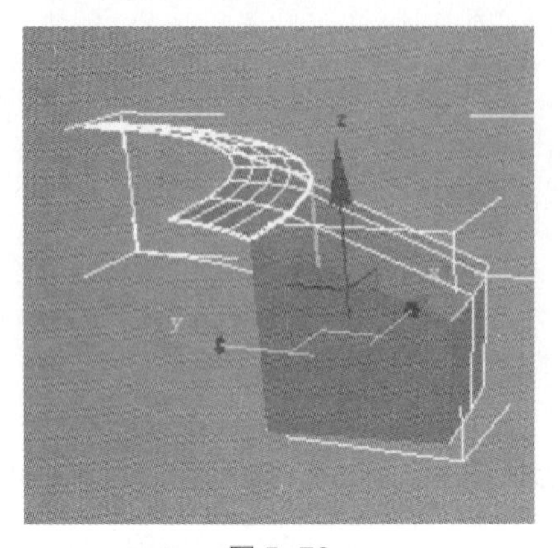

图 5–72

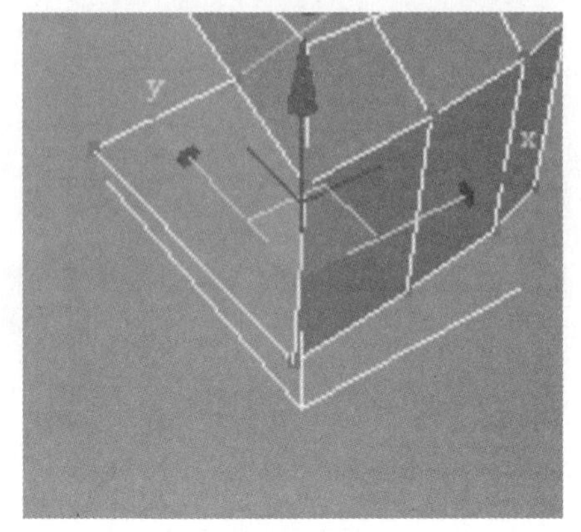

图 5–73

19. 选择如图 5–74 所示的边，单击“连接”按钮旁的小方块，将分段数设为 3（如图 5–75 所示）。

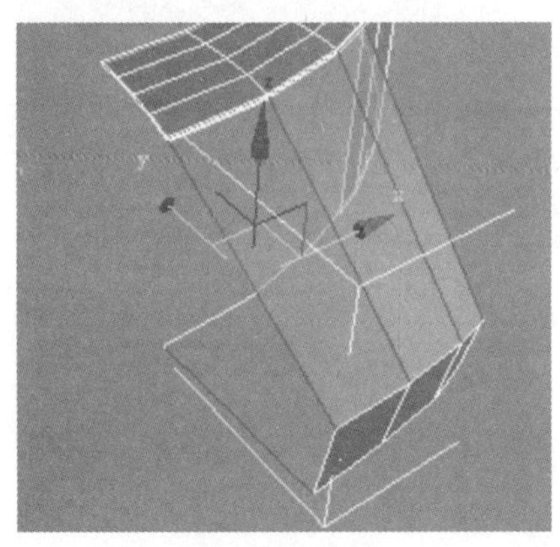

图 5–74

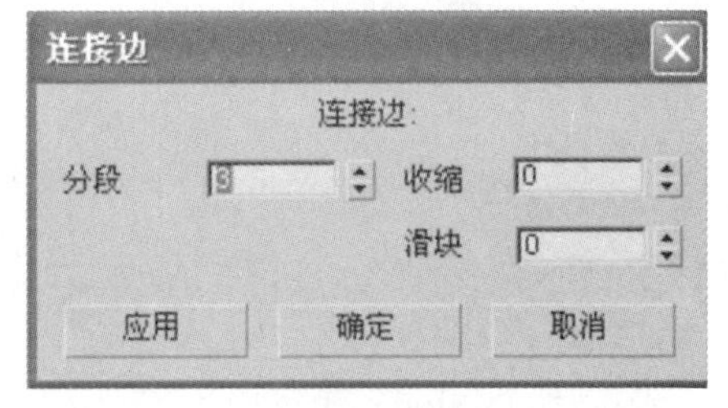

图 5–75

20. 选择如图 5–76 所示的边，调整高度，依次调整其他的边，如图 5–77 所示。

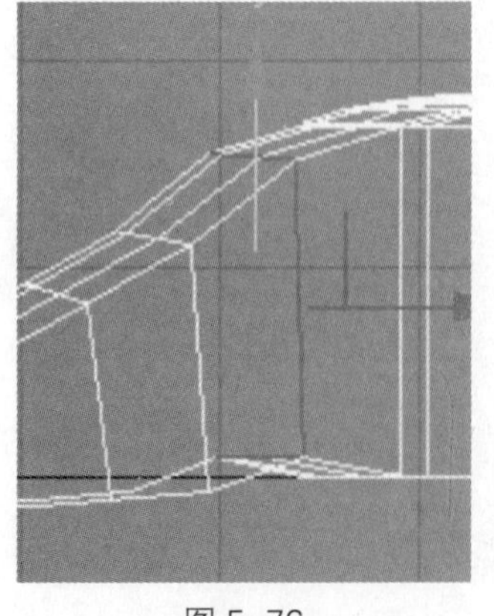

图 5–76

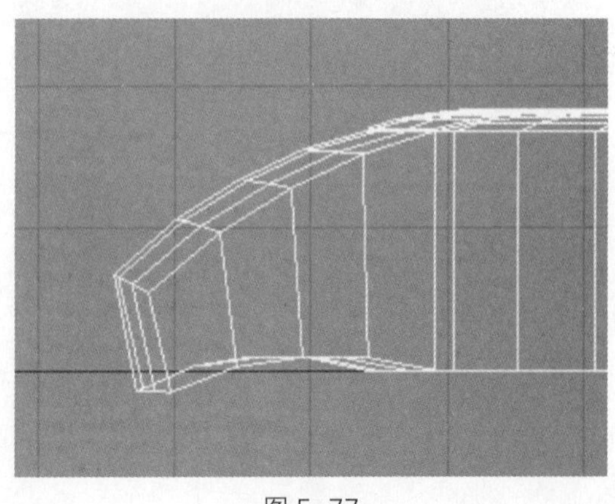

图 5–77

21. 选择如图 5-78 所示的面，单击“倒角”命令，设置参数如图 5-79 所示。

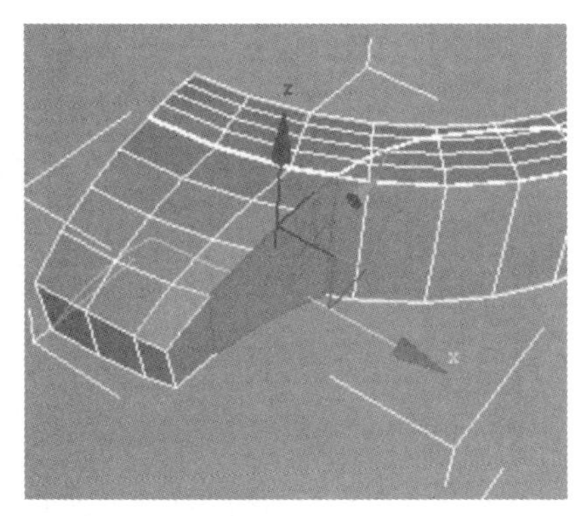
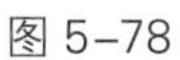
图 5-78

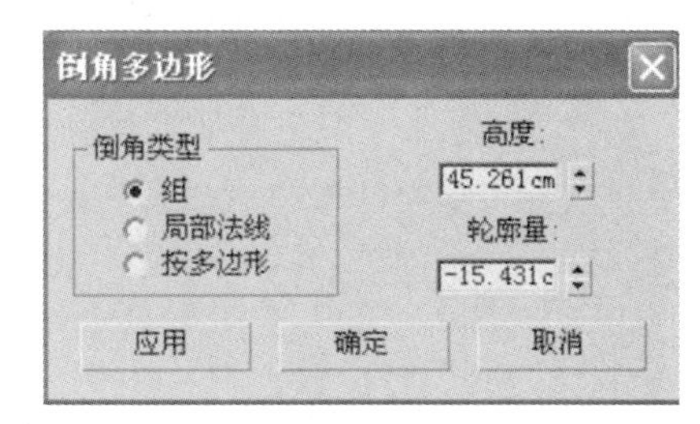

图 5-79

22. 平面化所选的面如图 5-80 所示，在顶视图，调整点的位置到如图 5-81 所示。

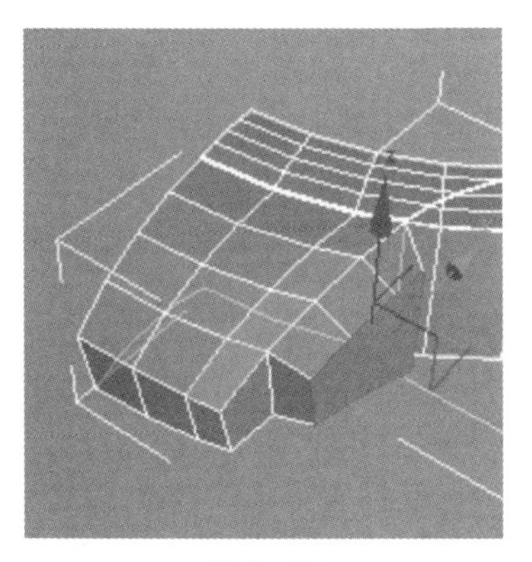
图 5-80

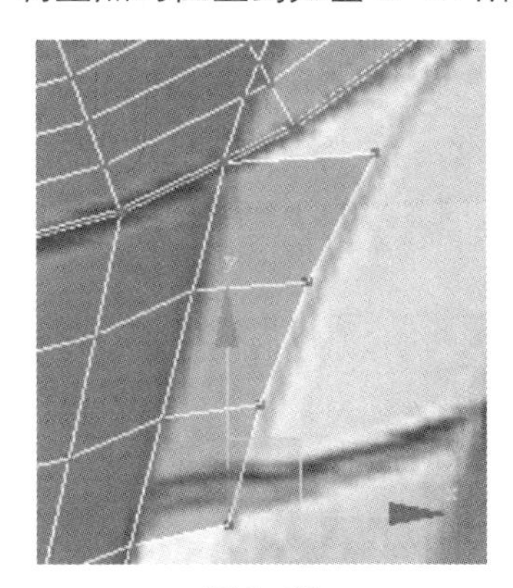
图 5-81

23. 选择如图 5-82 所示的面并删除，在多边形层级，单击“创建”命令，创建如图 5-83 所示的面。继续创建如图 5-84 所示的另两个面。

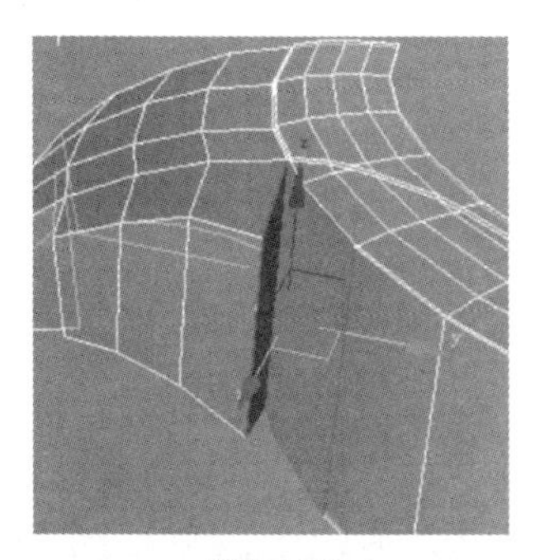
图 5-82

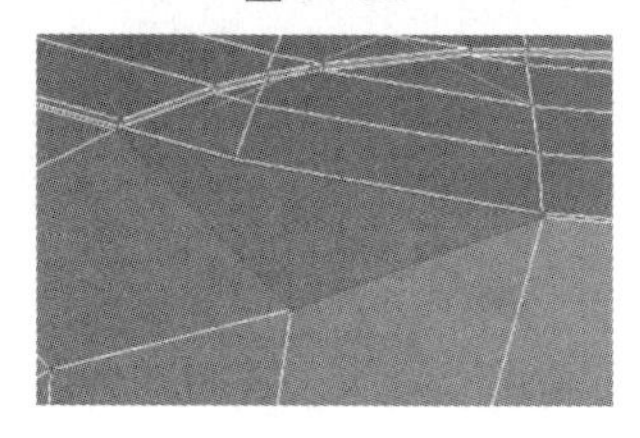
图 5-83

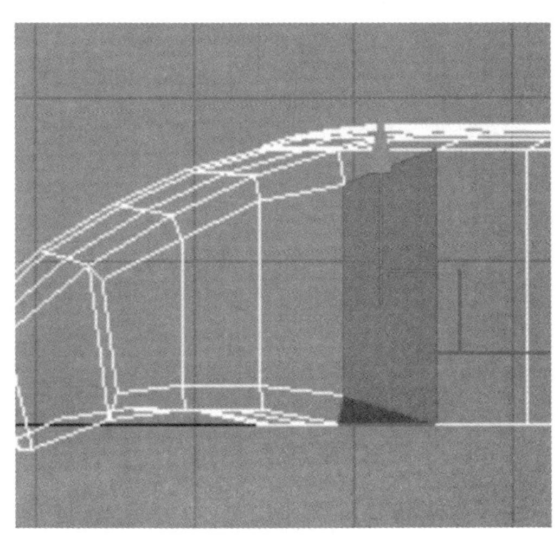
图 5-84

24. 在右视图调整点的位置，如图 5-85 所示 。选择如图 5-86 所示的面，使用“倒角”命令，设置参数如图 5-87 所示，形成如图 5-88 所示的效果。

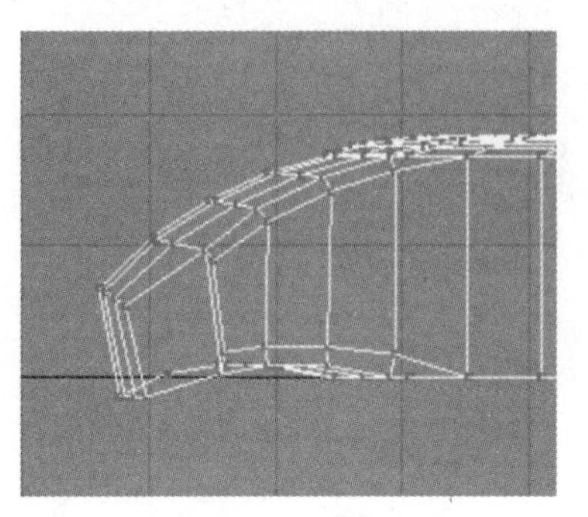
图 5-85

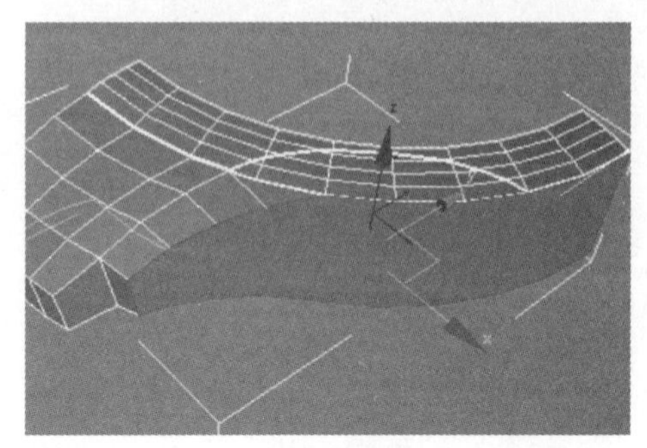
图 5-86

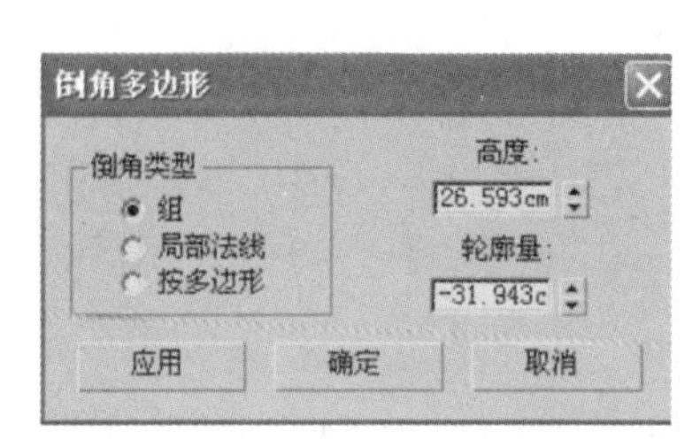

图 5-87

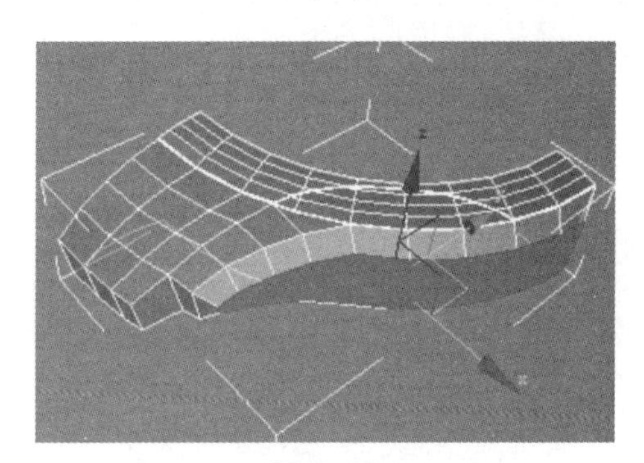
图 5-88

25. 在顶视图和前视图调整点的位置到如图 5-89 和图 5-90 所示。

图 5-89

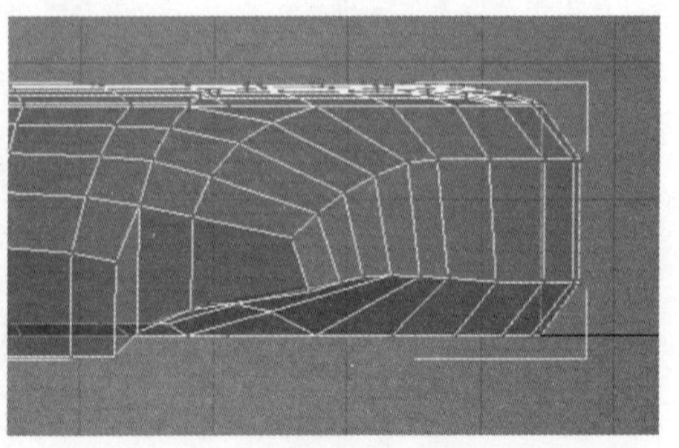
图 5-90

26. 选择如图 5-91 所示的面并删除，调整图 5-92 中点的 XY 坐标。

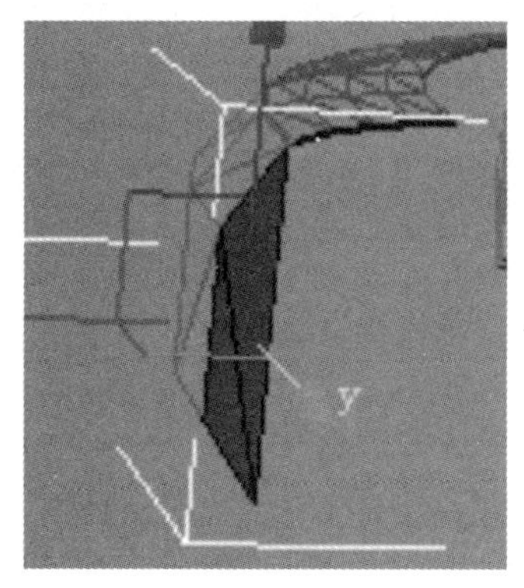

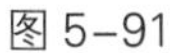
图 5-91

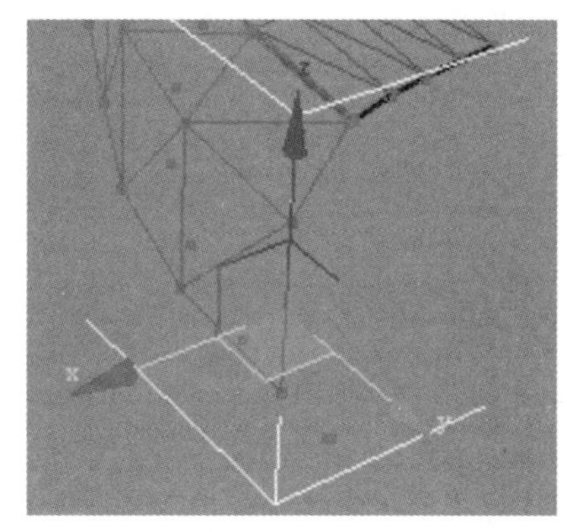

图 5-92

27. 在多边形层级，选择如图 5-93 所示的面，使用“挤出”命令，设置参数如图 5-94 所示。删除两侧如图 5-95 所示的面。

图 5-93

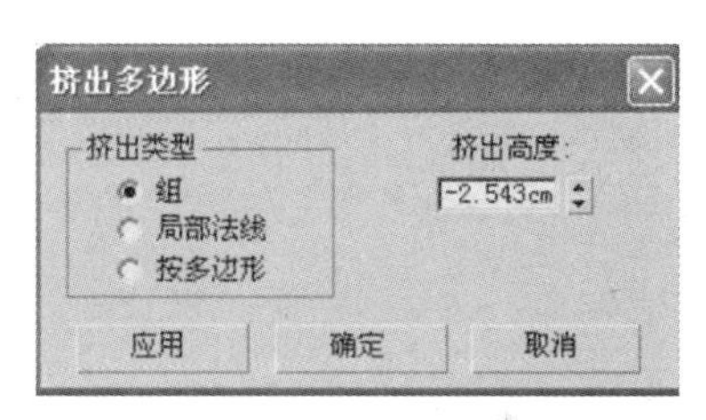

图 5-94

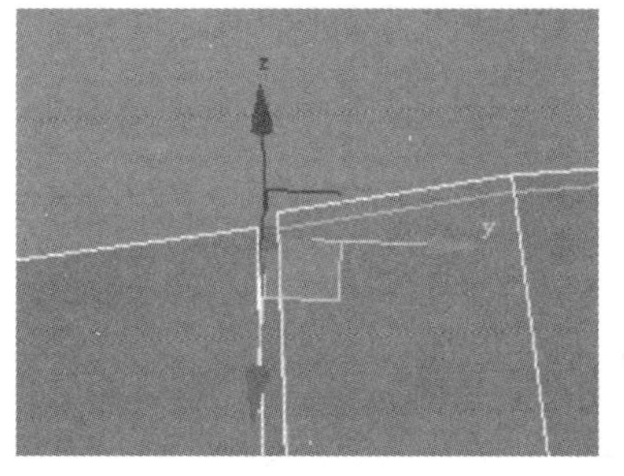

图 5-95

28. 选择如图 5-96 所示的面，将挤出高度设为 0（如图 5-97 所示），使用移动工具，向上移动（如图 5-98 所示）。

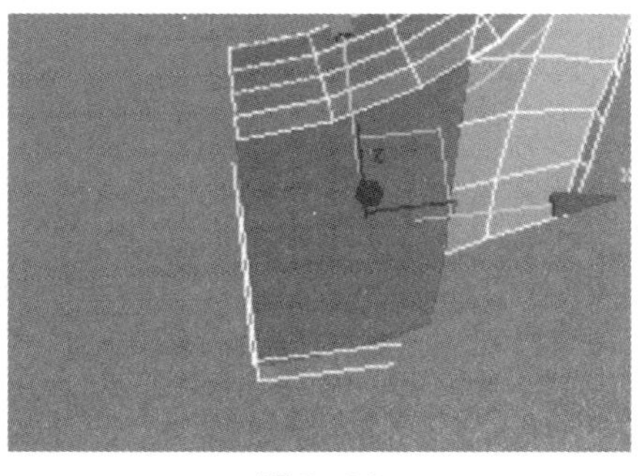

图 5-96

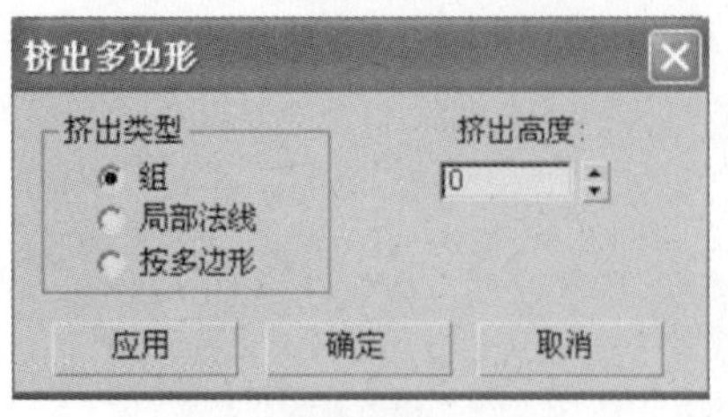

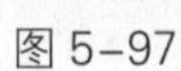
图 5-97

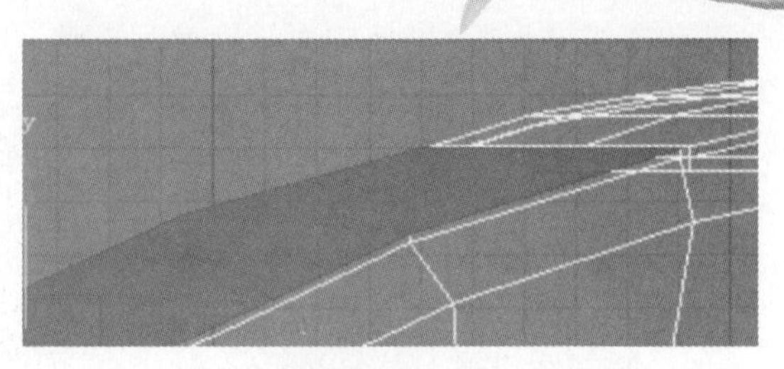
图 5-98

29. 选择如图 5-99 所示的面，使用“挤出”命令，设置参数如图 5-100 所示。

图 5-99

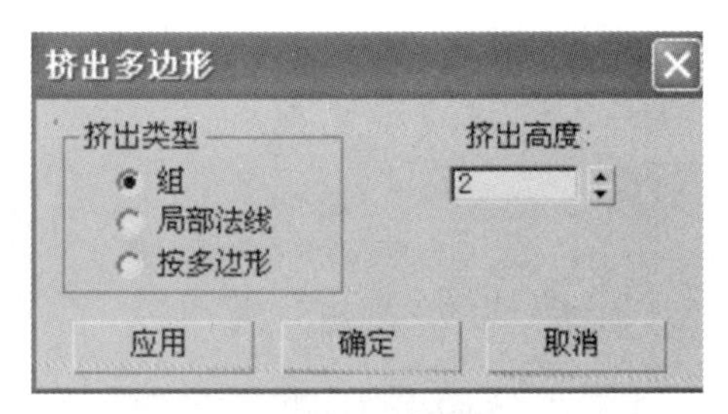

图 5-100

30. 在顶点层级，单击 目标焊接 按钮，将外侧点焊接到原来的位置。选择如图 5-101 所示的面并删除。

31. 选择如图 5-102 所示的边，使用“切角”命令，设置参数如图 5-103 所示。

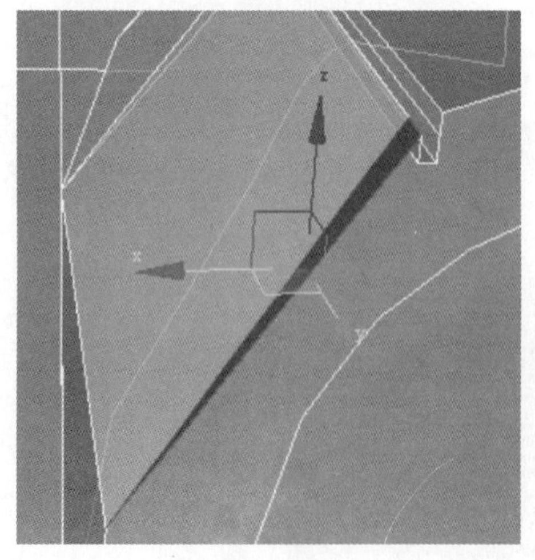
图 5-101

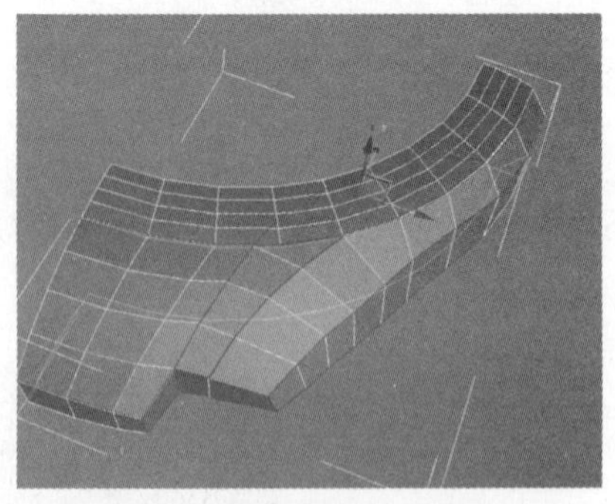
图 5-102

图 5-103

32. 添加对称修改命令（如图 5–104 所示），结果如图 5–105 所示。

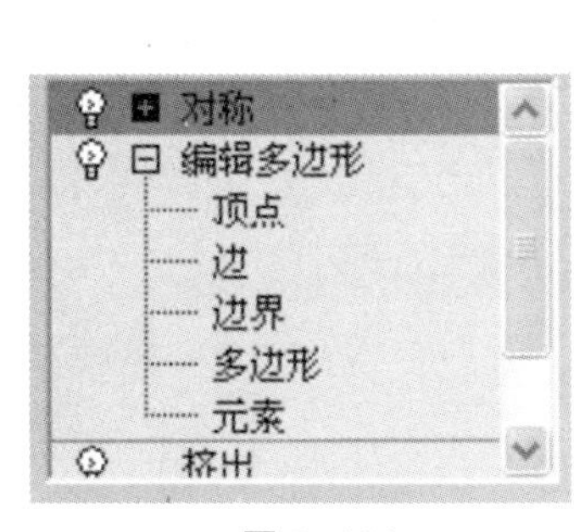

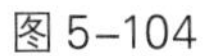

图 5–104

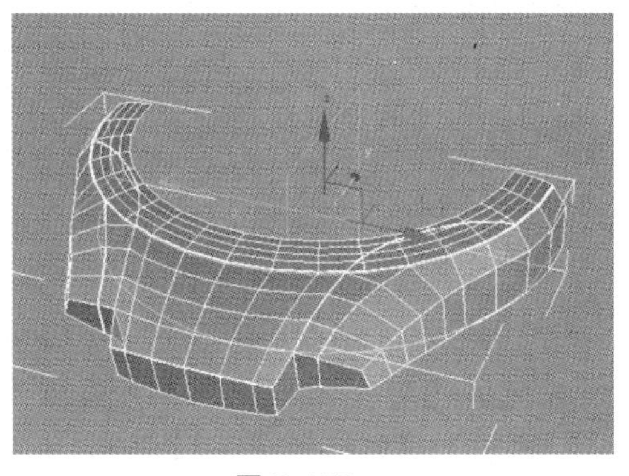

图 5–105

33. 添加编辑多边形修改命令（如图 5–106 所示），进入边层级，选择如图 5–107 所示的边，使用“连接”命令，设置分段数为 1。

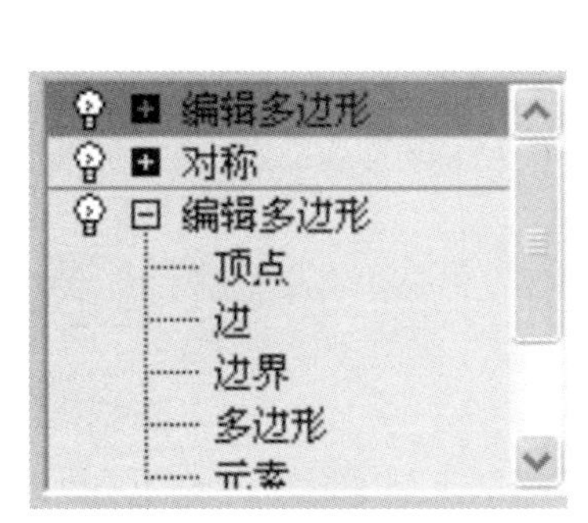

图 5–106

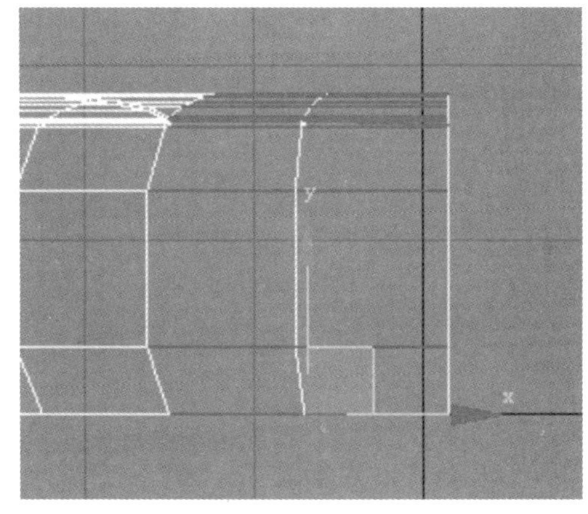

图 5–107

34. 在顶视图调整点的位置（如图 5–108 所示）。

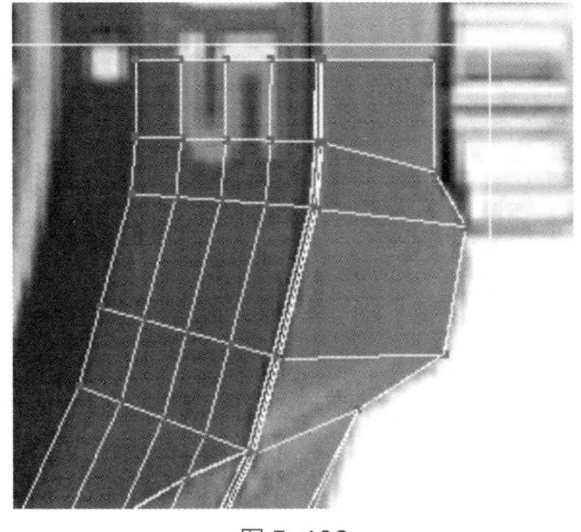

图 5–108

35. 添加对称修改命令，进入镜像层级对话框（如图 5-109 所示），在顶视图，沿 Z 轴旋转镜像 90°。结果如图 5-110 所示。

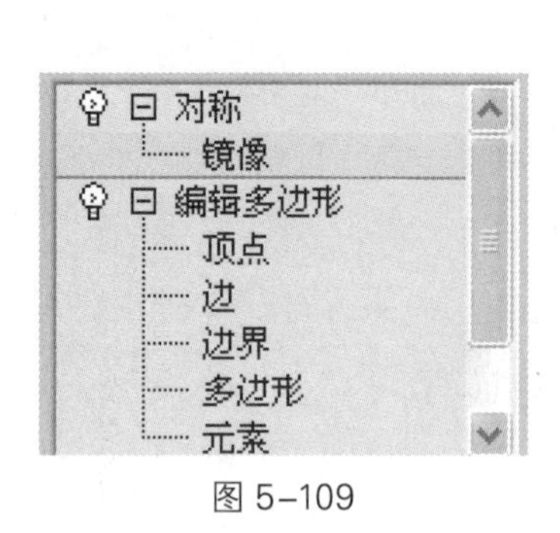

图 5-109

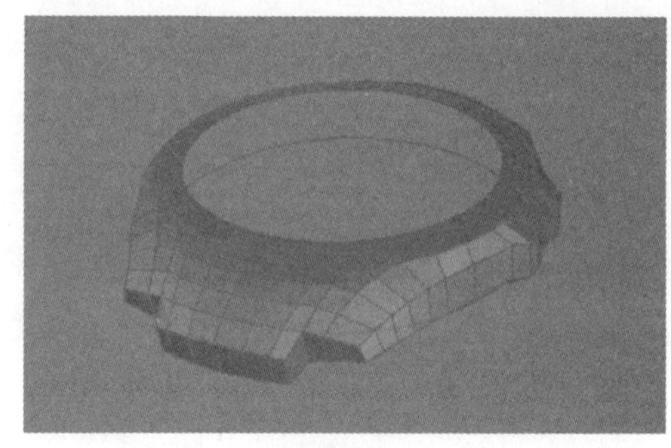
图 5-110

36. 添加编辑多边形修改命令如图 5-111 所示，在边界层级，选择如图 5-112 所示的边界。

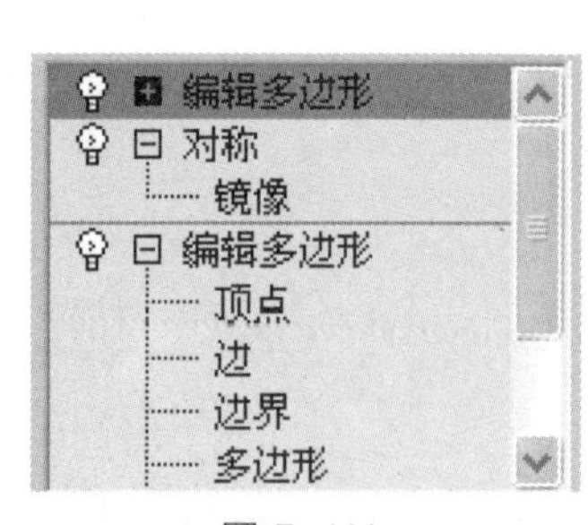

图 5-111

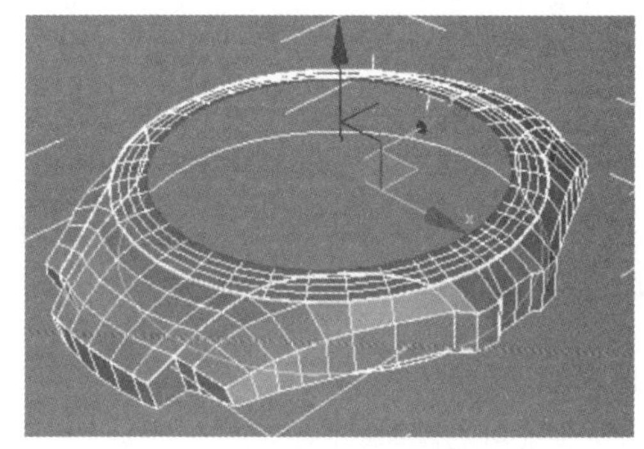
图 5-112

37. 在右视图，使用 Shift 键和移动工具挤出新的边界，如图 5-113 所示；在顶视图，配合 Shift 键和缩放命令挤出新的边界，如图 5-114 所示，向上移动一定高度如图 5-115 所示。

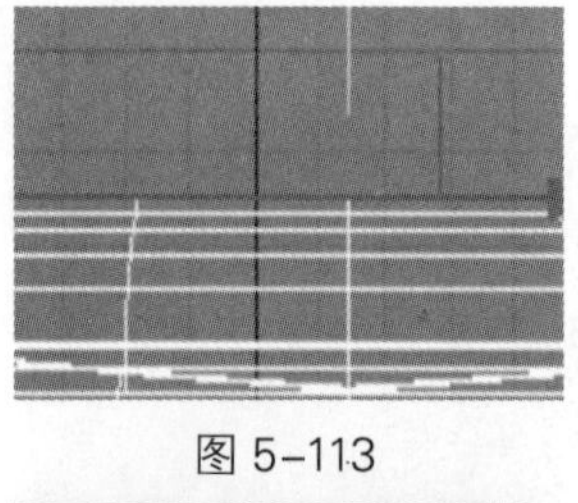
图 5-113

图 5-114

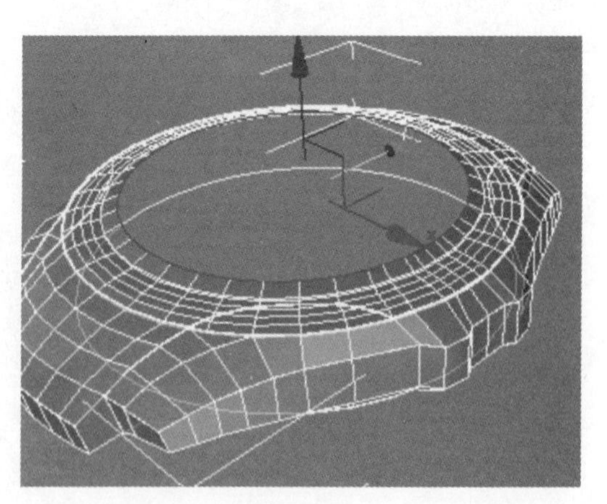
图 5-115

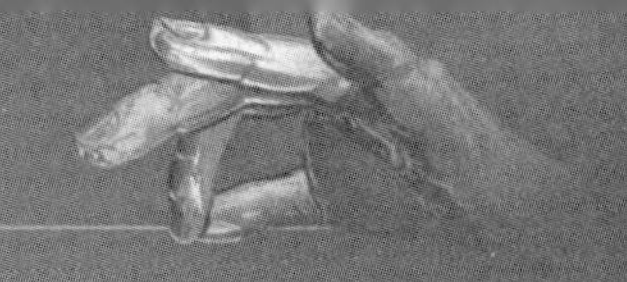

38. 在顶视图，使用 Shift 键和缩放命令挤出新的边界，如图 5–116 所示，向下移动一定高度如图 5–117 所示。

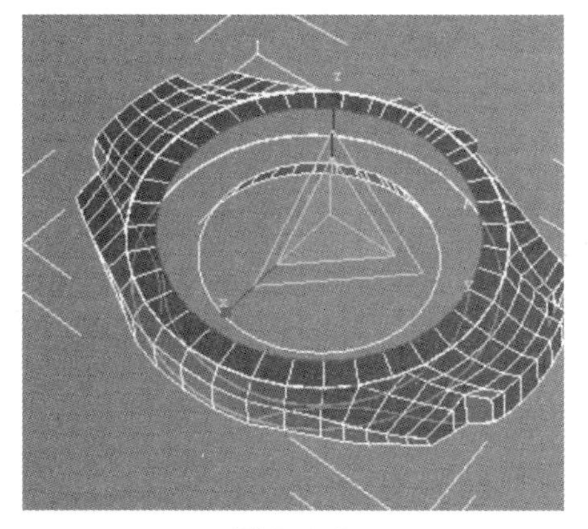

图 5–116

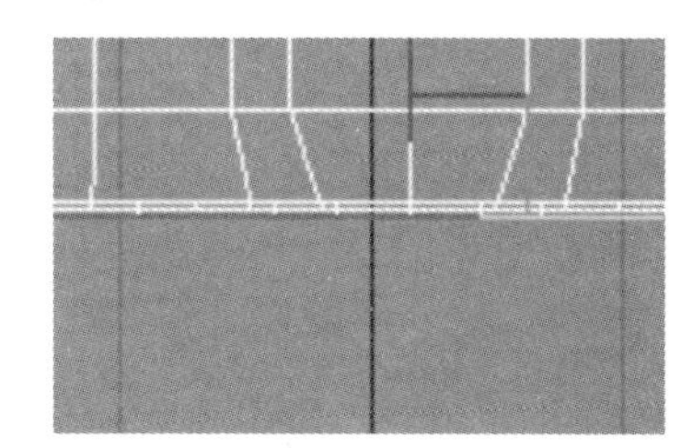

图 5–117

39. 在底视图，使用 Shift 键和缩放命令挤出新的边界，如图 5–118 所示；向下移动一定高度（如图 5–119 所示），并单击 封口 命令。

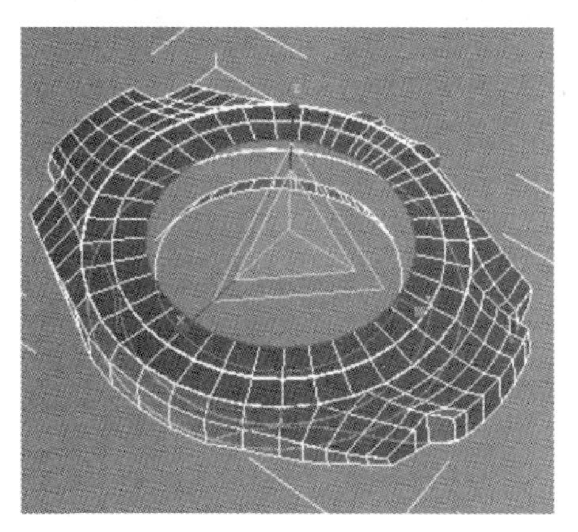

图 5–118

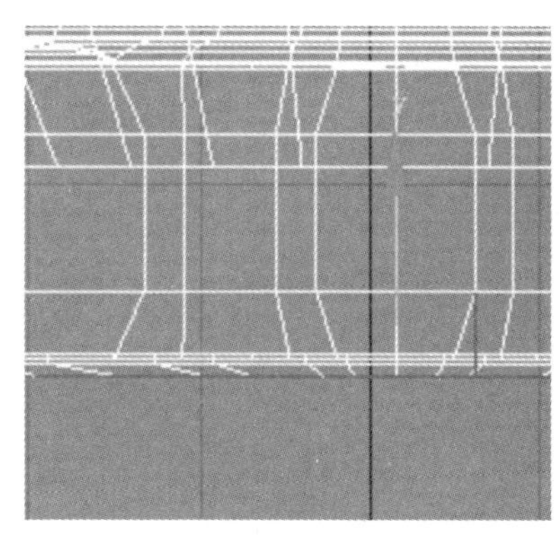

图 5–119

40. 选择如图 5–120 所示的边，使用切角命令，切角量为 0.2。

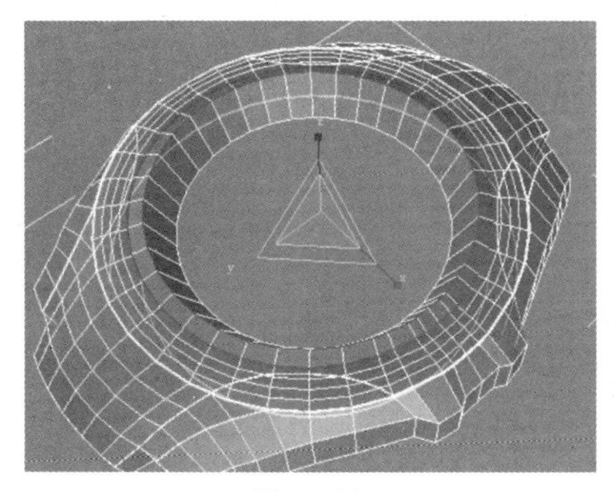

图 5–120

41. 添加涡轮平滑修改命令（如图 5-121 所示），设置迭代次数为 2（如图 5-122 所示）。

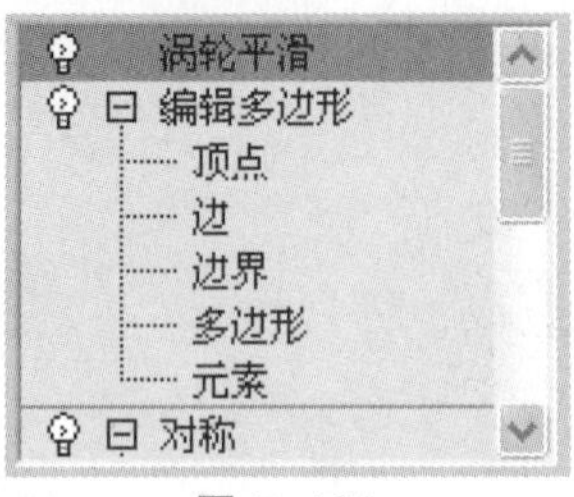

图 5-121

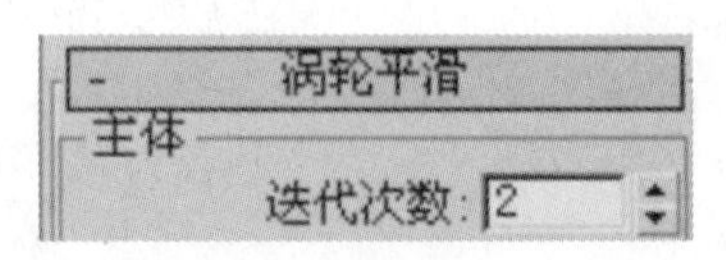

图 5-122

42. 创建一个球，设置参数如图 5-123 所示；转换为可编辑多边形（如图 5-124 所示）。选择如图 5-125 所示的一半球面并删除。

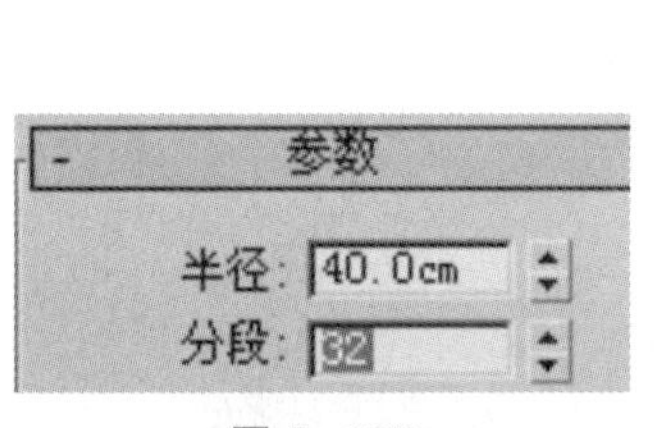

图 5-123

图 5-124

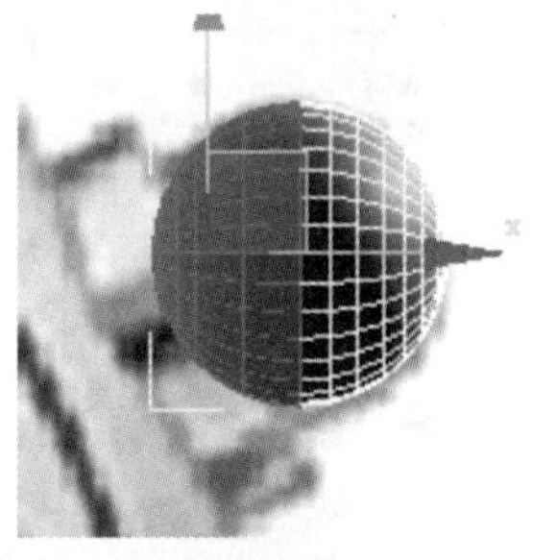

图 5-125

43. 在顶视图，选择边界如图 5-126 所示，配合 Shift 键移动挤出，在左视图，配合 Shift 键缩放挤出（如图 5-127 所示）。

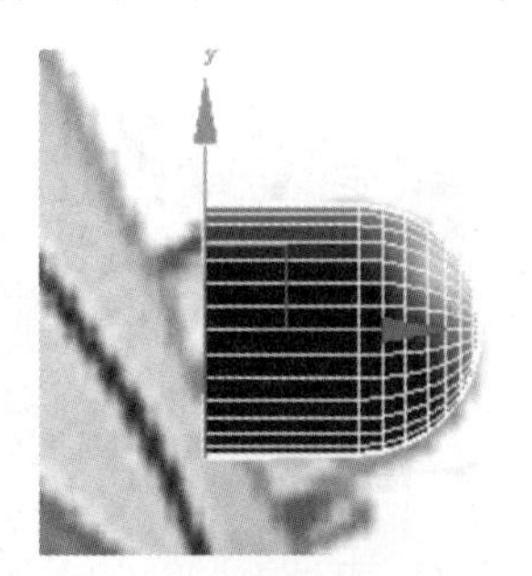

图 5-126

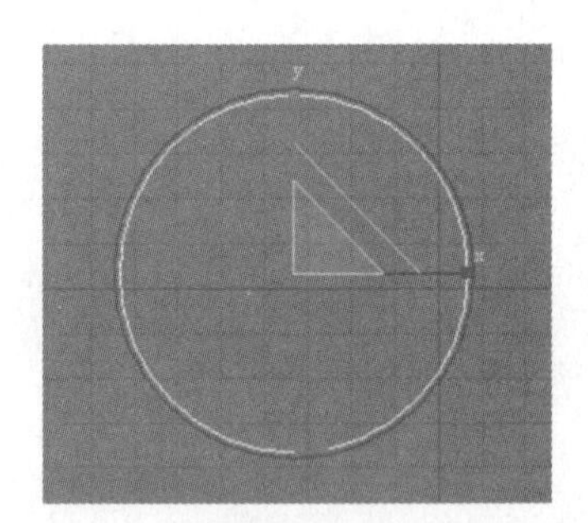

图 5-127

44. 顶视图，选择边界，配合 Shift 键移动挤出，如图 5-128 所示，在左视图，配合 Shift 键缩放挤出（如图 5-129 所示）。

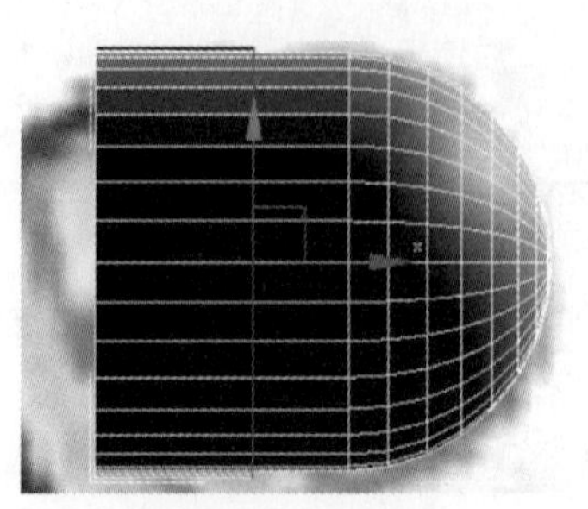

图 5-128

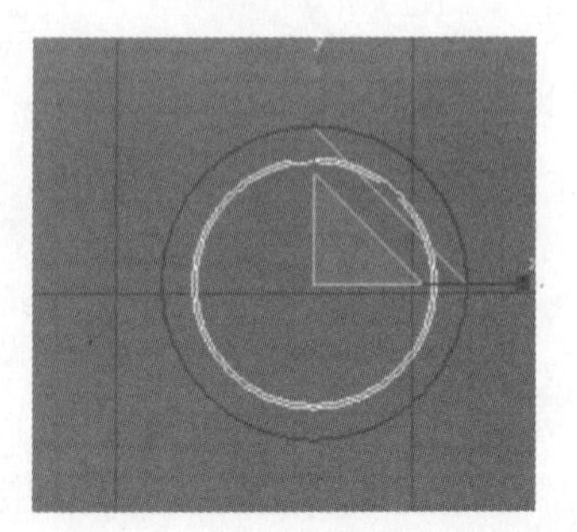

图 5-129

45. 顶视图，选择边界，配合 Shift 键移动挤出，封口（如图 5-130 所示）。

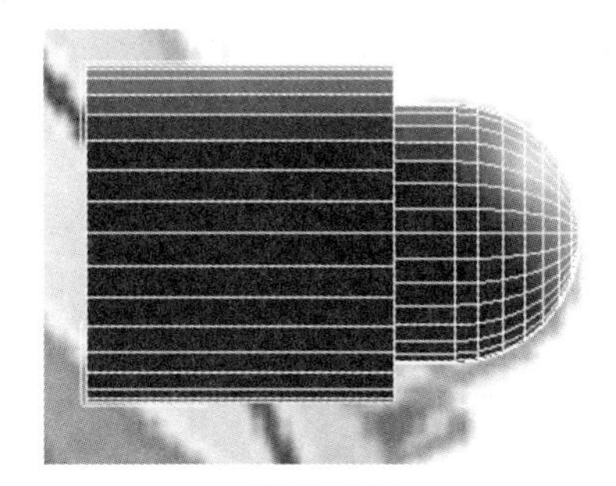

图 5-130

46. 选择如图 5-131 所示的边，单击“切角” 命令，设置切角量为 1.0，结果如图 5-132 所示。

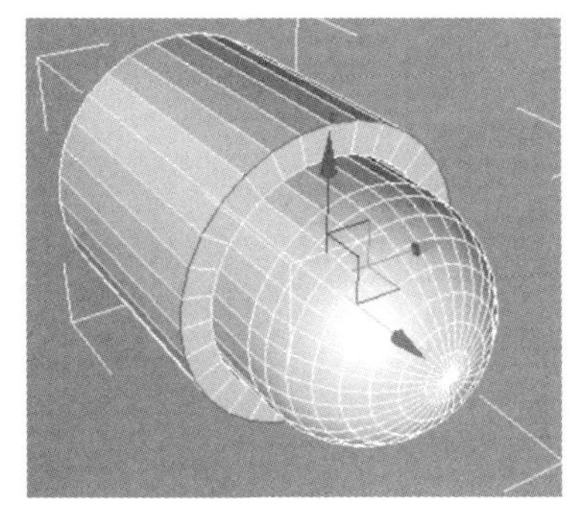

图 5-131

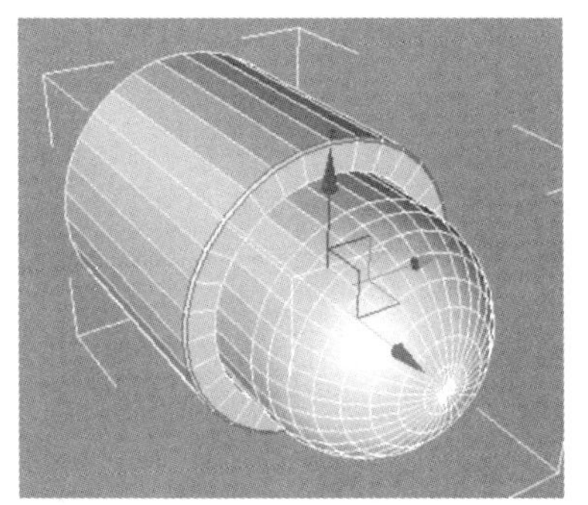

图 5-132

47. 选择所有的面（如图 5-133 所示），单击 自动平滑 45.0 按钮，结果如图 5-134 所示。

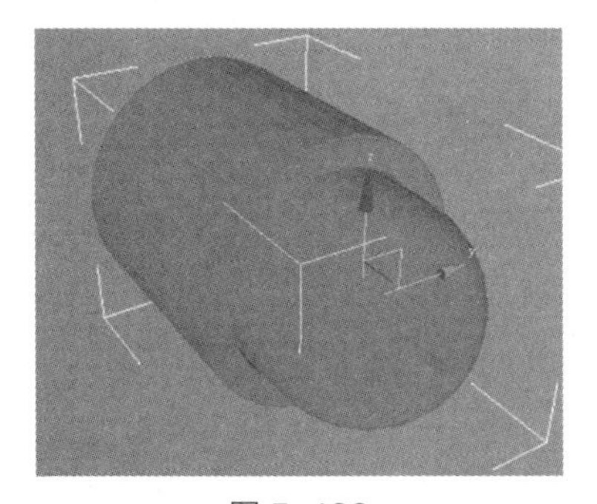

图 5-133

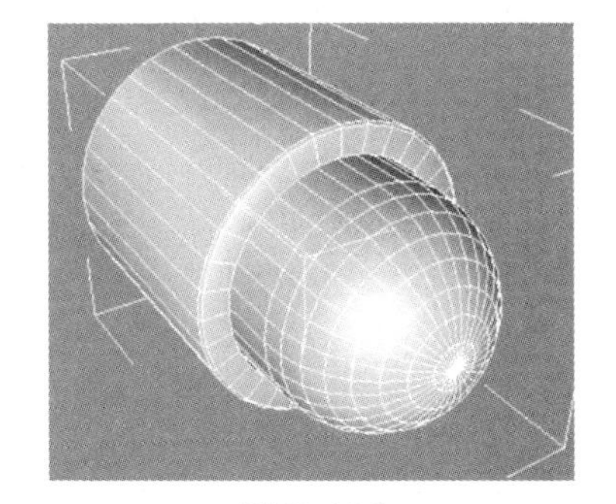

图 5-134

48. 复制两个相同的模型，移动到如图 5-135 所示的位置，将它们缩放 102%，然后和表做相减的布尔运算，结果如图 5-136 所示 。

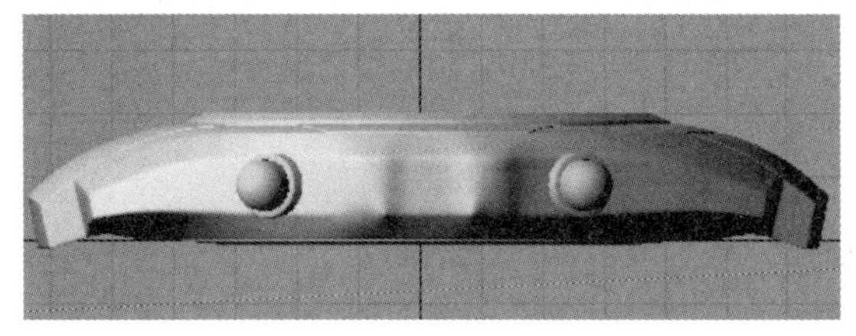

图 5-135

49. 将表转化为可编辑多边形，将新产生的边界，配合 Shift 键和移动工具，挤出新的边界（如图 5-137 所示）。

50. 将小按钮再复制一个，然后调整到如图 5-138 所示的位置。

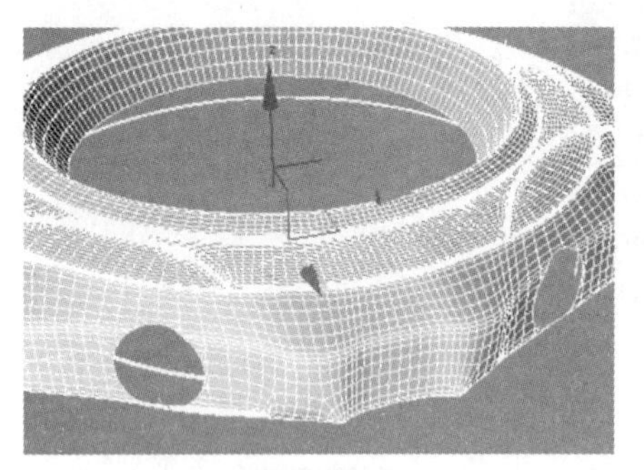
图 5-136

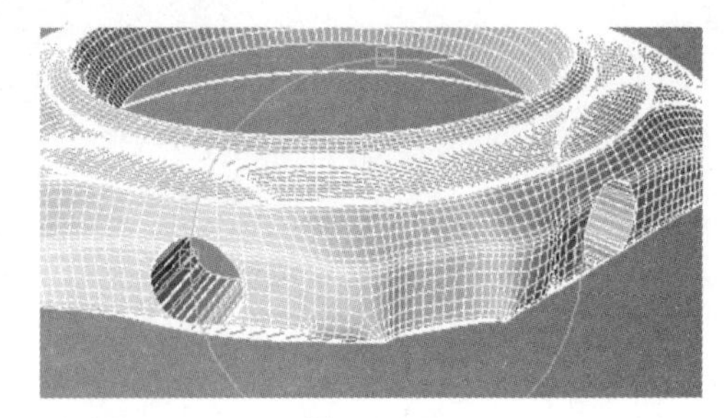
图 5-137

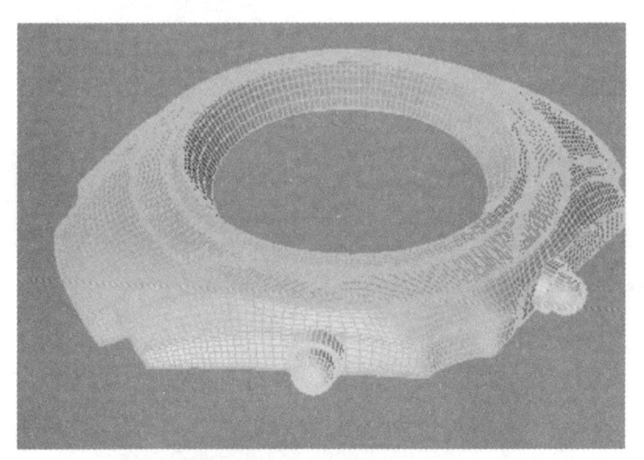
图 5-138

51. 创建一个油桶（OilTank）对象，如图 5-139 所示，参数设置如图 5-140 所示。

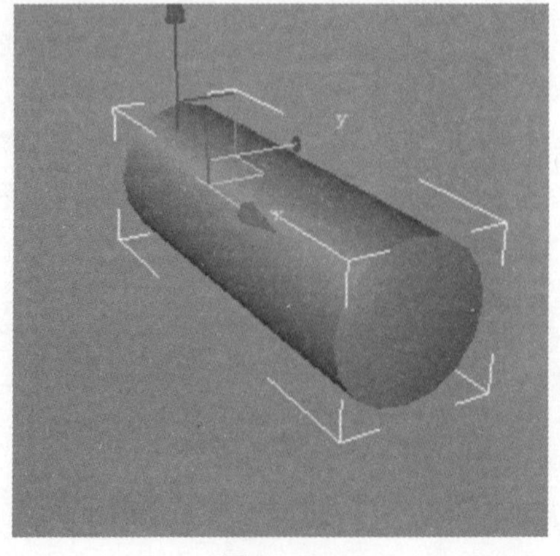
图 5-139

图 5-140

52. 转换为可编辑多边形，选择一半的面并删除（如图 5–141 所示），在左视图，使用“旋转变换输入”对话框，将模型 Y 轴旋转 11.25（如图 5–142 所示）。

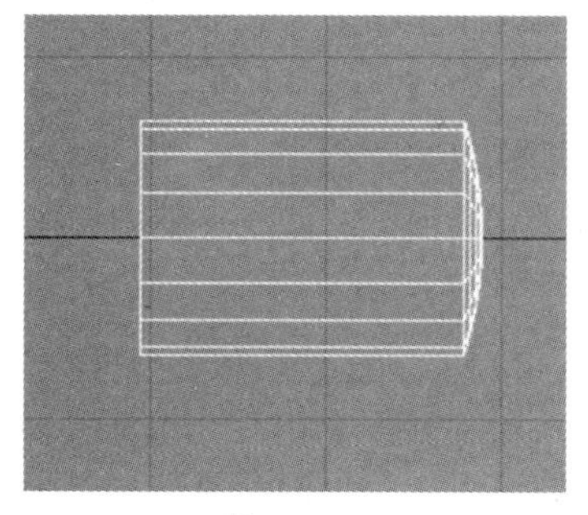

图 5–141

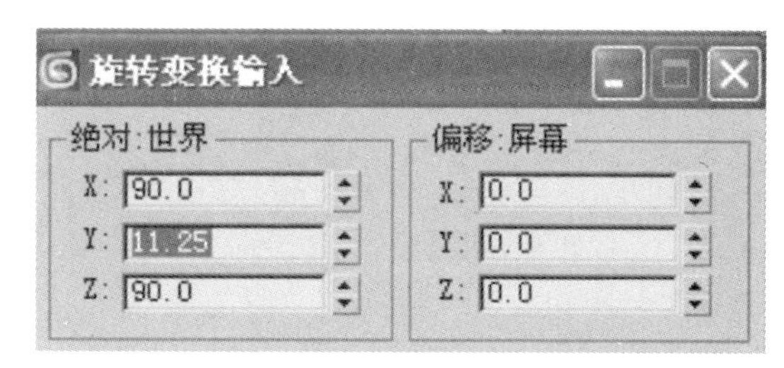

图 5–142

53. 创建一个圆柱，参数设置如图 5–143 所示。移动到如图 5–144 所示的位置，在层级面板，将其坐标中心移动到油桶中心。

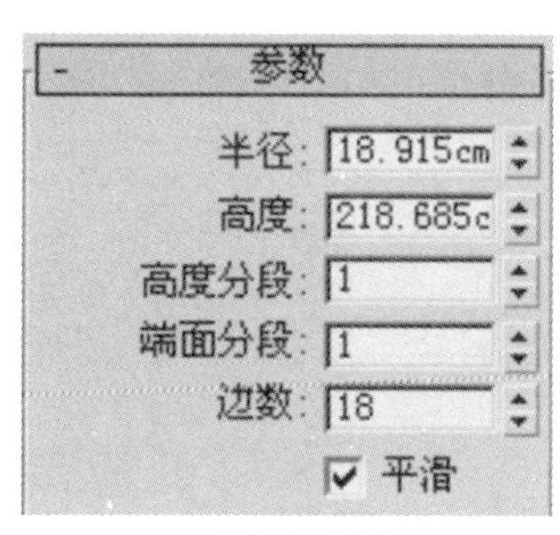

图 5–143

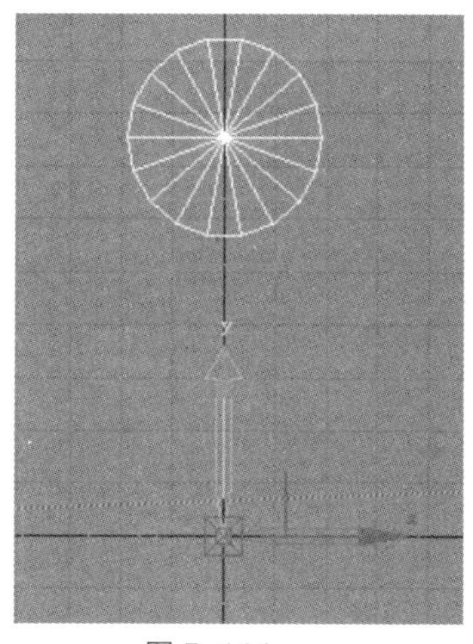

图 5–144

54. 配合 Shift 键旋转复制 7 个圆柱（如图 5–145 所示），合并成一个可编辑多边形，和油桶模型进行布尔运算，结果如图 5–146 所示。

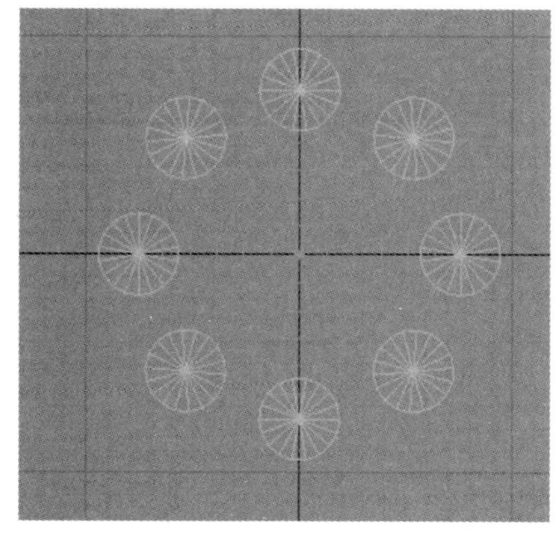

图 5–145

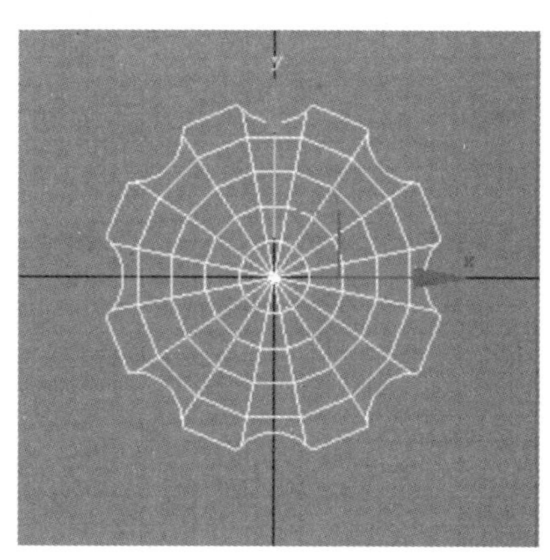

图 5–146

55. 选择如图 5-147 所示的边，单击“切角”命令，设置切角量为 0.1。移动到如图 5-148 所示的位置。

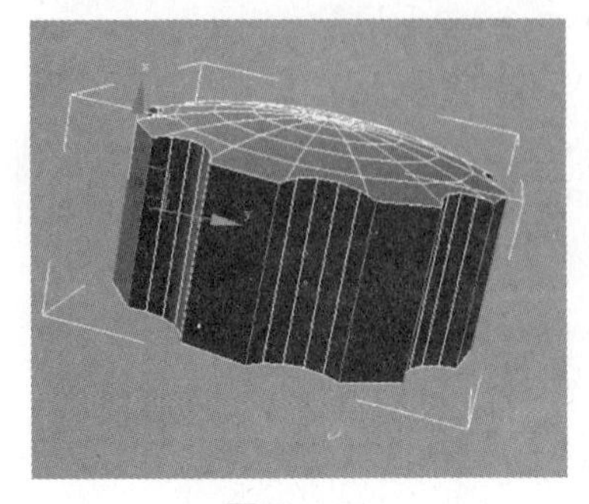

图 5-147

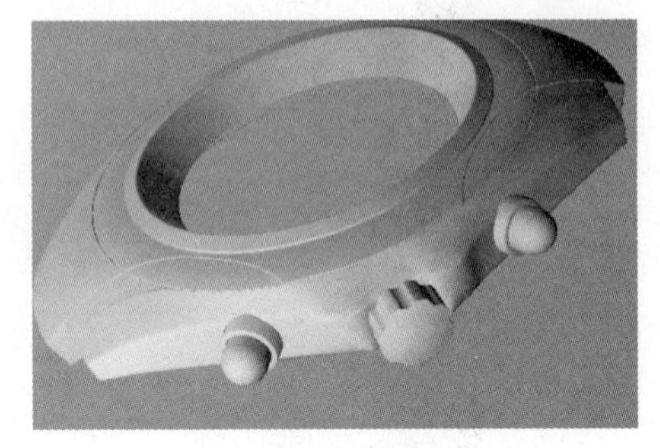

图 5-148

56. 在顶视图，用圆和线绘制表盘和指针，挤出 1 的厚度。调整好上下位置（如图 5-149 所示）。

57. 创建两个长方体，并转换为可编辑多边形，用线绘制一条表带弯曲曲线（如图 5-150 所示）。通过修改命令，得到如图 5-151 所示的结果。

图 5-149

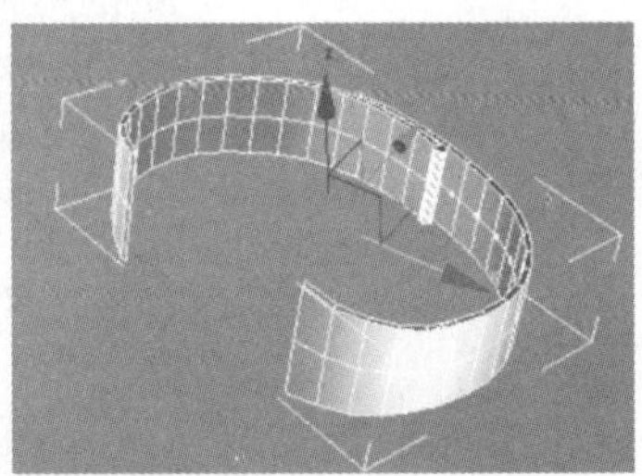

图 5-150

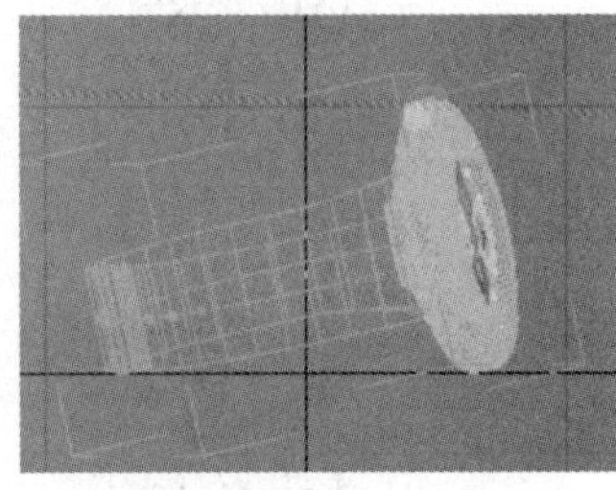

图 5-151

58. 表面上的数字和表带的凸出部分是通过 VRayDisplacementMod（VRay 渲染器所带的置换贴图修改器）置换得到的。置换贴图如图 5-152 所示 。

59. 完成后的手表模型如图 5-153 所示。

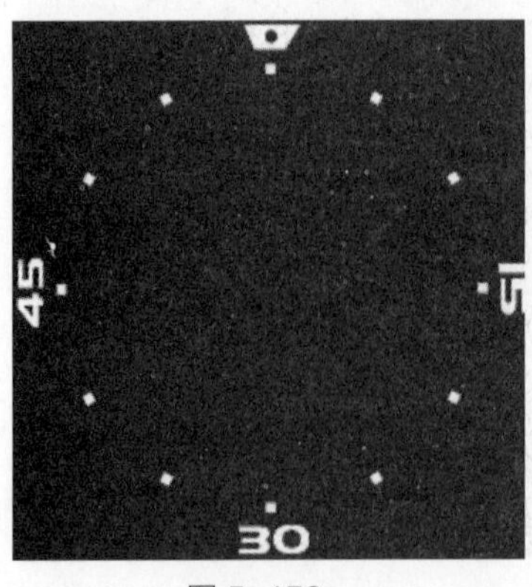

图 5-152

图 5-153

5.6 实例二：室内场景建模

1. 启动或者重置 3ds Max。将系统单位设定为毫米。在场景中建立一个长方体（如图 5–154 所示），参数设置如图 5–155 所示。

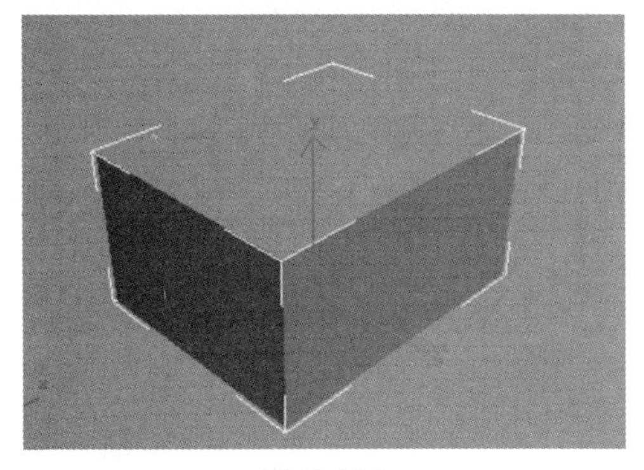

图 5–154

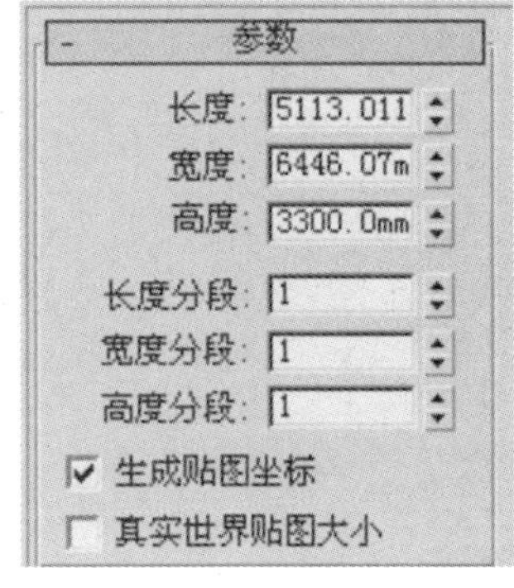

图 5–155

2. 选中物体，将物体转换为可编辑多边形，在多边形层级，选中如图 5–156 所示的面并删除，结果如图 5–157 所示。

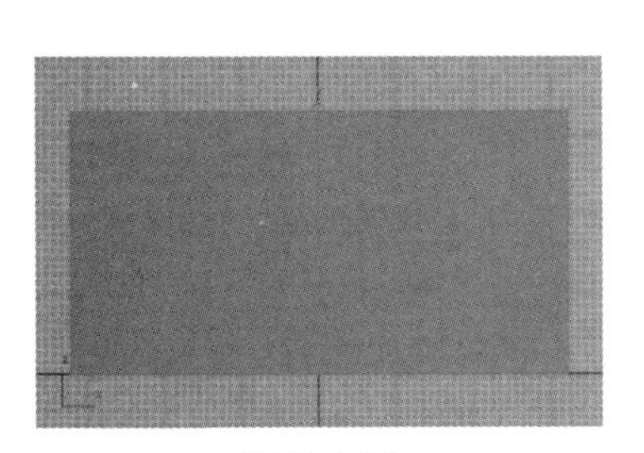

图 5–156

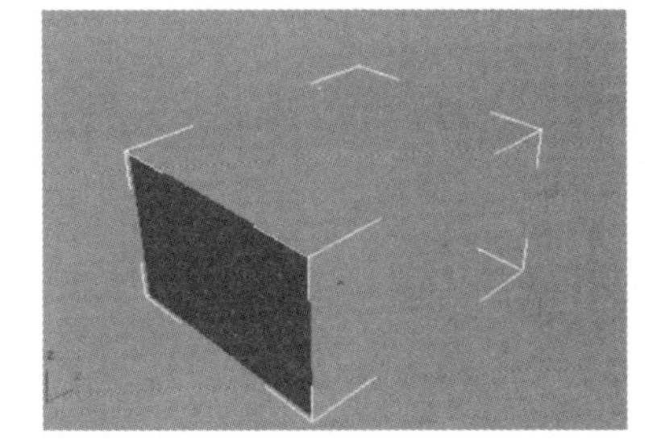

图 5–157

3. 为了更容易看到物体的内部结构，选中物体，右击，选择“属性”选项打开“对象”属性对话框（如图 5–158 所示），勾选“显示属性”栏中的“透明”选项，单击“确定”按钮完成设置。

4. 将视图显示方式改为如图 5–159 所示。

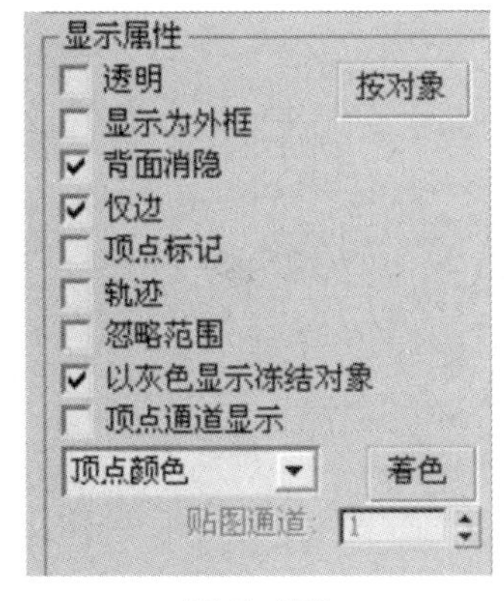

图 5–158

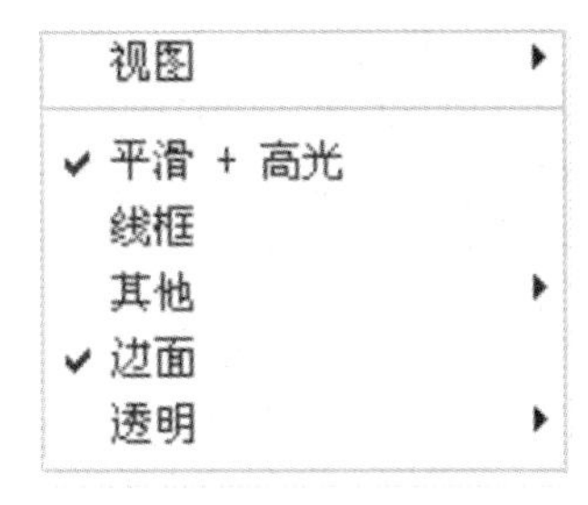

图 5–159

5. 在边界层级，选中如图 5-160 所示的边界。在前视图，配合 Shift 键使用缩放工具 ，挤压出新的边界（如图 5-161 所示）。

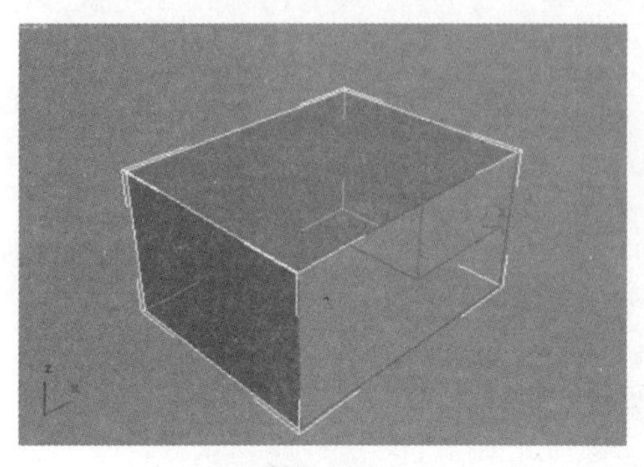

图 5-160

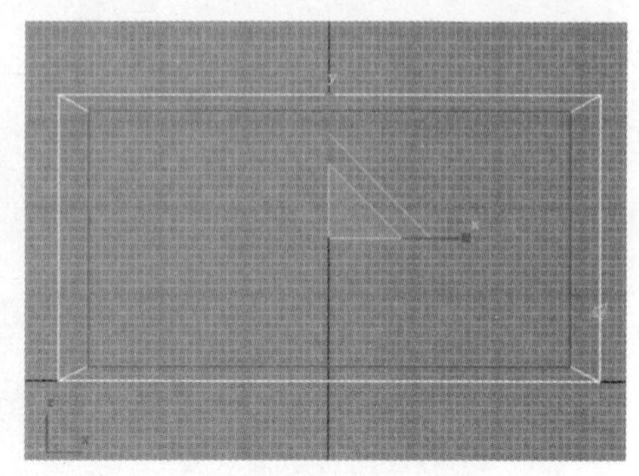

图 5-161

6. 在点层级，使用缩放工具，将选中的点在 X 方向做等距的反向移动（如图 5-162 所示），形成如图 5-163 所示的结果。

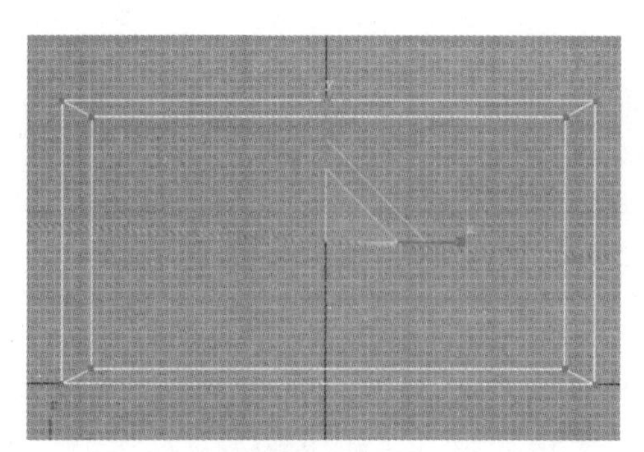

图 5-162

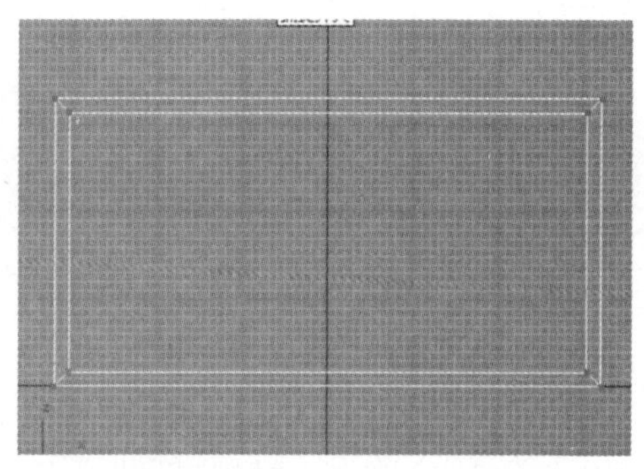

图 5-163

7. 在边层级，选择如图 5-164 所示的内槽四边。单击“连接”命令 连接 ，产生新的边，将它们移动到如图 5-165 所示的位置。

图 5-164

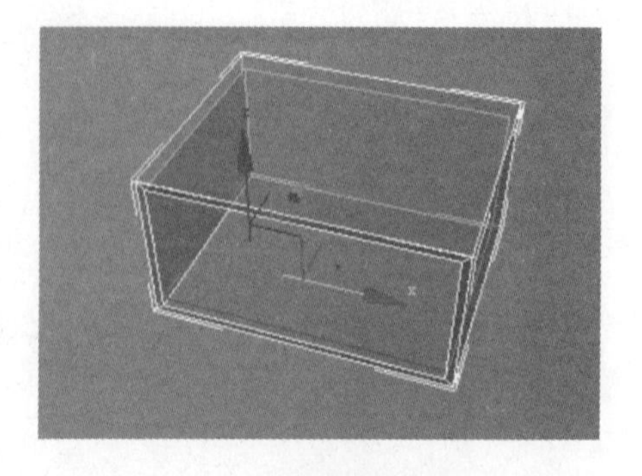

图 5-165

8. 选择如图 5-166 所示的两条内槽下边，单击“连接”命令 连接 ，产生一条新的边。

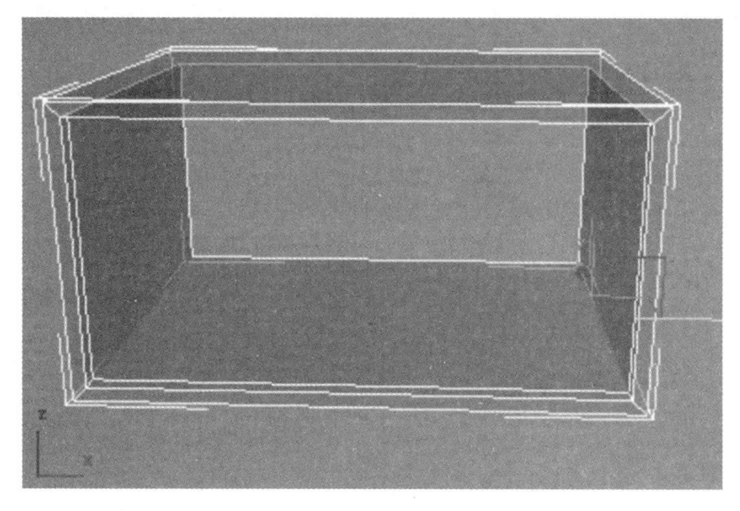

图 5–166

9. 选择如图 5–167 所示的内槽前一个窄面，向上移动 1100mm，可以制作一个参照模型，得到比较正确的高度，如图 5–168 所示。

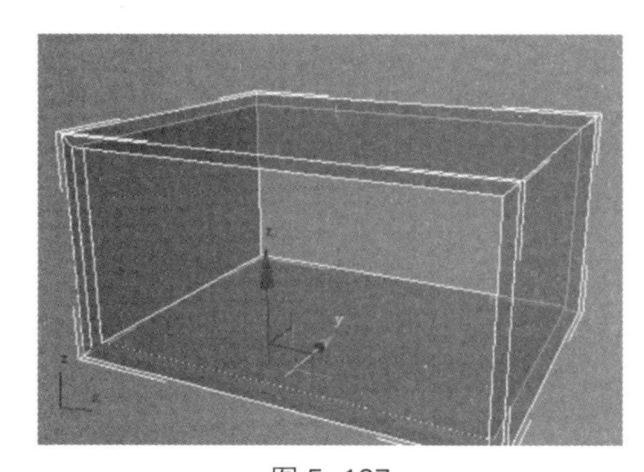

图 5–167

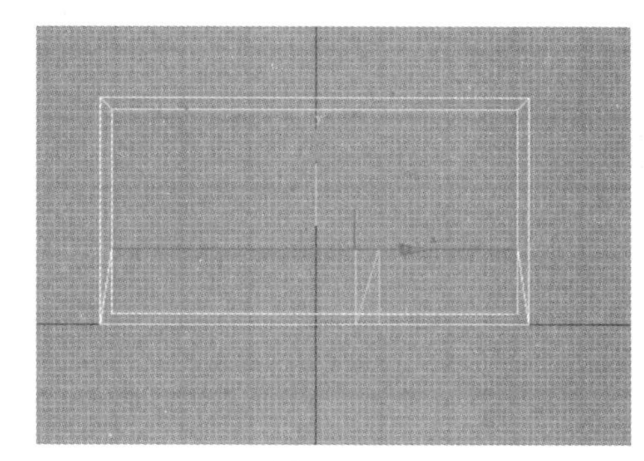

图 5–168

10. 选中如图 5–169 所示的内槽左侧面的上下两条边，单击“连接”命令 连接 ，设置分段数为 6（如图 5–170 所示）。

图 5–169

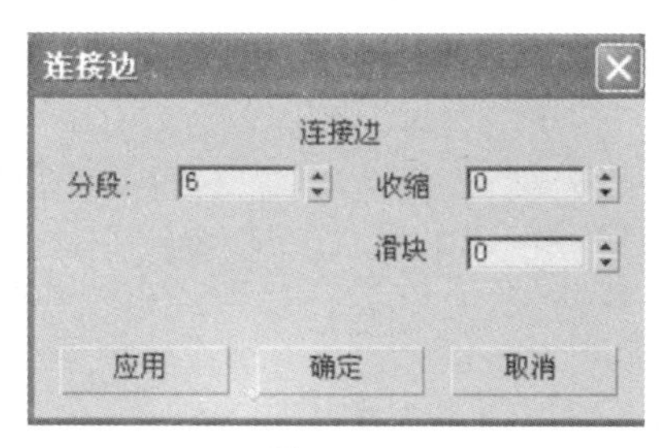

图 5–170

11. 在顶视图调整顶点的位置到如图 5-171 所示。

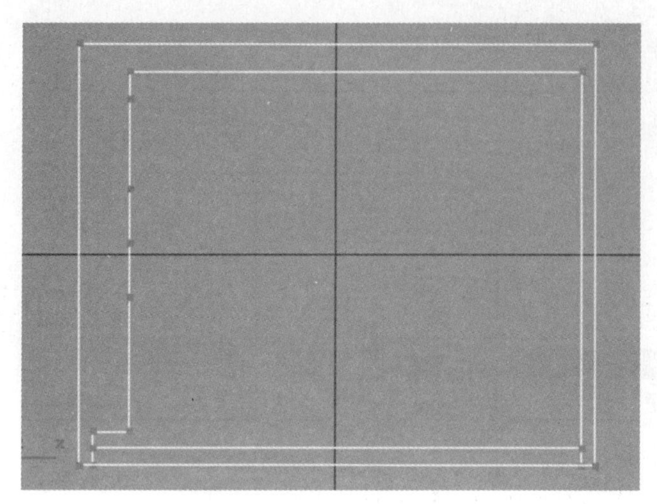

图 5-171

12. 选择左侧内墙所示的面，单击“挤出”命令，设置参数如图 5-172 所示。

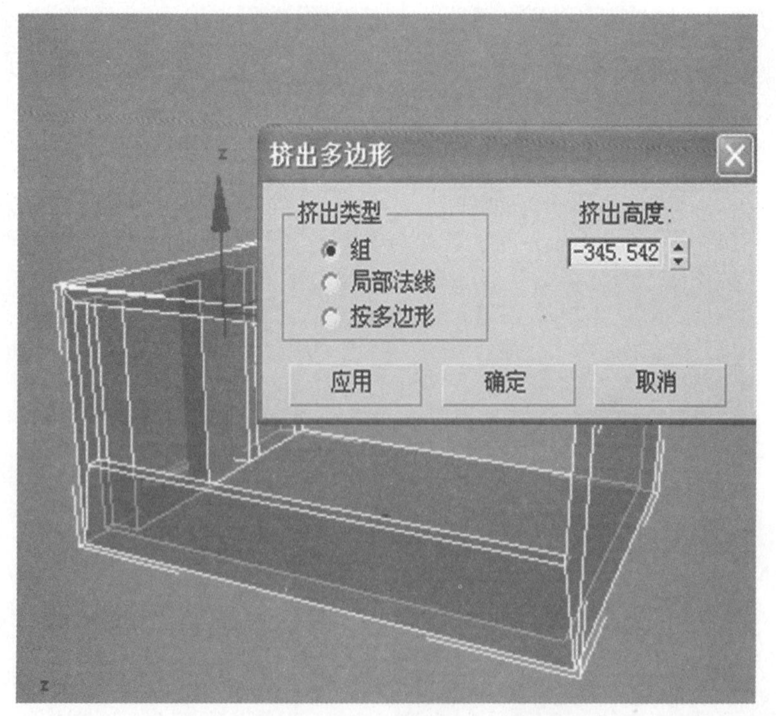

图 5-172

13. 选中如图 5-173 所示凹槽的上下两条边，单击“连接”命令 连接 ，将线段数设为 2，结果如图 5-174 所示。

14. 在顶视图调整顶点的距离为 8500mm，可以创建一个参考模型，如图 5-175 所示。

15. 同样，在产生门的高度线 20000mm 创建一个参考模型，如图 5-176 所示。

图 5-173

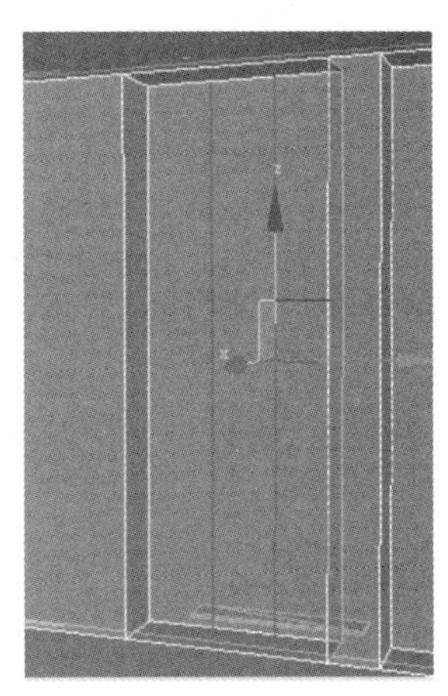
图 5-174

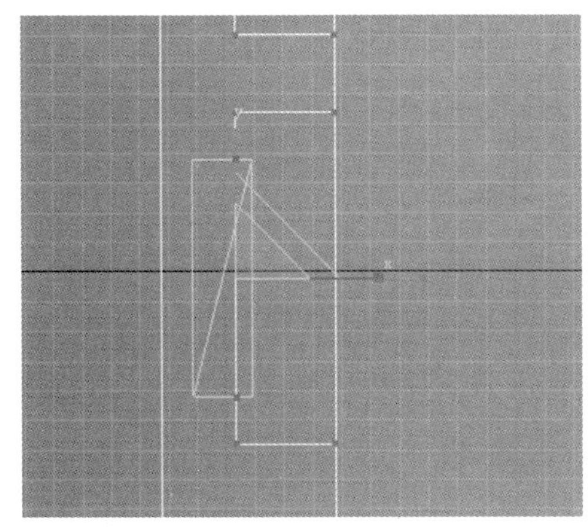
图 5-175

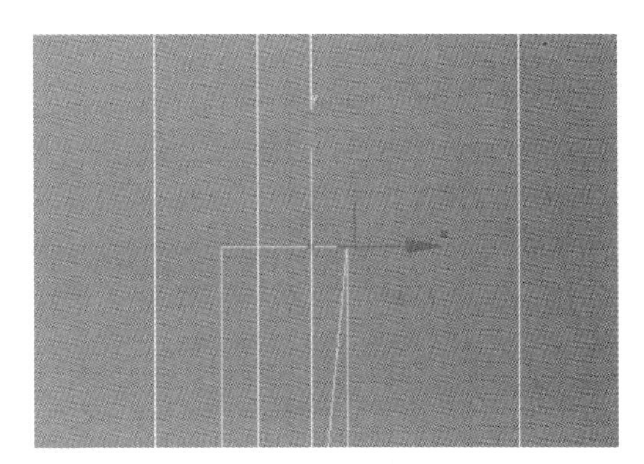
图 5-176

16. 选择如图 5-177 所示的面，单击“挤出”命令，设置参数如图 5-177 所示。

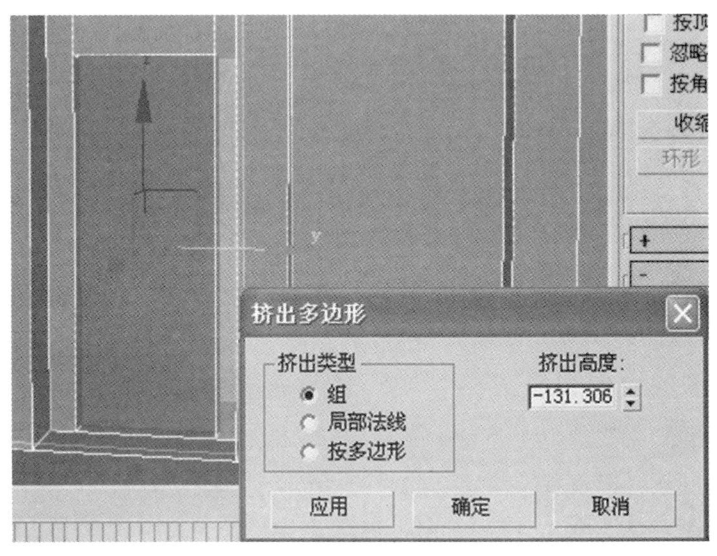

图 5-177

17. 选择如图 5-178 所示的面，单击“分离” 命令，在“分离” 对话框中设置参数，如图 5-179 所示。

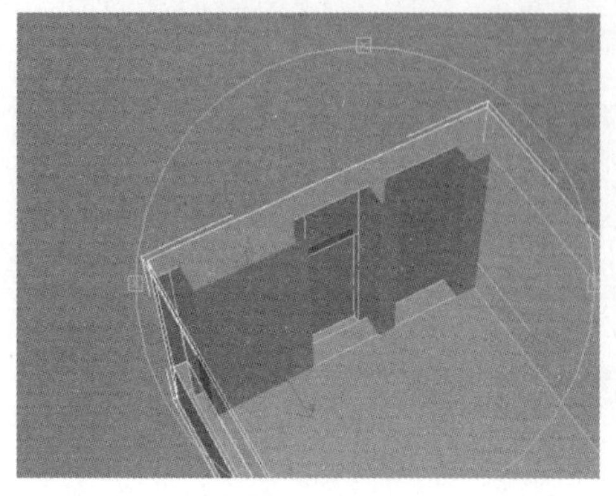

图 5-178

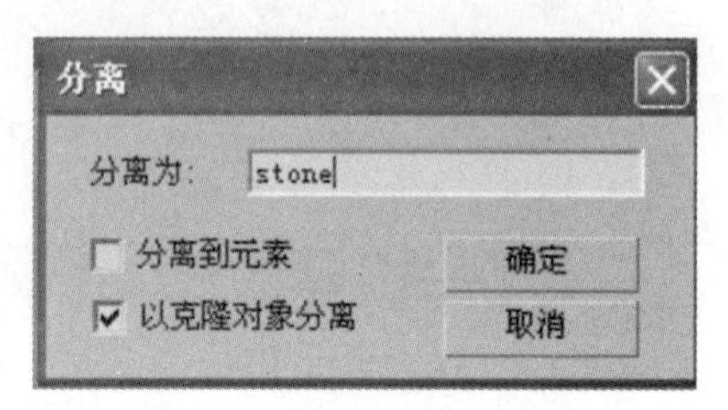

图 5-179

18. 在左视图绘制矩形，来制作踢脚线的截面 (如图 5-180 所示)，转换为可编辑样条线 (如图 5-181 所示)。

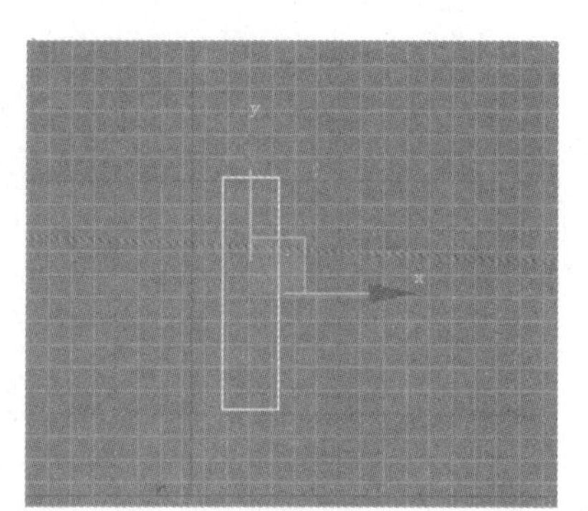

图 5-180

图 5-181

19. 赋予右上角点一个圆角命令，结果如图 5-182 所示，单击“挤出” 命令并设置参数，如图 5-183 所示。转换为可编辑多边形 (如图 5-184 所示)。

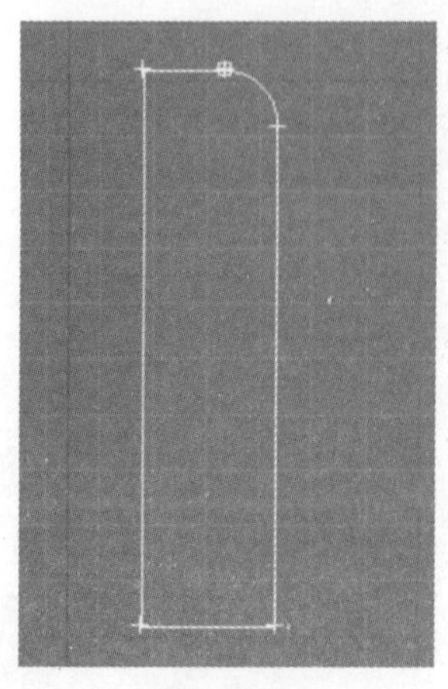

图 5-182

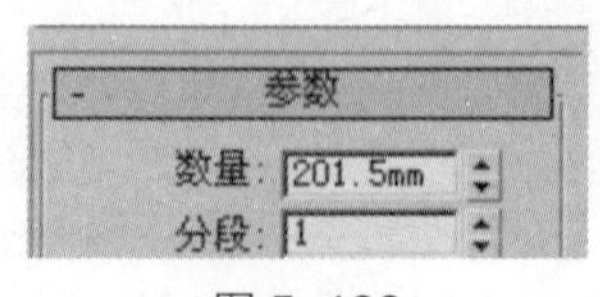

图 5-183

图 5-184

20. 在前视图移动到如图 5–185 所示的位置，在顶视图调整顶点的位置，如图 5–186 所示 。

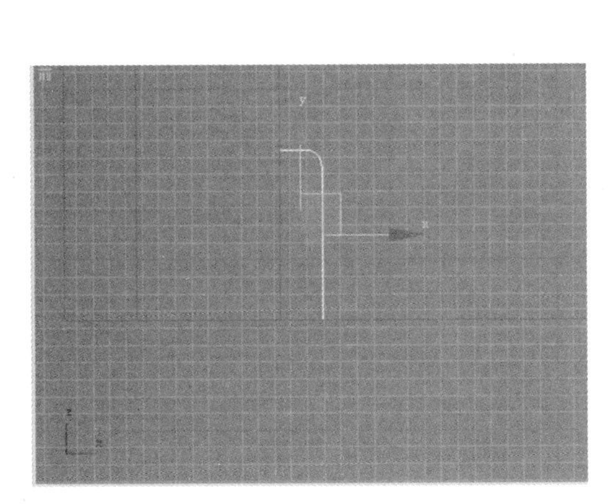

图 5–185

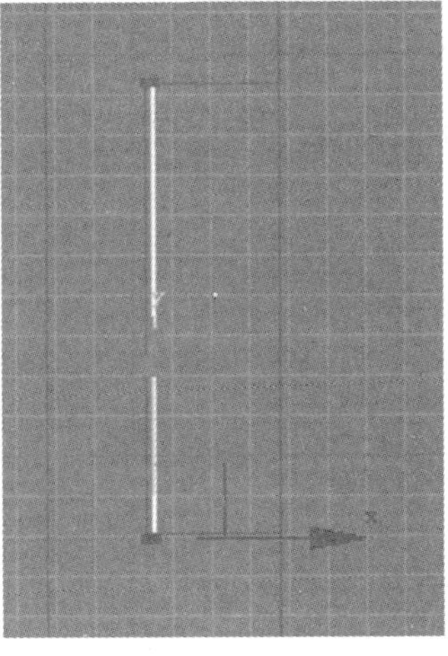

图 5–186

21. 复制一个踢脚线，旋转 90°（如图 5–187 所示）。移动到如图 5–188 所示的位置，在顶视图调整顶点的位置，继续复制其他踢脚线，结果如图 5–189 所示。

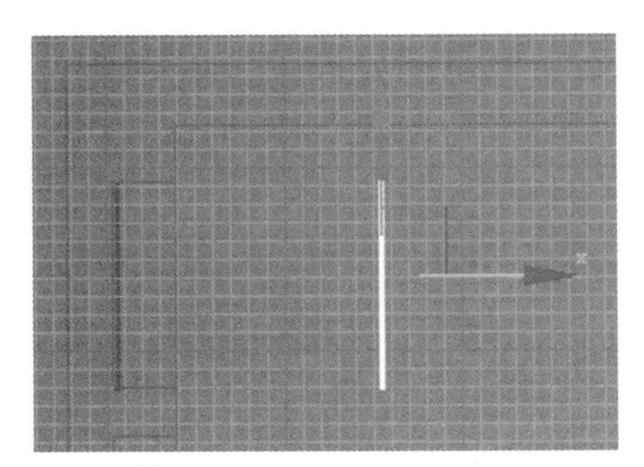

图 5–187

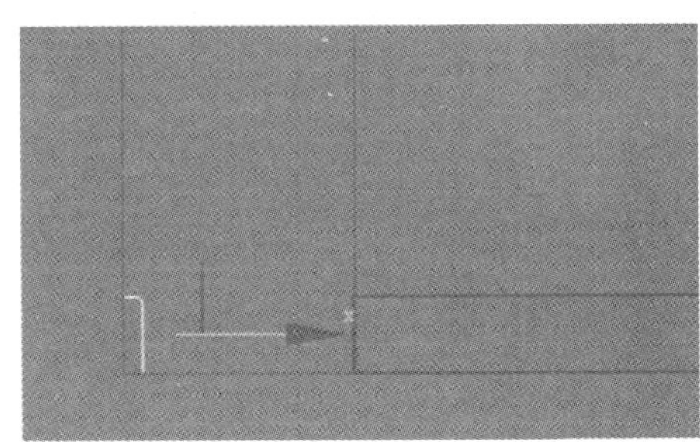

图 5–188

图 5–189

22. 创建目标摄像机如图 5-190 所示，摄像机参数设置如图 5-191 所示。

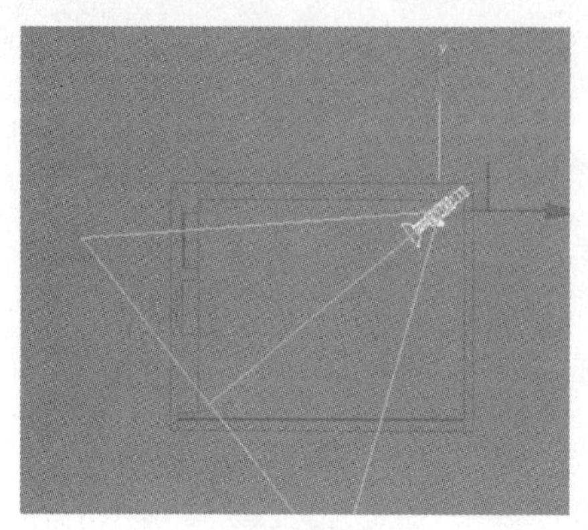

图 5-190

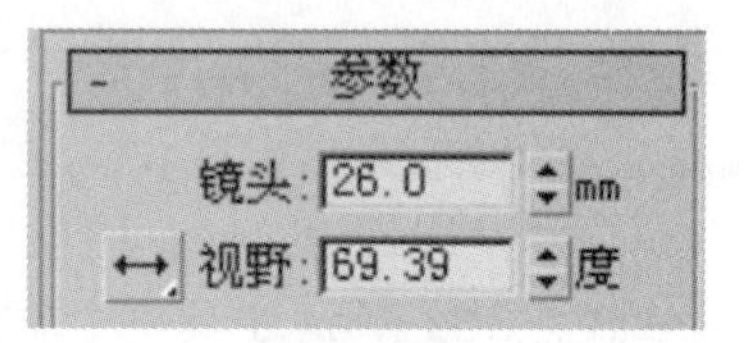

图 5-191

23. 将视图切换到 Camera01，结果如图 5-192 所示。

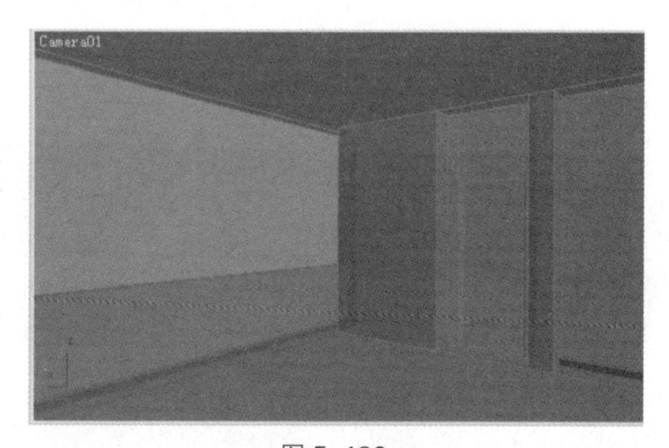

图 5-192

24. 将预先制作好的窗、窗帘、吊顶装饰合并进来，结果如图 5-193 所示。

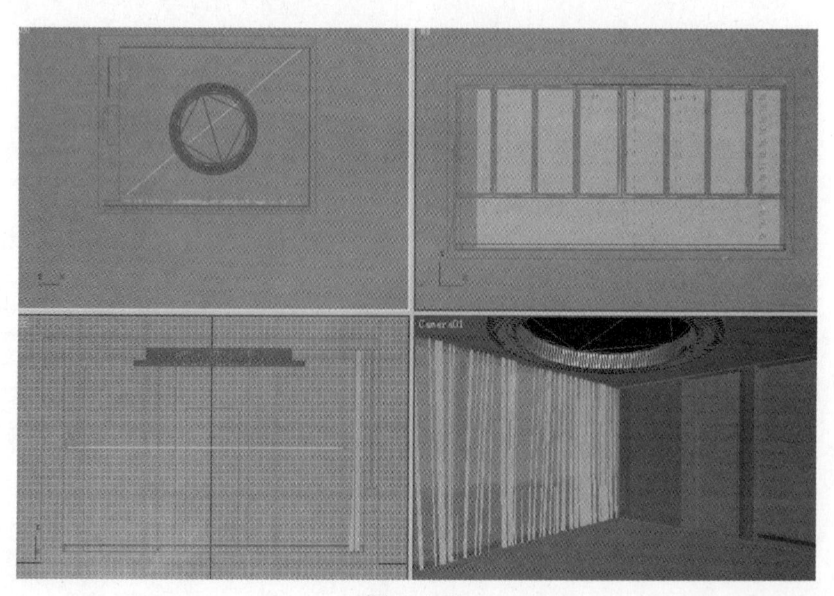

图 5-193

第6章 材质与贴图

材质编辑器是3ds Max工具栏中非常有用的工具，通过它可以为建立好的模型赋予不同的材质，模拟更真实的场景（如图6-1所示）。本章将介绍3ds Max材质编辑器的界面和主要功能，学习如何利用基本的材质，如何取出和应用材质，也将介绍材质中的基本组件以及如何创建和使用材质库。

图6-1

学习要点： 描述材质编辑器布局；
调整材质编辑器的设置；
给场景对象应用材质编辑器；
创建基本的材质，并应用于场景中的对象；
从场景材质中创建材质库；
从材质库中取出材质；
从场景中取材质调整设置。

6.1 材质编辑器基础

使用材质编辑器，能够给场景中的对象创建五彩缤纷的颜色和纹理表面属性。在材质编辑器中有很多工具和设置可供选择使用。用户可以根据自己的喜好来选择材质。可以选择简单的纯色，也可以选择相当复杂的多图像纹理。例如，对于一堵墙的材质来讲，可以是单色的（如图 6-2 所示），也可以是有复杂纹理的砖墙（如图 6-3 所示）。

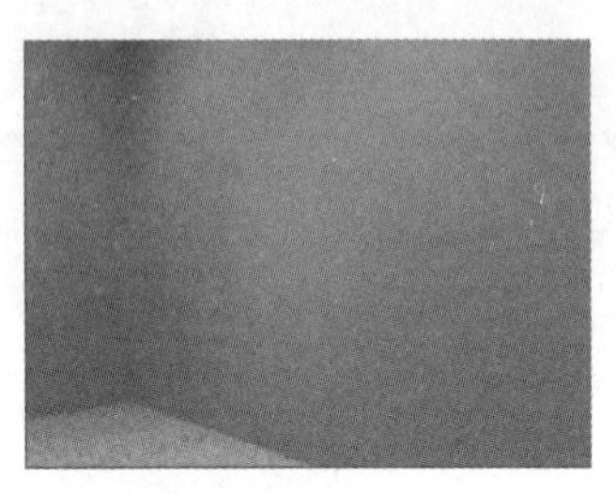
图 6-2

图 6-3

6.1.1 材质编辑器的布局

使用 3ds Max 时，会花费很多时间使用材质编辑器。因此，舒适的材质编辑器的布局是非常重要的。材质编辑器对话框的构成如图 6-4 所示。

进入材质编辑器有三种方法：①从主工具栏中单击“材质编辑器”按钮。②在菜单栏上选取“渲染”/“材质编辑器”命令。③按快捷键 M。

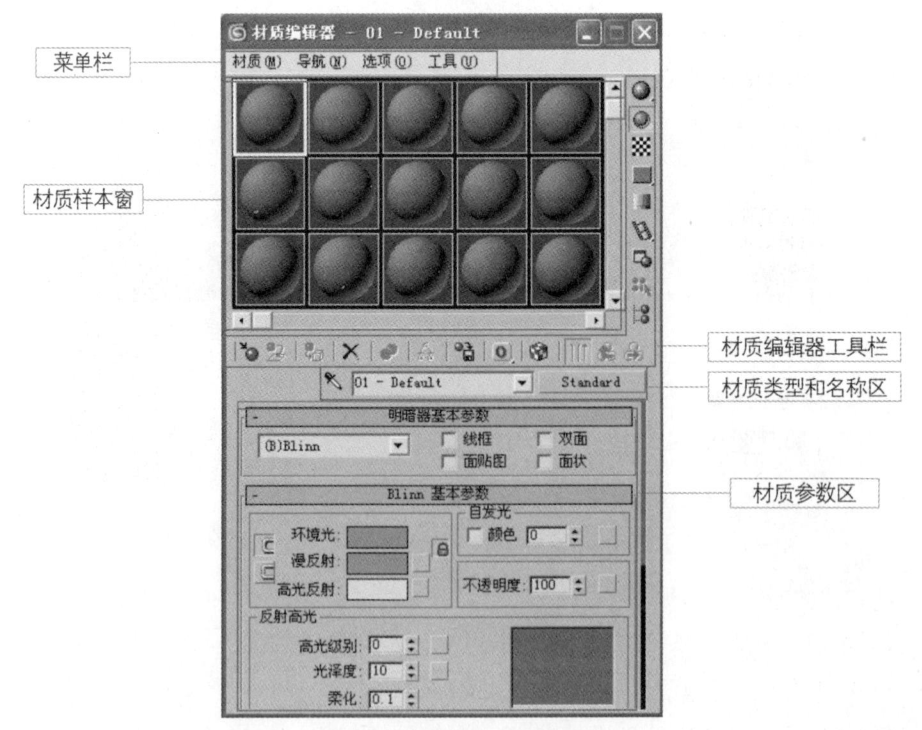

图 6-4

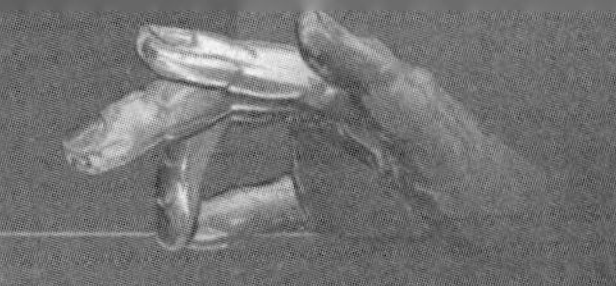

6.1.2 材质样本窗

在将材质应用给对象之前，可以在材质样本窗区域看到该材质的效果。在默认情况下，工作区中显示 24 个样本窗中的 6 个。有三种方法查看其他的样本窗:

- 平推样本窗工作区；
- 使用样本窗侧面和底部的滑动块；
- 增加可见窗口的个数。

平推和使用样本窗滚动条

观察其他材质样本窗的一种方法是使用鼠标在样本窗区域平推。

1. 启动 3ds Max。

2. 在主工具栏中单击“材质编辑器”按钮 。

3. 在材质编辑器的样本窗区域，将鼠标放在两个窗口的分隔线上，则鼠标显示为黑色手掌状。

4. 在样本窗区域单击并拖动鼠标，可以看到更多的样本窗。

5. 在样本窗的侧面和底部使用滚动栏，也可以看到更多的样本窗。

显示多个材质窗口

如果需要看到的不仅仅是标准的 6 个材质窗口，可以使用两种示例窗设置，它们是 5×3 或 6×4。使用下列两种方法进行设置:

- 右键快捷菜单。
- “材质编辑器”选项对话框。

在激活的样本窗区域右击，将显示快捷菜单。从快捷菜单中选择样本窗的个数（如图 6-5 所示）。图 6-6 显示的是 5×3 设置的样本窗。

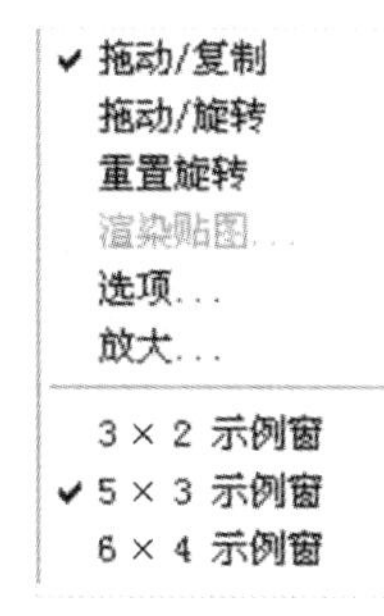

图 6-5

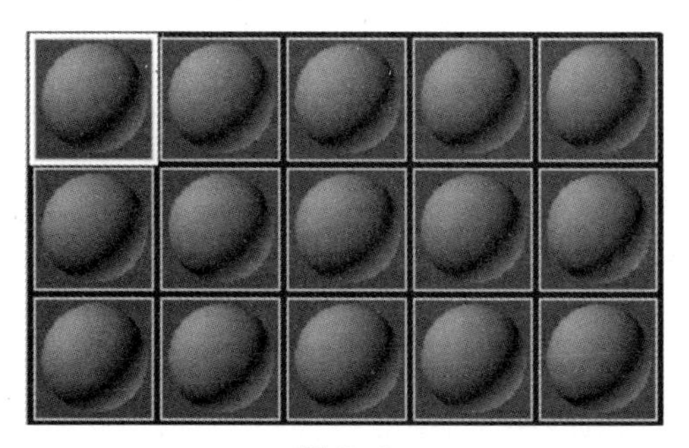

图 6-6

也可以通过选择工具栏侧面的“选项”按钮 或者“选项”下拉菜单中的“选项”命令来控制样本窗的设置。单击“选项”按钮 ，显示材质编辑器的“材质编辑器选项”对话框，可以从“示例窗数目”区域改变设置（如图 6-7 所示）。

激活的材质窗用白色边界标识，表示这是当前使用的材质，如图 6-6 左上角所示。

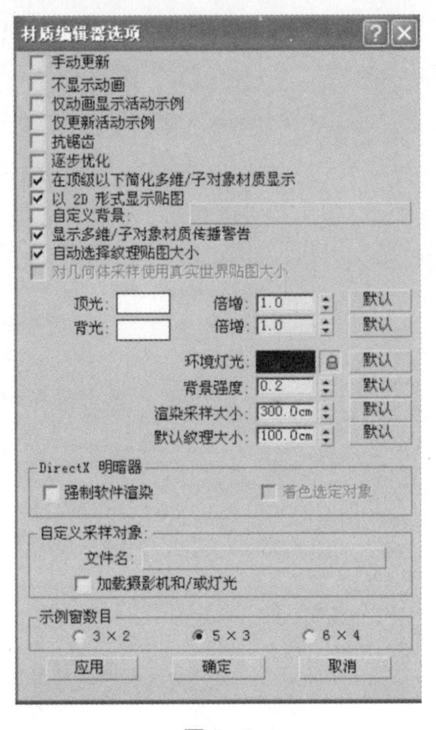

图 6-7

放大样本视窗

虽然 3×2 设置的样本窗为用户提供了较大的显示区域，但仍然可以将一个样本窗设成更大的尺寸。3ds Max 允许将某一个样本窗放大到任何大小。可以双击激活的样本窗来放大它或使用右键快捷菜单来放大它。

1. 继续前面的练习，在材质编辑器里，用鼠标右击选择的窗口，出现快捷菜单（如图 6-5 所示）。

2. 在快捷菜单中，选择“放大”命令后，出现如图 6-8 所示的大窗口。

可以通过用鼠标拖曳对话框的一角来调整样本窗的大小。

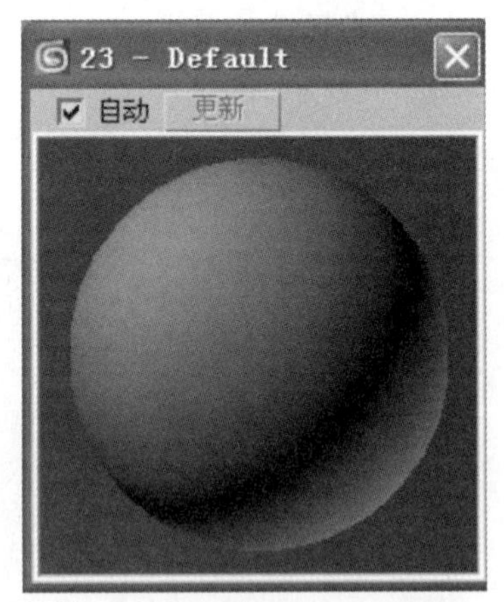

图 6-8

6.1.3 样本窗指示器

样本窗也提供材质的可视化标识，来表明材质编辑器中每一材质的状态。场景越复杂，这些指示器就越重要。当给场景中的对象指定材质后，样本窗的角显示出白色或灰色的三角形。这些三角形表示该材质被当前场景使用。如果三角是白色的，表明材质被指定给场景中当前选择

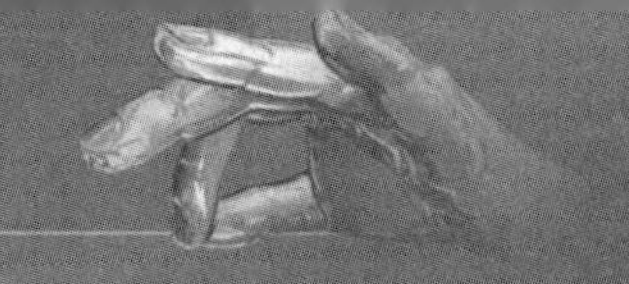

的对象。如果三角是灰色的，表明材质被指定给场景中未被选择的对象。

下面来进一步了解指示器。

1. 在菜单栏中选取“文件”/“打开”命令，打开本书配套光盘上的文件 Ch06 / Ch06_ 1.max（如图 6–9 所示）。

2. 按 M 键打开“材质编辑器”窗口。材质编辑器中有些样本窗的角上有灰色的三角形（如图 6–10 所示）。

3. 选择材质编辑器中最上边一行第一个样本窗。

该样本窗的边界变成白色，表示现在它为激活的材质。

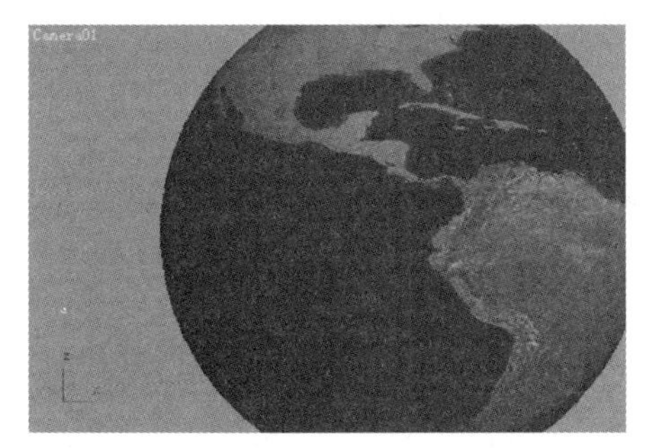

图 6–9

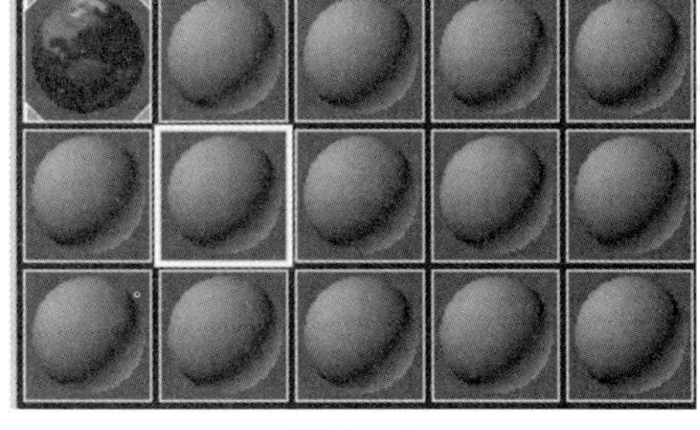

图 6–10

4. 在材质名称区，材质的名称为 Earth。

样本窗角上有灰色的三角形表示该材质已被指定给场景中的一个对象。

5. 在摄影机视口中选择 Earth 对象。

Earth 材质的三角形变成白色，表示此样本窗口的材质已经被应用于场景中选择的对象上（如图 6–11 所示）。

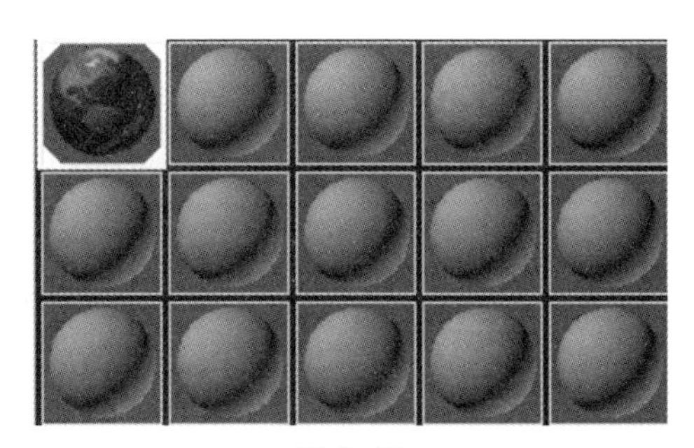

图 6–11

6.1.4 给一个对象应用材质

材质编辑器除了创建材质外，它的一个最基本的功能是将材质应用于各种各样的场景对象上。3ds Max 提供了将材质应用于场景中对象的几种不同的方法。可以使用工具栏底部的“将材质指定给选定对象”按钮 ，也可以简单地将材质拖放至当前场景中的单个对象或多个对象上。

6.2 定制材质编辑器

当创建材质时，经常需要调整默认的材质编辑器的设置。用户可以改变样本窗口对象的形状、打开和关闭背光、显示样本窗口的背景以及设置重复次数等。

所有定制的设置都可从样本视窗区域右边的工具栏访问。右边的工具栏包括下列工具：

采样类型弹出按钮：允许改变样本窗中样本材质形式，有球形、圆柱、盒子和自定义四种选项。

背光：显示材质受背光照射的样子。

背景：允许打开样本窗的背景。对于透明的材质特别有用。

采样 UV 平铺弹出按钮：允许改变编辑器中材质的重复次数而不影响应用于对象的重复次数。

视频颜色检查：检查无效的视频颜色。

生成预览：制作动画材质的预览效果。

选项：用于样本窗的各项设置。

按材质选择：使用“选择对象”对话框选择场景中的对象。

材质 / 贴图导航器：允许查看组织好的层级中的材质的层次。

6.3 使用材质

在本节中，将进一步讨论材质编辑器的定制和材质的创建。人们的周围充满了各种各样的材质。有一些外观很简单，有一些则呈现相当复杂的外表。不管是简单还是复杂，它们都有一个共同的特点，就是影响从表面反射的光。当构建材质时，必须考虑光和材质如何相互作用。

3ds Max 提供了多种材质类型，每一种材质类型都有独特的用途。有两种方法选择材质类型：一种是用单击材质名称栏右边的 Standard 按钮，一种是用材质编辑器工具栏的“获取材质”图标。不论使用哪种方法，都会出现“材质”/“贴图浏览器”对话框（如图 6-12 所示），可以从该对话框中选择新的材质类型。其中蓝色的球体表示材质类型。绿色的平行四边形表示贴图类型。

DirectX 9 Shader
Ink 'n Paint
Lightscape 材质
SimianArchGlass
SimianBrushedMetal
SimianFrostGlass
SimianLinoFloor
SimianWoodFloor
VRay2SidedMtl
VRayBlendMtl
VRayFastSSS
VRayLightMtl
VRayMtl
VRayMtlWrapper
VRayOverrideMtl
变形器
标准
虫漆
顶/底
多维/子对象
高级照明覆盖
光线跟踪
合成
混合
建筑
壳材质
双面
外部参照材质
无光/投影

图 6-12

6.3.1 标准材质明暗器的基本参数

标准材质类型非常灵活，可以使用它创建无数的材质。材质最重要的部分是所谓的明暗，光对表面的影响是由数学公式计算的。在标准材质中可以在明暗器基本参数卷展栏中选择明暗方式。每一个明暗器的参数是不完全一样的。可以在明暗器基本参数卷展栏中指定渲染器的类型（如图 6–13 所示）。

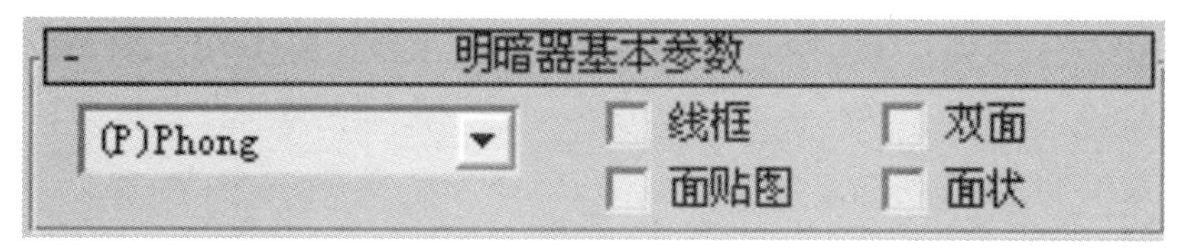

图 6–13

在渲染器类型旁边有 4 个选项，它们分别是线框、双面、面贴图和面状。

线框：使对象作为线框对象渲染。可以用线框渲染制作线框效果，比如栅栏的防护网。

双面：选中该选项后，3ds Max 既渲染对象的前面也渲染对象的后面。双面材质可用于模拟透明的塑料瓶，鱼网或网球拍细线。

面贴图：该选项使对象产生不光滑的明暗效果。面贴图可用于制作加工过的钻石和其他的宝石或任何带有硬边的表面。

面状：该选项将材质的贴图坐标设定在对象的每个面上。

3ds Max 默认的是 Blinn 明暗器，但可以通过明暗器下拉列表选择其他的明暗器（如图 6–14 所示）。不同的明暗器有一些共同的选项，例如环境色、漫反射和自发光、不透明度以及高光等。每一个明暗器也都有自己的一系列参数。

各向异性：该明暗器的基本参数卷展栏（如图 6–15 所示），它创建的表面有非圆形的高光点 。各向异性明暗器可用来模拟光亮的金属表面。

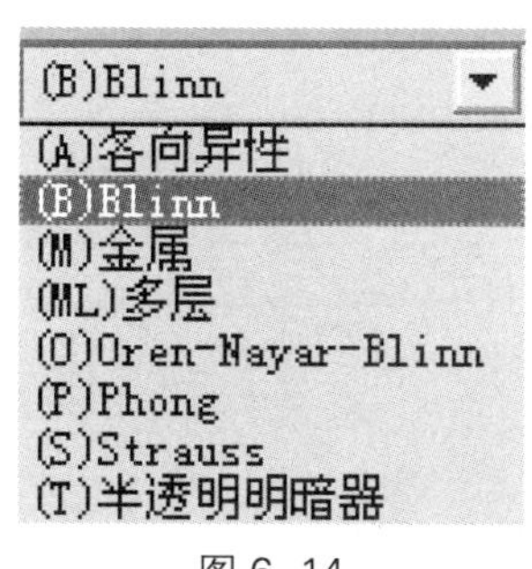

图 6–14

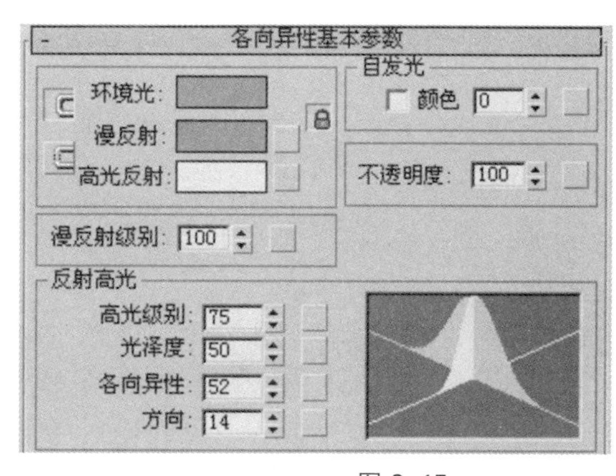

图 6–15

某些参数可以用颜色或数量描述，自发光通道就是这样一个例子。当不选中左边的复选框时，就可以输入数值。如果选中复选框，可以使用颜色或贴图替代数值（如图 6–16 所示）。

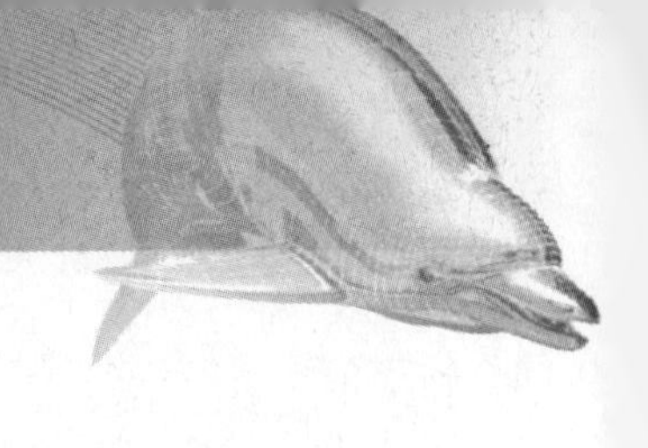

图 6-16

Blinn：Blinn 是一种带有圆形高光的明暗器，其基本参数卷展栏如图 6-17 所示。

Blinn 明暗器应用范围很广，是默认的明暗器。

金属：金属明暗器常用来模仿金属表面，其基本参数卷展栏如图 6-18 所示。

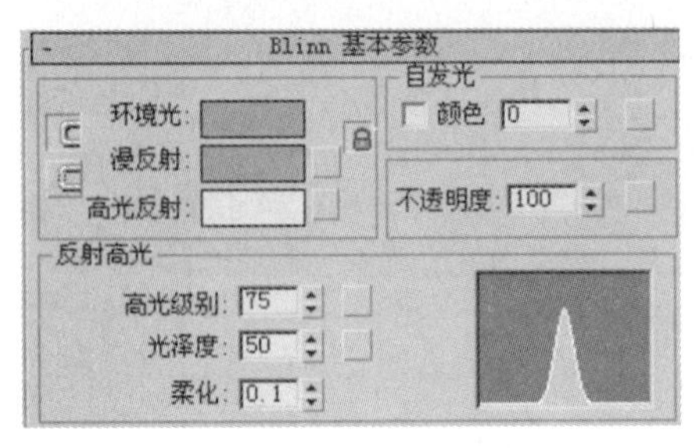

图 6-17

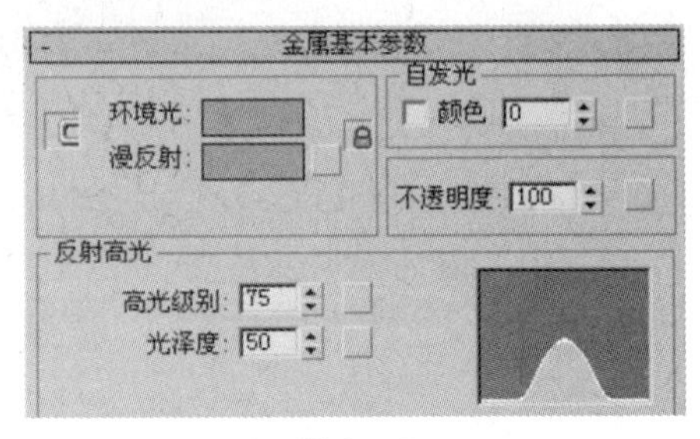

图 6-18

多层：多层明暗器包含两个各向异性的高光，二者彼此独立起作用，可以分别调整，制作出有趣的效果，其基本参数卷展栏如图 6-19 所示。

可以使用多层创建复杂的表面，例如缎纹、丝绸和光芒四射的油漆等。

Oren-Nayar-Blinn（ONB）：该明暗器具有 Blinn 风格的高光，但它看起来更柔和。其基本参数卷展栏如图 6-20 所示。

ONB 通常用于模拟布、土坯和人的皮肤等效果。

Phong：该明暗器是从 3ds Max 的最早版本保留下来的，它的功能类似于 Blinn。不足之处是 Phong 的高光有些松散，不像 Blinn 那么圆。其基本参数卷展栏如图 6-21 所示。

Phong 是非常灵活的明暗器，可用于模拟硬的或软的表面。

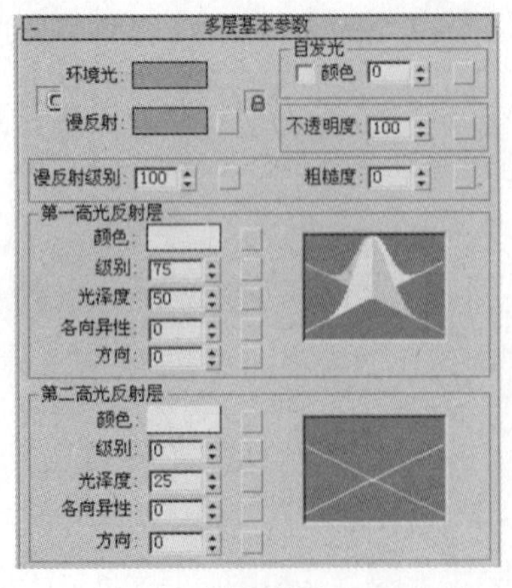

图 6-19

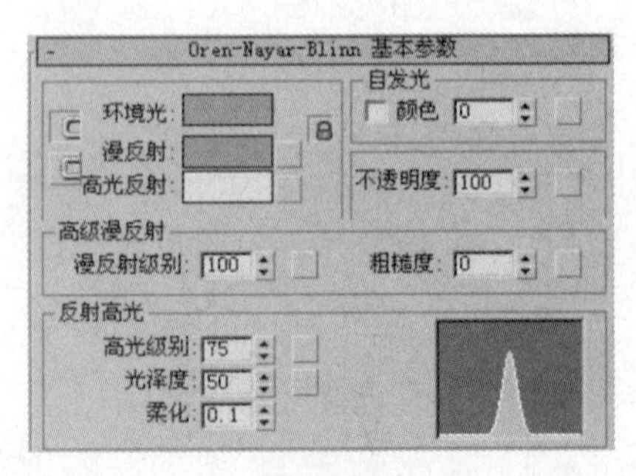

图 6-20

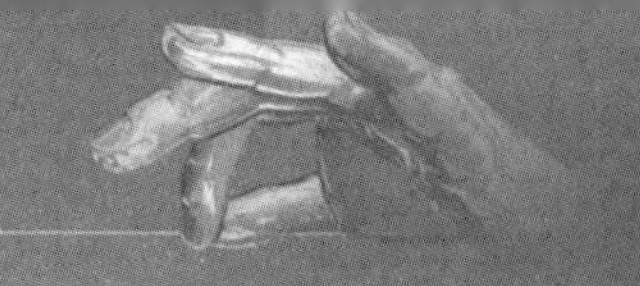

Strauss：该明暗器用于快速创建金属或者非金属表面（例如光泽的油漆、光亮的金属和铬合金等）。它的参数很少，如图 6–22 所示。

半透明：该明暗器用于创建薄的半透明材质（例如窗帘、投影屏幕等），来模拟光穿透的效果。其基本参数卷展栏如图 6–23 所示。

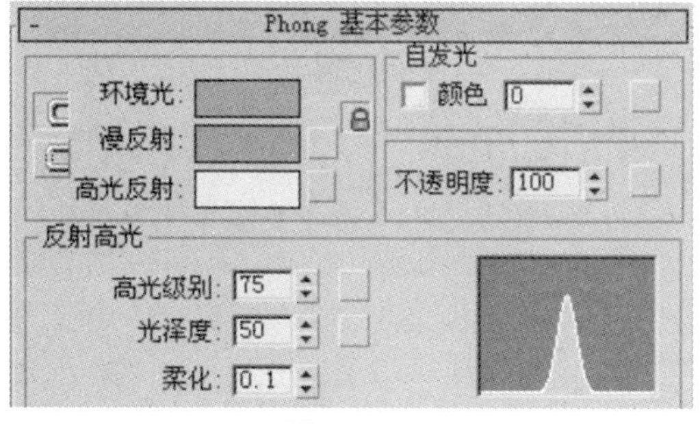

图 6–21

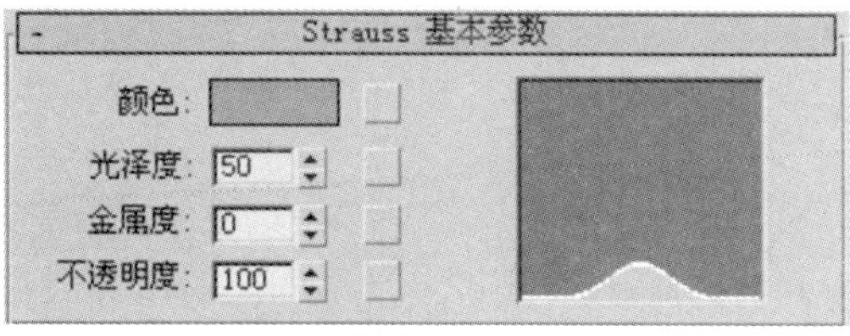

图 6–22

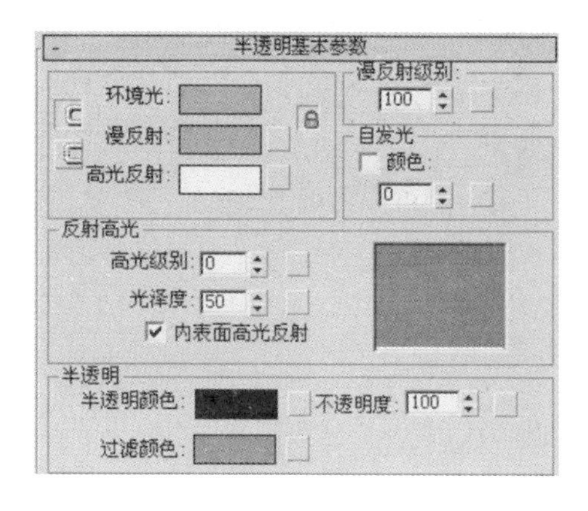

图 6–23

6.3.2 光线跟踪材质类型

与标准材质类型一样，光线跟踪材质也可以使用 Phong、Blinn 和金属明暗器以及 ONB 明暗器。光线跟踪材质在这些明暗器的用途上与标准材质不同。光线跟踪材质试图从物理上模仿表面的光线效果。正因为如此，光线跟踪材质要花费更长的渲染时间。

光线追踪是渲染的一种形式，它计算从屏幕到场景灯光的光线。光线跟踪材质利用了这点，允许加一些其他特性，如发光度、额外的光、半透明和荧光（如图 6–24 所示）。它也支持高级透明参数，像雾和颜色密度（如图 6–25 所示）。

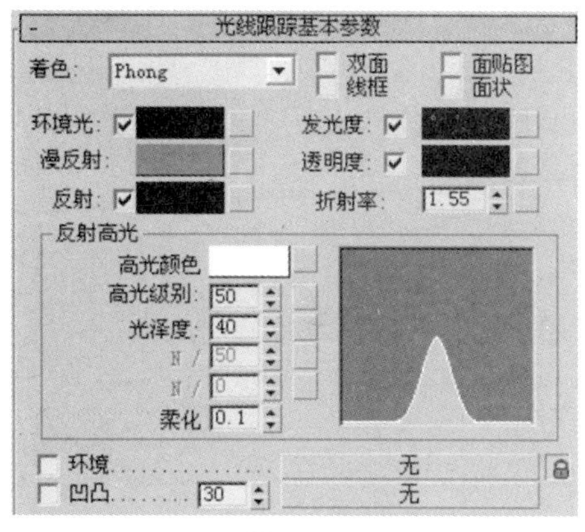

图 6–24

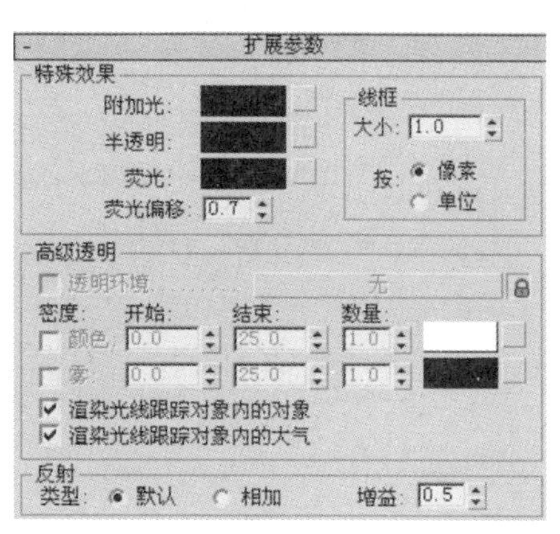

图 6–25

光线跟踪基本参数卷展栏的主要参数如下。

发光度：类似于自发光。

透明度：担当过滤器值，遮住选取的颜色。

反射：设置反射值的级别和颜色，可以设置成没有反射，也可以设置成镜像表面反射。

扩展参数卷展栏的主要参数如下。

附加光：这项功能像环境光一样，它能用来模拟从一个对象放射到另一个对象上的光。

半透明：该选项可用来制作薄对象的表面效果，有阴影投在薄对象的表面。当用在厚对象上时，它可以用来制作类似于蜡烛的效果。

荧光和荧光偏移：荧光将引起材质被照亮，就像被白光照亮，而不管场景中光的颜色。偏移决定亮度的程度，1.0 是最亮，0 为不起作用。

6.4 位图和程序贴图

3ds Max 材质编辑器包括两类贴图，即位图和程序贴图。有时这两类贴图看起来类似，但作用原理不一样。

6.4.1 位图

位图是二维图像，单个图像由水平和垂直方向的像素组成。图像的像素越多，它就变得越大。小的或中等大小的位图用在对象上时，不要离摄影机太近。如果摄影机要放大对象的一部分，可能需要比较大的位图。图 6-26 给出了摄影机放大中等大小位图的对象时的情况，图像的右下角放大显示如图 6-27 所示出现了块状像素，这种现象称作“像素化”。

图 6-26

图 6-27

在上面的图像中，使用比较大的位图会减少像素化。但是，较大的位图需要更多的内存，因此渲染时会花费更长的时间。

6.4.2 程序贴图

与位图不一样，程序贴图的工作原理是利用简单或复杂的数学方程进行运算形成贴图。

使用程序贴图的优点是：当对它们放大时，不会降低分辨率，能看到更多的细节。

当放大一个对象（比如砖）时，图像的细节变得很明显（如图6-28所示）。注意砖锯齿状的边和灰泥上的噪声。程序贴图的另一个优点是它们是三维的，填充整个3D空间，比如用一个大理石纹理填充对象时，就像它是实心的（如图6-29所示）。

3ds Max提供了多种程序贴图，例如噪声、水、斑点、漩涡、渐变等，贴图的灵活性提供了外观的多样性。

图6-28

图6-29

6.4.3 组合贴图

3ds Max允许将位图和程序贴图组合在同一贴图里，这样就提供了更大的灵活性。图6-30是一个带有位图的程序贴图。

图6-30

6.5 贴图通道

当创建简单或复杂的贴图材质时，必须使用一个或多个材质编辑器的贴图通道，如漫反射颜色（Diffuse Color）、凹凸（Bump）、高光颜色（Specular）或其他可使用的贴图通道。这些通道能够使用位图和程序贴图。贴图可单独使用，也可以组合在一起使用。

要设置贴图时，单击基本参数卷展栏的贴图框 。这些贴图框在颜色样本和微调器旁边。但是，在基本参数卷展栏中并不能使用所有的贴图通道。

要观看明暗器的所有贴图通道需要打开贴图卷展栏，这样就会看到所有的贴图通道，图6-31是金属明暗器贴图通道的一部分。

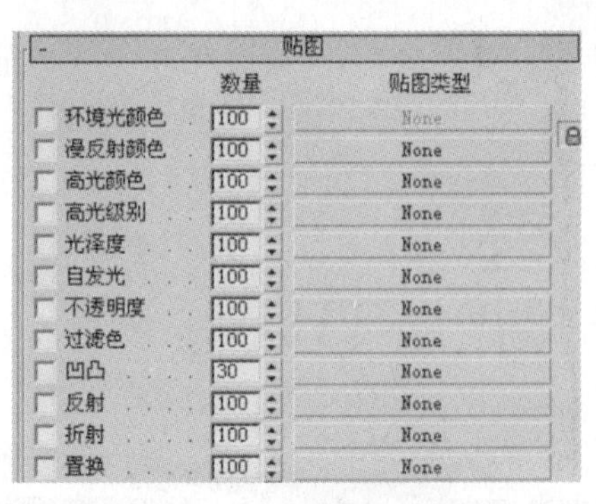

图 6-31

在贴图卷展栏中可以改变贴图的数量设置。基本参数可以控制使用贴图的数量。在图 6-32 中漫反射数量设为 100，而图 6-33 中漫反射数量设为 25，其他参数设置相同。

图 6-32

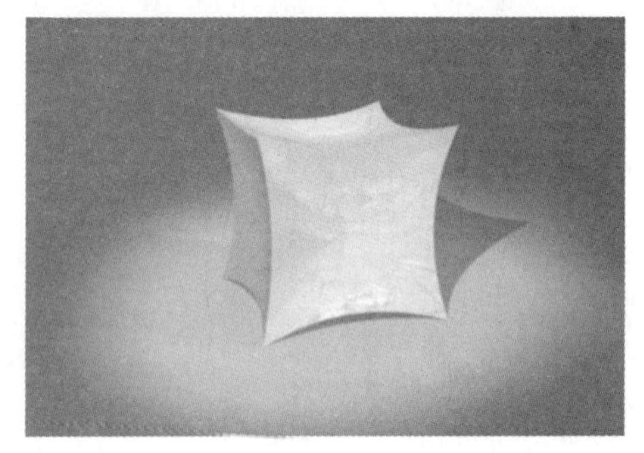

图 6-33

有些明暗器提供了另外的贴图通道选项。如多层、Oren-Nayar-Blinn 和 Anisotropic 明暗器就提供了比 Blinn 明暗器更多的贴图通道。明暗器提供贴图通道的多少，取决于明暗器自身的特征；越复杂的明暗器提供的贴图通道越多。

下面对图 6-31 中的各个参数进行一些简单的解释。

6.5.1 环境光颜色

环境光颜色贴图控制环境光的量和颜色。环境光的量受“环境和效果”对话框中环境光值的影响（如图 6-34 所示）。

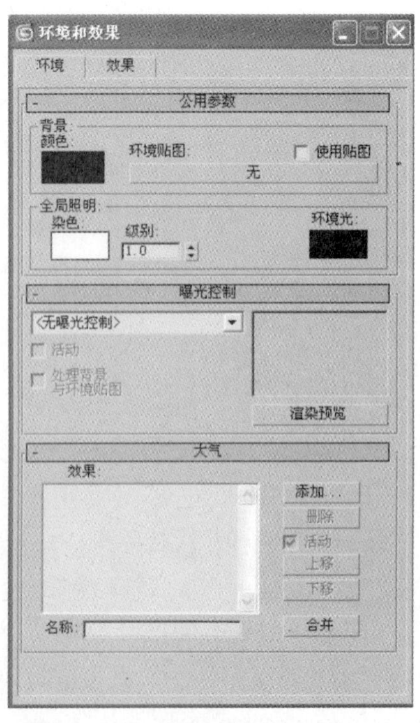

图 6-34

在默认的情况下，该数值与漫反射值锁定在一起，打开解锁按钮 可将锁定解除在图 6-35 中，将左上角图像应用给环境贴图后的效果。

图 6-35

6.5.2 漫反射颜色

漫反射颜色贴图通道是最有用的贴图通道之一。它决定对象的可见表面的颜色。

在图 6-36 中左上角的图像是用做漫反射颜色贴图的彩色位图，中间图像是将左边图像贴到漫反射颜色通道后的效果。

对于"各向异性"、"多层" 等明暗器还有漫反射级别贴图通道和漫反射粗糙度贴图通道。漫反射级别贴图通道基于贴图灰度值，用于设定漫反射颜色贴图通道的值。它用来设定漫反射颜色贴图亮度值，对模拟灰尘效果很有用。

图 6-37 与图 6-38 分别是使用和未使用漫反射级别贴图后的效果。

任意一个贴图通道都能用彩色或灰度级图像，但是，某些贴图通道只使用贴图的灰度值而放弃颜色信息。漫反射级别贴图（Diffuse Level）就是这样的通道。

图 6-36

图 6-37

图 6-38

6.5.3 高光颜色

该通道决定材质高光部分的颜色。它使用贴图改变高光的颜色，从而产生特殊的表面效果。如图 6-39 是高光颜色贴图的效果。

图 6-39

6.5.4 高光级别贴图

高光级别贴图：该通道基于贴图灰度值改变贴图的高光亮度。利用这个特性，可以给表面材质加污垢、熏烟及磨损痕迹。

图 6-40 是贴图的层级结构，图 6-41 是贴图的最后效果。

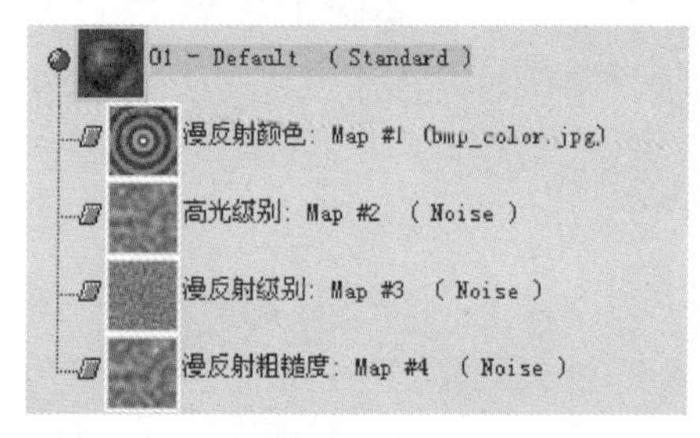

图 6-40

图 6-41

6.5.5 光泽度贴图

光泽度贴图：该贴图通道基于位图的灰度值影响高光区域的大小；数值越小，区域越大；数值越大，区域越小，但亮度会随之增加。使用这个通道，可以创建在同一材质中从无光泽到有光泽的表面类型变化。

图 6-42 是贴图的层级结构，图 6-43 是贴图的最后效果，可见对象表面暗圆环和亮圆环之间暗的区域没有高光。

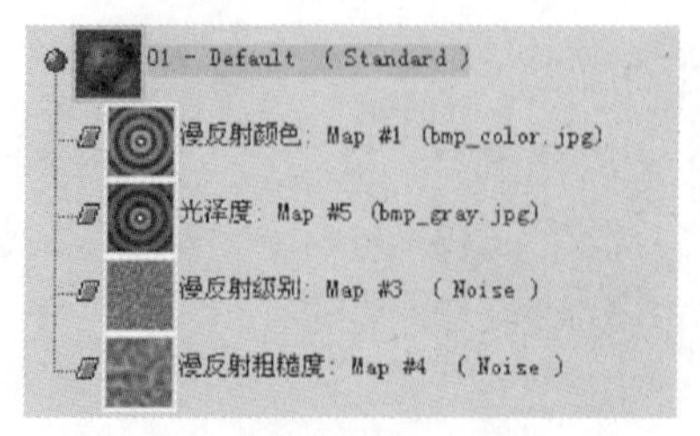

图 6-42

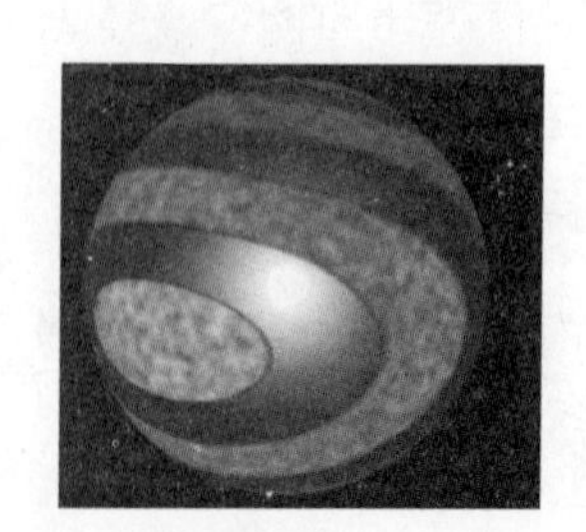

图 6-43

6.5.6 自发光贴图

该贴图通道有两个选项：可以使用贴图灰度数值确定自发光的值，也可以使贴图作为自发光的颜色。

6.5.7 不透明度贴图

不透明度贴图: 该通道根据贴图的灰度数值决定材质的不透明度或透明度。白色不透明，黑色透明。不透明也有几个其他的选项，如过滤、相加或相减。

6.5.8 凹凸贴图

该贴图通道可以使几何对象产生突起的效果。该贴图通道的数量区域设定的数值可以是正的，也可以是负的。利用这个贴图通道可以方便地模拟物体表面的凹凸效果（如图 6-44 和图 6-45 所示）。

图 6-44

图 6-45

6.5.9 反射贴图

使用该贴图通道可创建诸如镜子、铬合金、发亮的塑料等反射材质。反射贴图通道有许多贴图类型选项，下面介绍几个主要的选项。

光线追踪（Raytrace）

在反射通道里，使用 Raytrace 贴图可做出真实的效果。但是要花费较多的渲染时间。图 6-46 是贴图的层级结构，图 6-47 是贴图的最后效果。

图 6-46

图 6-47

反射／折射 (Reflect/Refract)

创建相对真实反射效果的第二种方法是使用 Reflect/Refract 贴图。尽管这种方法产生的反射没有 Raytrace 贴图产生的真实，但是它渲染得比较快，并且可满足大部分的需要。

图 6-48 是贴图的层级结构，图 6-49 是贴图的最后效果。

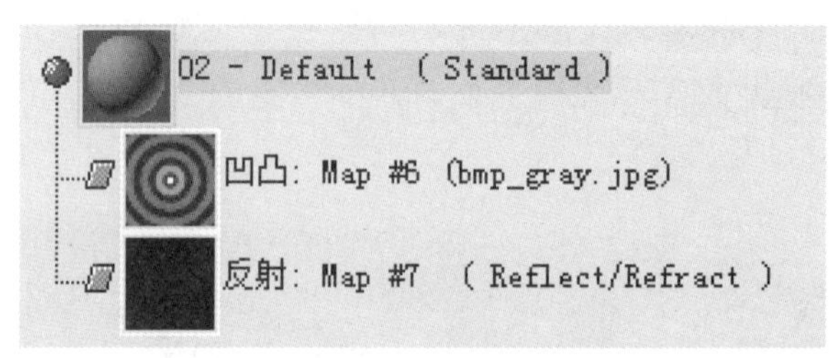

图 6-48

图 6-49

反射位图 (Bitmap)

有时并不需要自动进行反射，只希望反射某个位图，如将图 6-50 设为反射的贴图，图 6-51 是贴图的层级结构，图 6-52 是贴图的最后效果。

图 6-50

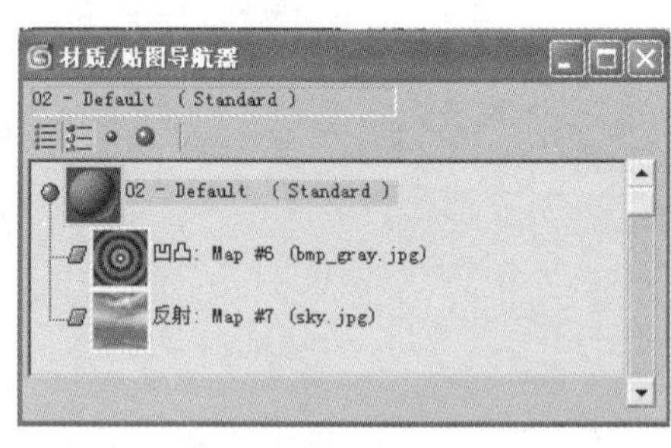

图 6-51

图 6-52

6.5.10 置换贴图

该贴图通道有一个独特的功能，即它可改变指定对象的形状，与凹凸贴图视觉效果类似。但是置换贴图将创建一个新的几何体，并且根据使用贴图的灰度值推动或拉动几何体的节点。置换贴图可创建诸如地形、信用卡上突起的塑料字母等效果。为使用贴图，必须给对象加 Displace Approx。该贴图通道根据 Displace Approx（近似置换）编辑修改器的值产生附加的几何体。注意，不要将这些值设置得太高，否则渲染时间会明显增加。

图 6-53 是贴图的层级结构，图 6-54 是贴图的最后效果。

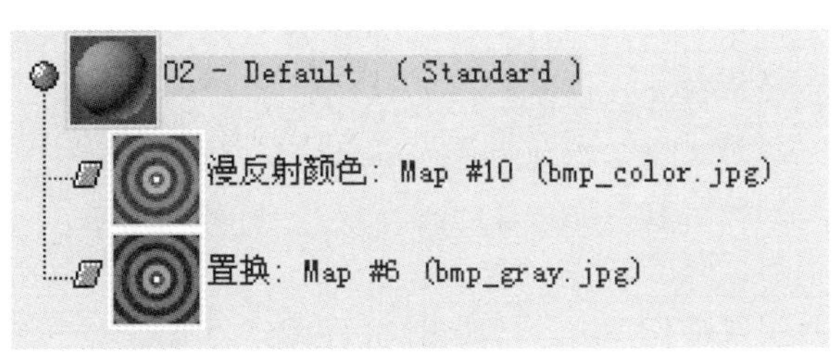

图 6-53

图 6-54

6.6 UVW贴图

当给集合对象应用 2D 贴图时，经常需要设置对象的贴图信息。这些信息告诉 3ds Max 如何在对象上设计 2D 贴图。

许多 3ds Max 的对象有默认的贴图坐标。放样对象和 NURBS 对象也有它们自己的贴图坐标，但是这些坐标的作用有限。例如，应用了 Boolean（布尔）操作，或材质使用 2D 贴图之前，对象已经塌陷成可编辑的网格，那么就可能丢失默认的贴图坐标。

6.6.1 UVW 贴图编辑修改器

UVW 贴图编辑修改器用来控制对象的 UVW 贴图坐标，其参数卷展栏（Parameters）如图 6-55 所示。

UVW 编辑修改器提供了调整贴图坐标类型、贴图大小、贴图的重复次数、贴图通道设置和贴图的对齐设置等功能。

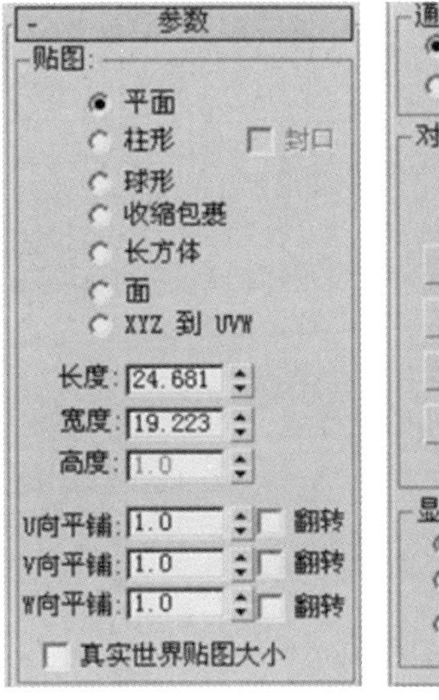

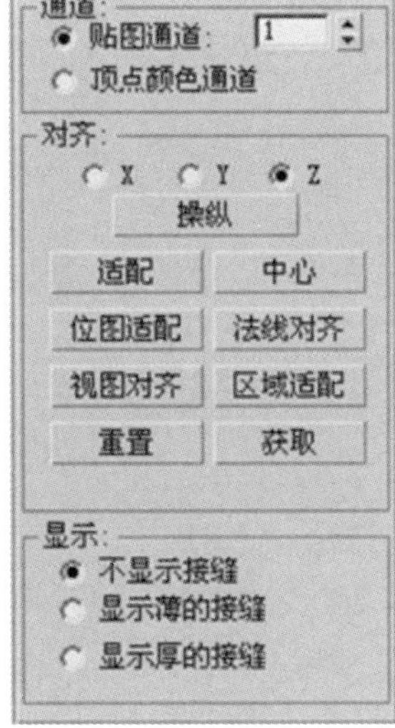

图 6-55

6.6.2 贴图坐标类型

贴图坐标类型用来确定如何给对象应用 UVW 坐标，共有如下 7 个选项。

平面 (planar)：该贴图类型以平面投影方式向对象上贴图。它适合于平面的表面，如纸、墙等。图 6-56 是采用平面投影的结果。

柱形 (cylindrical)：该贴图类型使用圆柱投影方式向对象上贴图。螺丝钉、钢笔、电话筒和药瓶都适于使用圆柱贴图。图 6-57 是采用圆柱投影的结果。打开封口选项，圆柱的顶面和底面放置的是平面贴图投影。

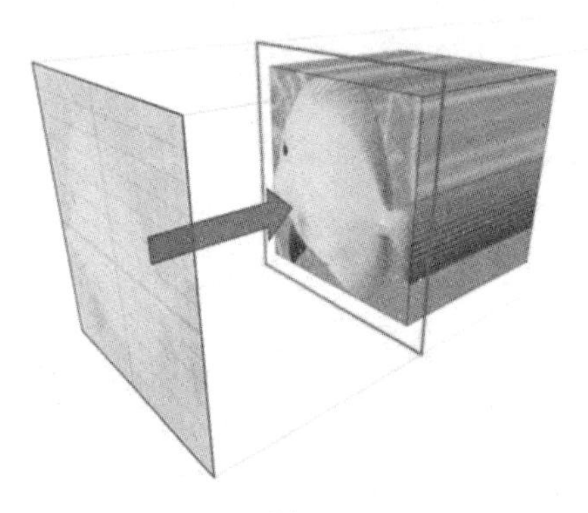

图 6-56

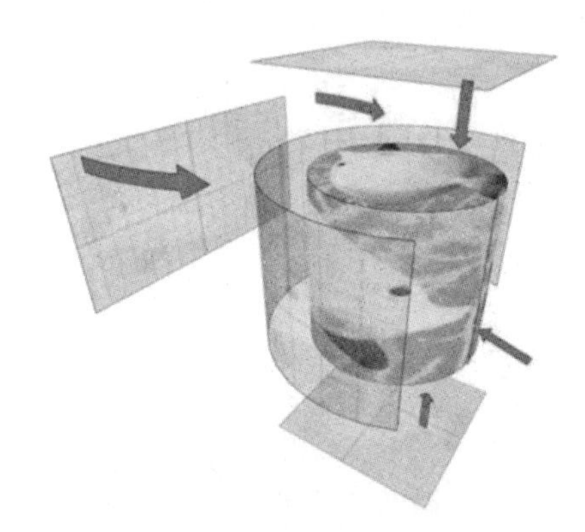

图 6-57

球形 (spherical)：该类型围绕对象以球形投影方式贴图，会产生接缝。在接缝处，贴图的边汇合在一起，顶底也有两个接点 (如图 6-58 所示)。

收缩包裹 (shrink wrap)：像球形贴图一样，它使用球形方式向对象投影贴图。但是收缩包裹将贴图所有的角拉到一个点，消除了接缝，只产生一个奇异点 (如图 6-59 所示)。

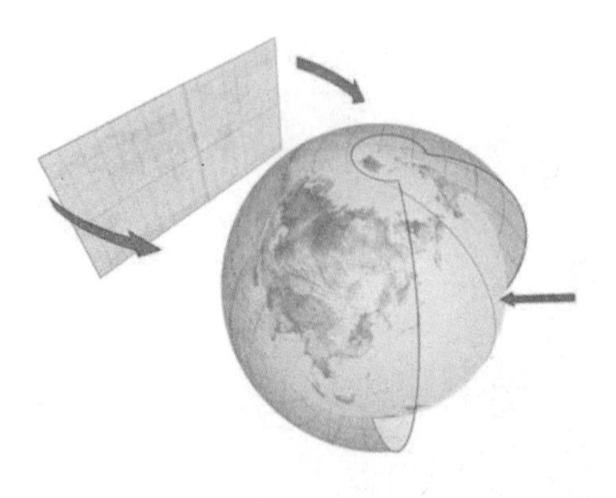

图 6-58

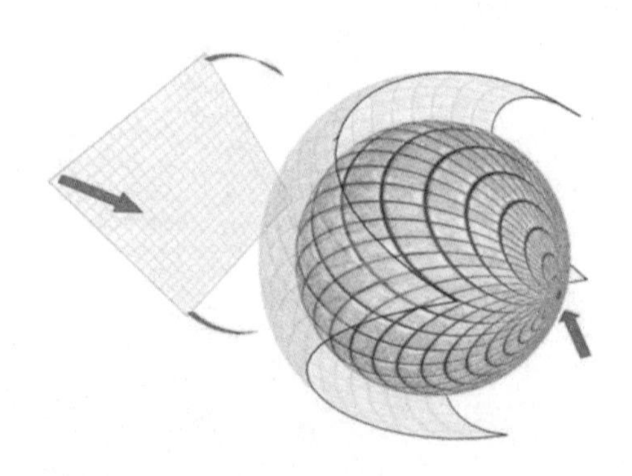

图 6-59

长方体 (box)：该类型以 6 个面的方式向对象投影。每个面是一个平面贴图。面法线决定不规则表面上贴图的偏移 (如图 6-60 所示)。

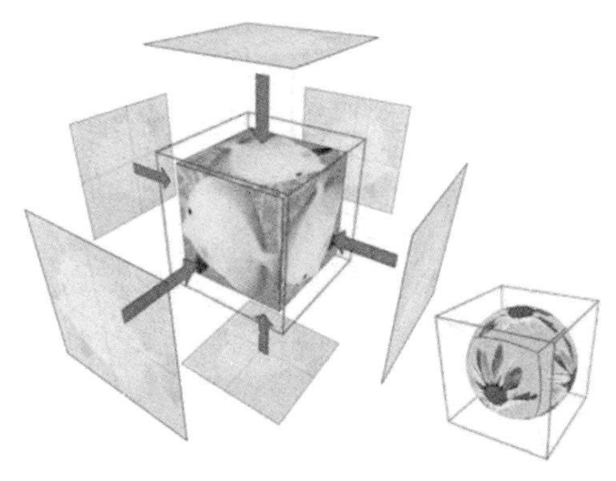

图 6-60

面（face）：该类型对对象的每一个面应用一个平面贴图。其贴图效果与几何体面的多少有很大关系（如图 6-61 所示）。

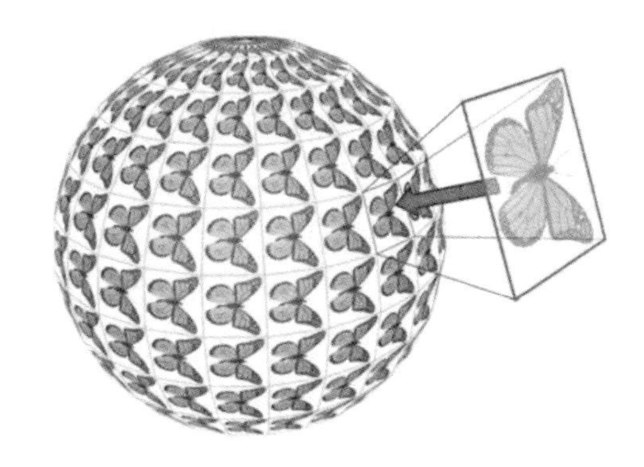

图 6-61

XYZ 到 UVW：此类贴图设计用于 3D 贴图。它使 3D 贴图“粘贴”在对象的表面上（如图 6-62 所示）。

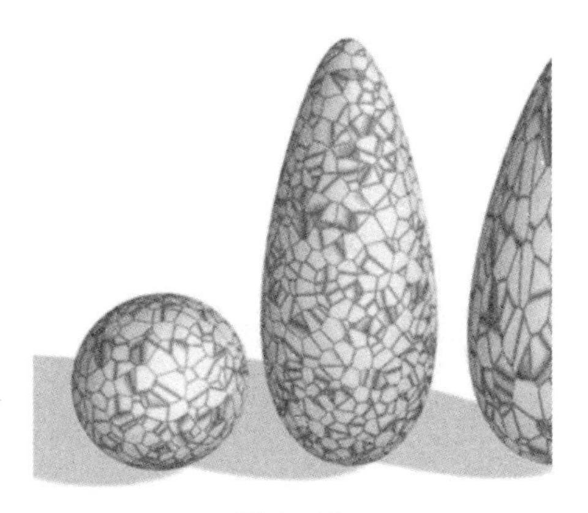

图 6-62

一旦了解和掌握了贴图的使用方法，就可以创建纹理丰富的材质了。

6.7 V-Ray材质设置

V-Ray 渲染器提供了多种特殊的材质 V-Ray 材质（如图 6-63 所示），下面主要介绍 VRayMtl 。在场景中使用该材质能够获得更加准确的物理照明（光能分布），更快的渲染，发射和折射参数调节更方便。可以应用不同的纹理贴图，控制其反射和折射，增加凹凸贴图和置换贴图，强制直接全局照明计算。材质的控制面板如图 6-64 所示。

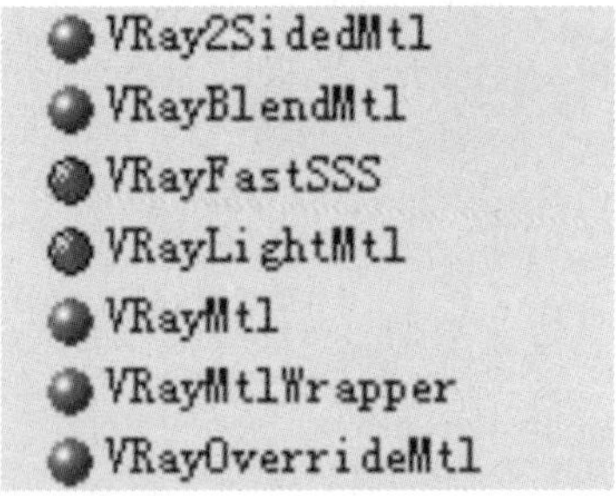

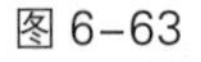

VRay2SidedMtl
VRayBlendMtl
VRayFastSSS
VRayLightMtl
VRayMtl
VRayMtlWrapper
VRayOverrideMtl

图 6-63

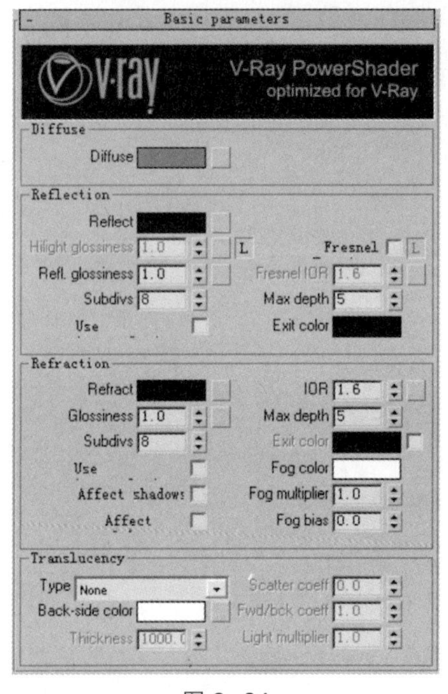

图 6-64

打开本书配套光盘中的文件 chap06/ch06_Vary_01.max。

Diffuse（漫反射颜色）：给大小壶分别指定不同的颜色 Diffuse （R255、G175、B0）和 Diffuse （R255、G255、B255）的效果（如图 6-65 所示）。

图 6-65

Reflect（反射）：黑色代表没有反射，白色代表100%反射。分别给大茶壶指定不同的反射颜色 Reflect（R130、G130、B130）和 Reflect（R255、G255、B255），渲染的效果分别如图6-66和图6-67所示。如果给反射贴图通道添加一个棋盘格黑白贴图（如图6-68所示），能够更清楚地发现黑的地方没有反射现象，而白的地方是全反射（如图6-69所示）。

图6-66

图6-67

图6-68

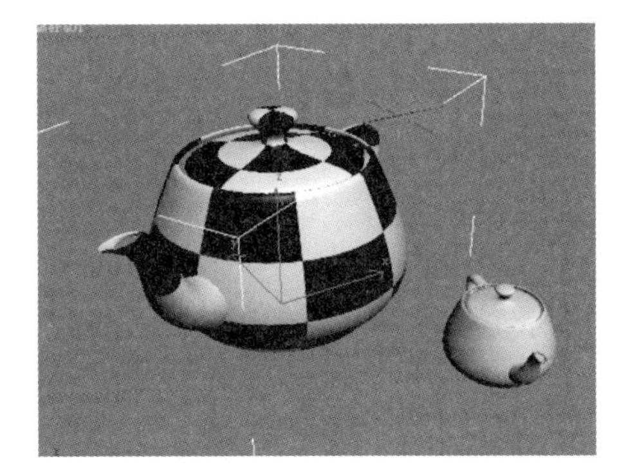

图6-69

Hilight glossiness（有光泽的高光）：控制VR材质的高光状态。默认情况下，L形按钮被按下，Hilight glossiness处于非激活状态。高光只对场景中的物体起反应，对天光不起作用。

Refl.glossiness（反射光泽度）：当该值为0.0时表示特别模糊的反射。当该值为1.0时将关闭材质的光泽，V-Ray将产生一种特别尖锐的反射，图6-70是光泽度值为0.7（如图6-71所示）时的模糊反射效果。

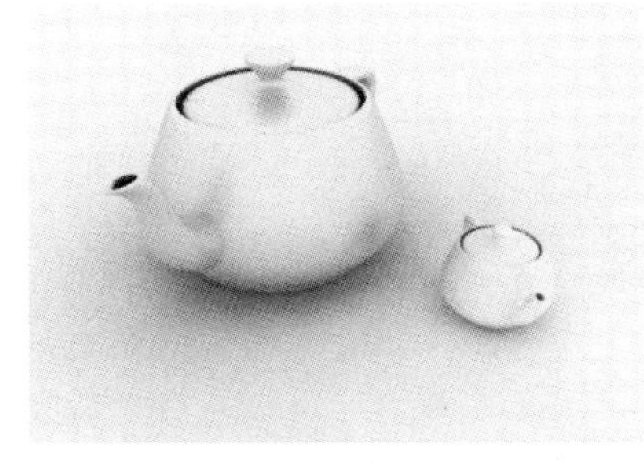

图6-70

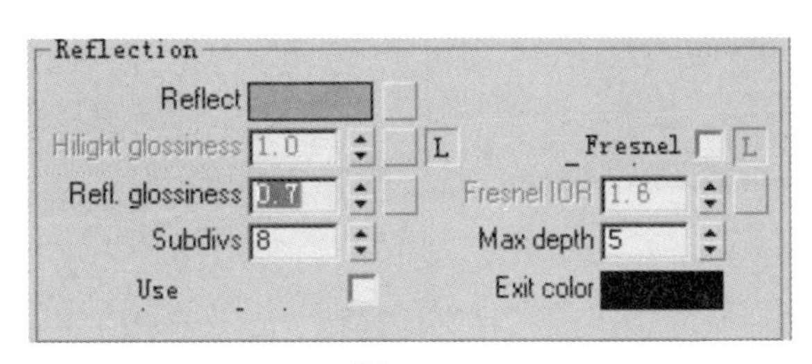

图6-71

Subdivs（控制发射的光线数量来估计光滑面的反射）：当该材质的光泽度值为 1.0 时，本选项无效。

Fresnel reflection（费涅尔反射）：当该选项被选中时，光线的反射就像真实世界的玻璃反射一样。这意味着当光线和表面法线的夹角接近 0° 时，反射光线将减少至消失。当光线与表面几乎平行时，反射将是可见的；当光线垂直于表面时将几乎没有反射。图 6–72 是勾选此项后（如图 6–73 所示）的渲染结果。

图 6–72

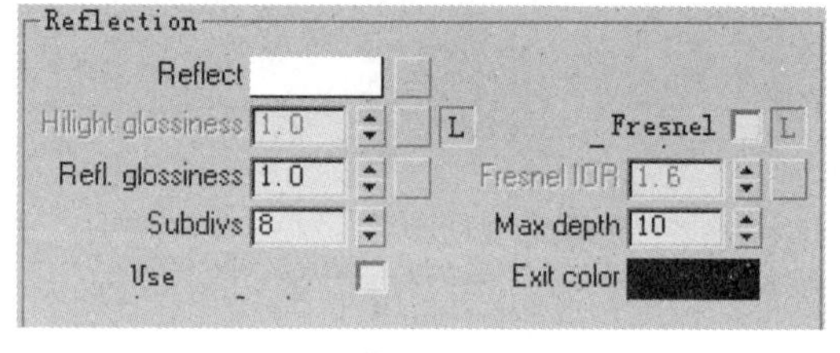

图 6–73

Max depth（最大深度）：贴图的最大光线发射深度。设置大于该值时贴图将反射回黑色。

Exit color（退出颜色）：当光线在场景中反射达最大深度定义的反射次数后就停止反射，此时这个颜色将被返回，并且不再追踪远处的光线，如图 6–74 所示的退出颜色为默认的黑色，图 6–75 的退出颜色为红色。

图 6–74

图 6–75

Refract（折射）：通过颜色控制折射的强弱。黑色为不透明，白色为全透明。可以在 texture maps 纹理贴图部分中的折射贴图栏中，使用一种贴图来覆盖它。

打开本书配套光盘中的文件 chap06/ch06_Vary_02.max，默认的渲染结果如图 6–76 所示，是没有折射和反射的渲染效果。

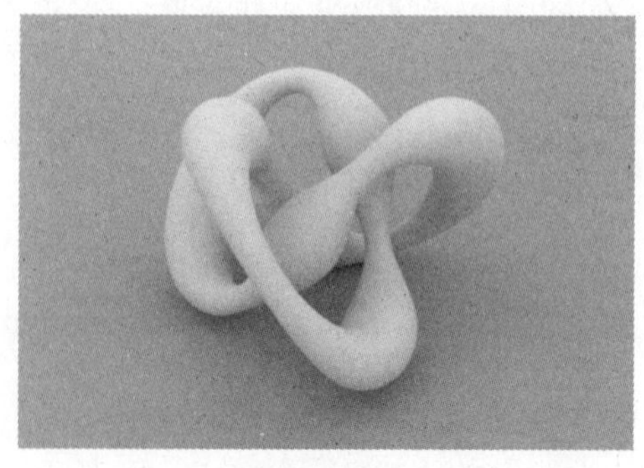
图 6–76

将折射颜色改为一个中度的灰色（如图 6-77 所示），渲染结果如图 6-78 所示。将漫反射颜色设为纯黑色 Diffuse，渲染结果如图 6-79 所示，可见漫反射颜色和折射共同起作用，形成了类似黑玻璃的效果。

将折射颜色设为纯白 Refract，渲染结果如图 6-80 所示，接着将反射设为纯白 Reflect，勾选 Fresnel ☑ L，结果为如图 6-81 所示的清玻璃材质。

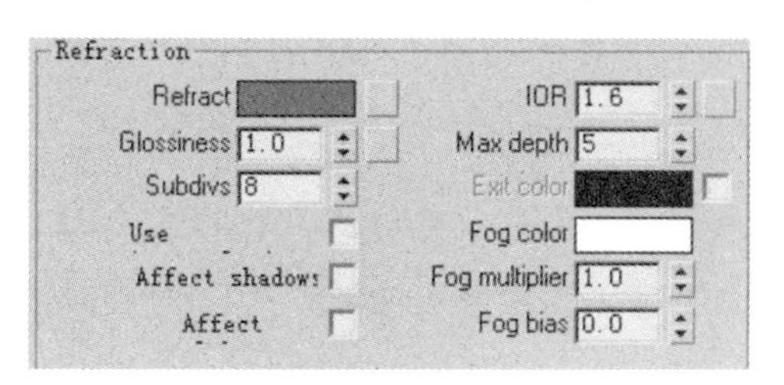

图 6-77

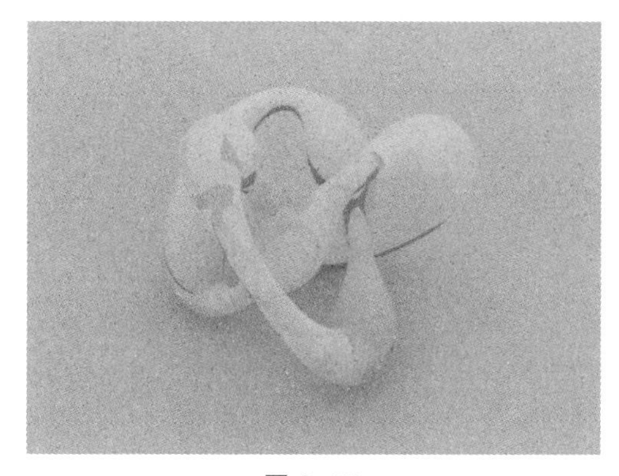

图 6-78

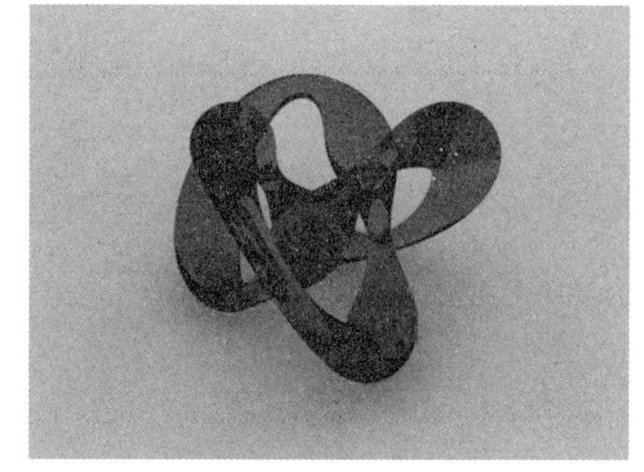

图 6-79

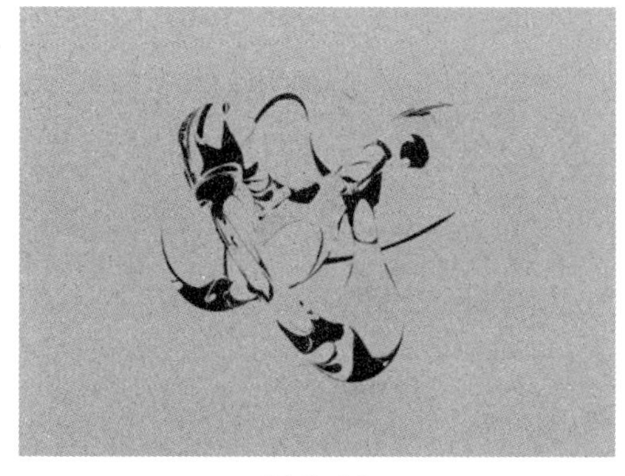

图 6-80

图 6-81

为了更好地渲染结果，在场景中添加一个 V-Ray 灯（如图 6-82 所示）。打开本书配套光盘中的文件 chap06/ch06_Vary_03.max，渲染后得到了如图 6-83 所示的效果。

Glossiness（折射光泽度）：当该值为 0.0 时表示特别模糊的折射，如图 6-84 所示值为 0.6 时的渲染结果如图 6-85 所示。提高折射光泽度将增加渲染时间。

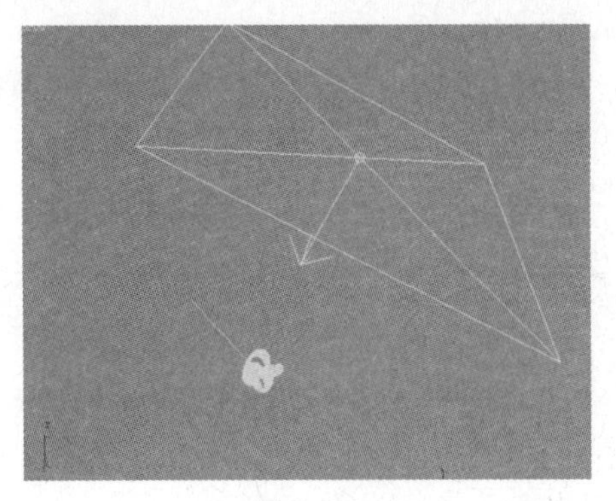

图 6-82

图 6-83

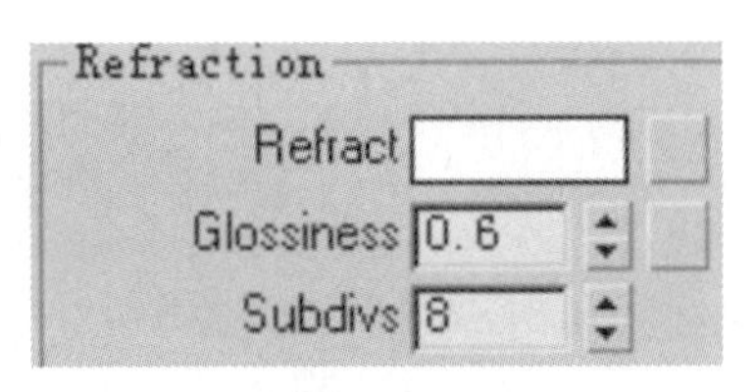

图 6-84

图 6-85

Subdivs（细分）：控制发射光线数量来估计光滑面的折射。当该材质的光泽度值为 1.0 时，本选项无效。适当提高数值，可以去掉内部杂点。

IOR（折射率）：该值决定材质的折射率。选择合适的值，可以制造出类似于水，钻石，玻璃的折射效果。如果将 IOR 设为 1.0，则圆环不见了（如图 6-86 所示）。

图 6-86

这是因为反射 IOR 是和折射 IOR 联系在一起的，同样被设为 1.0，也就意味着物体没有任何反射，折射颜色是纯白色，没有光线的反射与折射，圆环也就消失了。

Max depth（最大深度）：贴图的最大光线发射深度。大于该值时贴图将反射回黑色。

Fog color（体积雾颜色）：V-Ray 允许用体积雾来填充具有折射性质的物体。

Fog multiplier（体积雾倍增器）：较小的值产生更透明的雾。设置体积雾颜色如图 6-87 所示，渲染后材质非常暗，但是较薄的部分表现了一些透明度（如图 6-88 所示）。

将体积雾倍增器设为 0.1。光通过物体将失去能量，它通过越久，越多的能量就被物体吸收，这就是较薄的部分比较厚的部分能保持透明的原因了（如图 6-89 所示）。

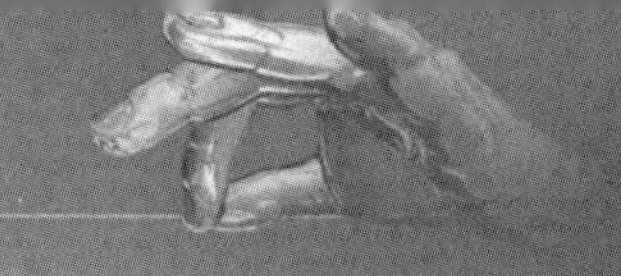

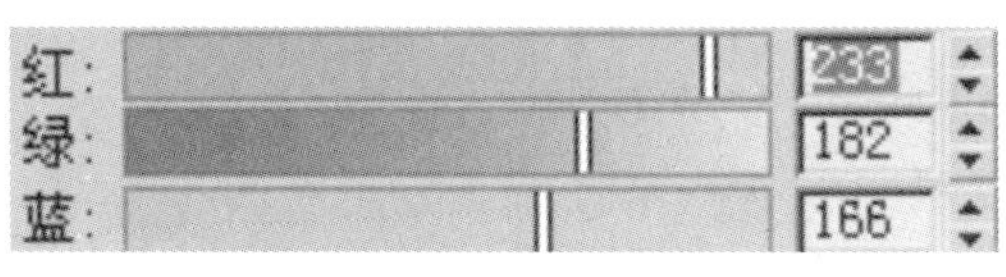

图 6-87

图 6-88

图 6-89

Texture maps（纹理贴图）：在 V-Ray 材质的这部分，可以设定不同的纹理贴图（如图 6-90 所示）。对于每个纹理贴图都有一个倍增器、一个复选框和一个按钮。倍增器控制贴图的强度，复选框用于打开或关闭纹理贴图，按钮用于选择纹理贴图。

Maps			
Diffuse	100.0	☑	None
Reflect	100.0	☑	None
HGlossiness	100.0	☑	None
RGlossiness	100.0	☑	None
Fresnel IOR	100.0	☑	None
Refract	100.0	☑	None
Glossiness	100.0	☑	None
IOR	100.0	☑	None
Translucent	100.0	☑	None
Bump	30.0	☑	None
Displace	100.0	☑	None
Opacity	100.0	☑	None
Environment		☑	None

图 6-90

6.8 实例一：设定灯泡材质

下面通过创建实例来说明灯泡材质（如图 6-91 所示）的具体设定。

图 6-91

1. 启动或者重置 3ds Max，然后从本书的配套光盘中打开文件 chap06 / 灯泡 .max。选择其中一个灯泡（如图 6-92 所示），执行“组”/“打开”命令。选择如图 6-93 所示的玻璃外罩部分。

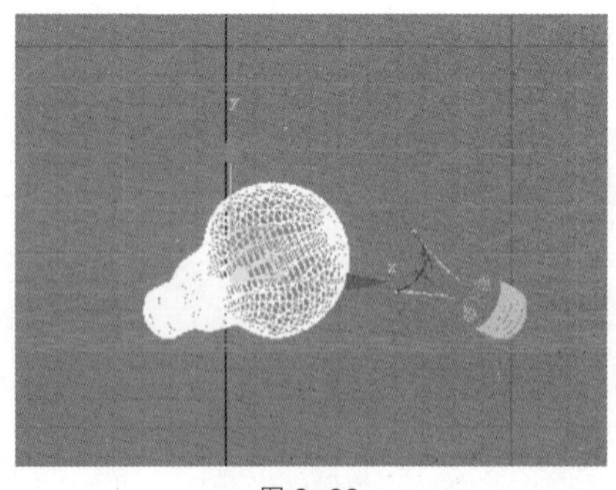

图 6-92

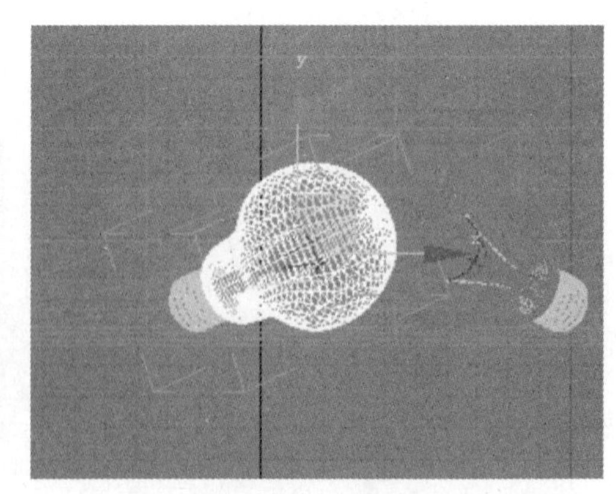

图 6-93

2. 打开“材质编辑器”窗口，选择一个材质球将其设为 boli VRayMtl，给漫反射颜色设置浅蓝色。反射设为中灰色，勾选 Fresnel ☑ L，折射设为纯白色（如图 6-94 所示），并将材质赋给刚才选中的对象和灯泡中的玻璃柱。

3. 接下来制作磨沙金属效果，选择一个空白材质球，将其命名为 jinshu，材质类型为 V-RayMtl，漫反射颜色设置为深灰色，反射设为纯白色，反射光泽度设为 0.6 的模糊值（如图 6-95 所示）。将其赋予灯丝和金属螺纹。

4. 选择一个空白材质球将其设为 heitao VRayMtl，漫反射颜色设置为黑色，反射指定深灰色，反射光泽度设为 0.95 的模糊值（如图 6–96 所示），将材质赋予灯泡底部的模型。灯泡材质设置完成。

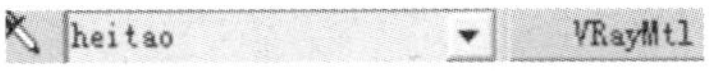

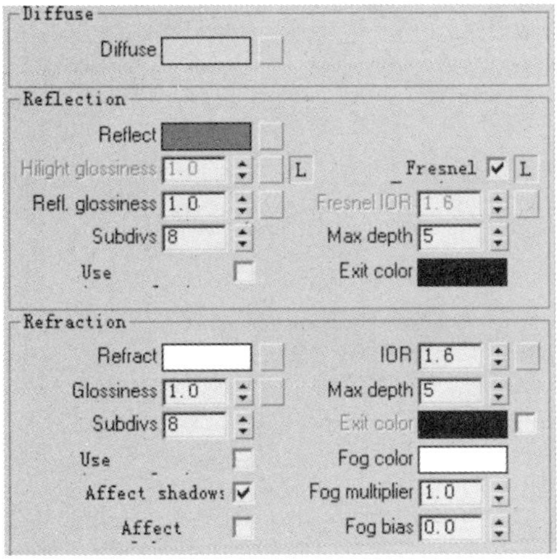

Diffuse
Diffuse
Reflection
Reflect
Hilight glossiness 1.0
L
Fresnel
L
Refl. glossiness 1.0
Fresnel IOR 1.6
Subdivs 8
Max depth 5
Use
Exit color
Refraction
Refract
IOR 1.6
Glossiness 1.0
Max depth 5
Subdivs 8
Exit color
Use
Fog color
Affect shadows
Fog multiplier 1.0
Affect
Fog bias 0.0

图 6–94

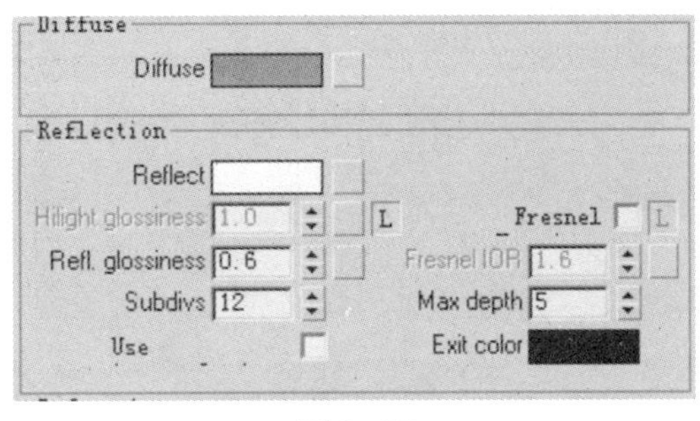

Diffuse
Diffuse
Reflection
Reflect
Hilight glossiness 1.0
L
Fresnel
L
Refl. glossiness 0.6
Fresnel IOR 1.6
Subdivs 12
Max depth 5
Use
Exit color

图 6–95

Diffuse
Diffuse
Reflection
Reflect
Hilight glossiness 1.0
L
Fresnel
L
Refl. glossiness 0.95
Fresnel IOR 1.6
Subdivs 8
Max depth 5
Use
Exit color

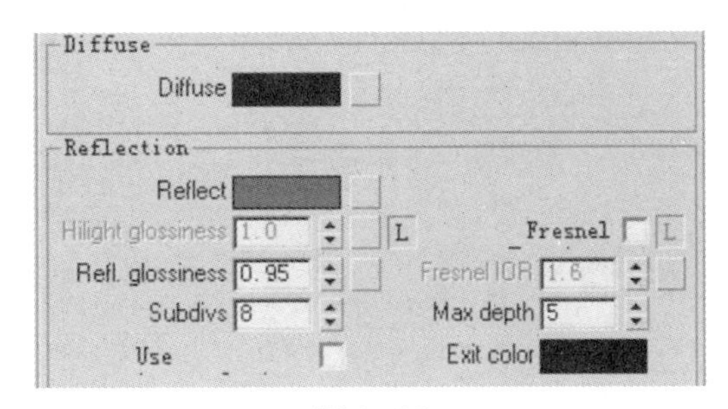

图 6–96

6.9 实例二：设定餐具材质

下面通过创建实例来说明餐具材质（如图 6–97 所示）的具体设定。

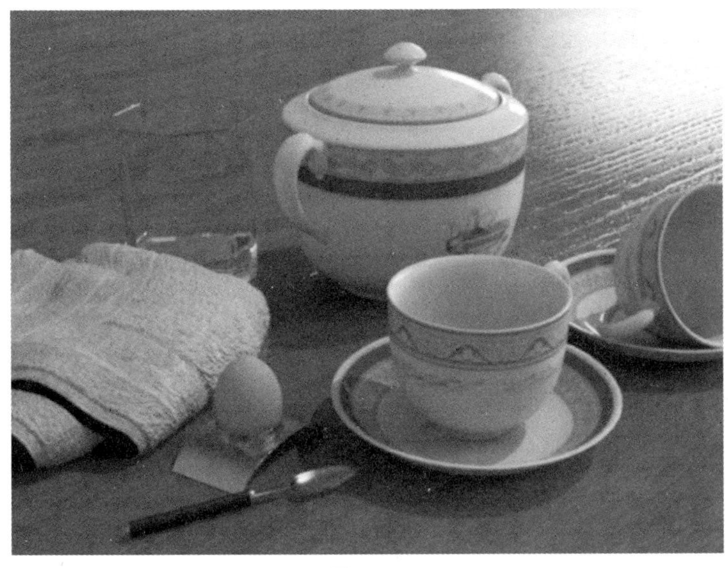

图 6–97

1. 启动或者重置 3ds Max，然后从本书的配套光盘中打开文件 chap06 / 餐桌 .max。选择一个茶杯，进入修改面板多边形子层级，在多边形属性下，选择 ID 号为 3 的面。

2. 保持面被选择状态下（如图 6–98 所示），从修改器列表的下拉列表中添加一个 UVW 贴图修改器（如图 6–99 所示），贴图方式为柱形 柱形 ，调整对齐方式，单击 适配 按钮。

3. 打开“材质编辑器”窗口，选择一个新的材质球并将其命名为杯子，将材质类型改为 VrayMtl 杯子 VRayMtl ，单击 Diffuse 颜色框右边的小按钮（如图 6–100 所示），打开“材质与贴图浏览”对话框，选择 位图 ，指定 \map\杯.JPG 为贴图。

图 6–98

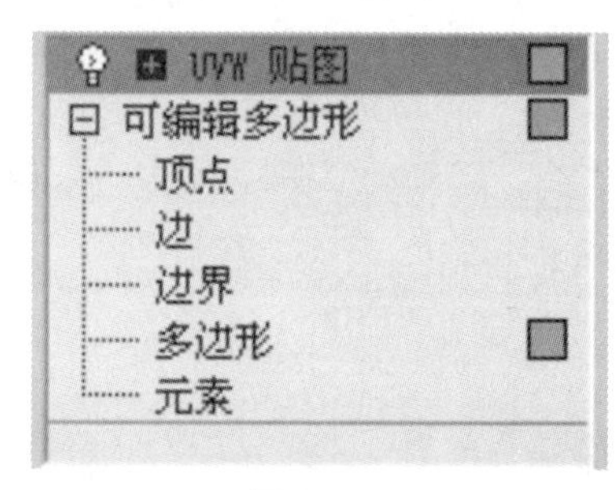

图 6–99

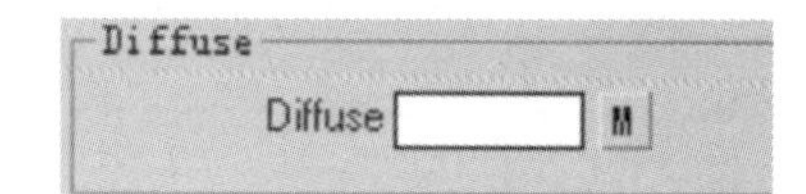

图 6–100

4. 将反射 Reflect 设置为灰色（R129、G129、B129），并勾选 Fresnel L （如图 6–101 所示）。

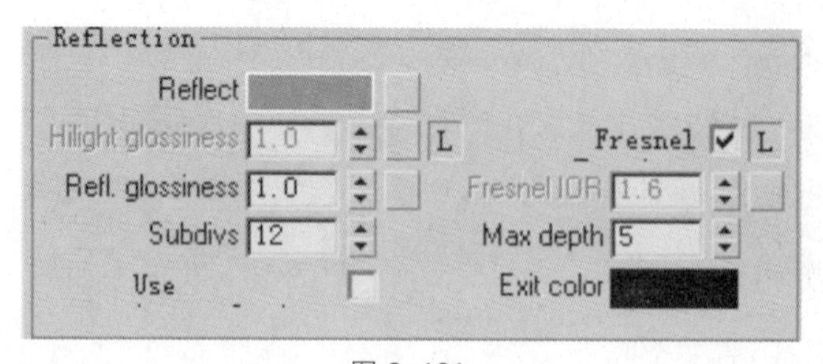

图 6–101

5. 回到多边形层级，在菜单中执行“编辑”/“反选”命令，如图 6–102 所示选择杯子内面，打开“材质编辑器”窗口，选择一个空白材质球，设置为 白 VRayMtl 。将 Diffuse 设为纯白色，Reflect 设置为灰色，勾选 Fresnel L。

6. 接下来为杯托设定材质，选择如图 6–103 所示的下表面，为其添加一个 UVW 贴图修改器，贴图类型选择 平面 。

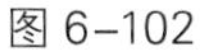
图 6–102

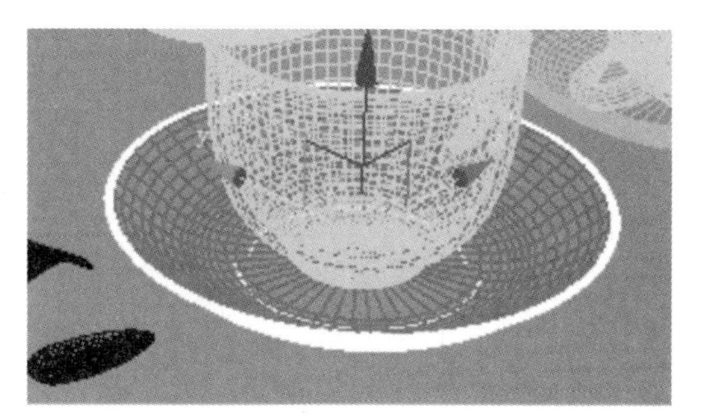

图 6–103

7. 打开“材质编辑器”窗口，选择空白材质球，设置为 盘子 VRayMtl，单击 Diffuse M 右侧小按钮并添加位图 \map\盘子.JPG，将 Reflect 设置为灰色。勾选 Fresnel ☑ L（如图 6–104 所示），反选得到杯托上表面，赋予命名为“白”的材质。

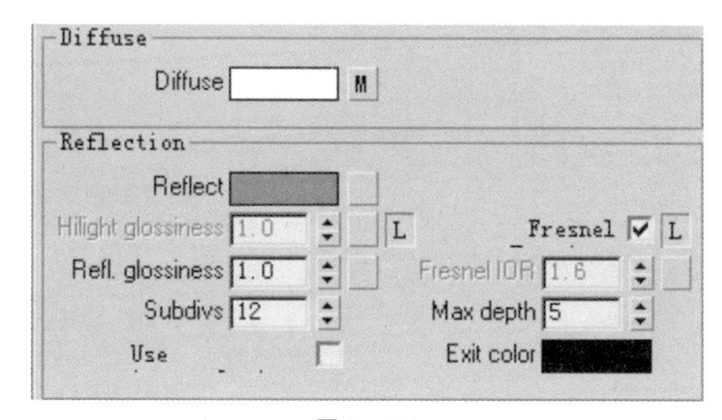

图 6–104

8. 选择场景中的玻璃杯模型（如图 6–105 所示）。打开“材质编辑器”窗口，设置一个空白材质球为 玻璃 VRayMtl，漫反射颜色设为纯白色，设定反射颜色 Reflect 为灰色（R165、G165、B165），勾选 Fresnel ☑ L（如图 6–106 所示）。

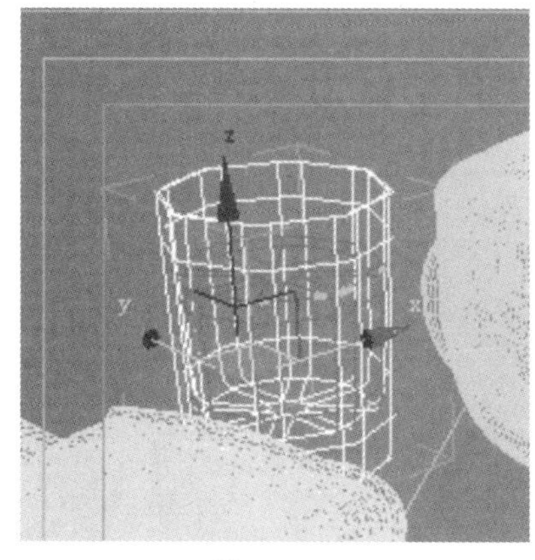

图 6–105

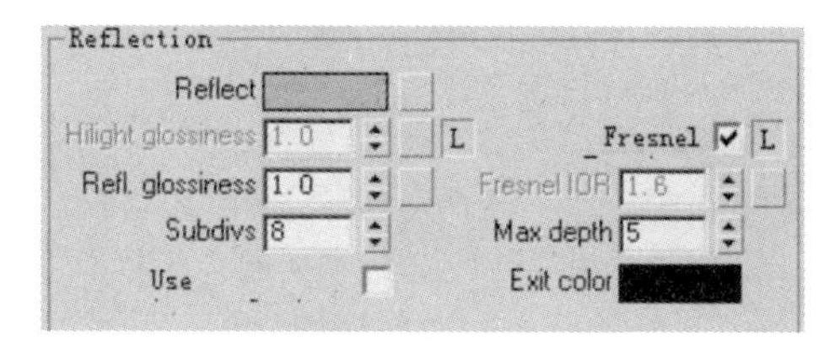

图 6–106

9. 设定 Reflect 为纯白色，勾选 Affect shadows ☑，如图 6-107 所示。

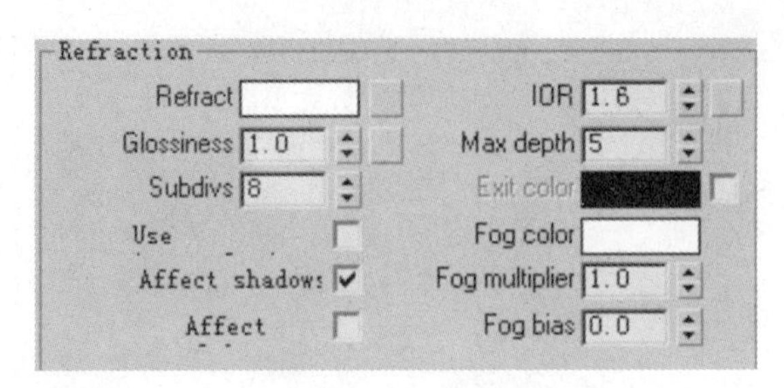

图 6-107

10. 选择杯子中的水（如图 6-108 所示）。打开"材质编辑器"窗口，选择一个空白材质球，并设定为 茶水 VRayMtl，设定 Diffuse 为浅绿色（R225、G230、B210）。

11. 设定 Refract 为纯白色，IOR 为 1.15，勾选 Affect shadows ☑。Fog color 设为浅黄色（R254、G254、B237）（如图 6-109 所示）。

图 6-108

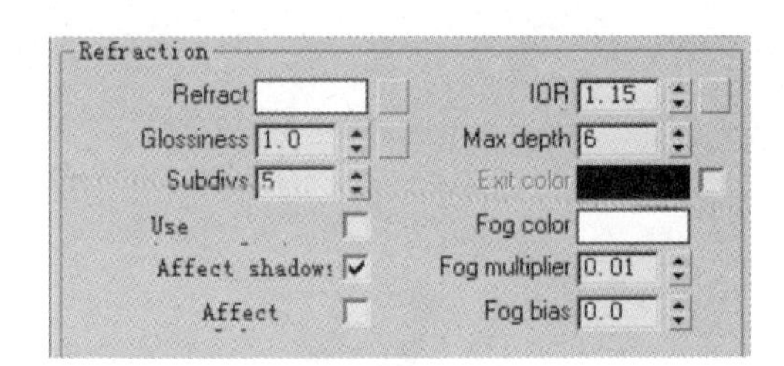

图 6-109

12. 选择场景中的毛巾（如图 6-110 所示），打开"材质编辑器"窗口，选择一个空白材质球，设置为 毛巾 VRayMtl，在 Diffuse 的贴图通道加入\Arch30_032_diffuse.jpg，在 Displace 的贴图通道加入 \map\Arch30_towelbump4.jpg，设置 Displace 的量为 15。

13. 选择场景中的鸡蛋模型（如图 6-111 所示），打开"材质编辑器"窗口，选择一个空白材质球，设为 鸡蛋 VRayMtl，设定 Diffuse 的颜色为土黄色（R207、G161、B130），设定 Refl. glossiness 为 0.6（如图 6-112 所示）。

图 6-110

图 6-111

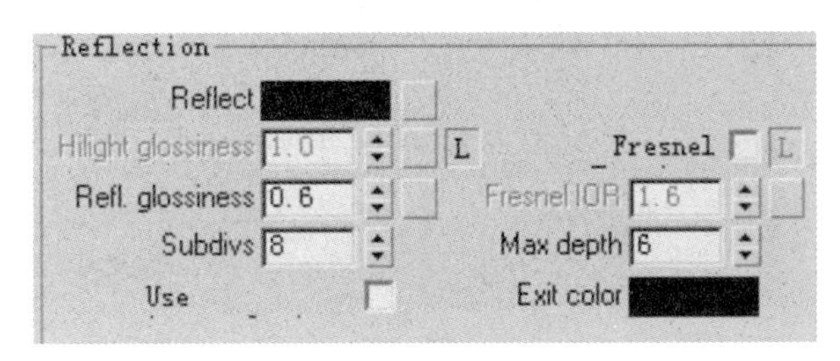

图 6-112

14. 选择鸡蛋托架和勺子模型（如图 6-113 所示），打开“材质编辑器”窗口，选择一个空白材质球，设定为 金属_钢 VRayMtl ，设定 Reflect 为灰色（R164、G164、B164），Refl. glossiness 为 0.7（如图 6-114 所示）。

图 6-113

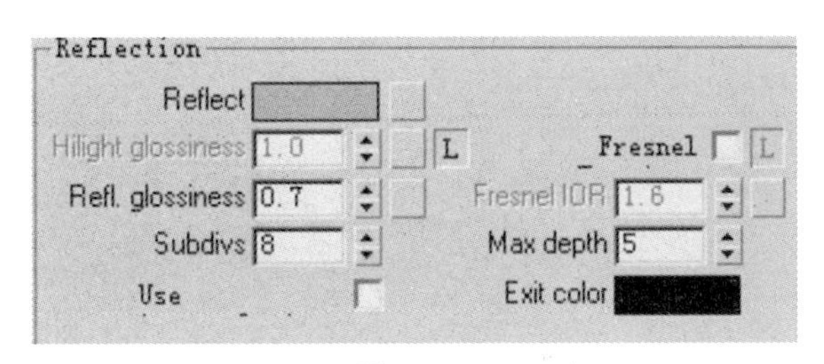

图 6-114

15. 选择勺柄模型（如图 6-115 所示）。

打开“材质编辑器”窗口，选择一个空白材质球，设定为 黑塑料 VRayMtl ，Diffuse 设为纯黑，Reflect 的颜色设为深灰色（R15、G15、B15），Refl. glossiness 设为 0.65（如图 6-116 所示）。

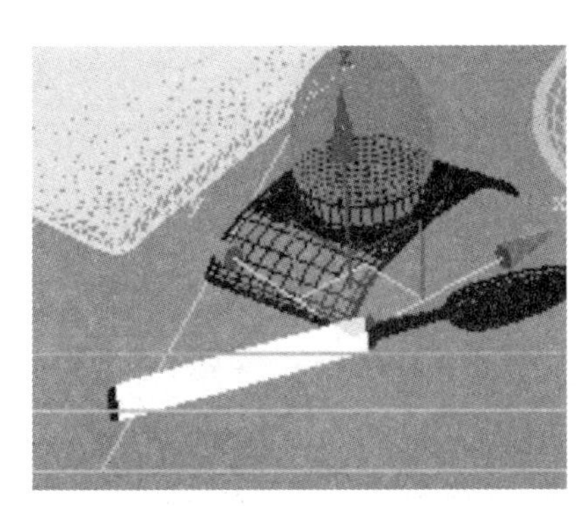

图 6-115

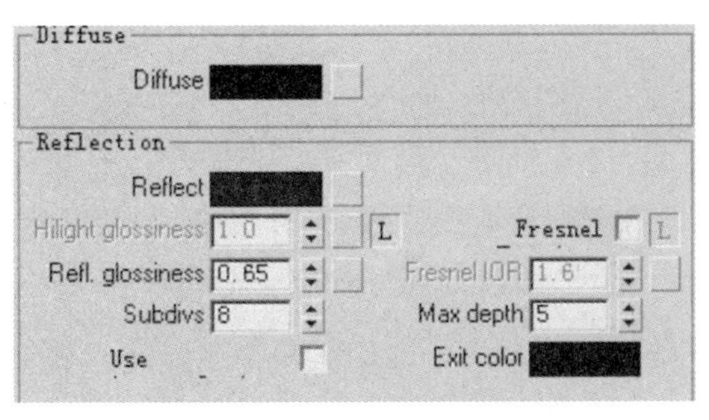

图 6-116

16. 选择地面部分（如图 6-117 所示），打开“材质编辑器”窗口，选择一个空白材质球，并将其设定为 木头_光泽 VRayMtl ，Diffuse 的贴图通道添加位图 \map\039ivindo.jpg ，反射颜色 Reflect 设为深灰色（R15、G15、B15），Refl. glossiness 设为 0.85。Bump 的贴图通道加入位图 Oakqrtrs_1.jpg，Bump 的量设为 15（如图 6-118 所示）。

图 6-117

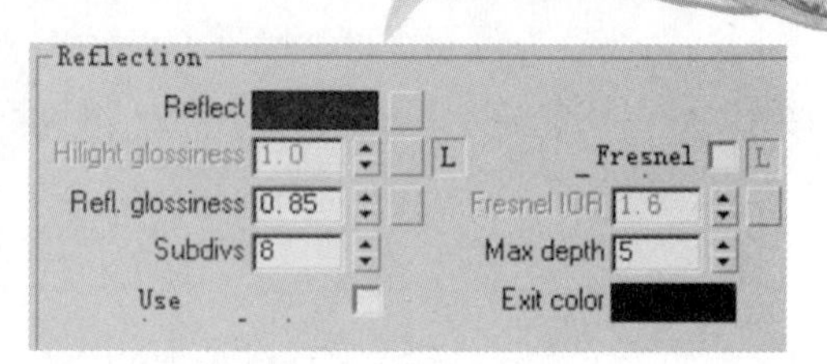

图 6-118

6.10 实例三：设定靠垫材质

下面通过创建实例来说明餐具材质（如图 6-119 所示）的具体设定。

图 6-119

1. 启动或者重置 3ds Max，然后从本书的配套光盘中打开文件 chap06 / 靠垫 .max。选择其中一个靠垫(如图 6-120 所示)。在修改器列表下拉菜单中选择“编辑多边形” 选项，进入多边形层级，在多边形属性中，选择材质 ID 号为 1 的面，如图 6-121 所示。

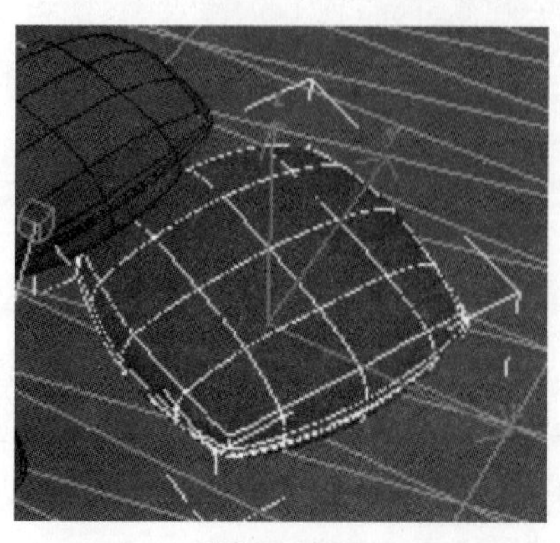

图 6-120

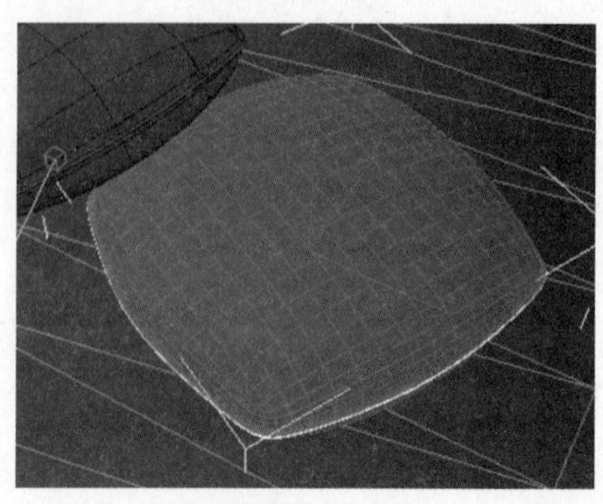

图 6-121

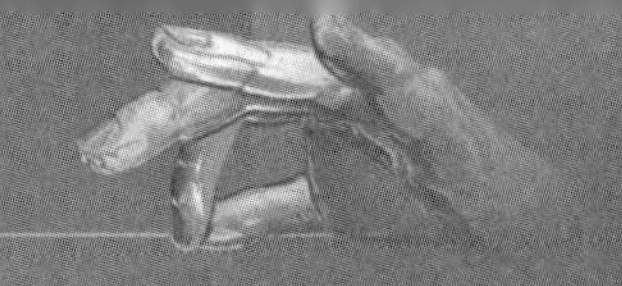

2. 为选中的面添加 UVW 展开修改器（如图 6–122 所示）。在参数卷展栏单击“编辑”按钮，打开“编辑 UVW”对话框，单击 CheckerPattern Checker 下拉列表选择“拾取纹理”（如图 6–123 所示），选择 位图，指定位图为 Map #131 (85014957.jpg) 。显示结果如图 6–124 所示。

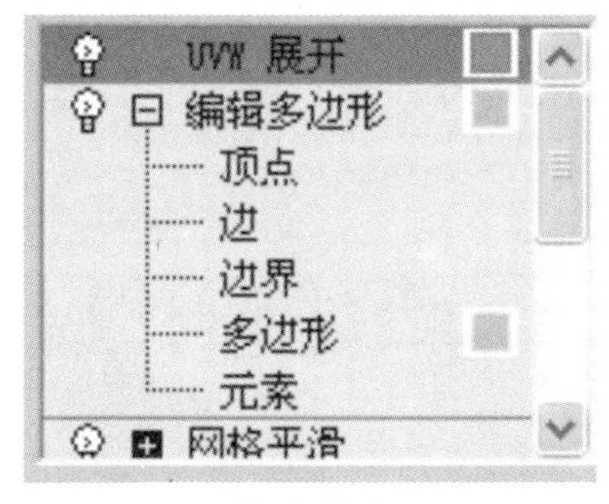

图 6–122

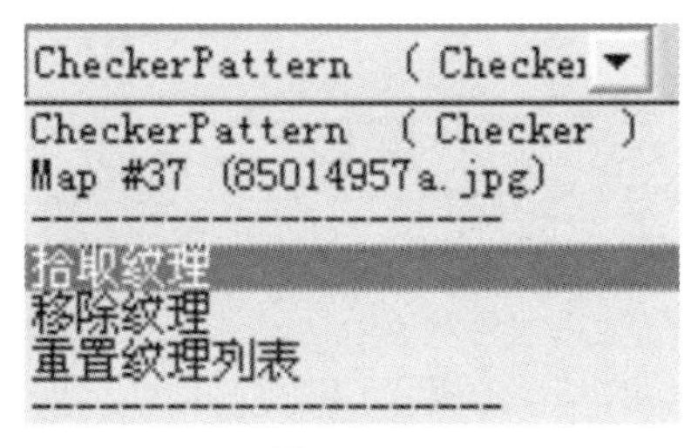

图 6–123

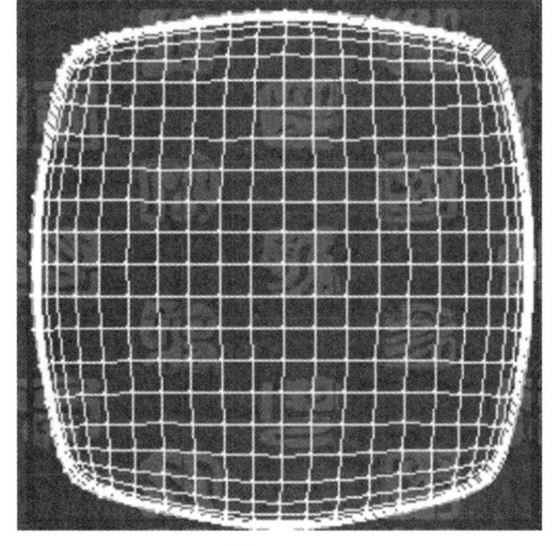

图 6–124

3. 打开“材质编辑器”窗口，选择一个空白材质球，并命名为 kd1，材质类型为多维 / 子对象。单击 设置数量 按钮，将材质数目设为 2（如图 6–125 所示）。

4. 将 ID 号为 1 的材质设定为 jinse Blend，如图 6–126 所示。

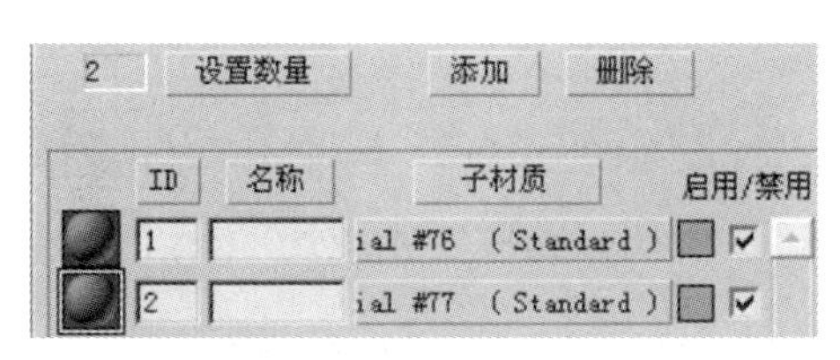

图 6–125

图 6–126

5. 首先设定 材质 1，在 漫反射颜色 指定位图为 map\85014957.jpg，返回到 jinse 层级，设定 材质 2 为 黄金 Standard，设定明暗器类型为 (O)Oren-Nayar-Blinn，设定漫反射颜色为明黄色（R238、G203、B97），设定高光反射颜色为黄绿色（R204、G195、B91），高光级别为 133，光泽度为 17。参数设置如图 6–127 所示。

6. 在其反射贴图通道加入 Map #24 (Falloff)（如图 6–128 所示）。给黑色贴图通道指定 VRayMap 类型贴图，设定 VRayMap 为 Reflect，勾选 Glossy 复选框，设定 Glossiness: 80.0，Max depth 1，Subdivs: 2（如图 6–129 所示）。

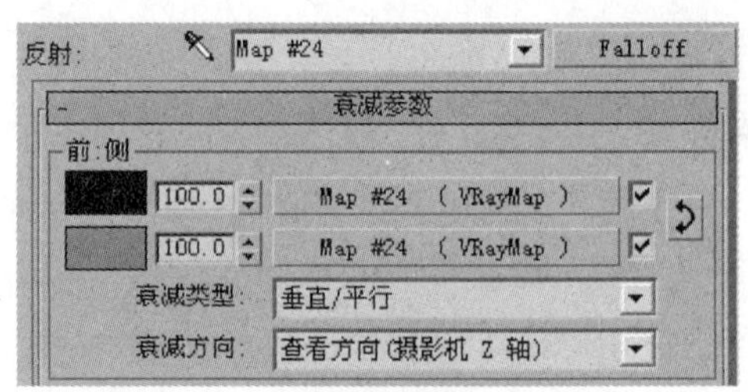

图 6-128

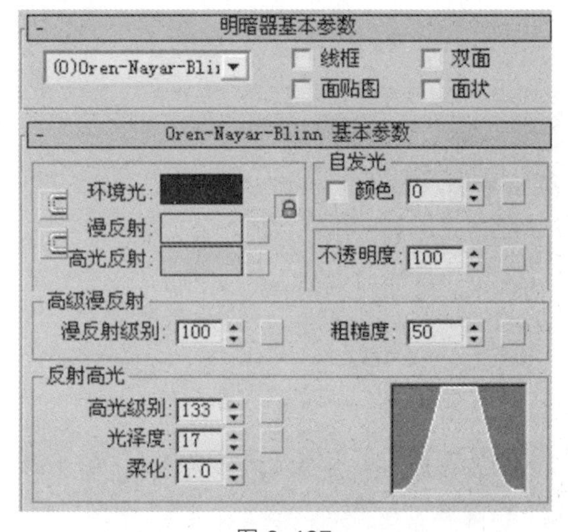

图 6-127

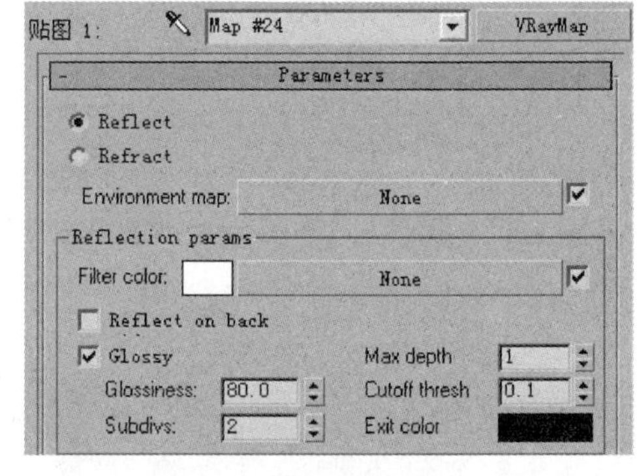

图 6-129

7. 回到上一层级，给白色通道指定同样的 VRayMap 类型贴图（如图 6-128 所示），参数保持不变。设定白色通道的颜色为灰色（R149、G149、B149）。

8. 返回 jinse 层级，在 遮罩: p 指定位图 map\85014957a.jpg （如图 6-130 所示），图中黑色地方显示 材质 1 的内容，白色地方显示 材质 2 的内容。

9. 在 材质 2 的贴图通道上右击并选择“复制”命令（如图 6-131 所示），回到上一层级，在材质 ID 号为 2 的贴图通道上，右击，选择 粘贴（实例） 命令（如图 6-132 所示）。同样，设定为灰色的材质。

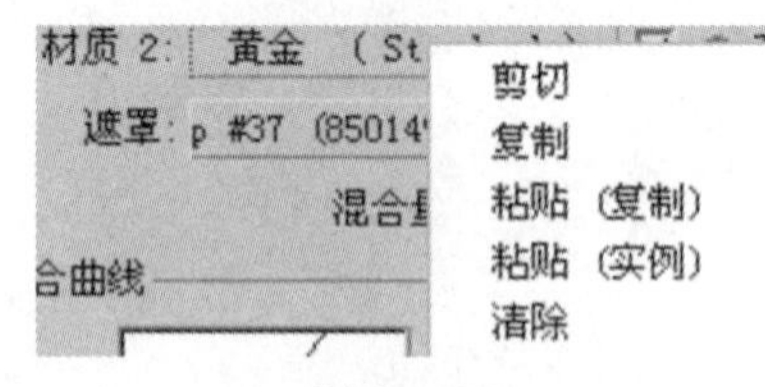

图 6-131

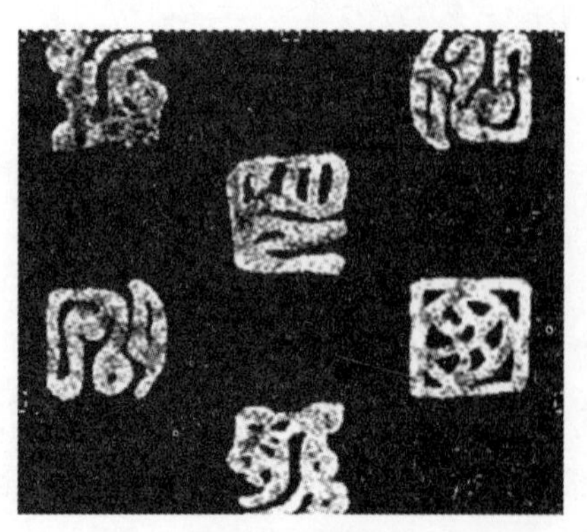

图 6-130

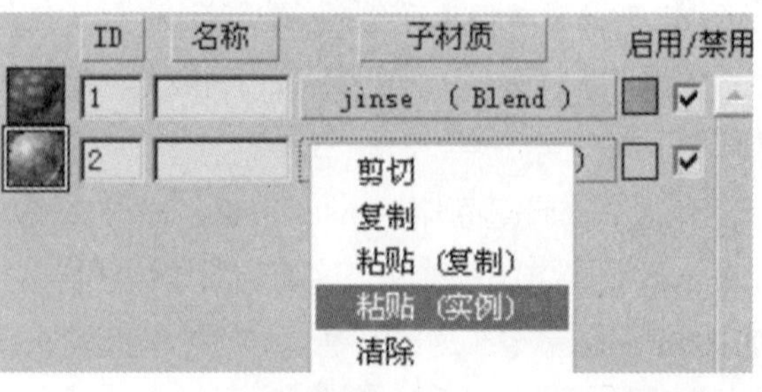

图 6-132

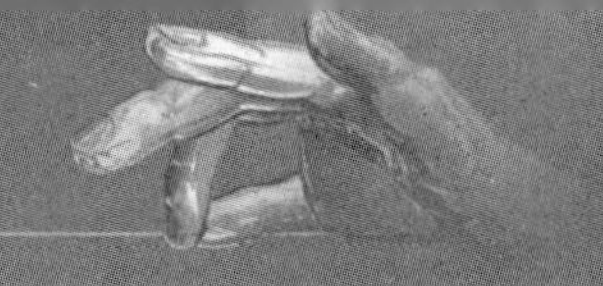

10. 选择另一个靠垫。

打开“材质编辑器”窗口，选择一个空白材质球，设定为 huabu VRayMtl，在 Diffuse 贴图通道指定 map\Patch.jpg（如图 6-133 所示），调整其 UV 方向的重复次数为 4。

11. 在 Bump 的贴图通道指定位图 map\Patchb.jpg（如图 6-134 所示），调整其 UV 方向的重复次数为 4，Bump 数值设为 30，将 Bump 的贴图通道复制给 Displace，设定数值为 5.0，如图 6-135 所示。

图 6-133

图 6-134

Bump	30.0	☑	Map #130 (Patchb.jpg)
Displace	5.0	☑	Map #130 (Patchb.jpg)

图 6-135

6.11 实例四：设定竹椅材质

下面通过创建实例来说明竹椅材质（如图 6-136 所示）的具体设定。

图 6-136

1. 启动或者重置 3ds Max，然后从本书的配套光盘中打开文件 Samples / ch06 / 椅子.max。选择椅子模型，打开“材质编辑器”窗口，选择一个空白材质球，材质类型为 VRayMtl，为 Diffuse 的贴图通道指定位图 \map\reed-diffuse.JPG，设定其 UV 方向的重复次数如图 6-137 所示。

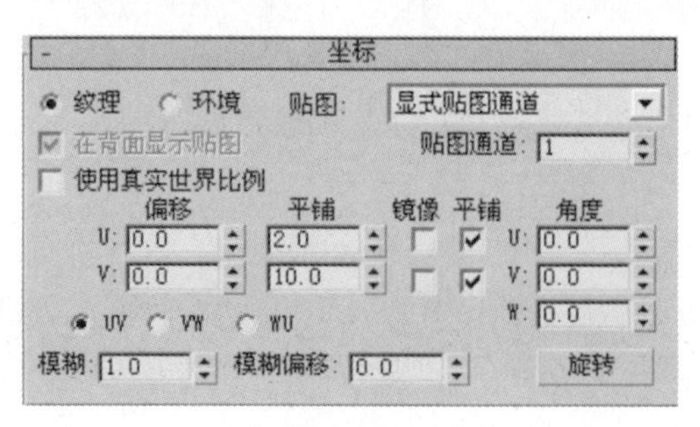

图 6-137

2. 设定 Reflect 的颜色为深灰色（R29、G29、B29）（如图 6-138 所示），在 Opacity 的贴图通道指定位图为 reed-opacity.JPG。设定其 UV 方向的重复次数如图 6-139 所示。

3. 在修改命令面板的修改器下拉列表选择 VRayDisplacement（如图 6-140 所示），并为 Texmap 指定位图为 map\reed-displacement2.JPG（如图 6-141 所示），拖动此位图到材质编辑器空白材质球（如图 6-142 所示），在跳出的对话框选择 实例。设定其 UV 方向的重复次数如图 6-143 所示，在修改命令面板设定 Amount 30.0（如图 6-141 所示）。

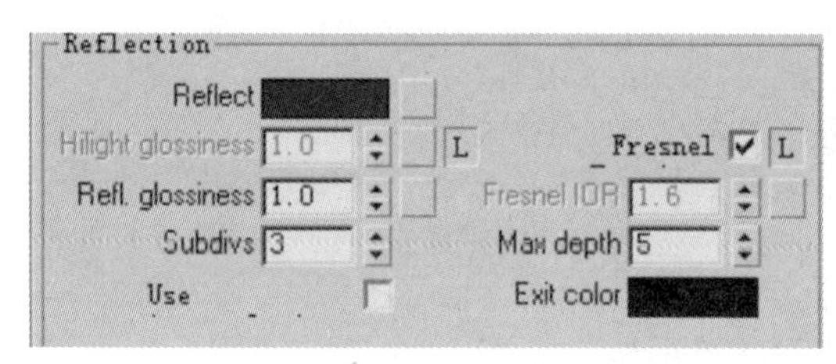

图 6-138

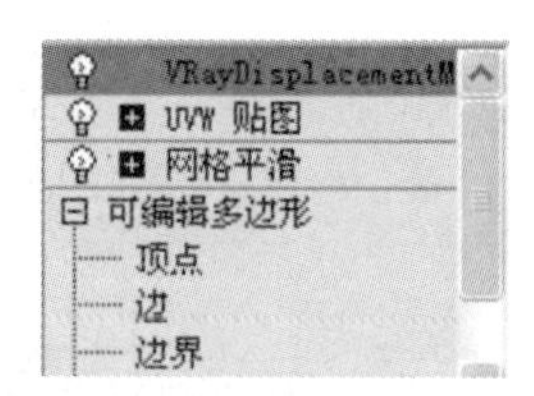

图 6-140

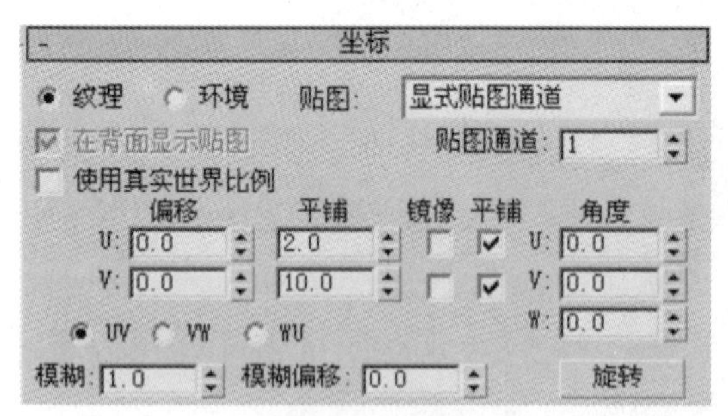

图 6-139

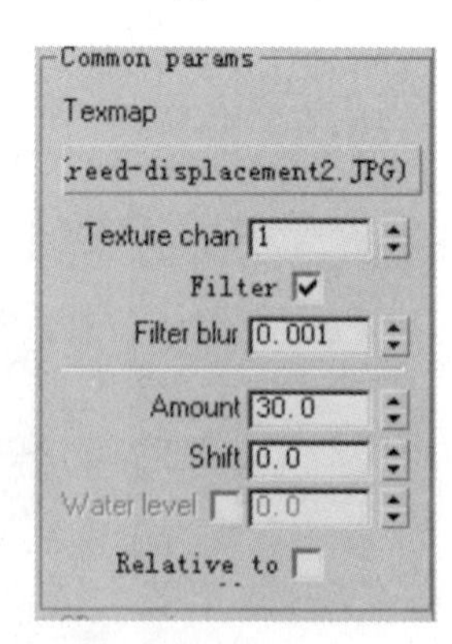

图 6-141

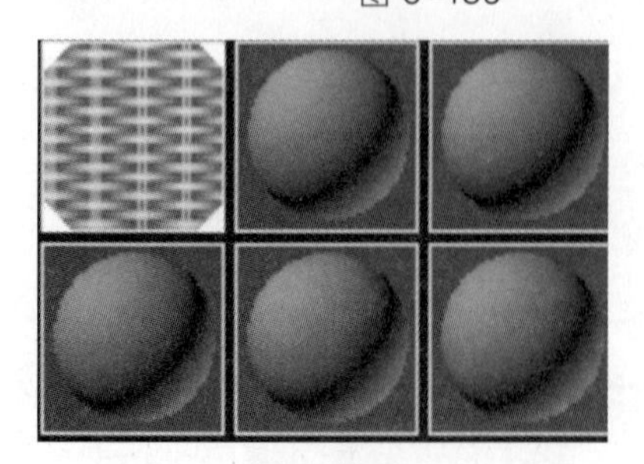

图 6-142

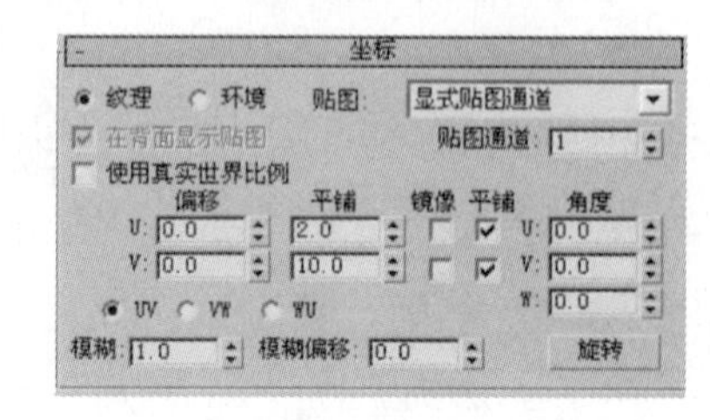

图 6-143

4. 竹椅设置完成，将材质赋予模型并渲染。

6.12 实例五：设定啤酒瓶材质

下面通过创建实例来说明啤酒瓶材质（如图 6-144 所示）的具体设定。

图 6-144

1. 启动或者重置 3ds Max，然后从本书的配套光盘中打开文件 chap06/ 啤酒 .max。选择瓶盖。打开“材质编辑器”窗口，选择一个空白材质球，设定为 pinggai VRayMtl，为 Reflect 指定颜色为浅灰色（R206、G206、B206）。

2. 选择水滴模型。打开“材质编辑器”窗口，选择一个空白材质球，设定为 water VRayMtl，设定 Reflect 颜色为纯白，勾选 Fresnel ☑ L 复选框，设定 Reflect 颜色为纯白，设定 IOR 1.3 。

3. 选择酒瓶模型。打开“材质编辑器”窗口，选择一个空白材质球，设定为 bottle VRayMtl，设定 Reflect 颜色为浅灰色（R219、G219、B219），勾选 Fresnel ☑ 复选框，设定 Refract 颜色为浅咖啡色（R208、G177、B152），设定 IOR 1.3 ，设定 Fog color 颜色为土黄色（R179、G151、B103），设定 Fog multiplier 的值为 0.1。

4. 选择酒模型。打开“材质编辑器”窗口，选择一个空白材质球，设定为 beer VRayMtl，设定 Reflect 颜色纯白，勾选 Fresnel ☑ 复选框，设定 Refract 颜色为纯白，设定 IOR 1.3 。设定 Fog color 颜色为黄绿色（R215、G228、B0），设定 Fog multiplier 值为 0.35。

5. 选择瓶颈的商标模型。打开“材质编辑器”窗口，选择一个空白材质球，设定为 biao VRayMtl ，在 Diffuse 贴图通道指定 Composite 合成贴图。贴图数量设为 3（如图 6-145 所示），分别添加遮罩贴图（如图 6-146 所示）。

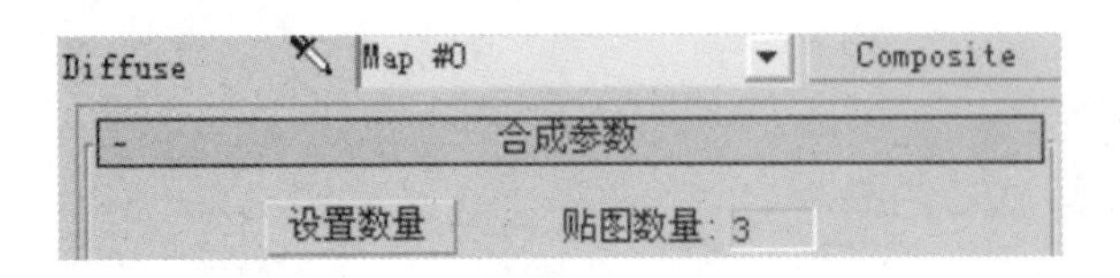

图 6-145

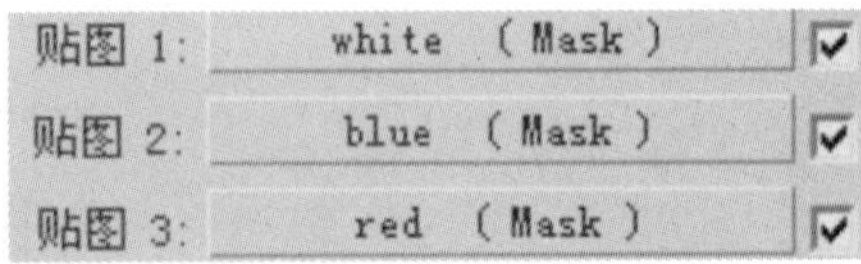

图 6-146

6. 分别为贴图通道设定贴图类型为 贴图: Map #4 (Falloff)，衰减参数分别如图 6-147、图 6-148 和图 6-149 所示，衰减色分别为 R255、G255、B255，R239、G239、B239，R30、G30、B150 和 R10、G10、B80，R217、G10、B0 和 R128、G18、B10。

7. 回到上一层级，设定贴图 1 中 遮罩: Map #5 (White_Mask.jpg)。

8. 回到 biao 层级，在 Reflect 的贴图通道，指定 Map #1 (Falloff) 衰减贴图类型，在白色贴图通道里指定位图为 Reflections_Mask.jpg，选择为 衰减类型: Fresnel （如图 6-150 所示），材质球最后效果如图 6-151 所示。

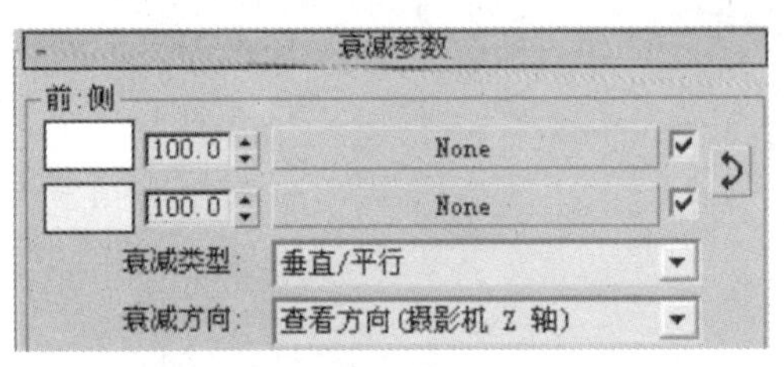

图 6-147

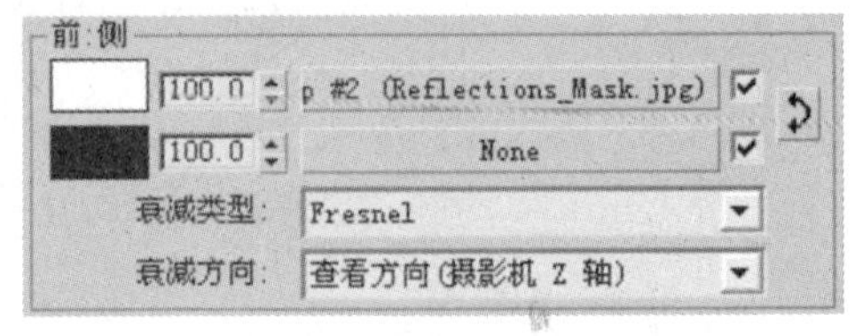

图 6-150

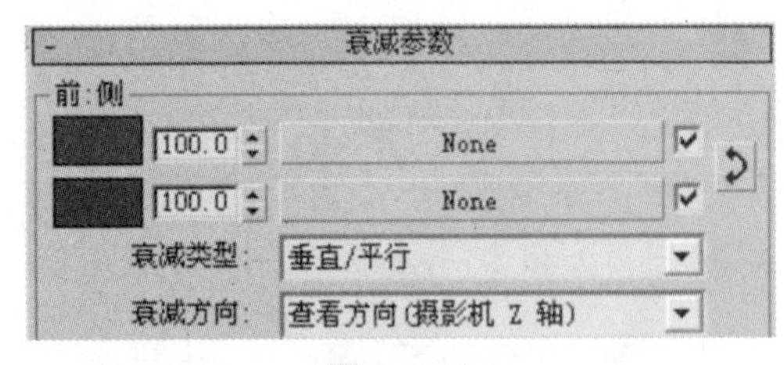

图 6-148

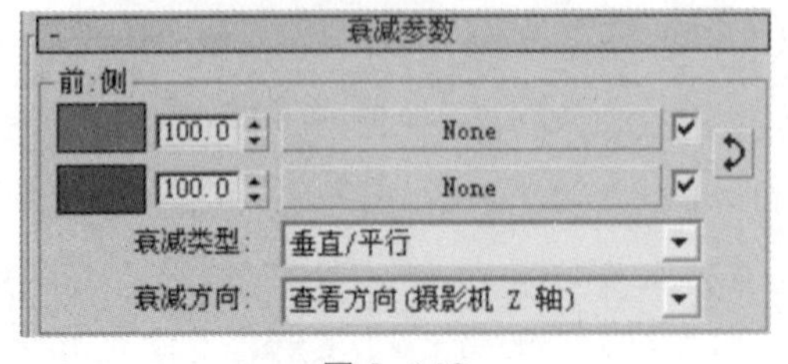

图 6-149

图 6-151

9. 啤酒瓶设置完成，将材质赋予模型并渲染。

第7章 灯光与渲染

本章介绍 3ds Max 中的灯光和 V-Ray 渲染器的使用，通过本章实例的学习（如图 7-1 所示），能够掌握基本的灯光设置和渲染流程。

图 7-1

学习要点： 理解灯光类型的不同；
理解各种灯光参数；
创建和使用灯光；
V-Ray 灯光的使用；
V-Ray 渲染器的使用。

7.1 灯光和阴影的特性

在三维软件中，软件中的光源可以分成几个类型：点光源、面光源和体积光源；环境光源、天空光和太阳光。

7.1.1 点光源、面光源和体积光源

点光源、面光源和体积光源在三维软件中可以任意指定数量和位置的对象，可从其大小和与被照射物体之间的距离，来确定其是什么类型的光源，下面重点介绍 max 和 V-Ray 两个类型的光源。

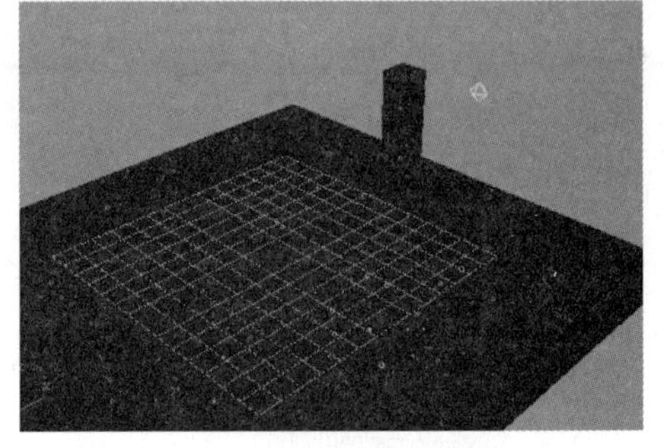

图 7-2

点光源是最常见的光源类型，一般光线从单一的点发射出来，根据光线发射的形式不同，在三维软件中又被细分为泛光灯（Point）、聚光灯（Spot）和平行光（Directional），它们通常用来代表真实的灯泡、射灯和太阳光。

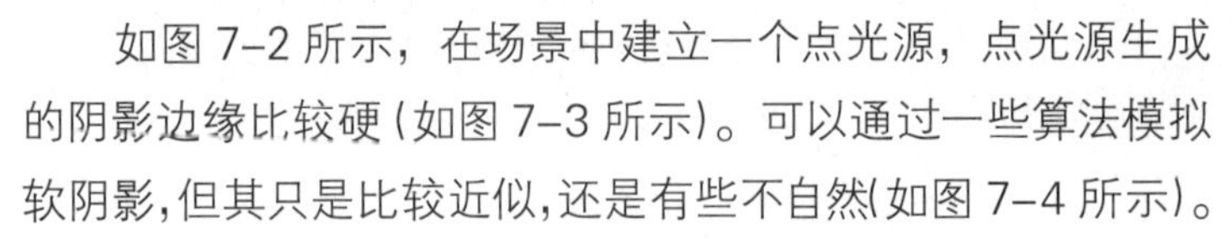

如图 7-2 所示，在场景中建立一个点光源，点光源生成的阴影边缘比较硬（如图 7-3 所示）。可以通过一些算法模拟软阴影，但其只是比较近似，还是有些不自然（如图 7-4 所示）。

图 7-3

面光源，顾名思义就是一个发光的二维平面，与线光源一样属于高级的光源类型，常用来模拟室内来自窗户的天空光，其实它还有个最好的模拟对象，就是把它作为辅助光源，模拟表面的光能传递。

图 7-4

面光源的阴影是很正确的软阴影。可观察在水平方向，图 7-5 的光源相对于被照射物体来讲是面光源，图 7-6 就相当于点光源。通过观察透视图 7-7 和顶视图 7-8，就很容易明白了。

如果很多点光源在一个平面内（如图 7-9 所示），就可以

图 7-5

图 7-6

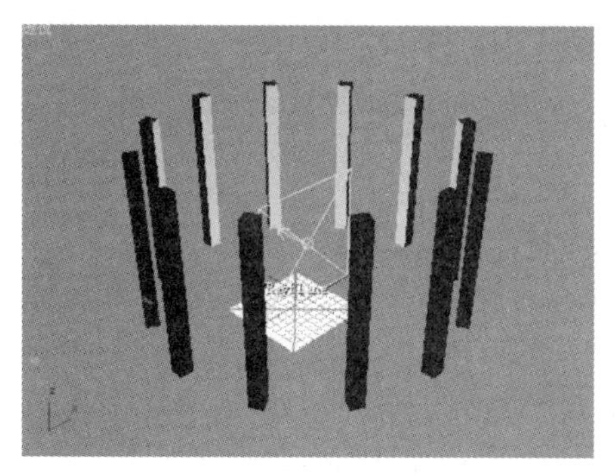

图 7-7

图 7-8

模拟面光源了，如图 7-10 所示。

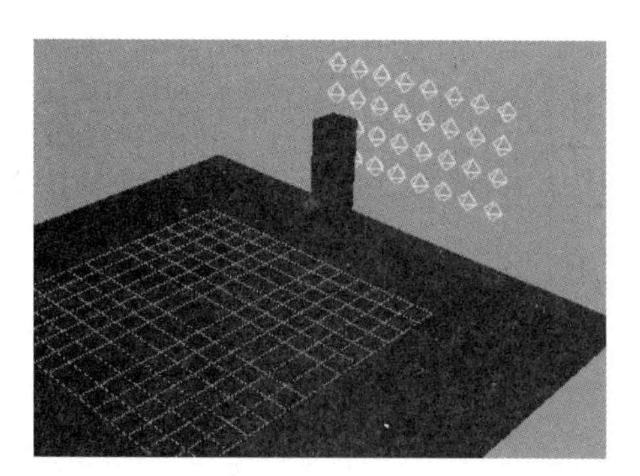

图 7-9

图 7-10

体积光源在生活中经常见到，但在三维软件中却不常见。当然，这并不是说在其他的三维软件中就不能模拟这种效果，而且只要分析产生这种光源的原因和其照射效果，模拟就不难了。

打个比方，一个亮着的灯泡，是典型的点光源，但如果用一个磨砂玻璃的灯罩把它罩起来，这时光线的发射就产生了变化，它会因为磨砂玻璃粗糙的表面而打破光线原有的“次序”，这使它看起来不像是由一个点发出的光线，而更像是整个灯罩发出的光，而且阴影也会因为这个原因柔化。明白了这个原理之后，仿真体积光源的效果也就变得容易了。

7.1.2 环境光源、天空光

环境光源比较复杂，并不是所有的三维软件都提供环境光，它主要是用来做什么的呢？依然离不开光的漫反射，当表面接收到光照后，会反射一部分光线出去，现实空间中的每一个物体其实都受到来自四面八方的反射光线的影响，为了模拟这种效果，就产生了环境光源。

我们经常使用 HDR 来产生环境光源，即高动态范围贴图（High Dynamic Range），简单说，就是超越普通的光照的颜色和强度的光照。在 HDR 的帮助下，可以使用超出普通范围的颜色值，因而能渲染出更加真实的 3D 场景，一般计算机在表示图像的时候是用 8b 级或 16b 级来区分图像的亮度的，但这区区几百或几万亮度区间无法再现真实自然的光照情况。超过这个范围时就需要用到 HDR 贴图。

在所有的光源类型中，天空光可能是最特殊的了。天空光可以看成是一个巨大的球形体积光源，不过我们都处在这个光源的内部，而且总是只能看到球形体积光源的上半部分，也就是倒扣着的“锅”。

点光源是从一个点向四面八方发射光线，而天空光正好相反，它是光从四面八方向内部的一个点发射。离开了天空光，是很难表现出户外效果的，特别是对于从事建筑效果图制作的人来说，其意义就更重要了。

图 7–11、图 7–12 和图 7–13 分别是 HDR 环境光源渲染、天空光渲染和阳光渲染后的结果。

图 7–11

图 7–13

图 7–12

7.2 布光的基本知识

随着照明技术的快速发展，诞生了一个全新的艺术形式，这种形式称为“灯光设计”。无论为什么样的环境设计灯光，一些基本的概念是一致的。首先为不同的目的和布置使用不同的灯光，其次是使用颜色增加场景。

7.2.1 布光的基本原则

一般情况下布光可以从布置三个灯光开始，这三个灯光是主光（key）、辅光（fill）和背光（back）。为了方便设置，最好都采用聚光灯（如图 7–14 所示）。

尽管三点布光是很好的照明方法，但是有时还需要使用其他的方法来照明对象。一种方法是给背景增加一个（洗墙光），给场景中的对象增加一个 Eye 光（局部光）。

主光

这个灯是三个灯中最亮的，是场景中的主要照明光源，也是产生阴影的主要光源。如图 7–15 所示就是主光照明的效果。

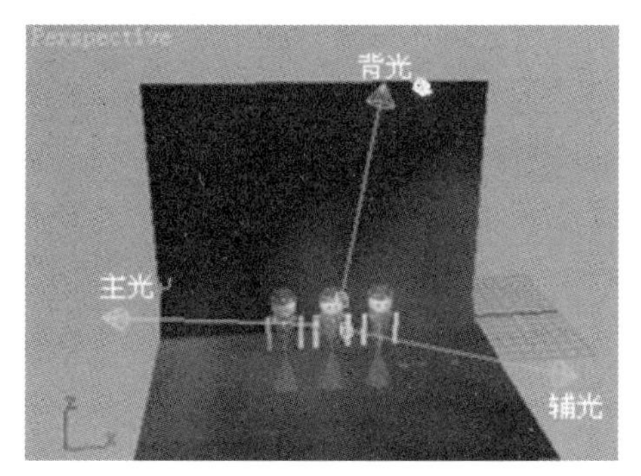

图 7–14

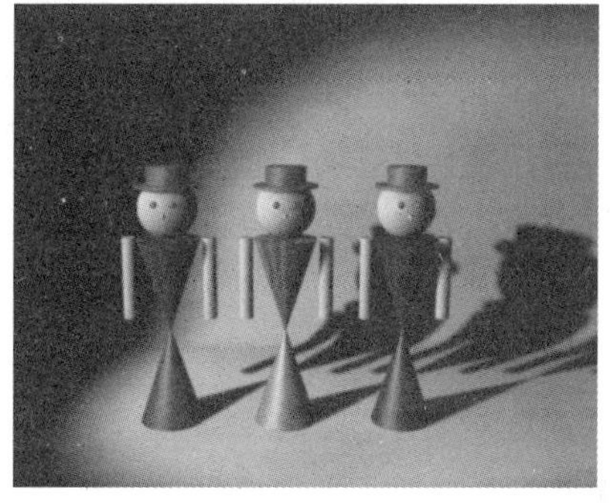
图 7–15

辅光

这个灯光用来补充主光产生的阴影区域的照明，显示出阴影区域的细节，而又影响主光的照明效果。辅光通常被放置在较低的位置，亮度也是主光的一半到三分之二。这个灯光产生的阴影很弱。图 7–16 是有主光和辅光照明的效果。

背光

这个光的目的是照亮对象的背面，从而将对象从背景中区分开来。这个灯光通常放在对象的后上方，亮度是主光的三分之一到二分之一。这个灯光产生的阴影最不清晰。图 7–17 是主光、辅光和背光照明的效果。

Wall Wash 光（洗墙光）

这个灯光并不增加整个场景的照明，但是它却可以平衡场景的照明，并从背景中区分出更多的细节。这个灯光可以用来模拟从窗户中进来的灯光，也可以用来强调某个区域（如图 7–18 所示）。

Eye 光（局部光）

在许多电影中都使用了 Eye 光，这个光只照射对象的一个小区域。这个照明效果可以用来给对象增加神奇的效果，也可以使观察者更注意某个区域。图 7–19 就是使用 Eye 光后的效果。

图 7–16

图 7–17

图 7-18

图 7-19

7.2.2 HDR和反光板技术

传统摄影中反光板和光箱常常也都是作为补充照明光源，然后设置普通灯来模拟光箱或者反光板的照明效果，所以有反光板的场景，照明灯光最好使用面积光会显得自然。越小的产品使用越大的精度，越高的面积光，会比较容易帮助观众直观感觉这个产品的实际大小。

现在渲染中的虚拟反光板已是很常见了，那么为何称为“虚拟反光板”？因为它和传统摄影中反光板的作用意义不太相同，主要的目的不是拿反光板来当补充光源，而是用来产生高光。反光板的设置也没有什么固定格式，不同的产品有不同的表达要求。归根渲染中的反光板的三个主要任务:

（1）产生反射高光区帮助突出和解释形体造型；

（2）表达和说明材质表面质感（如油亮的程度，粗细的程度）；

（3）虚拟所在的环境，有时候是为了简化环境。

现在有很多 HDR 环境贴图渲染手法，来表达较自然的所在环境，但是很多商业摄影手法通常不会取真实环境当成背景，而是在摄影房中布景，目的是为了达到简洁化的效果，因此就必须借助反光板来达到这种效果。

7.3 3ds Max灯光的参数

可以通过修改面板设定灯光的参数，如图 7-20、图 7-21 和图 7-22 显示了聚光灯的所有参数面板。

7.3.1 常规参数卷展栏

3ds Max 的标准灯光与自然界中灯光的另外一个区别是前者可以只影响某些表面成分，还可以使用排除选项将对象从灯光照明和阴影中排除。这些调整都可以在修改面板中的常规参数卷展栏中完成。

启用复选框

常规参数下面是“启用”复选框。当这个复选框被选中的时候，灯光被打开；当这个复

选框不选中的时候，灯光被关闭。被关闭的灯光的图标用黑色表示（如图 7–23 所示）。

灯光类型下拉式列表

“启用”复选框右边就是灯光类型下拉式列表（如图 7–24 所示），可以使用该下拉列表改变当前选择灯光的类型。

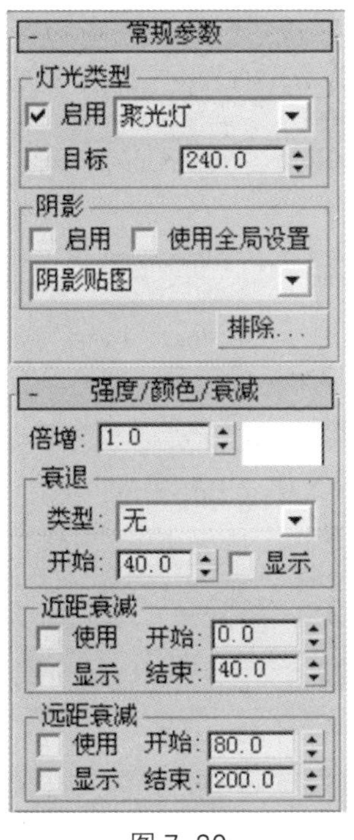

图 7–20

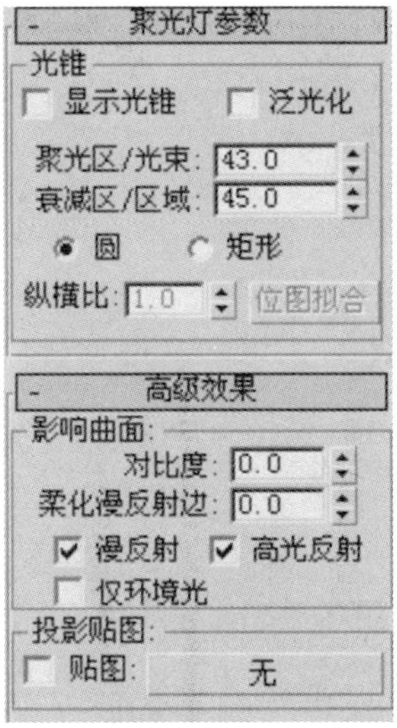

图 7–21

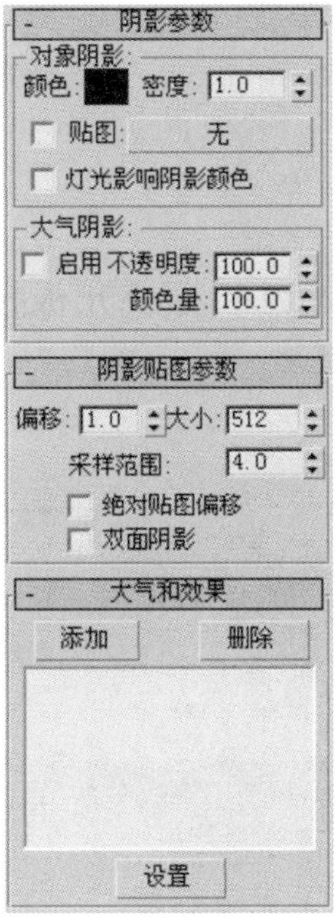

图 7–22

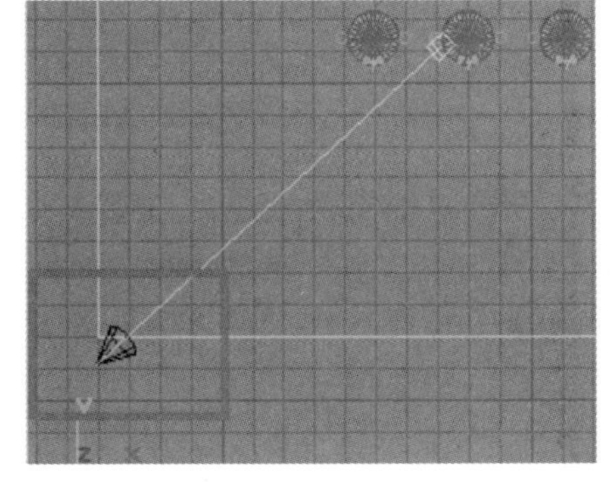

图 7–23

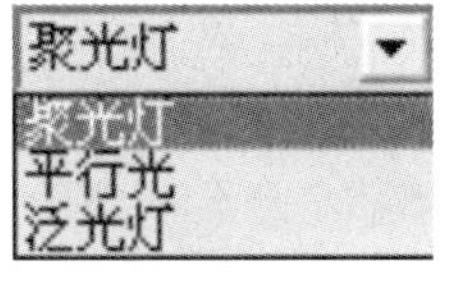

图 7–24

阴影参数

每个对象都有阴影。阴影的情况与灯光有关。如果场景中只有一盏灯，那么将会产生非常清晰的阴影；如果场景中有很多灯光，那么将产生柔和的阴影。这样的阴影不太清晰。

场景中的阴影可以描述许多重要信息，例如，可以描述灯光和对象之间的关系、对象和其下面表面的相对关系，描述透明对象的透明度和颜色等。

阴影可以提供对象和其下面表面之间关系非常有价值的信息。如图 7–25 中没有阴影，因此很难判断角色离地面多远；图 7–26 中有阴影，据此可以判断角色正好在地面上。

同样，阴影可以很好地描述对象的属性。如图 7–27 所示可见对象是不透明的，而图 7–28 中的对象是透明的。

可以在阴影参数区域打开或者关闭选择灯光的阴影、改变阴影的类型等。

阴影类型

在 3ds Max 中产生的阴影有 6 种类型：高级光线跟踪阴影、mental ray 阴影贴图、区域阴影、阴影贴图和光线跟踪阴影以及 V–Ray Shadow，理解这 6 种阴影类型的不同是非常重要的。

图 7–25

图 7–26

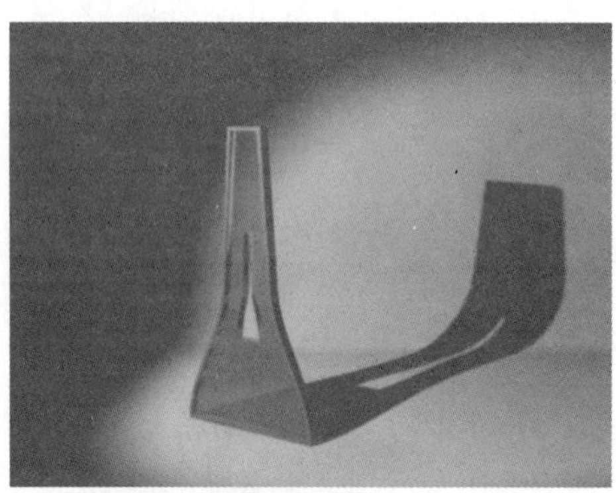

图 7–27

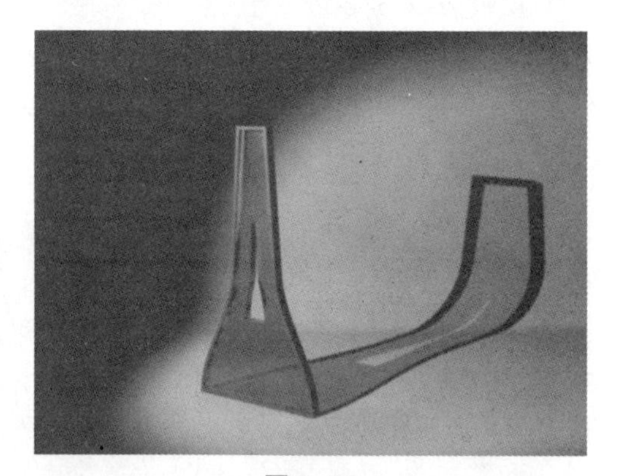

图 7–28

阴影贴图产生一个假的阴影，它从灯光的角度计算产生阴影对象的投影，然后将它投影到后面的对象上。阴影贴图的优点是渲染速度较快，阴影的边界较为柔和。缺点是阴影不真实，不能反映透明效果。图 7–29 是采用阴影贴图生成的阴影。

与阴影贴图不同，高级光线跟踪可以产生真实的阴影。该选项在计算阴影的时候考虑对象的材质和物理属性。这种阴影的缺点是计算量很大。图 7–30 是采用高级光线跟踪生成的阴影。

高级光线跟踪是在光线跟踪基础上增加了一些控制参数，使产生的阴影更真实。

如使用 V–Ray 作为渲染器，就可以使用 V–Ray Shadow 作为阴影类型，渲染效果更好。

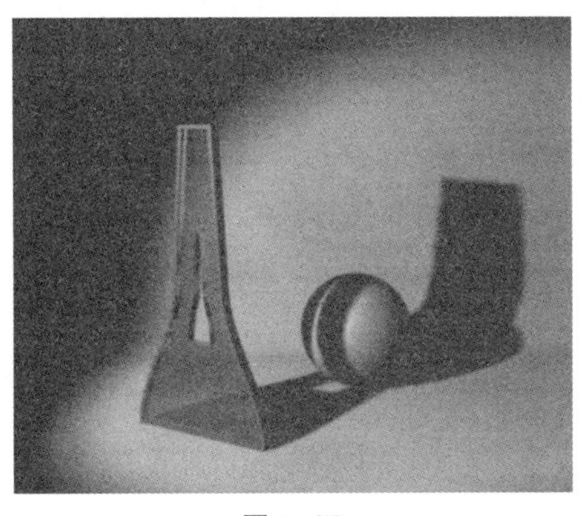

图 7-29

图 7-30

排除选项

该选项用来设置灯光是否照射某个对象，或者是否使某个对象产生阴影。单击该按钮后出现“排除 / 包含”对话框（如图 7-31 所示）。图 7-32 是中间的角色被排除照明和阴影后的效果；图 7-33 是中间角色被排除照明，而保留产生阴影的效果；图 7-34 是中间角色被排除阴影，而保留照明的效果。

如果要排除所有的对象，可以在对话框的右边列表框中没有内容的情况下选取“包含”。包含空对象就是排除所有对象。

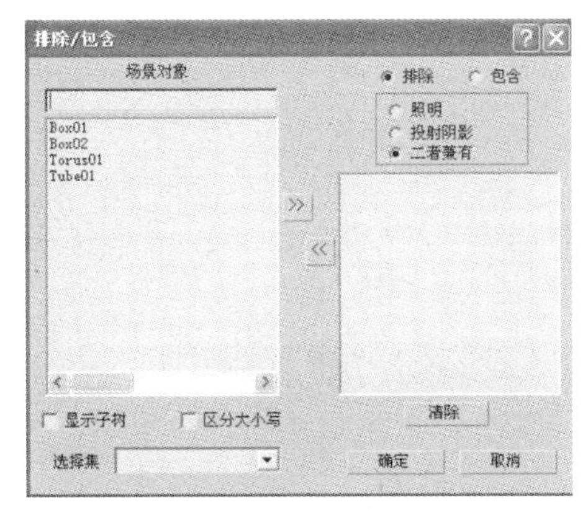

图 7-31

图 7-32

图 7-33

图 7-34

7.3.2 强度／颜色／衰减卷展栏

在自然界中，有许多方法测量灯光的亮度和颜色。但是在 3ds Max 中，灯光的亮度是一个相关函数，函数值为 0 的时候关闭灯光，函数值为 1 的时候打开灯光。灯光的颜色可以用 RGB 来表示，也可以使用位图的颜色。

倍增

可以通过调整这个数值来使灯光变亮或者变暗。如图 7–35 是将倍增设置为 0.5 的情况；图 7–36 是将倍增设置为 1.0 的情况；图 7–37 是将倍增设置为 2.0 的情况。

图 7–35

图 7–36

图 7–37

颜色样本

可以在颜色样本处选择灯光的颜色。当单击颜色样本后出现标准的“颜色选择器”对话框（如图 7–38 所示）。在这个对话框中可以为灯光选择需要的颜色。

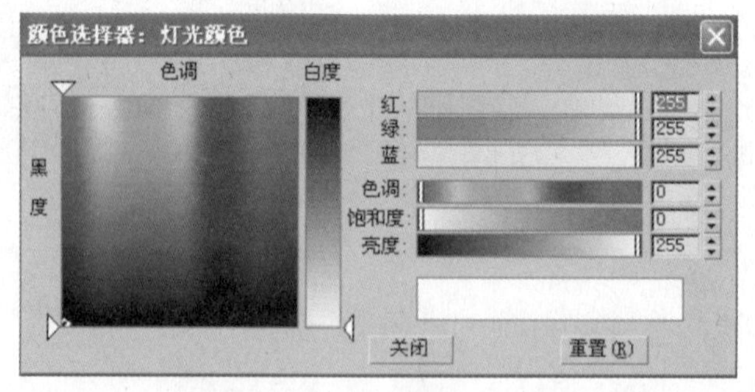

图 7–38

衰减

一个常见的问题是在照明的时候不使用光源的衰减。不管灯光亮度如何，都将有衰减效果。灯光的光源区域最亮，离光源越远变得越暗，远到一定距离就没有照明效果。

在自然界中灯光的衰减遵守一个物理定律，称为“反平方定律”。反平方定律使灯光的强度随着距离的平方反比衰减。这就意味着如果要创建真实的灯光效果，就需要某种形式的衰减。有几种因素决定灯光的照射距离。一是光源的亮度，二是灯光的大小。灯光越亮、越大，照射的距离就越远。灯光越暗、越小，照射的距离就越近。

在衰减区域有两个选项来自动设定灯光的衰减。第一个选项是倒数，该设置使光强从光源处开始线性衰减，距离越远，光强越弱；第二个选项是平方反比。尽管该选项更接近于真实世界的光照特性，但是在制作动画的时候也应该通过比较来得到最符合要求的效果。一般来讲，如果其他设置相同，使用平方反比选项后，离光源较远的灯光将黑一些。

在衰减区域还有一个参数——开始（如图 7–39 所示），它用来设置距离光源多远开始进行衰减。

图 7–39

近距衰减

该参数是计算机的灯光照明中独有的，它设置灯光从开始照明处（开始）到照明达到最亮处（结束）之间的距离。要激活近距衰减，必须打开“使用”复选框。

如图 7–40 所示靠近灯光光锥末端的深蓝色（大圆）和浅蓝色（小圆）指明了近距衰减。图 7–41 为该设置的照明效果。可见靠近灯光处的对象较暗。

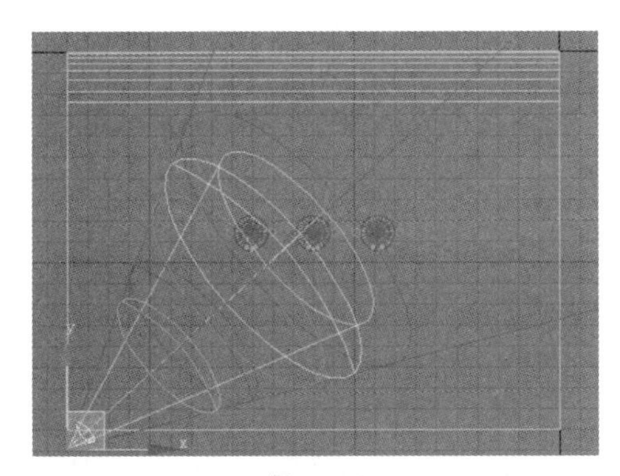

图 7–40

图 7–41

远距衰减

远距衰减设置灯光从照明开始衰减到完全没有照明处的距离。

在图 7–42 中，靠近灯光光锥末端的棕褐色和褐色圆弧指明了远距衰减。图 7–43 为该设置产生的效果。注意离灯光很远的对象比较暗。

远距衰减的设置不同将影响灯光的照明效果。如图 7–44 所示的开始设置数值为 203，结束设置为 529；而图 7–45 的开始设置为 52，结束设置为 347。灯光的其他参数设置相同，但是却似两个同一类型灯光的渲染结果。

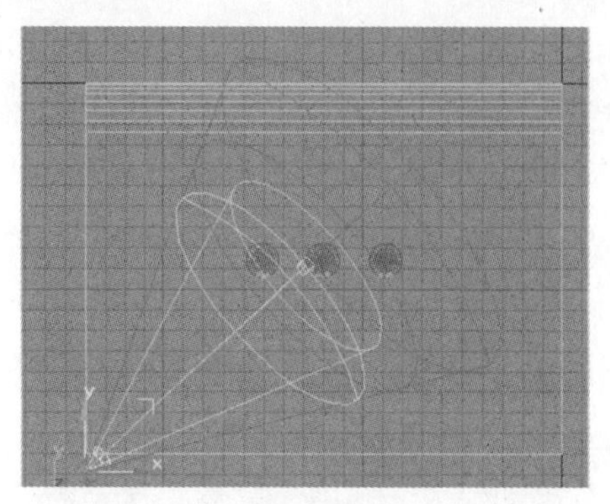

图 7-42

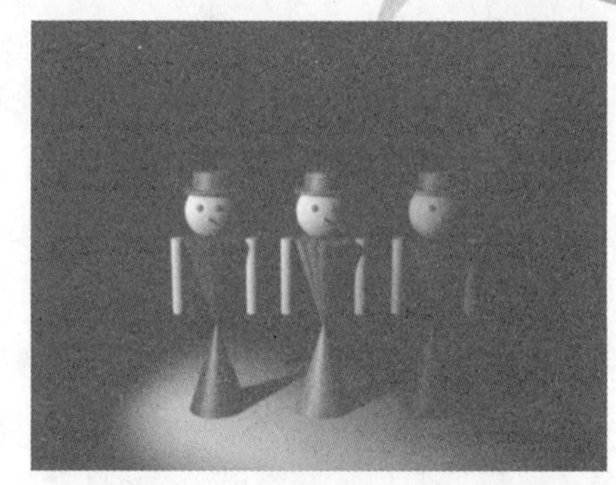

图 7-43

图 7-44

图 7-45

7.3.3 阴影贴图参数卷展栏

当选择阴影贴图阴影类型后，就出现阴影贴图参数卷展栏。卷展栏中的参数用来控制灯光投射阴影的质量。控制阴影灯光外观和质量的参数有偏移、大小和采样范围。

偏移：该选项设置阴影偏离对象的距离。图 7-46 和图 7-47 分别是偏移等于 1 和 15 时的效果。

图 7-46

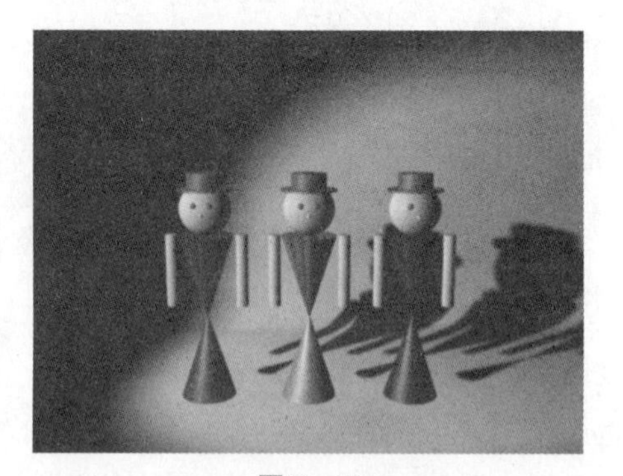

图 7-47

大小：由于阴影贴图是一个位图图像，因此必须有大小。该参数指定贴图的大小，单位是像素。由于贴图是正方形的，因此只需要指定一个数值。数值越大，阴影的质量越好，但是消耗的内存就越多。图 7-48 和图 7-49 分别是该参数设置为 1000 和 100 时的情况。

如果该数值被设置得非常小，阴影效果将很差。这时就需要增加大小的数值来解决这

个问题。有时需要多次试验才能在阴影质量和内存消耗中寻求一个合适的平衡点。

采样范围：该选项控制阴影的模糊程度。数值越小，阴影越清晰；数值越大，阴影越柔和。如图 7-50 中的样本范围设置为 2，图 7-51 中的样本范围设置为 5。

图 7-48

图 7-49

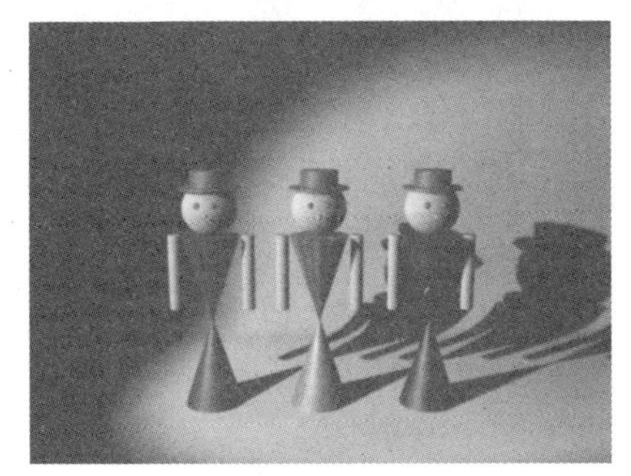

图 7-50

图 7-51

7.4 V-Ray 灯光和阴影

接下来学习 V-Ray 渲染器中对灯光和阴影的设置与编辑。

7.4.1 V-Ray 灯光

可以通过 V-Ray 灯光修改面板（如图 7-52 所示）设定灯光的参数。

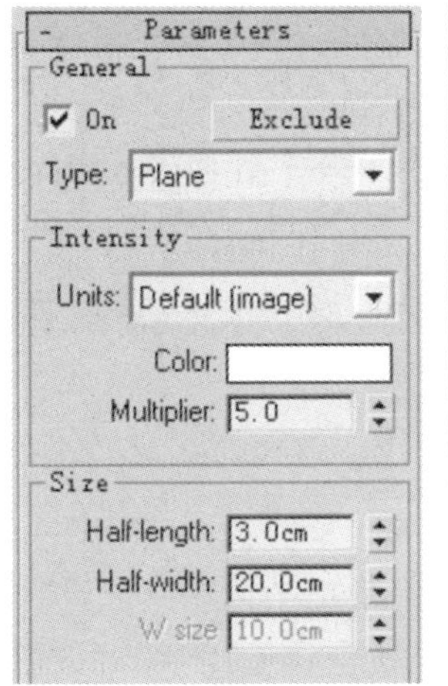

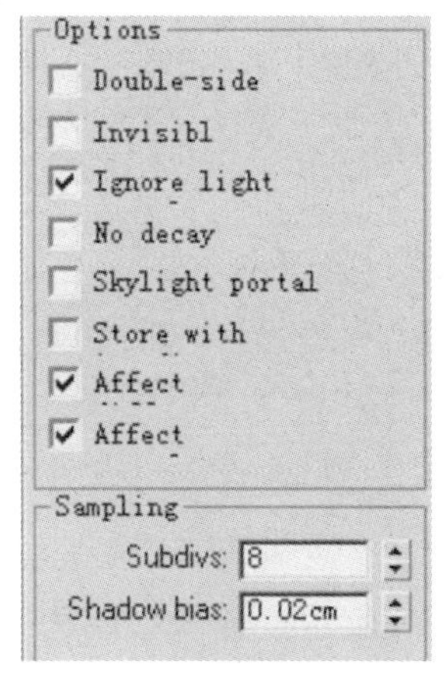

图 7-52

On（打开）：打开或关闭 V-Ray 灯光。

Type（类型）：光源的类型（如图 7-53 所示）。当 Plane 类型的光源被选中时，V-Ray 光源具有平面的形状。当 Sphere 类型的光源被选中时，V-Ray 光源是球形的。图 7-54 是 Plane 和 Sphere 两种类型的灯。还有一种是 Dome 类型的光，模仿半球形的天空光。

Color（颜色）：由 V-Ray 光源发出的光线的颜色。

Multiplier（倍增器）：V-Ray 光源颜色倍增器。图 7-55 展示了不同 Multiplier（倍增值）和颜色的灯光。

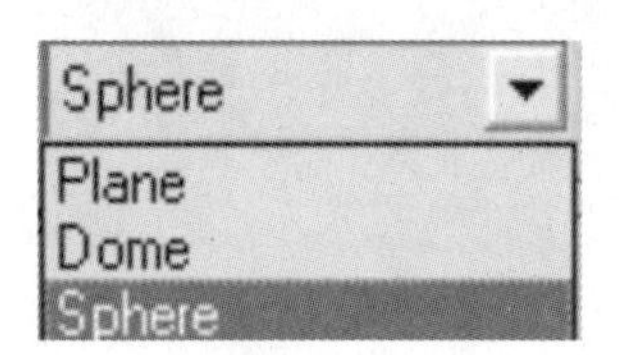

图 7-53

图 7-54

图 7-55

Double-sided（双面）：当 V-Ray 灯光为平面光源时，该选项控制光线是否从面光源的两个面发射出来。当选择球面光源时，该选项无效。

Ignore light normals（忽略灯光法向）：当一个被追踪的光线照射到光源上时，该选项让用户控制 V-Ray 计算发光的方法。对于模拟真实世界的光线，该选项应当关闭，但是当该选项打开时，渲染的结果更加平滑。

No decay（无衰减）：当该选项选中时，V-Ray 所产生的光将不会被随距离而衰减。否则，光线将随着距离而衰减——这是真实世界灯光的衰减方式。

Store with irradiance map（存储到光照贴图）：当该选项选中并且全局照明设定为 Irradiance map 时，V-Ray 将再次计算 V-Ray Light 的效果并且将其存储到光照贴图中。其结果是光照贴图的计算会变得更慢，但是渲染时间会减少。还可以将光照贴图保存下来稍后再次使用。

Size：尺寸。

Sampling：采样。

Subdivs（细分）：该值控制 V-Ray 用于计算照明的采样点的数量。

Shadow bias（阴影偏移）：决定阴影的偏移量。

7.4.2 V-Ray 阴影

V-Ray 支持面阴影，在使用 V-Ray 透明折射贴图时，V-Ray 阴影是必须使用的。同时用 V-Ray 阴影产生的模糊阴影的计算速度要比其他类型的阴影速度快。图 7-56 和图 7-57 分别显示了阴影贴图和 V-Ray 阴影产生阴影的结果，可见 V-Ray 阴影更真实。其菜单选项如图 7-58 所示。

图 7-56

图 7-57

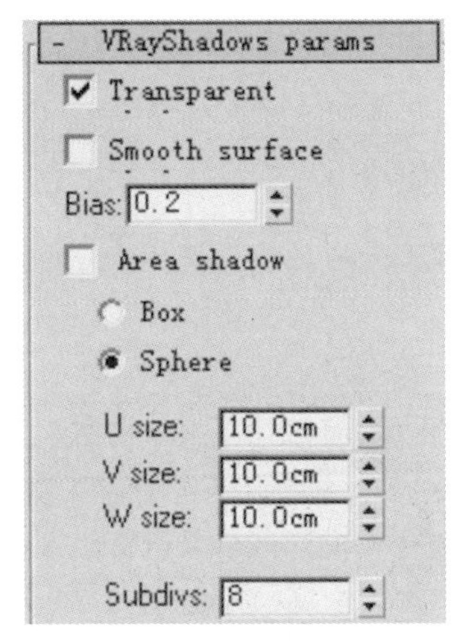

图 7-58

Transparent shadows（透明阴影）：当物体的阴影是由一个透明物体产生时，该选项十分有用。当打开该选项时，V-Ray 会忽略 Max 的物体阴影参数（Color, Dens., Map, etc.）。当需要使用 Max 的物体阴影参数时，关闭该选项。

Area shadow（阴影区）：打开或关闭面阴影。

Box（立方体）：V-Ray 计算阴影时，假定光线是由一个立方体发出的。

Sphere（球体）：V-Ray 计算阴影时，假定光线是由一个球体发出的。

U size（U 向尺寸）：当计算面阴影时，光源的 U 尺寸（如果光源是球形的话，该尺寸等于该球形的半径）。

V size（V 向尺寸）：当计算面阴影时，光源的 V 尺寸（如果选择球形光源的话，该选项无效）。

W size（W 向尺寸）：当计算面阴影时，光源的 W 尺寸（如果选择球形光源的话，该选项无效）。

Subdivs（细分）：该值用于控制 V-Ray 在计算某一点的阴影时，采样点的数量。

7.5 创建摄像机

在 3ds Max 8 中，有两个基本的摄像机类型，即自由摄像机和目标摄像机。两种摄像机的参数相同，但基本用法不同。

7.5.1 自由摄像机

自由摄像机就像一个真正的摄像机，它能够被推拉、倾斜及自由移动。自由摄像机显示一个视点和一个锥形图标（如图 7–59 所示）。它的一个用途是在建筑模型中沿着路径漫游。自由摄像机没有目标点，摄像机是唯一的对象。

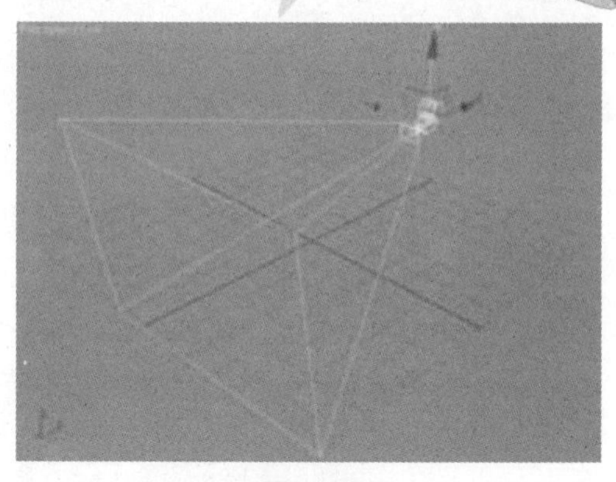

图 7–59

7.5.2 目标摄像机

目标摄像机的功能与自由摄像机类似，但是它有两个对象。第一个对象是摄像机，第二个对象是目标点。摄像机总是盯着目标点（如图 7–60 所示）。目标点是一个非渲染对象，它用来确定摄像机的观察方向。一旦确定了目标点，也就确定了摄像机的观察方向。目标点还有另外一个用途，它可以决定目标距离，从而便于进行 DOF 渲染。

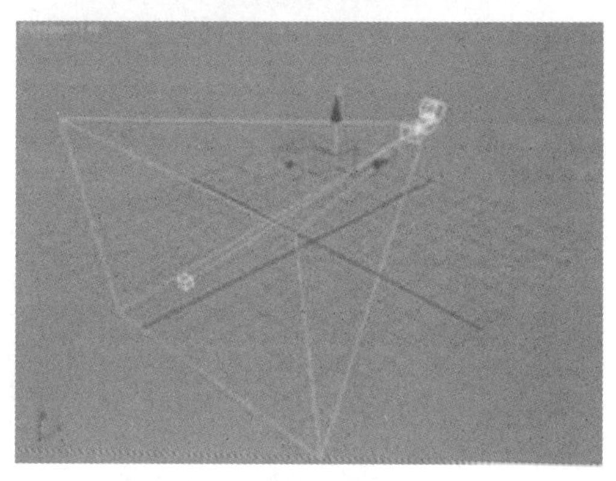

图 7–60

7.6 V-Ray 渲染设置

本节学习如何对 V-Ray 渲染器进行设置。

7.6.1 指定 V-Ray 渲染器

在主工具条中单击“渲染”按钮，打开“渲染场景”对话框，在公用标签下进入指定渲染器，默认的渲染器如图 7–61 所示，单击“产品级”后的按钮，在“选择渲染器”对话框中选择 V-Ray（如图 7–62 所示），渲染器转变为 V-Ray（如图 7–63 所示），渲染器面板也转变为对应的 V-Ray 渲染面板（如图 7–64 所示）。

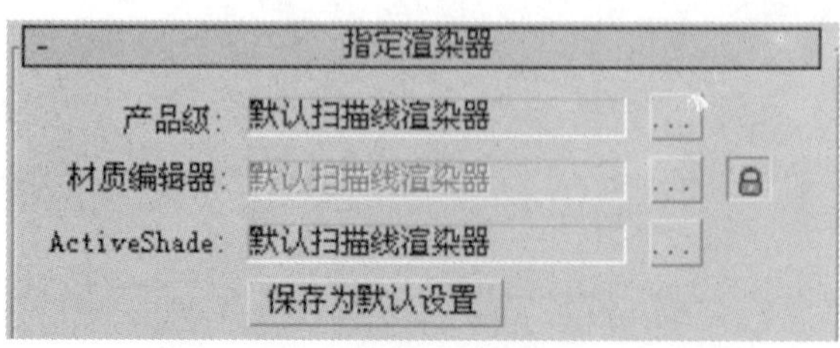

图 7–61

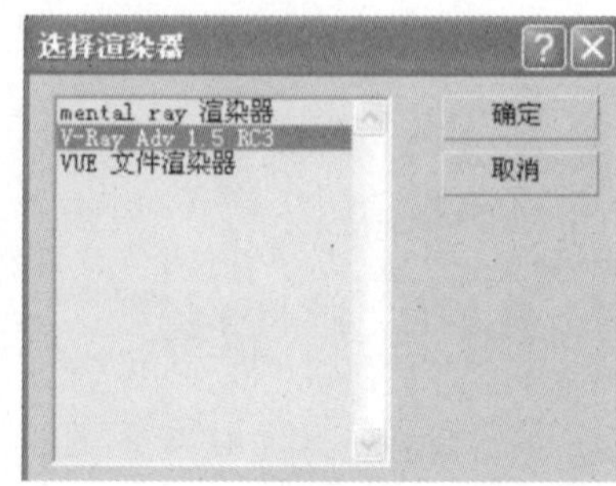

图 7–62

指定渲染器
产品级: V-Ray Adv 1.5 RC3
材质编辑器: V-Ray Adv 1.5 RC3
ActiveShade: 默认扫描线渲染器
保存为默认设置

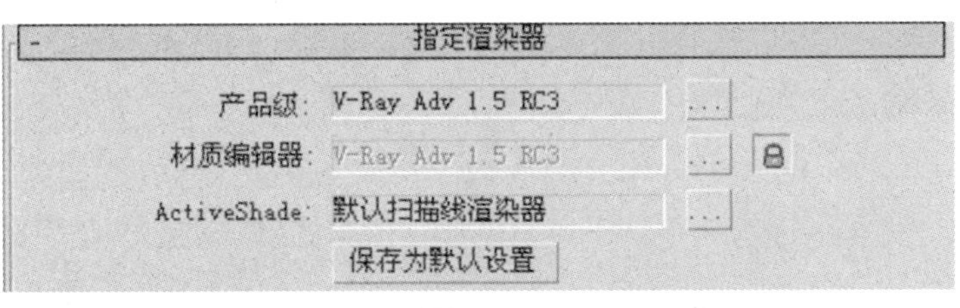

图 7-63

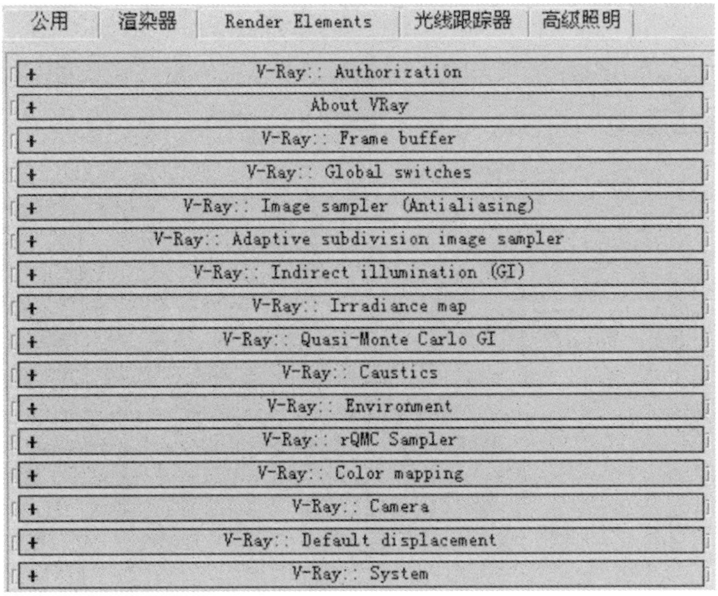

公用
渲染器
Render Elements
光线跟踪器
高级照明
V-Ray:: Authorization
About VRay
V-Ray:: Frame buffer
V-Ray:: Global switches
V-Ray:: Image sampler (Antialiasing)
V-Ray:: Adaptive subdivision image sampler
V-Ray:: Indirect illumination (GI)
V-Ray:: Irradiance map
V-Ray:: Quasi-Monte Carlo GI
V-Ray:: Caustics
V-Ray:: Environment
V-Ray:: rQMC Sampler
V-Ray:: Color mapping
V-Ray:: Camera
V-Ray:: Default displacement
V-Ray:: System

图 7-64

7.6.2 V-Ray 渲染面板设置

V-Ray 的渲染设置面板有很多参数，这些参数可以控制渲染过程中的各个方面。只有在理解的基础上，反复实验，才能作出合理的设置，在最短的渲染时间里，得到最好的渲染效果。

（1）V-Ray: Global switches（全局替换）参数面板如图 7-65 所示。

V-Ray:: Global switches
Geometry
Displacement
Lighting
Lights
Default
Hidden
Shadows
Show GI only
Indirect illumination
Don't render final
Materials
Reflection/refract
Max depth 2
Maps
Filter
Max transp. levels 50
Transp. cutoff 0.001
Override
None
Glossy
Raytracing
Secondary rays bias 0.0

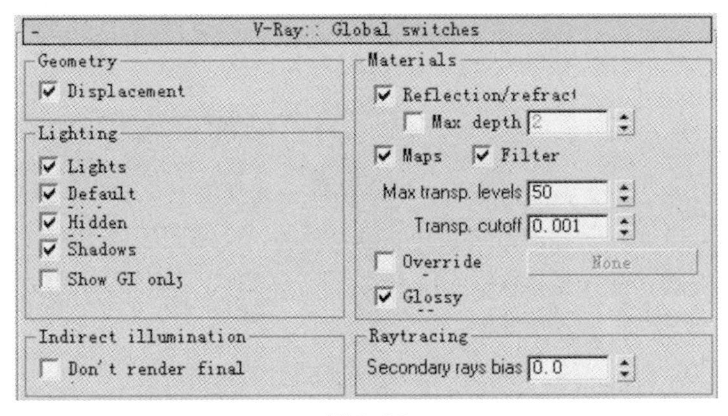

图 7-65

Geometry（几何）选项组。

Displacement：决定是否使用 VR 自己的置换贴图。注意这个选项不会影响 3ds Max 自身的置换贴图。

Lighting（灯光）选项组。

Lights（灯光）：决定是否使用灯光。也就是说这个选项是 VR 场景中的直接灯光的总开关，当然这里的灯光不包含 Max 场景的默认灯光。如果不勾选的话，系统不会渲染手动设置的任何灯光，如果这些灯光处于勾选状态，系统自动使用默认灯光渲染场景。所以如果不希望渲染场景中的直接灯光的时候，只需取消勾选这个选项和下面的默认灯光选项。

Default lights（默认灯光）：决定是否使用 Max 的默认灯光。图 7–66 是有 Max 的默认灯光的结果，图 7–67 是没有 Max 的默认灯光的结果。通常将 Max 的默认灯光关闭。

图 7–66

图 7–67

Hidden lights（隐藏灯光）：勾选的时候，系统会渲染隐藏的灯光效果而不会考虑灯光是否被隐藏。

Shadows（阴影）：决定是否渲染灯光产生的阴影。

Show GI only（仅显示全局光）：勾选的时候直接光照将不包含在最终渲染的图像中。但是在计算全局光的时候直接光照仍然会被考虑，但是最后只显示间接光照明的效果。

Materials（材质）选项组。

Reflection/refraction（反射 / 折射）：决定是否考虑计算 VR 贴图或材质中的光线的反射 / 折射效果。

Max depth（最大深度）：用于用户设置 VR 贴图或材质中反射 / 折射的最大反弹次数。在不勾选的时候，反射 / 折射的最大反弹次数使用材质 / 贴图的局部参数来控制。当勾选的时候，所有的局部参数设置将会被它所取代。

Maps（贴图）：决定是否使用纹理贴图。

Filter maps（纹理过滤器）：决定是否使用纹理贴图过滤。

Max. transp levels（最大透明程度）：控制透明物体被光线追踪的最大深度。

Transp. Cutoff（透明度中止）：控制对透明物体的追踪何时中止。如果光线透明度的累计低于这个设定的极限值，将会停止追踪。

Override mtl（材质替代）：勾选这个选项的时候，允许用户通过使用后面的材质槽指定的材质来替代场景中所有物体的材质来进行渲染。这个选项在调节复杂场景的时候还是很有用处的。用 Max 标准材质的默认参数来替代。

Don't render final image（不渲染最终的图像）：勾选的时候，VR 只计算相应的全局光照贴图（光子贴图、灯光贴图和发光贴图）。这对于渲染动画过程很有用。

Secondary rays bias（二次光线偏置距离）：设置光线发生二次反弹的时候的偏置距离。

（2）V-Ray: Image Sampler（Antialiasing）［图像采样（抗锯齿）］参数面板如图 7-68 所示。

V-Ray 采用几种方法来进行图像的采样。所有图像采样器均支持 Max 的标准抗锯齿过滤器，尽管这样会增加渲染的时间。可以采用不同类型的采样器如图 7-69 所示。Antialiasing filter（抗锯齿过滤器）除了不支持 Plate Match 类型外，VR 支持所有 Max 内置的抗锯齿过滤器。

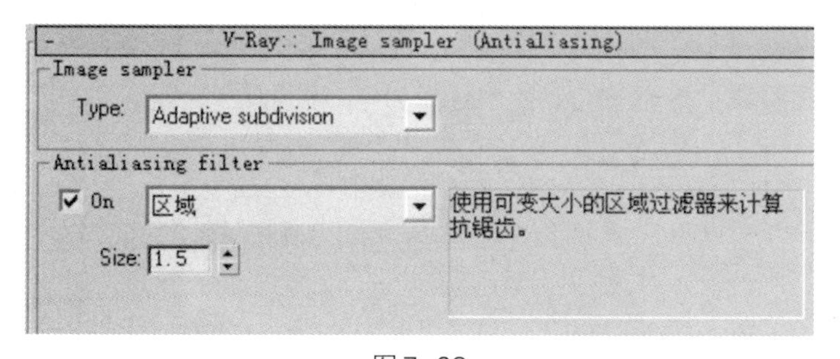

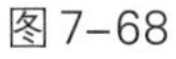
图 7-68

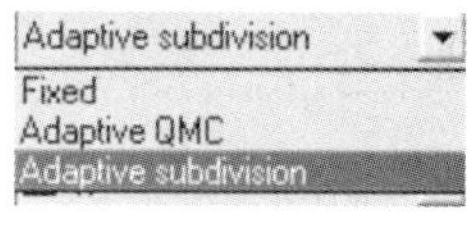

图 7-69

（3）Fixed 采样参数面板如图 7-70 所示。

这是最简单的采样方法，它对每个像素采用固定的几个采样。Subdivs（细分）调节每个像素的采样数。

图 7-70

（4）Adaptive QMC sampler（自适应准蒙特卡罗采样）参数面板如图 7-71 所示。

自适应 QMC 采样器。这个采样器根据每个像素和它相邻像素的亮度差异产生不同数量的样本。值得注意的是这个采样器与 VR 的 QMC 采样器是相关联的，它没有自身的极限控制值，不过可以使用 VR 的 QMC 采样器中的 Noise threshold（噪波阈值）参数来控制品质。

图 7-71

Min subdivs（最小细分）：定义每个像素使用的样本的最小数量。一般情况下，很少需要设置这个参数超过 1，除非有一些细小的线条无法正确表现。

Max subdivs（最大细分）：定义每个像素使用的样本的最大数量。

对于那些具有大量微小细节，如 V-Ray Fur 物体，或模糊效果（景深、运动模糊灯）的场景或物体，这个采样器是首选。

（5）Adaptive subdivision（采样）参数面板如图 7-72 所示。

这是一种（在每个像素内使用少于一个采样数的）高级采样器。它是 V-Ray 中最值得使用的采样器。相对于其他采样器，它能够以较少的采样（花费较少的时间）来获得相同的图像质量。

Min. Rate（最小率）：控制每个像素的最少采样数目。该值为 0 时表示每个像素只有一个采样。

Max. Rate（最大率）：控制每个像素中的最多采样数。

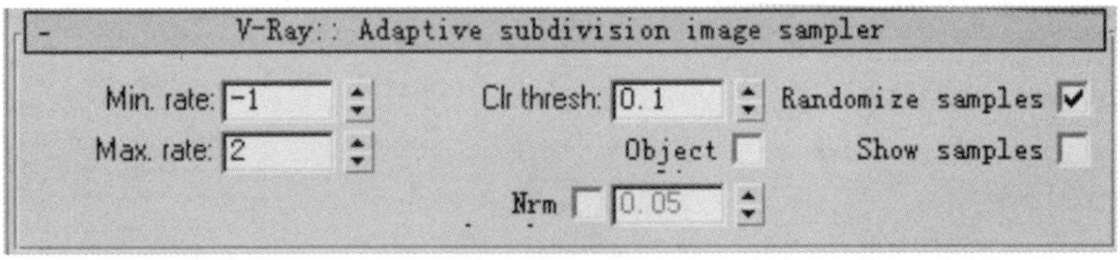

图 7-72

（6）Indirect Illumination（GI）[间接照明（全局照明 GI）] 参数面板如图 7-73 所示。

V-Ray 采用两种方法进行全局照明计算：直接计算和光照贴图。直接照明计算是一种简单的计算方式，它对所有用于全局照明的光线进行追踪计算，它能产生最准确的照明结果，

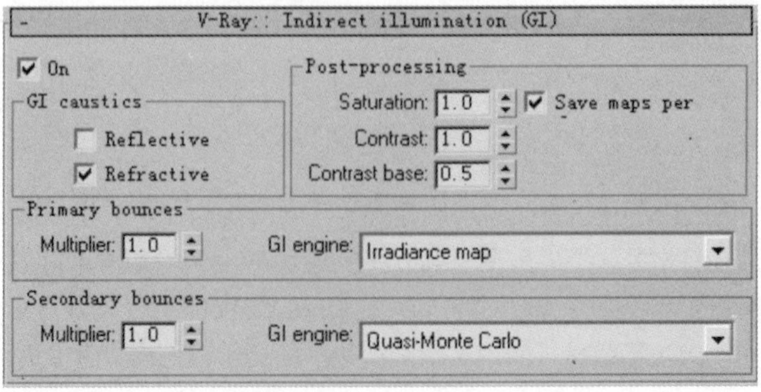

图 7-73

但是需要花费较长的渲染时间。光照贴图是一种使用复杂的技术，能够以较短的渲染时间获得准确度较低的图像。

On：决定是否计算场景中的间接光照明。图7–74是没打开间接光照明的结果，图7–75是打开间接光照明的结果。

图7–74

图7–75

GI caustics（全局光焦散）。全局光焦散描述的是GI产生的焦散这种光学现象。它可以由天光、自发光物体等产生。但是由直接光照产生的焦散不受这里参数的控制，可以使用单独的“焦散”卷展栏的参数来控制直接光照的焦散。不过，GI焦散需要更多的样本，否则会在GI计算中产生噪波。

Refractive GI caustics（GI折射焦散）。间接光穿过透明物体（如玻璃）时会产生折射焦散。注意这与直接光穿过透明物体而产生的焦散不是一样的。如在表现天光穿过窗口的情形的时候可能会需要计算GI折射焦散。

Reflective GI caustics（GI反射焦散）。间接光照射到镜射表面的时候会产生反射焦散。默认情况下，它是关闭的，不仅因为它对最终的GI计算贡献很小，而且还会产生一些不希望看到的噪波。

Post–processing（后加工）选项组。这里主要是对间接光照明在增加到最终渲染图像前进行一些额外的修正。这些默认的设定值可以确保产生物理精度效果，当然用户也可以根据自己的需要进行调节。建议一般情况下使用默认参数值。

Primary bounces（初级漫射反弹）选项组。

Multiplier（倍增值）：这个参数决定为最终渲染图像贡献多少初级漫射反弹。注意默认的取值1.0可以得到一个很好的效果。其他数值也是允许的，但是没有默认值精确，如图7–76所示的倍增值为1，图7–77倍增值为2。

图 7–76

图 7–77

Primary GI engine（初级 GI 引擎下拉列表）：允许用户为初级漫反射选择一种 Gi 渲染引擎。

Secondary bounces（次级漫射反弹）选项组。

Multiplier（倍增值）：确定在场景照明计算中次级漫射反弹的效果。注意默认的取值 1.0 可以得到一个很好的效果。其他数值也是允许的，但是没有默认值精确。

Secondary GI engine（次级漫射反弹方法选择列表）：在这个列表中可以为次级漫射反弹选择一种计算方法。

（7）Irradiance map（发光贴图）参数面板如图 7–78 所示。

这个方法是基于发光缓存技术的。其基本思路是仅计算场景中某些特定点的间接照明，然后对剩余的点进行插值计算。

其优点如下：

① 发光贴图要远远快于直接计算，特别是具有大量平坦区域的场景。

② 相比直接计算来说其产生的内在的噪波很少。

③ 发光贴图可以被保存，也可以被调用，特别是在渲染相同场景的不同方向的图像或动画的过程中可以加快渲染速度。

④ 发光贴图还可以加速从面积光源产生的直接漫反射灯光的计算。

其缺点如下：

① 由于采用了插值计算，间接照明的一些细节可能会被丢失或模糊。

② 如果参数设置过低，可能会导致渲染动画的过程中产生闪烁。

③ 需要占用额外的内存。

④ 运动模糊中运动物体的间接照明可能不是完全正确的，也可能会导致一些噪波的产生。

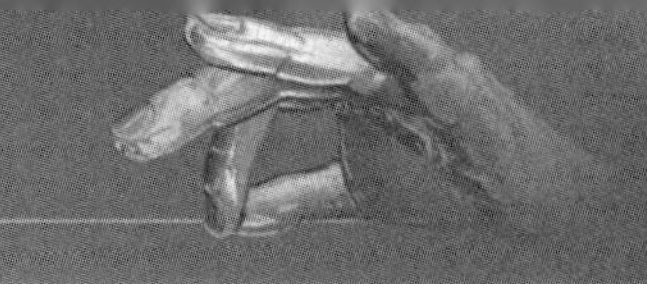

V-Ray:: Irradiance map
Built-in presets
Current preset: Low
Basic parameters
Min rate: -3　Clr thresh: 0.4
Max rate: -2　Nrm thresh: 0.3
HSph. subdivs: 50　Dist thresh: 0.1
Interp. samples: 20
Options
Show calc.
Show direct
Show samples
Detail enhancement
On　Scale: Screen　Radius: 60.0　Subdivs mult. 0.3
Advanced options
Interpolation type: Least squares fit (good/smooth　Multipass
Randomize
Sample lookup: Density-based (best)　Check sample
Calc. pass interpolation samples: 15
Mode
Mode: Single frame　Save　Reset
File:　Browse
A new irradiance map is created for each frame.
This mode is suitable for still images and animations with moving objects.
4907 samples
2560040 bytes (2.4 MB)
On render end
Don't
Auto　<None>　Browse
Switch to saved

图 7-78

Built-in presets（预设定）选项组。

Current preset 即当前预设模式，系统提供了如下 8 种系统预设的模式供用户选择，如无特殊情况，这几种模式应该可以满足一般需要。

Very low（非常低）：这个预设模式仅仅对预览目的有用，只表现场景中的普通照明。

low（低）：一种低品质的用于预览的预设模式。

Medium（中等）：一种中等品质的预设模式，如果场景中不需要太多的细节，大多数情况下可以产生好的效果。

Medium animation（中等品质动画模式）：一种中等品质的预设动画模式，目标就是减少动画中的闪烁。

High（高）：一种高品质的预设模式，可以应用在最多的情形下，即使是具有大量细节的动画。

High animation（高品质动画）：主要用于解决高预设模式下渲染动画闪烁的问题。

Very High（非常高）：一种极高品质的预设模式，一般用于有大量极细小的细节或极复杂的场景。

Custom（自定义）：选择这个模式可以根据自己的需要设置不同的参数，是默认的选项。

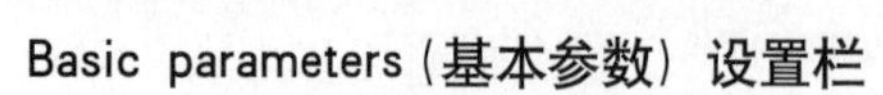

Basic parameters（基本参数）设置栏

Min rate（最小比率）：这个参数确定 GI 首次传递的分辨率。0 意味着使用与最终渲染图像相同的分辨率，这将使得发光贴图类似于直接计算 GI 的方法，–1 意味着使用最终渲染图像一半的分辨率。通常需要设置它为负值，以便快速地计算大而平坦的区域的 GI，这个参数类似于（尽管不完全一样）自适应细分图像采样器的最小比率参数。

Max rate（最大比率）：这个参数确定 GI 传递的最终分辨率，类似于（尽管不完全一样）自适应细分图像采样器的最大比率参数。

Clr thresh：Color threshold 的简写，颜色极限值。这个参数确定发光贴图算法对间接照明变化的敏感程度。大的值意味着较小的敏感性，较小的值将使发光贴图对照明的变化更加敏感。

Nrm thresh：Normal threshold 的简写，法线极限值。这个参数确定发光贴图算法对表面法线变化的敏感程度。

Dist thresh：Distance threshold 的简写，距离极限值。这个参数确定发光贴图算法对两个表面距离变化的敏感程度。

HSph. subdivs：Hemispheric subdivs 的简写，半球细分。这个参数决定单独的 GI 样本的品质。较小的取值可以获得较快的速度，但是也可能会产生黑斑，较高的取值可以得到平滑的图像。它类似于直接计算的细分参数。注意，它并不代表被追踪光线的实际数量，光线的实际数量接近于这个参数的平方值，并受 QMC 采样器相关参数的控制。

Interp. samples：Interpolation samples 的简写，插值的样本。定义被用于插值计算的 GI 样本的数量。较大的值会趋向于模糊 GI 的细节，虽然最终的效果很光滑，但较小的取值会产生更光滑的细节，且也可能会产生黑斑。

Show calc phase（显示计算相位）：勾选的时候，VR 在计算发光贴图的时候将显示发光贴图的传递。同时会减慢一点渲染计算，特别是在渲染大的图像的时候。

Show direct light（显示直接照明）：只在勾选“显示计算”的时候才能被激活。它将促使 VR 在计算发光贴图的时候，显示初级漫射反弹除了间接照明外的直接照明。

Show samples（显示样本）：勾选的时候，VR 将在 VFB 窗口以小原点的形态直观的显示发光贴图中使用的样本情况。

Mode（模式）设置栏

Bucket mode（块模式）：在这种模式下，一个分散的发光贴图被运用在每一个渲染区域（渲染块）。这在使用分布式渲染的情况下尤其有用，因为它允许发光贴图在几部计算机之间进行计算。与单帧模式相比，块模式可能会有点慢，因为在相邻两个区域的边界周围的边都要进行计算。即使如此，得到的效果也不会太好，但是可以通过设置较高的发光贴图参数来减少它的影响。（如使用高的预设模式、更多的半球细分值或 QMC 采样器中使用较低的噪波极限值）。

Single frame（单帧模式）：默认的模式，在这种模式下对于整个图像计算一个单一的发光贴图，每一帧都计算新的发光贴图。在分布式渲染的时候，每一个渲染服务器都各自计算它们自己的针对整体图像的发光贴图。这是渲染移动物体的动画的时候采用的模式，但是用户要确保发光贴图有较高的品质以避免图像闪烁。

Multiframe incremental（多重帧增加模式）：这个模式在渲染仅摄像机移动的帧序列的时候很有用。V-Ray 将会为第一个渲染帧计算一个新的全图像的发光贴图，而对于剩下的渲染帧，V-Ray 设法重新使用或精练已经计算了的存在的发光贴图。如果发光贴图具有足够高的品质也可以避免图像闪烁。这个模式也能够被用于网络渲染中每一个渲染服务器都计算或精练它们自身的发光贴图。

From file（从文件模式）使用这种模式，在渲染序列的开始帧，V-Ray 简单的导入一个提供的发光贴图，并在动画的所有帧中都是用这个发光贴图。渲染过程中不会计算新的发光贴图。

Add to current map（增加到当前贴图模式）：在这种模式下，V-Ray 将计算全新的发光贴图，并把它增加到内存中已经存在的贴图中。

Incremental add to current map（增加的增加到当前贴图模式）：在这种模式下，V-Ray 将使用内存中已存在的贴图，仅仅在某些没有足够细节的地方对其进行精练。选择哪一种模式需要根据具体场景的渲染任务来确定，没有一个固定的模式适合任何场景。

Browse（浏览）：在选择 “从文件” 模式的时候，单击这个按钮可以从硬盘上选择一个存在的发光贴图文件导入。

Save to file（储存在文件）：单击这个按钮将保存当前计算的发光贴图到内存中已经存在的发光贴图文件中。前提是“在渲染结束” 选项组中的“不删除” 选项被勾选，否则 V-Ray 会自动在渲染任务完成后删除内存中的发光贴图。

Reset Irradiance map（重置发光贴图）：单击可以清除储存在内存中的发光贴图。

如图 7-80 为图 7-79 的光子图，从图中很容易理解光子图。光线第一次反弹后的在物体表面的强度分布，而且进行了优化，被物体挡住和摄像机范围以外的不被计算。

图 7-79

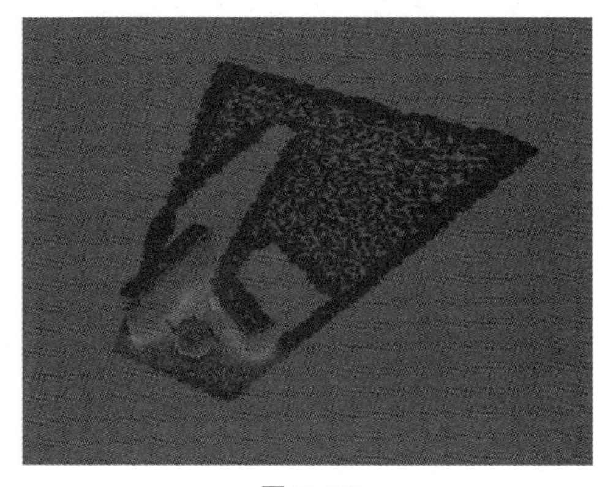

图 7-80

（8）V-Ray: Environment（环境）参数面板如图 7-81 所示。

V-Ray 渲染器的环境选项是用来指定使用全局照明和反射以及折射时使用的环境颜色和环境贴图。如果没有指定环境颜色和环境贴图，那么 Max 的环境颜色和环境贴图将被采用。

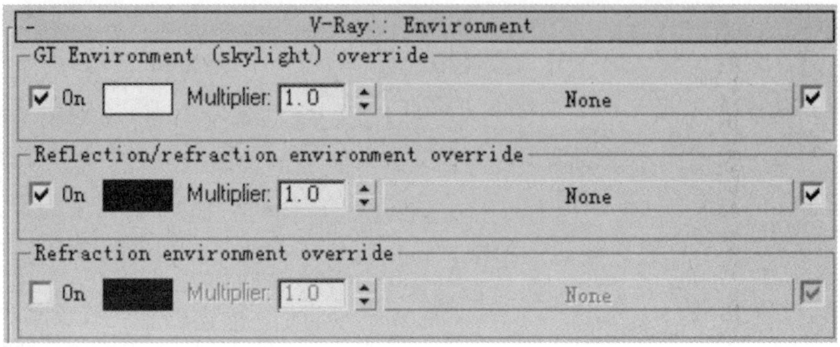

V-Ray:: Environment
GI Environment (skylight) override
On Multiplier: 1.0 None
Reflection/refraction environment override
On Multiplier: 1.0 None
Refraction environment override
On Multiplier: 1.0 None

图 7-81

GI Environment（skylight）override：GI 环境（天空光）选项组，允许在计算间接照明的时候替代 3ds Max 的环境设置，这种改变 GI 环境的效果类似于天空光。实际上，VR 并没有独立的天空光设置。

On（开启）：替代 Max 的环境，只有在这个选项勾选后，其下的参数才会被激活，在计算 GI 的过程中VR 才能使用指定的环境色或纹理贴图，否则，使用 Max 默认的环境参数设置。

Color（颜色）：允许用户指定背景颜色（即天空光的颜色）。

Multiplier（倍增值）：上面指定的颜色的亮度倍增值。如果使用的环境贴图自身无法调节亮度，可以为它指定一个 Output（输出）贴图来控制其亮度，如，图 7-82 和图 7-83 是不同倍增值下的渲染结果。 需要注意的是如果为环境指定了使用纹理贴图，这个倍增值不会影响贴图。

图 7-82

图 7-83

Map（材质槽）：允许指定背景贴图。

Reflection/refraction environment override："反射 / 折射环境"选项组，在计算反射 / 折射的时候替代 Max 自身的环境设置。当然，也可以选择在每一个材质或贴图的基础设置部分来替代 max 的反射 / 折射环境。

图 7–84 和图 7–85 分别为不带反射的茶壶在天空光颜色和天空光贴图状态下的渲染结果。

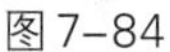

图 7–84

图 7–85

图 7–86 和图 7–87 分别为带反射的茶壶在反射环境颜色和反射环境贴图状态下的渲染结果。

图 7–86

图 7–87

（9）V–Ray：Color mapping（色彩贴图）参数面板如图 7–88 所示。

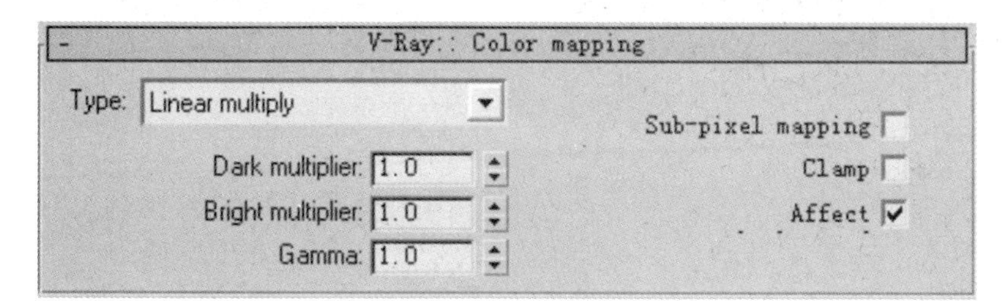

图 7–88

Color mapping："色彩贴图"选项组，色彩贴图通常被用于最终图像的色彩转换。

Type（类型）定义色彩转换使用的类型，有如下几种可能的选择。

Linear multiply（线性倍增）：这种模式将基于最终图像色彩的亮度来进行简单的倍增，

那些太亮的颜色成分（在 1.0 或 255 之上）将会被钳制。但是这种模式可能会导致靠近光源的点过分明亮。

Exponential（指数倍增）：这个模式将基于亮度来使之更饱和。这对预防非常明亮的区域（例如光源的周围区域等）曝光是很有用的。这个模式不钳制颜色范围，而是代之以让它们更饱和。

HSV exponential（HSV 指数）：与 Exponential 模式非常相似，但是它会保护色彩的色调和饱和度。

Gamma correction（Gamma 校正）：是 1.46 版后出现的新的色彩贴图类型。

Dark multiplier（暗的倍增）：在线性倍增模式下，这个控制暗的色彩的倍增。

Bright multiplier（亮的倍增）：在线性倍增模式下，这个控制亮的色彩的倍增。

7.6.3 V–Ray 的基本渲染设置

1. 启动或重置 3ds Max，然后从本书的配套光盘中打开文件 Samples / ch07 / ch07_3.max，如图 7–89 所示。

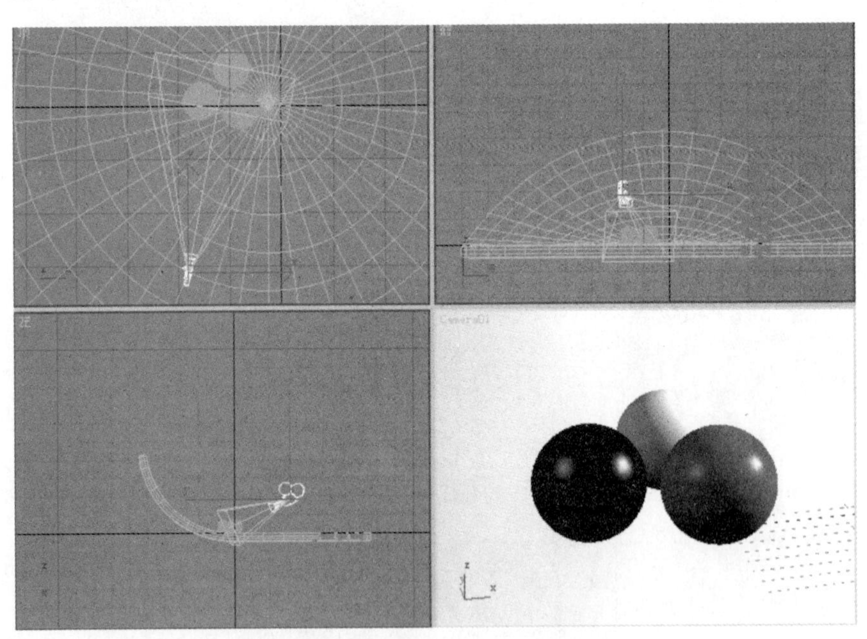

图 7–89

2. 打开“渲染”设置对话框（快捷键 F10）。将 V–Ray 设为渲染器，输出尺寸设为 480×360 像素。全局切换（global switch），关闭默认灯光（default lights），图像采样器（image sampler）设为 adaptive QMC，打开间接照明（indirect illumination），二次反弹倍增器设为 0.8，发光贴图（Irradiance map）设置 low 预设，环境（environment）：天光（skylight）纯白色，1.0 倍增值、反射 / 折射（reflection / refraction）纯黑色，1.0 倍增值，参数如图 7–90 所示，渲染结果如图 7–91 所示。

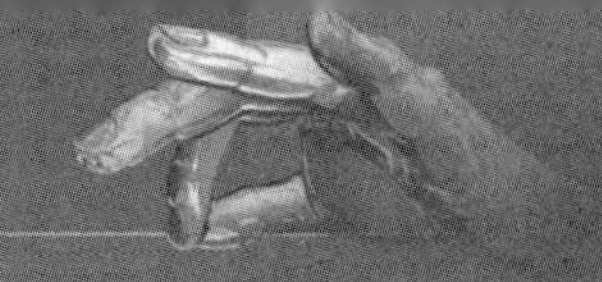

V-Ray:: Indirect illumination (GI)
On
Post-processing
GI caustics
Saturation: 1.0
Save maps per
Reflective
Contrast: 1.0
Refractive
Contrast base: 0.5
Primary bounces
Multiplier: 1.0
GI engine: Irradiance map
Secondary bounces
Multiplier: 1.0
GI engine: Quasi-Monte Carlo
V-Ray:: Irradiance map
Built-in presets
Current preset: Low
Basic parameters
Options
Min rate: -3
Clr thresh: 0.4
Show calc.
Max rate: -2
Nrm thresh: 0.3
Show direct
HSph. subdivs: 50
Dist thresh: 0.1
Show samples
Interp. samples: 20
Detail enhancement
On
Scale:
Radius: 60.0
Subdivs mult. 0.3
V-Ray:: Environment
GI Environment (skylight) override
On
Multiplier: 1.0
None
Reflection/refraction environment override
On
Multiplier: 1.0
None
Refraction environment override
On
Multiplier: 1.0
None

图 7–90

图 7–91

3. 创建两个 VRaylight（如图 7-92 所示），其中左边的灯大小设为 400×350mm，亮度为 3.5；右边的大小设为 360×500mm，亮度为 5.5。渲染结果如图 7-93 所示。

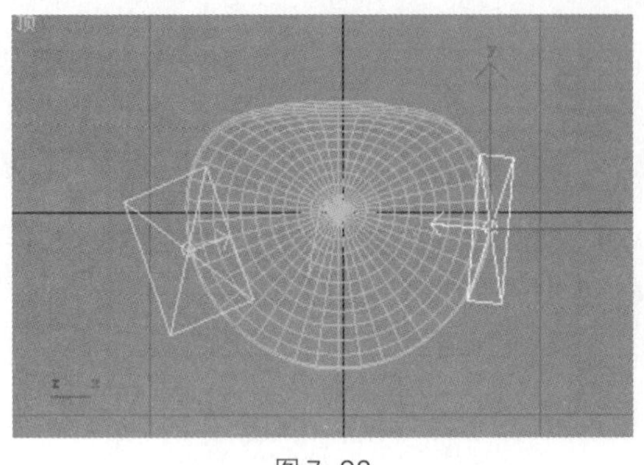
图 7-92

图 7-93

4. 可见场景过亮了，在 V-Ray 的环境卷展栏中将天光倍增值改为 0.1，渲染结果如图 7-94 所示。

图 7-94

7.6.4 V-Ray 渲染速度和图的质量

V-Ray 中使用全局光照 GI，具有非常真实感的渲染效果，但同时也产生渲染时间太长的问题，一张效果图需要一两个小时的渲染，特别是在调节灯光，材质时，每次渲染都要等很长时间才能看到效果好不好，然后再作进一步调整。那么为什么 V-Ray 这么慢，有哪些因素在影响? 主要有 CPU 计算速度和 V-Ray 的渲染设置两个方面，但是和显卡没什么关系，显卡只是在使用 Max 的过程中加快显示模型。

接下来主要讨论 V-Ray 的渲染设置。

现在有很多带 GI 计算的渲染器，如：mental ray，finalRender, Brazil r / s, 3ds Max 自身的 light tracer。但它们的核心渲染方程都来自 James T. Kajiya 在 1986 年发表的论

文 The Rendering Equation，只是各个渲染器在不同的地方做了各自的优化，所以不必去争论“某某渲染器最好”之类的话题。

下面具体讨论 V-Ray 的设置，使用 V-Ray 的过程中，经常碰到的两个单词 subdivs（细分）和 rate（比例），它们都和图像采样有关。先看 subdivs（如图 7-95 所示），其中 1 所占的一个空格代表输入图片中的一个像素，1 是设置 subdivs 的值，那么就是说如果 subdivs 为 1，那么一个像素要进行一次采样，如果 subdivs 为 2 要 4 次采样，依此类推；下面再来看 rate（如图 7-96 所示），其中 0 所占的一个空格代表输入图片中的一个像素，那么在 rate 为 1 时每个像素要采样 4 次，为 -1 时 4 个像素采样一次，依此类推。

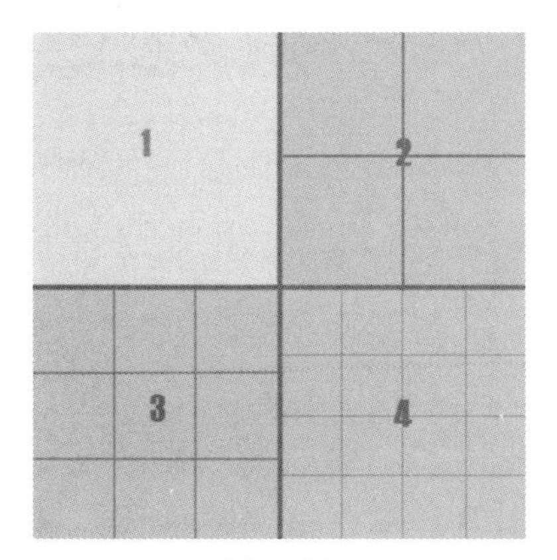

图 7-95

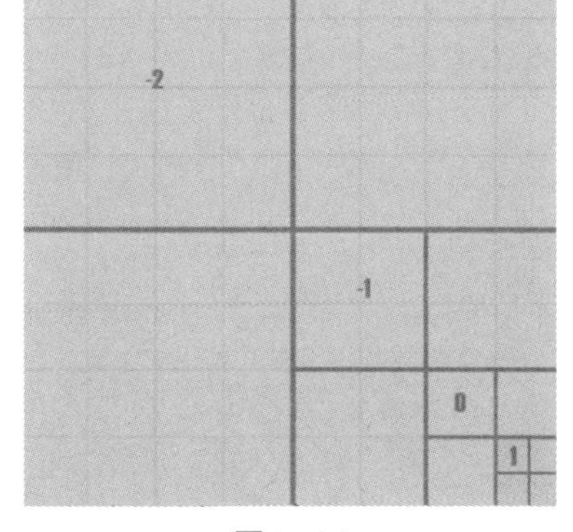

图 7-96

下面以一个室内场景来举例说明。

首先打开光盘中的场景文件 chap07/shinei.max（如图 7-97 所示）。

预先设定好 V-Rray 的渲染参数，输出图像为 640×480；设置 Image Sampler（图像采样）的类型为 Adaptive QMC，其他保持默认（如图 7-98 所示）。

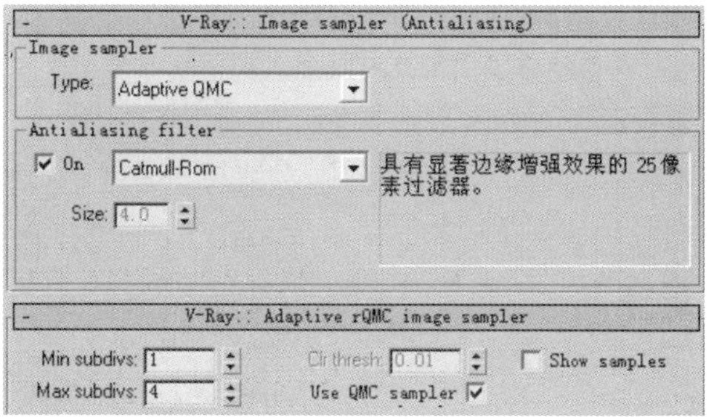

图 7-97

图 7-98

将一级 GI 引擎和二级 GI 引擎分别设定为：Irradiance map 和 Light cache，其参数保持默认；在 Environment 下将天光的倍增值设定为 10，颜色为蓝色（R99、G131、B161），具体参数如图 7–99 所示。

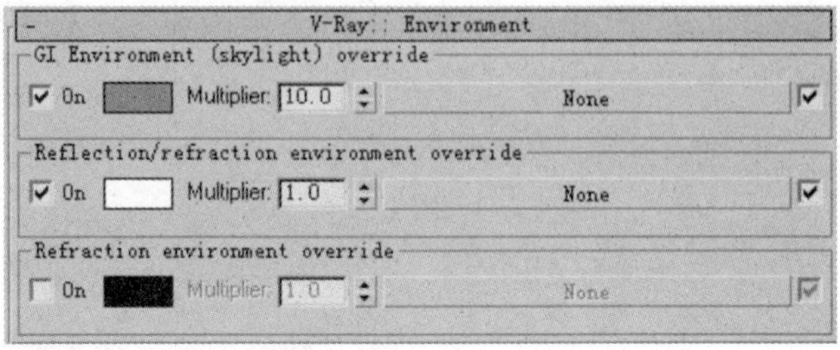

V-Ray:: Environment
GI Environment (skylight) override
On Multiplier: 10.0 None
Reflection/refraction environment override
On Multiplier: 1.0 None
Refraction environment override
On Multiplier: 1.0 None

图 7–99

在 rQMC Sampler 下（准蒙特卡罗采样器），将 Global subdivs multiplier（全局细分倍增器）设定为 1.5；并将 color mapping（色彩贴图）类型设为 Exponential（指数类型）（如图 7–100 所示）。

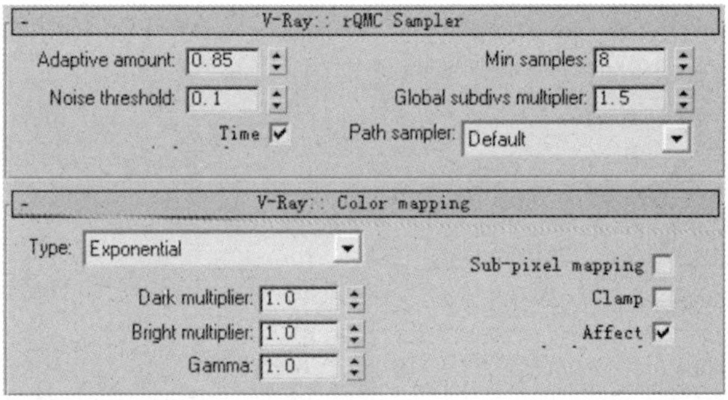

V-Ray:: rQMC Sampler
Adaptive amount: 0.85 Min samples: 8
Noise threshold: 0.1 Global subdivs multiplier: 1.5
Time Path sampler: Default

V-Ray:: Color mapping
Type: Exponential Sub-pixel mapping
Dark multiplier: 1.0 Clamp
Bright multiplier: 1.0 Affect
Gamma: 1.0

图 7–100

渲染摄影机视图，在笔者的机器上用了 3 小时 28 分，才得到了最终图像（如图 7–101 所示）；这个速度实在太慢了，因为它是最后出图的设置，所有的参数都比较高。

图 7–101

下面开始优化设置，以加快测试渲染速度。

1. 首先在 Irradiance map（发光贴图）卷展栏，将 current preset（当前设置）设定为：very low。渲染结果如图 7–102 所示，这次用了 4 分 51 秒，速度有了一个巨大的提升。

图 7–102

2. 继续进一步的优化，将 Light cache（灯光缓存）下的 Subdivs（细分）设为 300（如图 7–103 所示），渲染如图 7–104 所示，这次用了 2 分 9 秒。

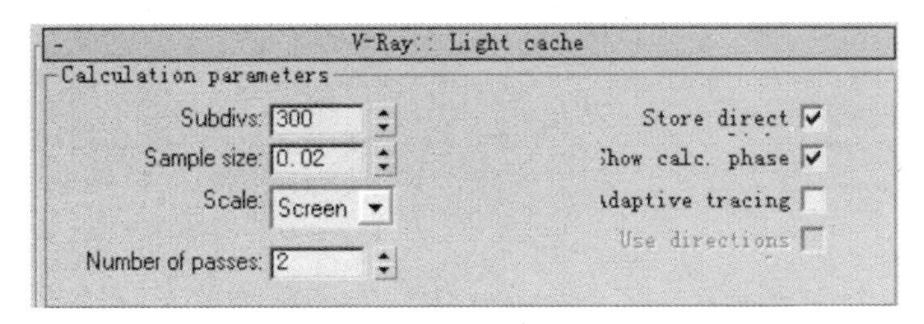

图 7–103

图 7–104

3. 继续优化，在 rQMC Sampler 卷展栏下，设定 Global subdivs multiplier 为 0.1（如图 7–105 所示），渲染结果如图 7–106 所示，这次用了 1 分 6 秒。

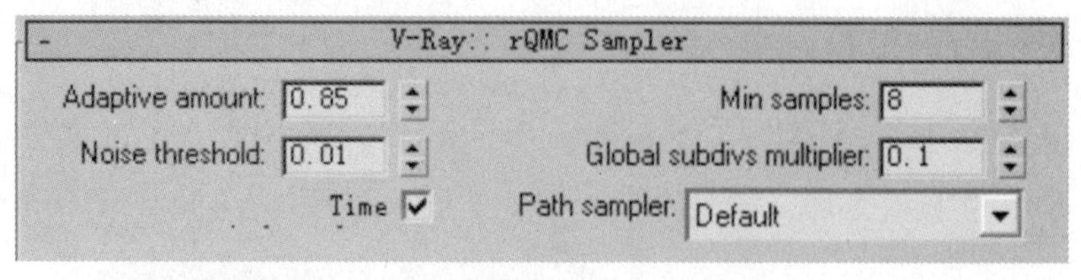

图 7–105

图 7–106

4. 既然是测试，只需要看大概结果，所以可以将一级 GI 引擎和二级 GI 引擎分别设定为：Light cache 和 None（如图 7–107 所示），渲染结果如图 7–108 所示，这次用了 39 秒。

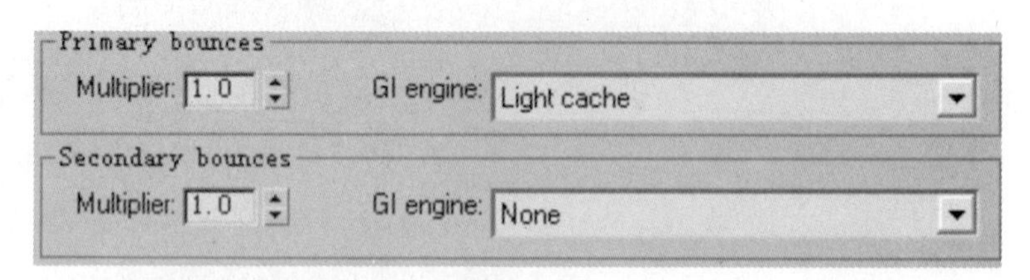

图 7–107

5. 可能还希望有进一步优化，但在 V–Ray 设置里修改参数就不怎么起作用了，这次缩小图像尺寸到 320 像素 ×240 像素。渲染结果如图 7–109 所示，这次用了 23 秒。

6. 也许用户会想到，图像变小了，V–Ray 设置是否能做一些改变？是的，将 Light cache 下的 Subdivs（细分值）设为 150。渲染结果如图 7–110 所示，这次只用了 9.8 秒。将一开始的渲染时间从 3 小时 28 分缩短到目前的 9.8 秒，提高了一千多倍。

图 7–108

图 7–109

图 7–110

7.7 实例：室内夜景渲染

1. 打开光盘 chap07/night.max 文件，如图 7–111 所示，材质已经预先设置完成。

2. 指定 V–Ray 为默认渲染器，在 Global switches（全局切换）卷展栏下，去掉 Default light（默认灯光），勾选 Override Material（全局替代材质）并单击旁边的空白按钮，为其指定一个默认的 VrayMtl 材质（如图 7–112 所示）。

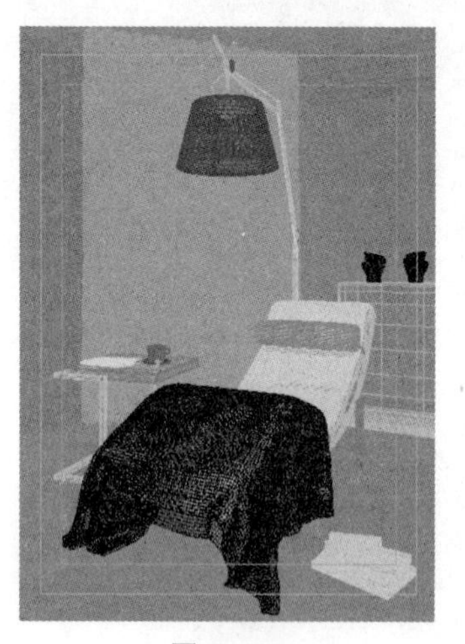

图 7–111

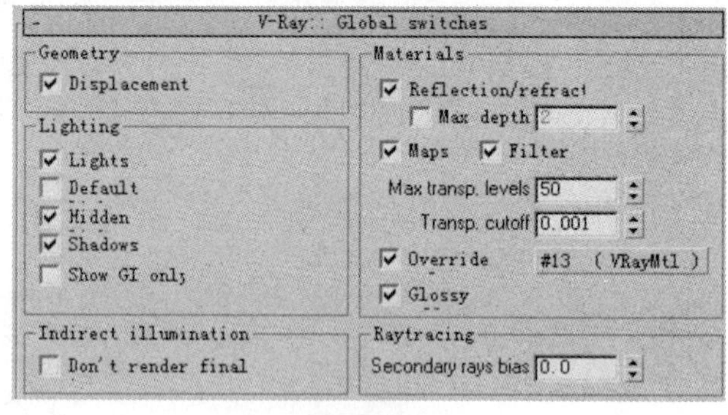

图 7–112

3. 将图像采样器设定为 Adaptive QMC（如图 7–113 所示），并在相应的 Adaptive rQMC image sampler（自适应准蒙特卡罗采样器）卷展栏下将最小细分和最大细分分别设置为 1（如图 7–114 所示），这样可以加快渲染速度。

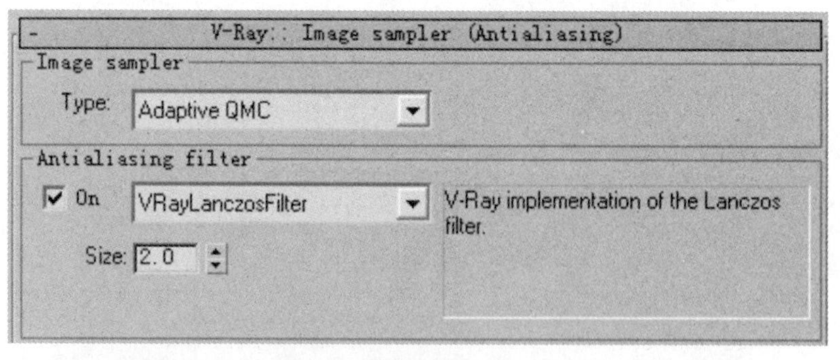

图 7–113

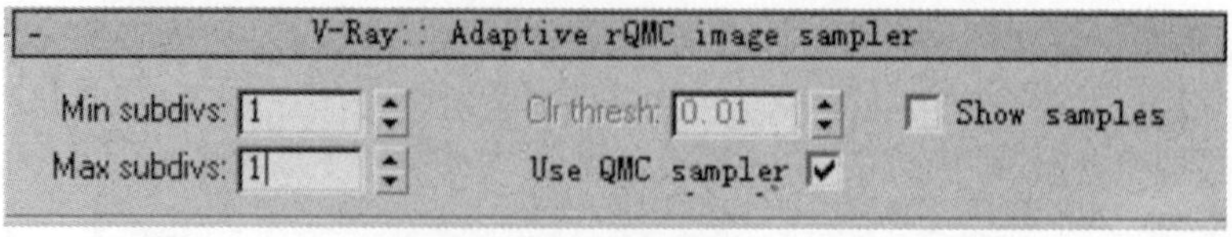

图 7–114

4. 将一级 GI 引擎和二级 GI 引擎分别设定为 Irradiance map（发光贴图）和 Light cache（灯光缓存），并将一级 GI 引擎的倍增值设定为 1.5（如图 7–115 所示）。

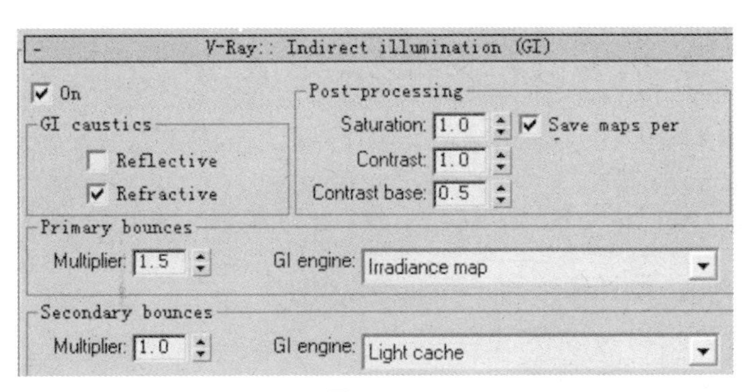

图 7–115

5. 在 Irradiance map（发光贴图）卷展栏，将 current preset（当前预设）设定为 very low（非常低）；在 Light cache（灯光缓存）卷展栏下，设定 Subdivs（细分）为 300。勾选 Store direct（储存直接照明）和 Show calc. Phase（显示计算阶段）（如图 7–116 所示）。

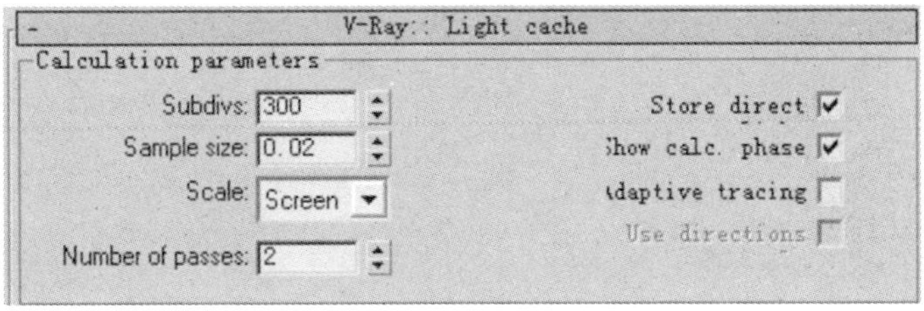

图 7–116

6. 在 rQMC Sampler（准蒙特卡罗采样器）卷展栏下，设定 Global subdivs multiplier（全局细分倍增器）为 0.1（如图 7–117 所示）；将 Color mapping（色彩贴图）的类型设为 Exponential（指数类型），Dark multiplier（暗部倍增值）为 1.3；Bright multiplier（亮部倍增值）为 1.3（如图 7–118 所示）。

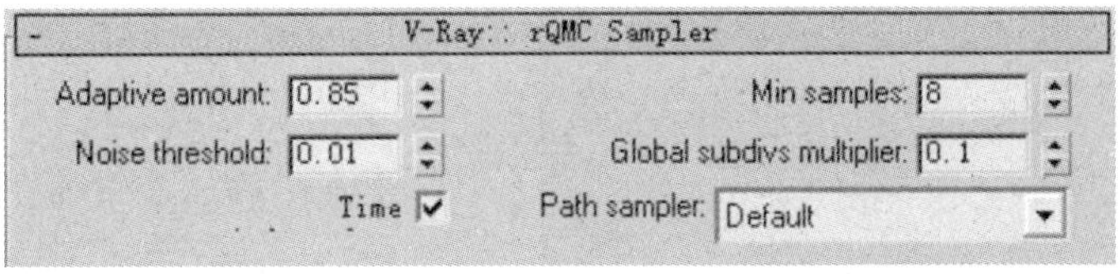

图 7–117

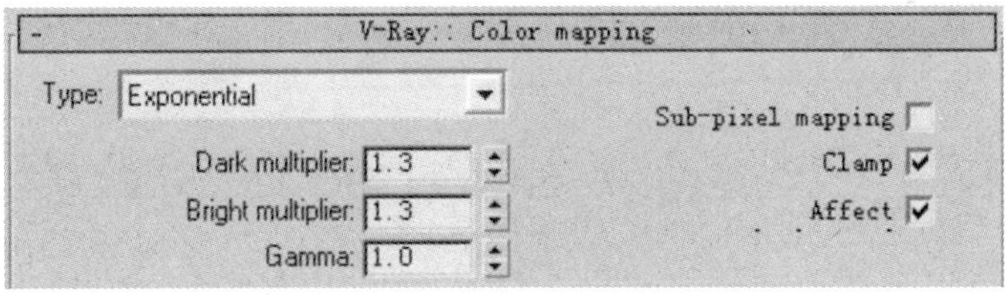

图 7–118

7. 在前视图创建标准灯光下的目标聚光灯（如图 7–119 所示），勾选阴影的“启用”选项，类型为 VRayShadow、灯光的倍增为 2.5（如图 7–120 所示）；灯光颜色设置为 R253、G251、B244；聚光区参数设置如图 7–121 所示。

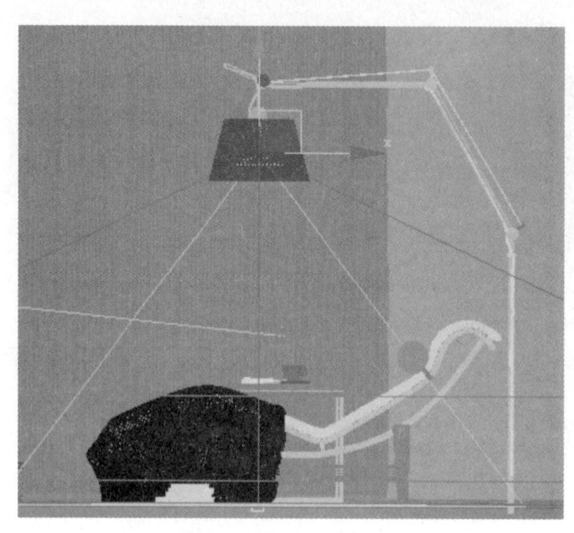

图 7–119

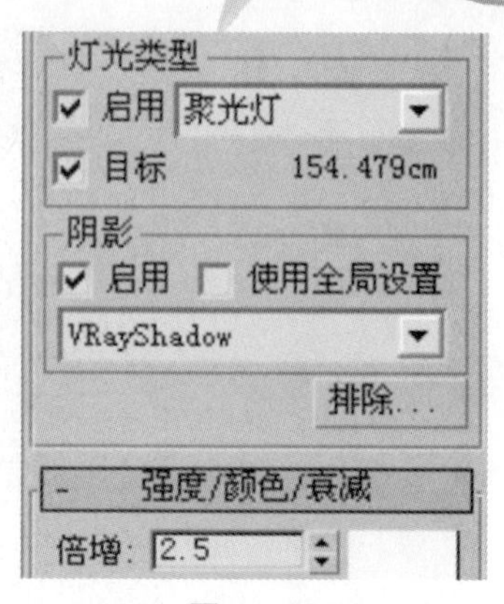

图 7–120

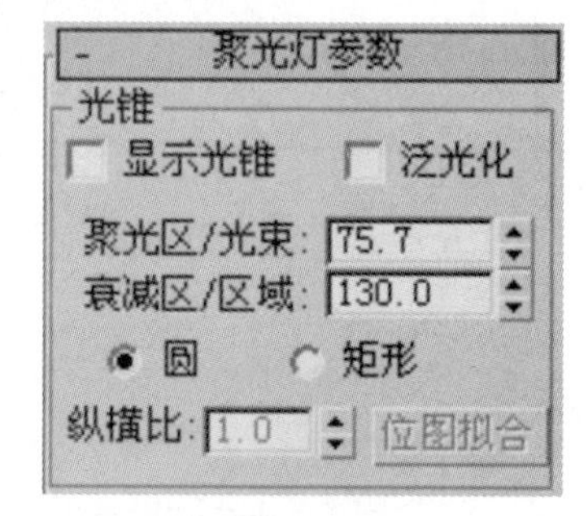

图 7–121

8. 渲染摄像机视图，结果如图 7–122 所示。

9. 接下来创建射灯，单击创建光度学灯光类型下的目标点光源（如图 7–123 所示），在视图中创建一盏灯光（如图 7–124 所示）。

图 7–122

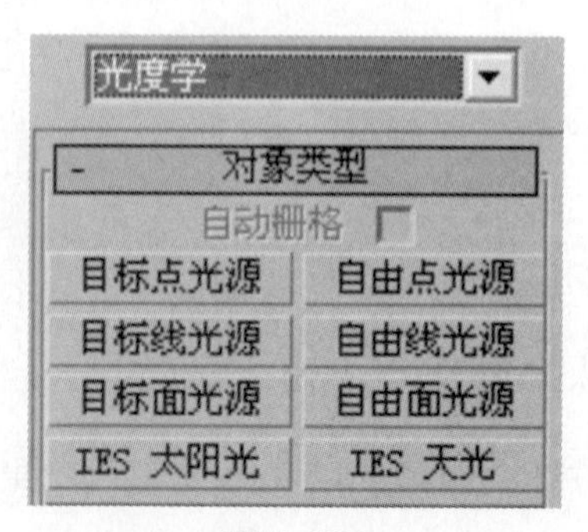

图 7–123

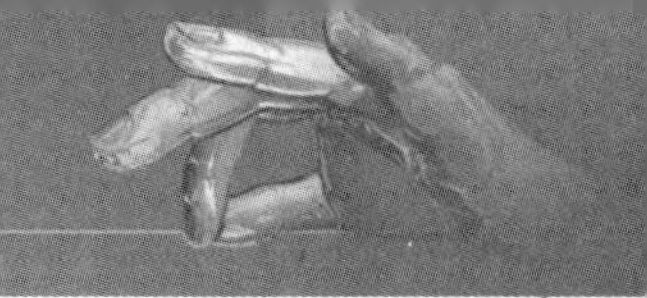

图 7–124

10. 修改灯光参数，启用阴影，类型为 VRayShadow（如图 7–125 所示），在强度 / 颜色 / 分布卷展栏下设置分布为 Web 类型；设置过滤颜色为暖黄色（R247、G195、B105）（如图 7–126 所示）。

图 7–125

图 7–126

11. 在 Web 参数卷展栏下，单击 Web 文件右边的空白按钮（如图 7–127 所示），打开 chap07 /shedeng.ies 文件（如图 7–128 所示）。

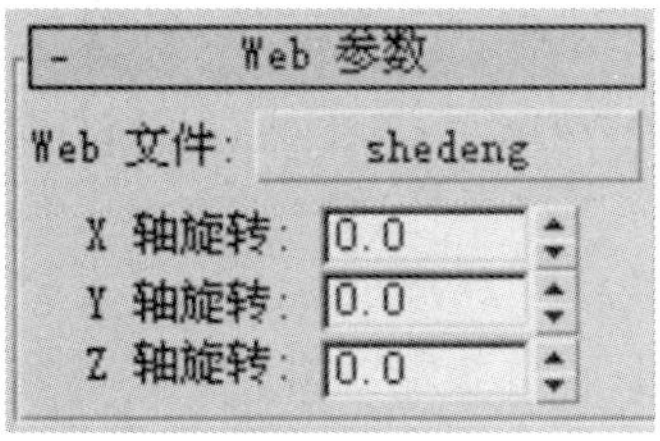

图 7–127

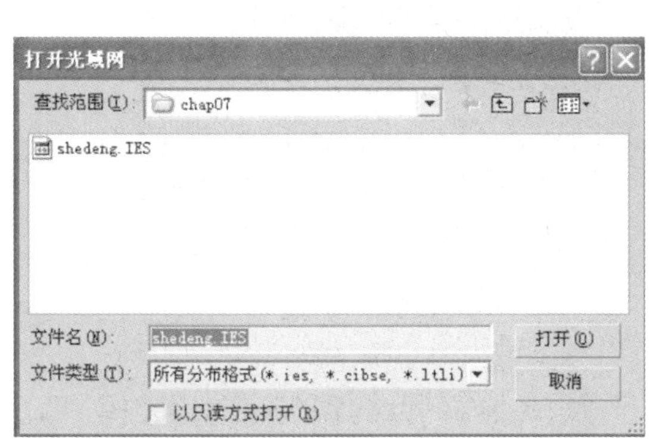

图 7–128

12. 选择刚创建的射灯，移动复制出两个（如图 7–129 所示），在顶视图将它们移动到射灯模型所在的位置（如图 7–130 所示）。

图 7–129

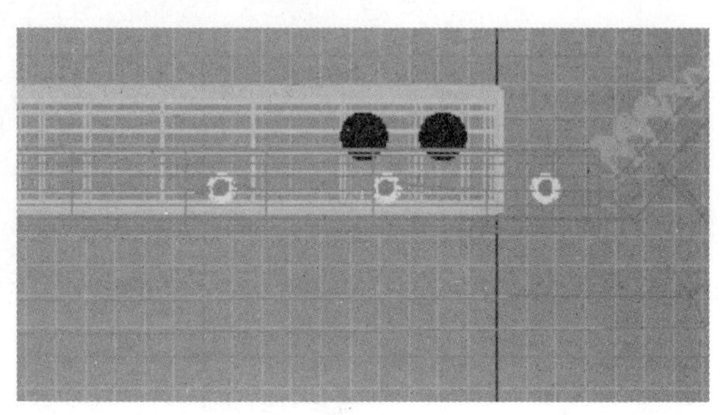
图 7–130

13. 渲染摄像机视图，结果如图 7–131 所示。

14. 下面设置灯泡和灯罩的发光材质，首先选择灯的模型组，右键进入孤立模式（如图 7–132 所示）。在菜单栏单击“组” / “打开” 命令，选择灯泡模型（如图 7–133 所示）。

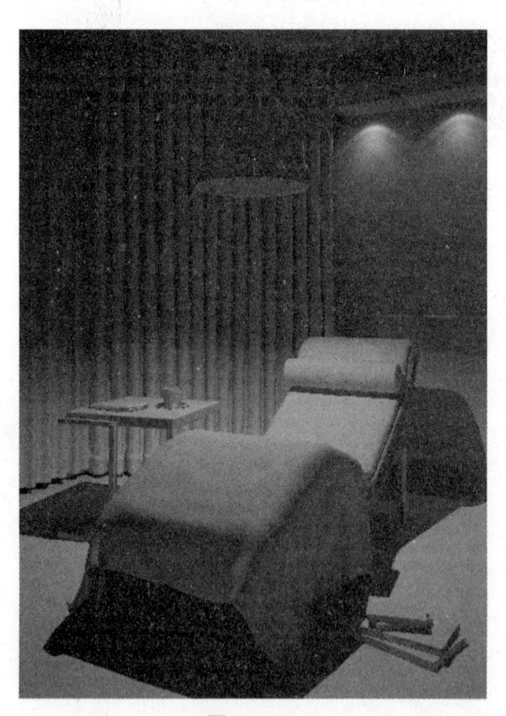
图 7–131

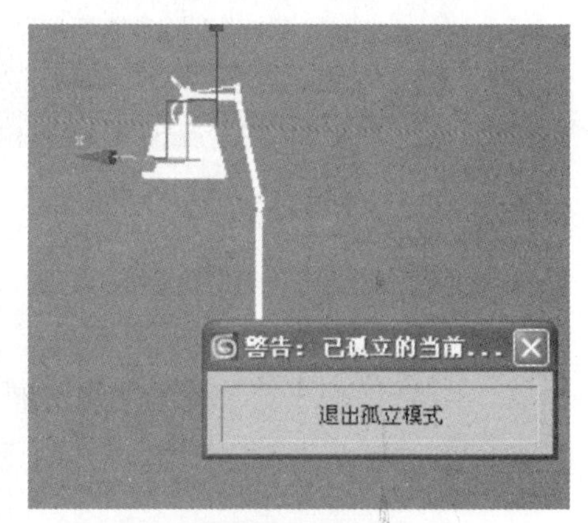

图 7–132

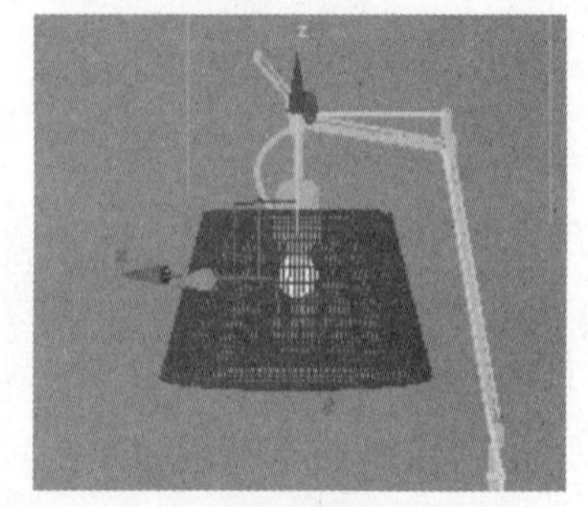
图 7–133

15. 打开“材质编辑器” 面板，选择一个空白材质球，将材质类型设置为 VRayLight Mtl；Color 为 250，颜色为 R240、G221、B188（如图 7–134 所示）。

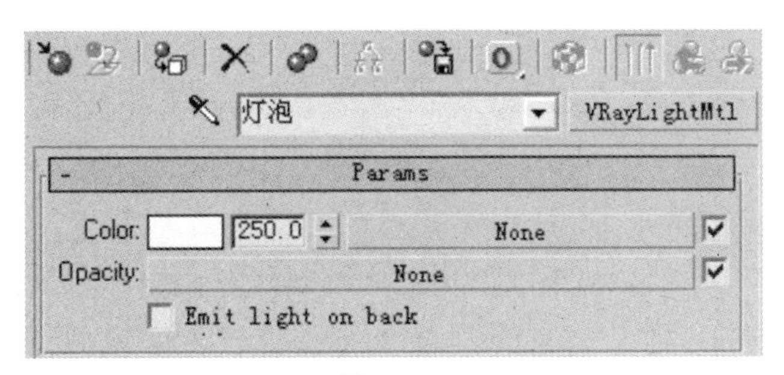

图 7–134

16. 选择灯罩模型。打开材质编辑器，选择一个空白材质球，材质类型设为 VRayMtl（如图 7–135 所示），设置 Reflect（反射）颜色为 R22、G22、B22；勾选 Fresnel（费涅尔）复选框；Refl.glossiness（反射、光泽度）为 0.8（如图 7–136 所示）；设置 Refract（折射）颜色为 R60、G60、B60，Fog multiplier（需倍增器）为 0.8（如图 7–137 所示）；设置 Translucengcy（透明）类型为 Hard（wax）model（硬蜡模型）、Light multiplier（灯光倍增）为 330（如图 7–138 所示）。

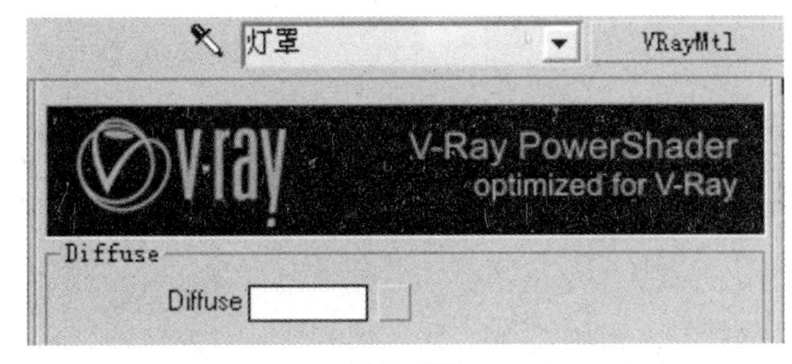

图 7–135

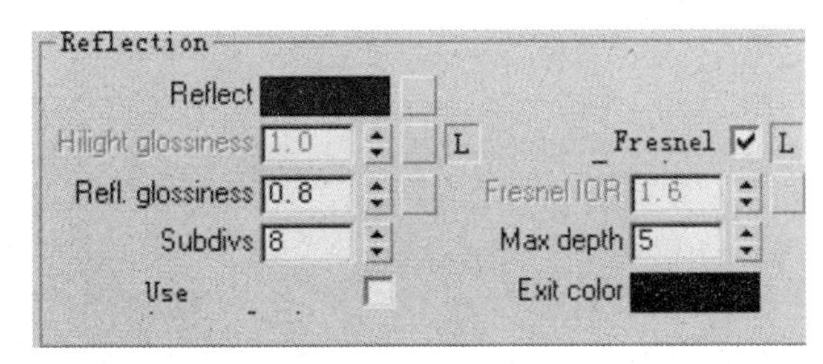

图 7–136

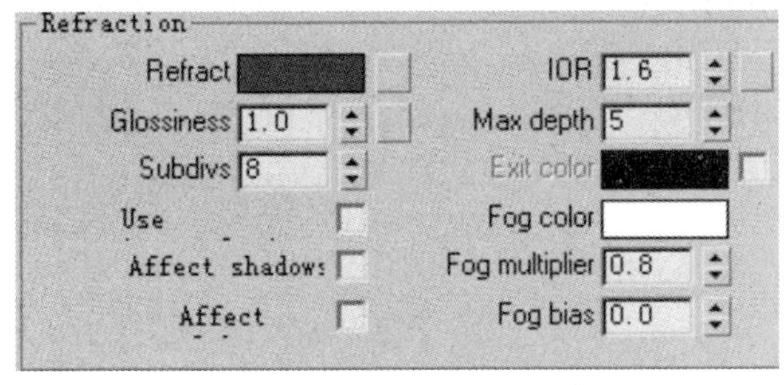

图 7–137

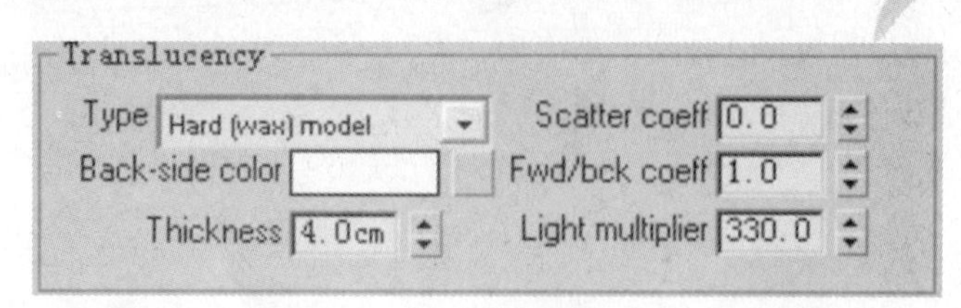

图 7-138

17. 渲染前，需要先修改 V-Ray 设置，去掉 Global switches（全局切换）栏下的对 Override material（全局替代材质）的勾选（如图 7-139 所示），渲染结果如图 7-140 所示。

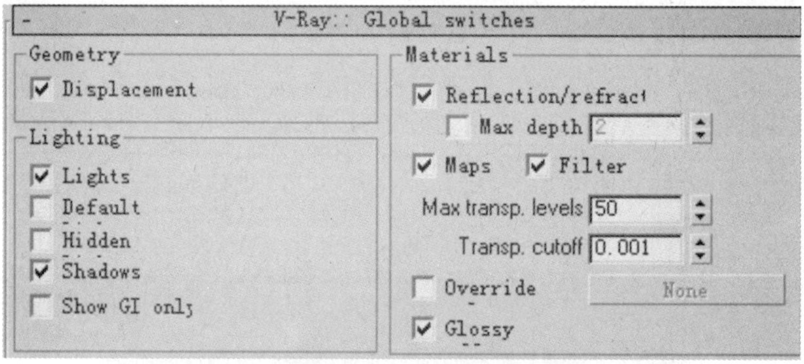

V-Ray:: Global switches

Geometry
- [x] Displacement

Lighting
- [x] Lights
- [ ] Default
- [ ] Hidden
- [x] Shadows
- [ ] Show GI only

Materials
- [x] Reflection/refract
- [ ] Max depth 2
- [x] Maps
- [x] Filter
- Max transp. levels 50
- Transp. cutoff 0.001
- [ ] Override None
- [x] Glossy

图 7-139

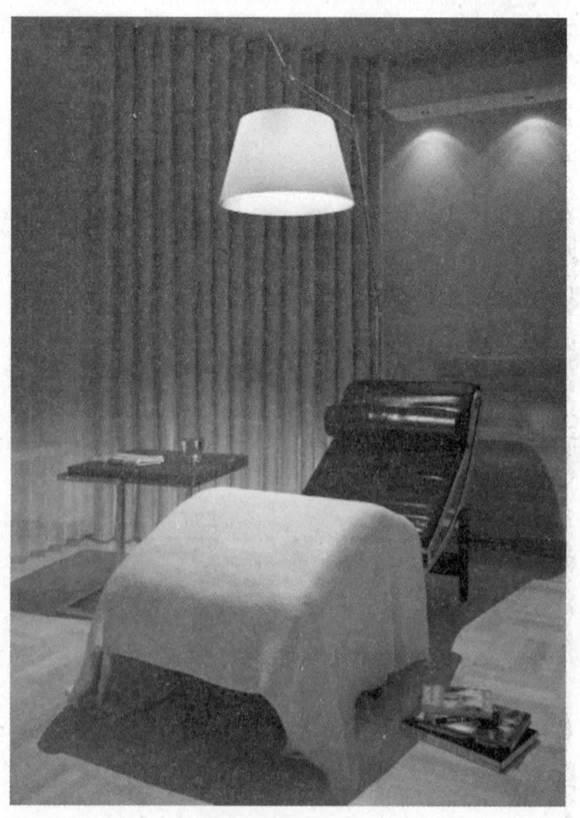

图 7-140